Brad Dayley
[美] Brendan Dayley 著
Caleb Dayley

卢涛 译

Node.js+MongoDB+Angular Web开发

MEAN全栈权威指南

Node.js, MongoDB and Angular Web Development, Second Edition

電子工業出版社
Publishing House of Electronics Industry
北京•BEIJING

内容简介

Node.js 是一种领先的服务器端编程环境，MongoDB 是最流行的 NoSQL 数据库，而 Angular 正迅速成为基于 MVC 的前端开发的领先框架。它们结合在一起使得能够完全用 JavaScript 创建从服务器到客户端浏览器的高性能站点和应用程序。

本书为想要将这 3 种技术整合为全面的有效解决方案的 Web 程序员提供了完整指南。书中简洁而清晰地介绍了这 3 种技术，然后迅速转向构建几种常见 Web 应用程序的实战。

读者将学会使用 Node.js 和 MongoDB 来建立更具可伸缩性的高性能网站，并利用 Angular 创新的 MVC 方法构建更有效的网页和应用程序，以及把这三者结合在一起使用，从而提供卓越的下一代 Web 解决方案。

本书适合对 HTML 的基础知识已经有所了解，并可以用现代编程语言完成一些开发工作的读者。读者如果对 JavaScript 有一定了解，则将更易于理解本书的内容。

图书在版编目（CIP）数据

Node.js+MongoDB+Angular Web 开发：MEAN 全栈权威指南 /（美）布拉德·德雷（Brad Dayley），（美）布兰登·德雷（Brendan Dayley），（美）凯勒·德雷（Caleb Dayley）著；卢涛译. —北京：电子工业出版社，2018.10

书名原文：Node.js, MongoDB and Angular Web Development, Second Edition

ISBN 978-7-121-35096-2

Ⅰ. ①N… Ⅱ. ①布… ②布… ③凯… ④卢… Ⅲ. ①网页制作工具－JAVA 语言－程序设计－指南 Ⅳ.①TP393.092.2-62②TP312.8-62

中国版本图书馆 CIP 数据核字（2018）第 218184 号

策划编辑：张春雨
责任编辑：李云静
印　　刷：三河市君旺印务有限公司
装　　订：三河市君旺印务有限公司
出版发行：电子工业出版社
　　　　　北京市海淀区万寿路 173 信箱　　邮编：100036
开　　本：787×980　1/16　　印张：34.75　　字数：715 千字
版　　次：2018 年 10 月第 1 版
印　　次：2018 年 10 月第 1 次印刷
定　　价：129.00 元

凡所购买电子工业出版社图书有缺损问题，请向购买书店调换。若书店售缺，请与本社发行部联系，联系及邮购电话：（010）88254888，88258888。

质量投诉请发邮件至 zlts@phei.com.cn，盗版侵权举报请发邮件至 dbqq@phei.com.cn。

本书咨询联系方式：010-51260888-819，faq@phei.com.cn。

译者序

随着互联网的发展，曾几何时，“全栈工程师”（Full Stack Engineer）的概念开始兴起，这种职位要求应征者对开发堆栈的每个方面都有所掌握，包括服务器、网络及宿主环境、数据建模、业务逻辑、API/Action/MVC、用户界面等。过去，这意味着全栈工程师需要面对归属不同层次的多种软件环境和语言，并处理各层之间的交互，这些技术中的任何一种都要耗费大量的精力和时间来学习，因而会面临很大的挑战。现在，这种情况已经改变，JavaScript 语言既可用于客户端开发，又能用于编写服务器端应用程序，还能方便地与传统及新型数据库交互，其中有些代码还能复用，从而为开发功能丰富的互联网应用程序创造了良好的条件。

Node.js 是一种领先的服务器端编程环境，它和 Express 的结合能够实现高度可伸缩的动态 Web 服务器，并可用 JavaScript 编写 Web 服务。

MongoDB 是目前最流行的 NoSQL 数据库，可用于 Web 应用程序数据的存储，并能从 Node.js JavaScript 代码访问。

Angular 正迅速成为基于 MVC 的前端开发的领先框架，它的自定义指令扩展了 HTML 语言。

这三者整合在一起使得能够完全用 JavaScript 创建从服务器到客户端浏览器的高性能站点和应用程序。

本书提供了将这 3 种技术整合成全面的有效解决方案的完整指南。书中简要而清晰地讲述了这 3 种技术，然后迅速转到构建几种常见的 Web 应用程序上面。最后还用多个实际的例子实现了可以与 Node.js Web 服务器交互的客户端服务，为用户提供了丰富的交互功能的动态浏览器视图，以及为 Web 页面添加用户身份验证和嵌套评论等组件。

作者 Brad Dayley 是一名高级软件工程师，精通 jQuery、JavaScript、MongoDB，著有多本技术书籍，并在企业应用程序及 Web 界面方面具有丰富的开发经验，本书正是他对实际工作成果的总结。第 2 版增加了两位作者：Brendan Dayley 是经验丰富的技术书籍作家和 Web 软件工程师；Caleb Dayley 则是计算机科学专业的大学生，他对于设计和开发下一代创新软件很有兴趣。

通过学习本书，读者将学会如何使用 Node.js 和 MongoDB 来建立更具可伸缩性的高性能网站，如何利用 Angular 创新的 MVC 方法构建更有效的网页和应用程序，以及如何把这三者结合在一起使用，从而提供卓越的下一代 Web 解决方案。

李绿霞、卢林、陈克非、李洪秋、张慧珍、李又及、卢晓瑶、陈克翠、汤有四、李阳、刘雯也参与了部分翻译工作，感谢他们在本书翻译工作中的辛勤付出。

感谢我们的儿子卢令一，他读小学三年级了，他努力好学，本书的出版也有他的一份贡献。

感谢电子工业出版社张春雨编辑对我们的信任，让我们继续从事第 2 版的翻译工作。

最后，希望这本书能对读者有所助益。但由于译者经验和水平有限，译文中难免有不妥之处，恳请读者批评指正！

卢涛　李颖

2018 年 9 月 18 日

作者简介

Brad Dayley 是一名高级软件工程师，在开发企业应用程序及 Web 界面方面，他拥有超过 20 年的工作经验。他熟练应用 JavaScript 和 jQuery 多年，并是 *Learning Angular, jQuery and JavaScript Phrasebook* 和 *Sams Teach Yourself AngularJS, JavaScript, and jQuery All in One* 的作者。他曾设计并实现了一大批应用程序和服务——从应用服务器到复杂的 Web 应用程序。

Brendan Dayley 是一名 Web 应用程序开发人员，他喜欢学习和实施最新、最好的技术。他是 *Learning Angular* 和 *Sams Teach Yourself AngularJS, JavaScript, and jQuery All in One* 的合著者。他使用 JavaScript、TypeScript 和 Angular 编写了大量的 Web 应用程序，他正在探索新的 Web 和移动技术（如增强现实）的功能并研究如何将其用于创新解决方案。

Caleb Dayley 是一名在校大学生，主修计算机科学。他尽可能地学习自己所能学到的东西，并且自学了很多关于程序设计的知识。他自学了几种语言，包括 JavaScript、C#，并且使用了本书的第 1 版。他对未来的发展，以及为有机会帮助设计和开发下一代创新软件感到兴奋，这些软件将继续改善我们生活、工作和娱乐的方式。

致谢

谨以此篇向所有为本书做出贡献的人致谢。首先，我要感谢我的贤妻，感谢她给予我灵感、爱和支持。没有她，我不会写就此书。我还要感谢我的儿子们，感谢在写作时间里他们给予我的支持。感谢 Mark Taber 让这本书朝正确的方向演进。

——Brad Dayley

我要感谢所有帮助我完成这本书的人。首先，要感谢我的妻子，她促使我变得更出色，并给予我全心全意的爱。另外，感谢我的父亲，他不仅在写作和编程方面，而且在生活中为我提供指导。感谢我的母亲，当我需要她的时候，她一直在我身边。 最后，感谢 Mark Taber，他给了我参与写作本书部分章节的机会。

——Caleb Dayley

读者服务

轻松注册成为博文视点社区用户（www.broadview.com.cn），扫码直达本书页面。

- **下载资源**：本书提供示例代码及资源文件，可在下载资源处下载。
- **提交勘误**：您对书中内容的修改意见可在提交勘误处提交，若被采纳，将获赠博文视点社区积分（在您购买电子书时，积分可用来抵扣相应金额）。
- **交流互动**：在页面下方读者评论处留下您的疑问或观点，与我们和其他读者一同学习交流。

页面入口：http://www.broadview.com.cn/35096

目 录

第 2 部分 学习 Node.js

第 3 部分 学习 MongoDB

第 4 部分 使用 Express 使生活更轻松

第 5 部分 学习 Angular

引　言

欢迎阅读本书。本书将引领你进入使用JavaScript的世界——在你的Web开发项目中，从服务器和服务到浏览器客户端。本书涵盖Node.js、MongoDB和Angular的实现和集成，而它们是Web开发世界中新兴的一些最令人兴奋和创新的技术。

本篇引言包括

- 本书受众；
- 为什么要阅读本书；
- 从本书中你将了解到的知识；
- Node.js、MongoDB和Angular分别是什么，以及为什么它们都是出色的技术；
- 本书的组织结构。

让我们开始吧。

本书受众

本书假定读者已经对HTML的基础知识有所了解，并可以用现代编程语言完成一些编程。读者如果对JavaScript有一定了解，将更容易理解本书的内容；但这不是必需的，因为本书确实也涵盖了JavaScript的基础知识。

为什么要阅读本书

本书将教你如何创建功能强大的互动网站和Web应用程序——从Web服务器和服务器上的服务到基于浏览器的交互式Web应用程序。这里所涉及的技术都是开源的，在服务器端组件和浏览器端组件上你都可以使用JavaScript。

本书的大多数读者想要掌握Node.js和MongoDB，以便可以达到构建高度可伸缩和高性能网站的目的。大多数读者也想利用 Angular 创新的 MVC/MVVM（Model-View-Controller/Model-View-View-Model）方法来实现精心设计和结构化的网页和 Web 应用程序。总之，Node.js、MongoDB 和 Angular 提供了一个易于实现并完全集成的 Web 开发套件，它可以让你实现神奇的 Web 应用程序。

从本书中你将了解到的知识

阅读本书将帮助你构建现实中的动态网站和 Web 应用程序。网站不再由 HTML 页面和集成的图像及格式化的文本等简单的静态内容构成。相反，网站变得更加动态，单个网页往往充当一个完整的网站或应用程序。

使用 Angular 技术，可让你在网页中构建逻辑，这可以与 Node.js 服务器相互通信并从 MongoDB 数据库获取必要的数据。Node.js、MongoDB 和 Angular 的组合可以让你实现交互式动态网页。通过阅读本书，你将学会如下的事情：

- 如何使用 Node.js 和 Express 来实现一个高度可伸缩的动态 Web 服务器；
- 如何在 JavaScript 中创建服务器端的 Web 服务；
- 如何在 Web 应用程序中实现 MongoDB 的数据存储；
- 如何用 Node.js JavaScript 代码实现对 MongoDB 的访问和交互；
- 如何定义静态和动态 Web 路由并实现服务器端脚本来支持它们；
- 如何定义扩展 HTML 语言的自定义 Angular 组件；
- 如何实现可以与 Node.js Web 服务器交互的客户端服务；
- 如何建立提供丰富的用户交互的动态浏览器视图；
- 如何将嵌套的组件添加到网页；
- 如何实现 Angular 路由来管理客户端应用视图之间的转移。

何为 Node.js

Node.js，有时被直接称作 Node，是基于谷歌的 V8 JavaScript 引擎的开发框架。你可以用 JavaScript 编写 Node.js 代码，然后 V8 将它编译为要执行的机器代码。你可以用 Node.js 编写出大部分，或者甚至全部的服务器端代码，包括 Web 服务器、服务器端脚本和任何支持 Web 应用程序的功能。Web 服务器和支持 Web 应用程序的脚本在同一个服务器端应用程序中运行这一事实，允许在 Web 服务器和脚本之间有更紧密的集成。

Node.js 之所以是一个出色的框架，基于下面几个原因。

- **JavaScript 端到端：**Node.js 的一个最大优点是，它可以让你用 JavaScript 同时编写服务器端和客户端脚本。在决定把逻辑放入客户端脚本还是服务器端脚本方面一直有困难。利用 Node.js，你可以在客户端上编写 JavaScript，并轻松地在服务器上适应它，反之亦然。另外一个好处是，客户端的开发者和服务器的开发者使用同一种语言。
- **事件驱动的可伸缩性：**Node.js 应用独特的逻辑来处理 Web 请求。使用 Node.js，不是让多个线程等待处理 Web 请求，而是采用一种基本的事件模型在同一个线程上处理它们。这使得 Node.js Web 服务器可以用传统的 Web 服务器不能做到的方式扩缩。
- **可扩展性：**Node.js 有很多的追随者和一个活跃的开发社区。人们正在不断提供新的模块来扩展 Node.js 的功能。此外，在 Node.js 中易于安装和包含新的模块，你可以在几分钟内扩展 Node.js 的项目来包含新的功能。
- **快速执行：**建立 Node.js，并在其中开发是超级容易的。在短短几分钟内就可以安装 Node.js，并拥有一个能工作的 Web 服务器。

何为 MongoDB

MongoDB 是一个灵活的可伸缩的 NoSQL 数据库。Mongo 这个名字来自单词“堆积如山”（hu**mongo**us），用来强调 MongoDB 提供的可伸缩性和性能。MongoDB 为需要存储诸如用户评论、博客或其他条目数据的高流量的网站提供了出色的网站后端存储，因为它可快速伸缩并易于实现。

下面是 MongoDB 真正适合于 Node.js 套件的一些原因。

- **针对文档：**因为 MongoDB 是针对文档的，所以数据在数据库中存储的格式，非常接近于你在服务器端和客户端脚本中处理它们的格式。这消除了把数据从行转换为对象和转换回来的需要。
- **高性能：**MongoDB 是目前性能最高的数据库之一。尤其是在现在，有越来越多的人与网站进行交互，具有能够支持大流量的后端是很重要的。
- **高可用性：**MongoDB 的复制模型使得它易于维护可伸缩性，同时又保持高性能。

- **高可伸缩性**：MongoDB 的结构使得它易于通过在多个服务器上对数据共享实现水平伸缩。
- **无 SQL 注入**：MongoDB 是不容易受到 SQL 注入攻击的（也就是向 Web 表单或从浏览器的其他输入中输入 SQL 语句，从而危及数据库的安全性）。这是因为对象被存储为对象，不使用 SQL 字符串。

何为 Angular

Angular 是由谷歌开发的 JavaScript 客户端框架。Angular 背后的理论是提供一个框架，以便可以很容易地使用 MVC/MVVM 框架实现设计良好的结构化网页和应用程序。

Angular 提供了在浏览器中处理用户输入、操纵客户端上的数据及控制元素如何在浏览器界面上显示的功能。下面是 Angular 具有的一些优势。

- **数据绑定**：Angular 利用其强大的范围机制，有一个将数据绑定到 HTML 元素的简洁的方法。
- **可扩展性**：Angular 架构允许你轻松地扩展语言的各个方面，以提供你自己的自定义实现。
- **整洁**：Angular 迫使你编写整洁的、合乎逻辑的代码。
- **可重用代码**：可扩展性和简洁代码的结合，使得易于用 Angular 编写可重用的代码。事实上，在创建自定义服务的时候，此语言往往迫使你这样做。
- **支持**：谷歌正把大量资金投入这个项目，这使得它比那些已失败的类似举措更具优势。
- **兼容性**：Angular 基于 JavaScript 并与 JavaScript 标准有着密切的联系。这使得更易于将 Angular 整合到你的环境和重用在 Angular 框架结构内的现有代码片段。

本书的组织结构

本书分为 6 个主要部分：

- 第 1 部分“入门”概述了 Node.js、MongoDB 和 Angular 之间的相互作用，并对这 3 种产品如何形成一个完整的 Web 开发套件进行了概述。第 2 章是 JavaScript 的初步介绍，它提供了实现 Node.js 和 Angular 代码时，你需要用到的 JavaScript 语言的基本知识。

- 第 2 部分“学习 Node.js”涵盖了 Node.js 的语言平台，从安装到实现 Node.js 模块。这部分将向你提供你需要的基本框架，以实现自定义 Node.js 模块以及 Web 服务器和服务器端脚本。
- 第 3 部分“学习 MongoDB”涵盖了 MongoDB 数据库，从安装到与 Node.js 应用程序的集成。本部分将讨论如何规划数据模型，以满足你的应用程序需求，以及如何从 Node.js 应用程序对 MongoDB 进行访问和交互。
- 第 4 部分“使用 Express 使生活更轻松”讨论了 Node.js 的 Express 模块以及如何利用它作为应用程序的 Web 服务器。你将学习如何为数据设置动态和静态路由，以及如何实现安全性、缓存和 Web 服务器的其他基本功能。
- 第 5 部分“学习 Angular”涵盖了 Angular、框架的架构，以及如何将它集成到 Node.js 套件。本部分介绍了创建自定义的 HTML 组件和在浏览器中利用的客户端服务。
- 第 6 部分“高级 Angular”涵盖了更高级的 Angular 开发，比如构建自定义指令和自定义服务。本部分还介绍了如何使用 Angular 的内置 HTTP 和路由服务。最后讲解了一些补充的富 UI 示例，比如拖放组件的构建与动画的实现。

结束语

我们希望你和我们一样喜欢学习 Node.js、MongoDB 和 Angular。它们都是出色而创新的技术，使用起来充满乐趣。很快，你就可以加入这一庞大的 Web 开发人员之列，和他们一起使用 Node.js-to-Angular Web 套件来建立交互式网站和 Web 应用程序了。享受这本书吧！

第 1 部分
入　门

第 1 章
介绍 Node.js-to-Angular 套件

为了让你从一开始就走上正轨，本章首先重点介绍 Web 开发框架的基本组成部分，然后介绍 Node.js-to-Angular 套件的组件，这将是本书其余部分的基础。下面讨论通用网站/Web 应用程序开发框架的各个方面，包括从用户到后端服务。首先介绍 Web 开发框架组件的目的，是为了使你的思维更方便地了解 Node.js-to-Angular 套件的组件如何与通用框架的部件产生联系。这会帮助你更清楚地看到，使用 Node.js-to-Angular 套件组件相比于更传统的技术所带来的好处。

1.1 了解基本的 Web 开发框架

为了让你以正确的思维方式了解使用 Node.js、MongoDB 和 Angular 作为 Web 框架的好处，本节提供了针对大多数网站的基本组成部分的概述。如果你熟悉完整的 Web 框架，那么这部分将是老调重弹；但如果你只知道 Web 框架的服务器端或客户端，那么这部分会使你有一个更全面的了解。

任何特定的 Web 框架的主要组件都是用户、浏览器、Web 服务器和后端服务。虽然网站在外观和行为上变化很大，但它们都具有这些基本组件的一种形式或另一种形式。

本节的目的并非是深入且全面的，或在技术上确切地介绍功能齐全的网站的各部分，而是通过高层视角来介绍它们。本节按自顶向下的方式对组件进行了描述，包括从用户直到后端服务。然后 1.2 节从下往上地讨论 Node.js-to-Angular 套件，这样你就可以大致了解每个部件适用的场合及其原因。图 1.1 提供了一个基本的图示来简化可视化一个网站/ Web 应用程序的组件。

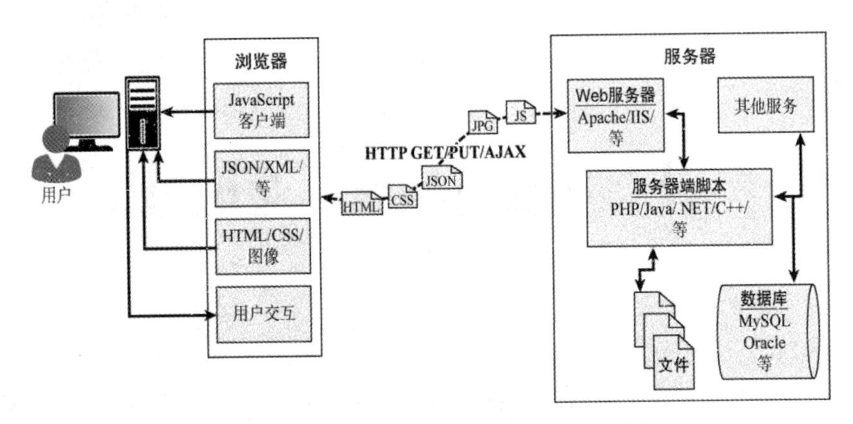

图 1.1 一个基本的网站/Web 应用程序的组件图示

1.1.1 用户

用户是所有网站的基本组成部分；毕竟，他们是网站存在的首要原因。用户期望为开发一个很好的网站定义需求。多年来，这些期望已经发生了很大变化。在过去，用户能接受“全世界的等待”（world-wide-wait）的缓慢且烦琐的体验，但现在不同了。他们希望网站的行为如同安装在他们的电脑和移动设备上的应用程序那么迅速。

在 Web 框架中用户角色位于网页的视频输出和交互输入。也就是说，用户浏览 Web 框架的处理结果，然后使用鼠标点击、键盘输入，以及在移动设备上滑动和轻点来提供交互。

1.1.2 浏览器

浏览器在 Web 框架中扮演 3 种角色：首先，它提供与 Web 服务器的通信。其次，它解释来自服务器的数据，并将其呈现为用户实际看到的视图。最后，浏览器通过键盘、鼠标、触摸屏，或其他输入设备来处理用户交互，并采取适当的行动。

浏览器对 Web 服务器的通信

浏览器对 Web 服务器的通信由使用 HTTP 和 HTTPS 协议的一系列请求组成。超文本传输协议（HTTP）定义在浏览器和 Web 服务器之间的通信。HTTP 定义了可发出什么类型的请求以及这些请求和 HTTP 响应的格式。

HTTPS 增加了一个额外的安全层 SSL/TLS，通过请求 Web 服务器提供证书给浏览器以确保安全的连接。然后用户可以在允许连接之前决定是否接受该证书。

浏览器对服务器主要发出 3 种类型的请求。

- **GET**：GET 请求通常用于从服务器获取数据，如 HTML 文件、图像或 JSON 数据。
- **POST**：当发送数据到服务器，如将物品添加到购物车或提交 Web 表单时，使用 POST 请求。
- **AJAX**：异步 JavaScript 和 XML（AJAX），实际上只是由在浏览器中运行的 JavaScript 直接完成的一个 GET 或 POST 请求。尽管叫这个名字，但 AJAX 请求能在响应中接收 XML、JSON 或原始数据。

呈现浏览器视图

用户实际看到并进行交互的界面，通常由从 Web 服务器检索的数据的几个不同部分组成。浏览器从初始 URL 中读取数据，然后呈现 HTML 文档以建立一个文档对象模型（DOM）。DOM 是以 HTML 文件作为根的树形结构对象。树的结构基本上与 HTML 文件的结构相匹配。例如，`document` 将 `html` 作为孩子，而 `html` 将 `head` 和 `body` 作为孩子，而 `body` 可能将 `div`、`p` 或其他元素作为孩子，如下所示：

```
document
  + html
    + head
    + body
      + div
        + p
```

浏览器解释每个 DOM 元素，并将其呈现给用户界面以建立网页视图。

浏览器经常从多个 Web 服务器请求获得各种类型的数据来建立最终的网页。下面是浏览器用来呈现最终用户视图以及定义该网页行为的最常见的数据类型。

- **HTML 文件**：这些提供了 DOM 的基本结构。
- **CSS 文件**：这些定义了页面上每个元素的风格，如字体、颜色、边框和间距。
- **客户端脚本**：这些通常是 JavaScript 文件。它们可以为网页提供额外的功能，操作 DOM 来改变网页的外观，并为显示页面和提供功能提供所需的任何必要的逻辑。
- **媒体文件**：作为网页的一部分呈现的图像、视频和声音文件。
- **数据**：任何数据，如 XML、JSON 或原始文本可以通过 Web 服务器作为一个 AJAX 请求的响应提供。并不是发送一个请求给服务器来重建该网页；新的数据可以通过 AJAX 进行检索，并通过 JavaScript 插入网页。
- **HTTP 标头**：HTTP 协议定义了一组可以被浏览器使用的标头和用来定义网页行为

的客户端脚本。例如，cookie 被包含在 HTTP 标头中。HTTP 标头还定义了请求中的数据类型以及预计会返回给浏览器的数据类型。

用户交互

用户经由鼠标、键盘、触摸屏等输入设备与浏览器进行交互。浏览器用一个精心设计的事件系统来捕获这些用户输入事件，然后采取相应的行动。这些行动的类型各异，从显示弹出式菜单到从服务器加载一个新的文档，再到执行客户端 JavaScript。

1.1.3　Web 服务器

Web 服务器的主要重点是处理来自浏览器的请求。如前所述，一个浏览器可以请求一个文档、POST 数据，或执行一个 AJAX 请求来获取数据。Web 服务器使用 HTTP 标头以及一个 URL 来决定采取何种行动。事情会变得迥异，这取决于 Web 服务器、配置和使用的技术。

大部分开箱即用的 Web 服务器，如 Apache 和 IIS，都是为了服务于静态文件，如.html、.css 和媒体文件。为了处理那些修改服务器的数据的 POST 请求和与后端服务进行交互的 AJAX 请求，Web 服务器需要用服务器端脚本来扩展。

服务器端程序其实是处理浏览器请求的任务并可以被 Web 服务器执行的任何东西。这些程序可以用 PHP、Python、C、C++、C#和 Java 等来编写，这样的例子不胜枚举。Web 服务器，如 Apache 和 IIS，提供了包含服务器端脚本并将它们连接到由浏览器请求的特定 URL 位置的机制。

在这里，具备一个坚实的 Web 服务器框架会大为不同。往往需要相当多的配置，才能启用各种脚本语言并连接上服务器端脚本，以便 Web 服务器可以把适当的请求路由到相应的脚本。

服务器端脚本既可以通过执行自己的代码直接生成响应，也可以连接其他后台服务器，如数据库，以获取必要的信息，然后利用这些信息来建立和发送相应的响应。

1.1.4　后端服务

后端服务是在 Web 服务器后面运行的服务，它提供数据，用来构建对浏览器的响应。后端服务最常见的类型是用于存储信息的数据库。当需要从数据库或其他后端服务获取信息的请求从浏览器到达时，服务器端脚本连接到数据库，检索信息，格式化它，然后将其发送回浏览器。反之，当从一个网页请求来的数据需要被存储在数据库中时，服务器端脚本连接到数据库，并更新数据。

1.2 了解 Node.js-to-Angular 套件组件

你有了对 Web 框架基本结构的最新认识，现在是讨论 Node.js-to-Angular 套件的时候了。这个套件最常见的，并且我们相信也是最好的版本是包括 MongoDB、Express、Angular 和 Node.js 的 Node.js-to-Angular 套件。

在 Node.js-to-Angular 套件中，Node.js 提供了开发的基础平台。后端服务和服务器端脚本都是用 Node.js 编写的。MongoDB 提供了网站的数据存储，但通过一个 MongoDB 驱动 Node.js 模块进行访问。Web 服务器是通过 Express 定义的，这也是一个 Node.js 的模块。

在浏览器中的视图使用 Angular 框架定义和控制。Angular 是一个 MVC 框架，在该框架中的模型由 JSON 或 JavaScript 对象组成，视图是 HTML/CSS，而控制器由 Angular JavaScript 组成。

图 1.2 提供了一个基本的图示，它显示 Node.js-to-Angular 套件是如何适合基本的网站/Web 应用模型的。以下各节描述每种技术，以及它们被选为 Node.js-to-Angular 套件的一个组成部分的原因。本书后面的章节将涵盖各种技术的更多细节。

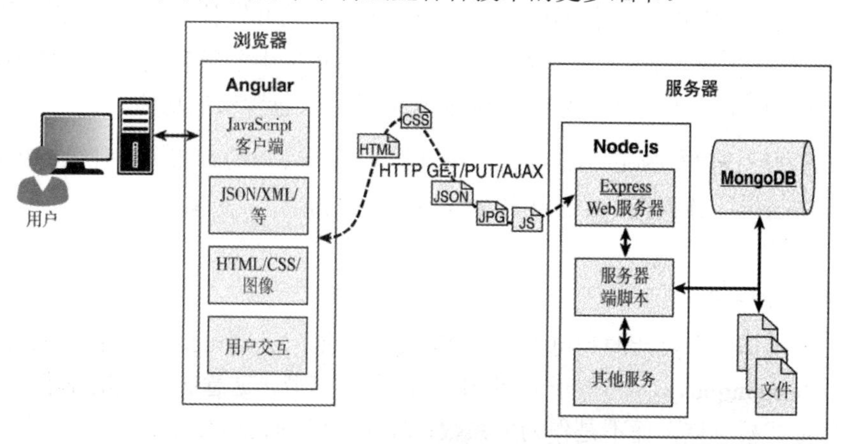

图 1.2 显示 Node.js、Express、MongoDB 和 Angular 各适用于网络模式哪部分的图示

1.2.1 Node.js

Node.js 是一个基于谷歌的 V8 JavaScript 引擎的开发框架。因此，Node.js 代码是用 JavaScript 编写的，然后由 V8 编译为机器码供执行。

你可以用 Node.js 编写许多后台服务、服务器端脚本和任何支持 Web 应用程序的功能。Node.js 的好处是它各部分都只包含 JavaScript，因此，可以方便地从客户端脚本提取功能，然后将其放置到服务器端脚本中。此外，Web 服务器可以在 Node.js 平台上作为一个 Node.js 的模块直接运行，这意味着它比使用其他软件，比方说，Apache 连接新服务或服务器端脚本要更容易。

Node.js 之所以是一个出色的启动框架，有下面几个原因。

- **JavaScript 端到端：** Node.js 的一个最大优点是，它可以让你用 JavaScript 同时编写服务器端和客户端脚本。决定把脚本逻辑放置于何处，一直是一件困难的事情。在客户端放太多东西会使客户端变得烦琐而又笨拙，而在服务器端放太多东西又会拖慢 Web 应用并使 Web 服务器不堪重负。利用 Node.js，你可以在客户端上编写 JavaScript，并轻松地在服务器上适应它，反之亦然。而且，客户端的开发者和服务器的开发者使用同一种语言。
- **事件驱动的可伸缩性：** Node.js 应用不同的逻辑来处理 Web 请求。处理 Web 请求时，这些请求都在同一个线程上采用一种基本的事件模型被处理，而不是让多个线程等待处理。这使得 Node.js Web 服务器可以用传统的 Web 服务器永远不能的方式进行扩缩。第 2 章将更详细地讨论此问题。
- **可扩展性：** Node.js 有很多的追随者和一个活跃的开发社区。人们正在不断提供新的模块来扩展 Node.js 的功能。此外，在 Node.js 中安装和包含新的模块是非常简单的，你可以在几分钟内扩展 Node.js 的项目来包含新的功能。
- **快速执行：** 建立 Node.js，并在其中开发是超级容易的。在短短几分钟内就可以安装 Node.js，并拥有一个能工作的 Web 服务器。

1.2.2 MongoDB

MongoDB 是一个灵活的和可伸缩的 NoSQL 数据库。Mongo 这个名字来自单词“堆积如山”（hu**mongo**us）。它基于 NoSQL 文档存储模型，这意味着数据在数据库中作为 JSON 对象形式被存储，而不是作为关系数据库中传统的列和行存储。

MongoDB 为需要存储诸如用户评论、博客或其他项目数据的高流量的网站提供了出色的网站后端存储，因为它是快速、可伸缩和易于实现的。本书介绍了使用 MongoDB 的驱动程序库从 Node.js 访问 MongoDB。

Node.js 支持多种数据库访问驱动程序，因此数据很容易用 MySQL 或其他数据库来存储。但是，下面是 MongoDB 真正适合于 Node.js 套件的一些原因。

- **针对文档：** 因为 MongoDB 是针对文档的，数据在数据库中存储的格式接近于你将在服务器端和客户端脚本中处理它们的格式。这消除了把数据从行转换为对象和转换回来的需要。

- **高性能**：MongoDB 是目前性能最高的数据库之一。尤其是在现在，当有越来越多的人与网站进行交互时，具有能够支持大流量的后端是很重要的。
- **高可用性**：MongoDB 的复制模型使得它容易维护可伸缩性，同时又保持高性能。
- **高可伸缩性**：MongoDB 的结构使得它可以很容易地通过在多个服务器上对数据共享实现水平伸缩。
- **无 SQL 注入**：MongoDB 是不容易受到 SQL 注入攻击的（也就是向 Web 表单或从浏览器的其他输入中输入 SQL 语句，从而危及数据库的安全性）。这是因为对象被存储为对象，不使用 SQL 字符串。

1.2.3 Express

Express 模块在 Node.js-to-Angular 套件中充当 Web 服务器。它运行在 Node.js 中，使得其很容易配置、实现和控制。Express 模块扩展了 Node.js，它提供几个关键组件来处理 Web 请求。这可以让你用短短几行代码实现在 Node.js 中运行的 Web 服务器。

例如，Express 模块为使用者提供轻松设置连接到目的地的路径（URL）的功能。它也在处理 HTTP 请求和响应对象，包括在处理像 cookie 和 HTTP 标头的方面提供强大的功能。

以下是 Express 有价值的功能的部分列表。

- **路由管理**：Express 可以很容易地定义直接绑在服务器上的 Node.js 脚本功能的路由（URL 端点）。
- **错误处理**：Express 为“未找到文件”等错误提供了内置的错误处理。
- **易于集成**：一个 Express 服务器可以很容易地在现有的反向代理系统，如 Nginx 或 Varnish 之后实现。这使它可以轻松地集成到现有的安全系统。
- **cookie**：Express 提供了简单的 cookie 管理。
- **会话和缓存管理**：Express 也能够进行会话管理和缓存管理。

1.2.4 Angular

Angular 是由谷歌开发的客户端框架。Angular 提供处理用户在浏览器中的输入，操纵客户端上的数据，并控制如何在浏览器视图上显示元素所需要的所有功能。它是用 TypeScript 编写的。Angular 背后的理论是提供一个框架，使得可以很容易地实现使用 MVC 框架的 Web 应用程序。

也可以在 Node.js 平台上使用其他 JavaScript 框架，如 Backbone、Ember 和 Meteor。然而，Angular 拥有在写作本书之际最好的设计、功能集和轨迹。下面是 Angular 的一些好处。

- **数据绑定**：Angular 利用其强大的范围机制，有一个将数据绑定到 HTML 元素的非常干净的方法。
- **可扩展性**：Angular 架构允许你轻松地扩展语言的各个方面，以提供你自己的自定义实现。
- **整洁**：Angular 迫使你编写整洁的、合乎逻辑的代码。
- **可重用代码**：可扩展性和简洁代码的结合，使得易于用 Angular 编写可重用的代码。事实上，在创建自定义服务的时候，该语言往往迫使你这样做。
- **支持**：谷歌正把大量资金投入这个项目，这使得它比那些已失败的类似举措更具优势。
- **兼容性**：Angular 基于 TypeScript。这使得开始整合 Angular 到你的环境和重用在 Angular 框架结构内的现有代码片段都更容易。

1.3　小结

本章介绍了 Web 开发框架的基础知识。本章介绍了 Web 服务器和浏览器之间交互的基本知识，以及使现代网站发挥作用所需要的功能。

本章还介绍了 Node.js-to-Angular 套件，它包括 Node.js、MongoDB、Express 和 Angular。Node.js 提供框架的平台，MongoDB 提供后端数据存储，Express 提供 Web 服务器，而 Angular 提供了现代 Web 应用程序的客户端框架。

1.4　下一章

下一章将提供 JavaScript 语言的简要初步介绍。因为整个 Node.js-to-Angular 套件是基于 JavaScript 的，所以你需要熟悉这门语言，这样才能够跟上本书其余部分的内容。

第 2 章 JavaScript 基础

在本书中使用的每个组件——Node.js、Express、TypeScript 和 Angular，都是基于 JavaScript 语言的。因此，在 Web 开发套件的所有级别都很容易实现和重用代码。

本章的目的是让你熟悉一些 JavaScript 的语言基础知识，如变量、函数和对象。它不是一个完整的语言导引，而是重要的语法和惯用法的概要。如果你不熟悉 JavaScript，本章应该能让你有足够的知识了解整本书其余部分的例子。如果你已经非常了解 JavaScript，则可以跳过本章或把它作为复习来回顾。

2.1 定义变量

开始学习 JavaScript 的第一步是定义变量。变量是一种命名数据的手段，你可以在 JavaScript 中使用变量名来临时存储和访问来自 JavaScript 文件的数据。变量既可以指向简单的数据类型，如数字或字符串；也可以指向更复杂的数据类型，如对象。

要在 JavaScript 中定义一个变量，应使用 `var` 关键字，然后赋予该变量一个名称，如下面的例子所示：

```
var myData;
```

你还可以在同一行给变量赋值。例如，下面的代码行创建一个变量 `myString`，并为其赋值`"Some Text"`：

```
var myString = "Some Text";
```

如下两行做的是同样的事情：

```
var myString;
myString = "Some Text";
```

在你声明了变量后，就可以使用其名称把值赋给该变量并访问该变量的值。例如，下面的代码将一个字符串存储在 `myString` 变量中，然后在给 `newString` 变量赋值时使用它：

```
var myString = "Some Text";
var newString = myString + " Some More Text";
```

你的变量名应当描述它们存储的数据，以便在程序中方便地使用它们。变量命名的唯一规则是，必须以字母、$或_开头，并且不能包含空格。请牢记，变量名区分大小写，所以`myString`与`MyString`是不同的。

2.2 了解JavaScript数据类型

JavaScript使用数据类型来确定如何处理被分配给一个变量的数据。变量的类型决定了你可以对变量进行什么操作，如循环或执行。下面描述了你将在本书中最常使用的变量类型。

- **字符串（String）**——将字符数据存储为一个字符串。字符数据可以用单引号或双引号来指定。所有包含在引号中的数据将被赋值给字符串变量。例如：

```
var myString = 'Some Text';
var anotherString = 'Some More Text';
```

- **数值（Number）**——将数据存储为一个数值。数值对于清点数量、计算和比较是有用的。它的一些实例如下：

```
var myInteger = 1;
var cost = 1.33;
```

- **布尔（Boolean）**——存储一个位，它要么是true（真），要么是false（假）。布尔值通常用于标志。例如，你可以在一些代码的开始处把一个变量设置为`false`，然后在完成时检查它以观察代码是否执行到一个特定位置。下面的例子分别定义了一个`true`和`false`变量：

```
var yes = true;
var no = false;
```

- **数组（Array）**——一个带索引的数组是一组独立的不同的数据项，这些数据项全部在一个单独的变量名中存储。在数组中的条目可以使用`array[index]`的方式，用它们从零开始的索引来访问。以下例子创建一个简单的数组，然后访问其第一个元素，这是在索引0处的一个元素：

```
var arr = ["one", "two", "three"];
var first = arr[0];
```

- **对象字面量（Object Literal）**——JavaScript支持创建和使用对象字面量的能力。当你使用对象字面量时，可以使用`object.property`语法访问对象中的值与函数。下面的示例演示如何创建和访问对象字面量的属性：

```
var obj = {"name": "Brendan", "Hobbies":["Video Games", "camping"], "age",
```

```
"Unknown"};
var name = obj.name;
```

- 空（Null）——有时候，变量中没有值来存储，这可能是因为它没有被创建或者你不再使用它。在这样的时刻，你可以把一个变量设置为 null。使用 null 比赋值为 0 或空字符串（""）更好，因为这些都可能是变量的有效值。通过给一个变量指定 null，你可以不指定任何值，并在你的代码里面核对 null，像下面这样：

```
var newVar = null;
```

> **注意**
> JavaScript 是一种无类型的语言。在脚本中你并不需要指定一个变量的数据类型。解释器会自动推算出某个变量的正确数据类型。此外，你可以将不同类型的值赋给一种类型的变量。例如，如下代码定义了一个字符串变量，然后将一个整数类型的值赋给它：
>
> ```
> var id = "testID";
> id = 1;
> ```

2.3 使用运算符

JavaScript 运算符允许你改变一个变量的值。你已经熟悉了用于赋值给变量的=运算符。JavaScript 提供了几种不同的运算符，它们可划分为两大类：算术运算符和赋值运算符。

2.3.1 算术运算符

算术运算符用来执行变量和直接值之间的操作。表 2.1 显示了算术运算的列表，以及应用这些运算的结果。

表 2.1 JavaScript 的算术运算符，其结果基于 **y =4** 的最初值

运 算 符	说 明	示 例	x 结 果
+	加	x=y+5	9
		x=y+"5"	"45"
		x="Four"+y+"4"	"Four44"
-	减	x=y-2	2
++	递增	x=y++	4
		x=++y	5
--	递减	x=y--	4
		x=--y	3
*	乘	x=y*4	16
/	除	x=10/y	2.5
%	模（除法的余数）	x=y%3	1

> **注意**
> +运算符用来连接字符串或将字符串和数值加在一起。这可以快速连接字符串，以及将数值数据添加到输出字符串。表 2.1 显示，当把一个数值加到一个字符串值时，数值被转换为字符串，然后这两个字符串被连接在一起。

2.3.2　赋值运算符

赋值运算符用于把值赋给一个变量。除了=运算符外，还有几种不同的形式，可以让你在给一个变量赋值时操作数据。表 2.2 显示了赋值运算的列表，以及应用这些操作的结果。

表 2.2　JavaScript 的赋值运算符，其结果基于 **x=10** 的初始值

运 算 符	示　例	相当于算术运算符	x 结 果
=	x=5	x=5	5
+=	x+=5	x=x+5	15
-=	x-=5	x=x-5	5
*=	x*=5	x=x*5	50
/=	x/=5	x=x/5	2
%=	x%=5	x=x%5	0

2.3.3　运用比较和条件运算符

使用条件语句是一种把逻辑应用到你的应用程序的方法，例如，某些代码只有在正确的条件下才能执行。可以通过对变量的值应用比较逻辑来做到这一点。以下各节描述了可在 JavaScript 中使用的比较，以及如何将它们应用在条件语句中。

比较运算符

比较运算符计算两部分数据，如果计算结果是正确的，则返回 `true`；如果计算结果是不正确的，则返回 `false`。比较运算符对运算符左边的值和右边的值执行比较。

理解 JavaScript 比较语法的最好方法是举例说明。表 2.3 给出了比较运算符的列表，以及一些例子。

表 2.3　JavaScript 的比较运算符，其结果基于 **x=10** 的初始值

运 算 符	说　明	示　例	结　果
==	等于（只是值）	x==8 x==10	false true
===	值和类型都相等	x===10 x==="10"	true false

（续表）

运 算 符	说 明	示 例	结 果
!=	不等于	x!=5	true
!==	值和类型都不相等	x!=="10" x!==10	true false
>	大于	x>5	true
>=	大于或等于	x>=10	true
<	小于	x<5	false
<=	小于或等于	x<=10	true

你可以使用逻辑运算符和标准圆括号链接多重比较。表 2.4 显示了逻辑运算符的列表，以及如何使用它们将比较链接在一起。

表 2.4 JavaScript 的比较运算符，其结果基于 **x=10**，**y =5** 的初始值

运 算 符	说 明	示 例	结 果
&&	并且	(x==10 && y==5) (x==10 && y>x)	true false
||	或者	(x>=10 || y>x) (x<10 && y>x)	true false
!	否	!(x==y) !(x>y)	true false
	混合	(x>=10 && y<x || x==y) ((x<y || x>=10) && y>=5) (!(x==y) && y>=10)	true true false

使用 **if** 语句

if 语句可以让你基于一个比较计算来分离代码执行。下面的代码行显示在()中的条件运算符和如果条件计算结果为 true 时要执行的在{}中的代码：

```
if(x==5){
  do_something();
}
```

除了只在 if 语句块中执行的代码外，你还可以指定一个 else 块，它仅当条件是 false 时才执行。例如：

```
if(x==5){
  do_something();
} else {
  do_something_else();
}
```

你也可以将 if 语句链接在一起。要做到这一点，添加一个条件语句以及一个 else 语句，如下例所示：

```
if(x<5){
  do_something();
} else if(x<10) {
  do_something_else();
} else {
  do_nothing();
}
```

实现 switch 语句

另一种类型的条件逻辑是 switch 语句。switch 语句使你可以计算一个表达式，然后基于该值，执行代码的众多不同的部分之一。

switch 语句的语法如下：

```
switch(表达式){
  case value1:
    <要执行的代码>
    break;
  case value2:
    <要执行的代码>
    break;
  default:
    <既不是value1也不是value2时要执行的代码>
}
```

其执行的原理如下：switch 语句完全计算表达式，并得到一个值。该值可以是字符串、数值、布尔值，甚至是一个对象。然后再使用 case 语句指定的每个值与 switch 表达式做比较。如果值匹配，则执行 case 语句中的代码。如果没有匹配的值，那么执行 default（默认）的代码。

> **注意**
> 通常，每个 case 语句都在最后包括 break 命令，表示从 switch 语句中断。如果没有找到 break，那么代码继续执行下一个 case 语句。

2.4　实现循环

循环是多次执行同一段代码的一种手段。当你需要在一个数组或对象集上重复执行相同的任务时，这是非常有用的。

JavaScript 提供执行 for 和 while 循环的功能。以下各节将介绍如何在 JavaScript 中实现循环。

2.4.1 **while** 循环

JavaScript 中最基本的循环类型是 while 循环。while 循环测试表达式，并继续执行包含在它的{}括号中的代码，直到表达式计算结果为 false 为止。

例如，下面的 while 循环一直执行，直到 i 的值等于 5 为止：

```
var i = 1;
while (i<5){
  console.log("Iteration " + i + "<br>");
  i++;
}
```

输出到控制台的结果如下：

```
Iteration 1
Iteration 2
Iteration 3
Iteration 4
```

2.4.2 **do/while** 循环

另一种类型的 while 循环是 do/while 循环。当你总是想至少执行一次循环中的代码，并且除非代码至少执行一次，否则不能对表达式进行测试时，这是很有用的。

例如，下面的 do/while 循环一直执行，直到 day 的值等于 Wednesday 为止：

```
var days = ["Monday", "Tuesday", "Wednesday", "Thursday", "Friday"];
var i=0;
do{
  var day=days[i++];
  console.log("It's " + day + "<br>");
} while (day != "Wednesday");
```

输出到控制台的结果如下：

```
It's Monday
It's Tuesday
It's Wednesday
```

2.4.3 **for** 循环

JavaScript 的 for 循环允许你使用一个 for 语句把 3 个语句结合成一个执行块，将代码执行特定的次数。它的语法如下：

```
for(赋值;条件;更新){
  要执行的代码;
}
```

for 语句使用如下所示的 3 个语句来执行循环。

- **赋值**：在循环开始前执行的，并且不再次执行。它被用来初始化将在循环的条件语句中使用的变量。
- **条件**：在循环的每次迭代之前计算该表达式的值。如果表达式的值为 true，则循环继续执行；否则，for 循环执行结束。
- **更新**：在每次迭代中，更新在执行了循环中的代码后执行。这通常用于递增在条件中使用的计数器。

下面的例子说明了一个 for 循环，其中一个循环嵌套在另一个循环内：

```
for (var x=1; x<=3; x++){
  for (var y=1; y<=3; y++){
    console.log(x + " X " + y + " = " + (x*y) + "<br>");
  }
}
```

输出到 Web 控制台的结果如下：

```
1 X 1 = 1
1 X 2 = 2
1 X 3 = 3
2 X 1 = 2
2 X 2 = 4
2 X 3 = 6
3 X 1 = 3
3 X 2 = 6
3 X 3 = 9
```

2.4.4 for/in 循环

另一种类型的 for 循环是 for/in 循环。for/in 循环在能够被迭代的任何数据类型上执行。在大多数情况下，你将在数组和对象中使用 for/in 循环。下面的例子说明了一个简单的数组上的 for/in 循环的语法和行为：

```
var days = ["Monday", "Tuesday", "Wednesday", "Thursday", "Friday"];
for (var idx in days){
  console.log("It's " + days[idx] + "<br>");
}
```

注意，每次迭代循环时，变量 idx 都被调整，从开始的数组索引到最后的索引。输出结果如下：

```
It's Monday
It's Tuesday
It's Wednesday
It's Thursday
It's Friday
```

2.4.5 中断循环

当你使用循环时，有时候你需要在代码本身内部中断代码的执行，而不是等待下一次迭代。有两种不同的方法来做到这一点：使用 break 和 continue 关键字。

关键字 break 完全停止执行一个 for 或 while 循环。在另一方面，continue 关键字停止执行循环内的代码，并继续进行下一个迭代。考虑下面的几个例子。

这个例子显示了 break 的使用，如果这一天是星期三（Wednesday）：

```
var days = ["Monday", "Tuesday", "Wednesday", "Thursday", "Friday"];
for (var idx in days){
  if (days[idx] == "Wednesday")
    break;
  console.log("It's " + days[idx] + "<br>");
}
```

一旦该值是星期三，循环执行就完全停止：

```
It's Monday
It's Tuesday
```

这个例子显示了 continue 的使用，如果这一天是星期三：

```
var days = ["Monday", "Tuesday", "Wednesday", "Thursday", "Friday"];
for (var idx in days){
  if (days[idx] == "Wednesday")
    continue;
  console.log("It's " + days[idx] + "<br>");
}
```

请注意，因为 continue 语句，所以对于星期三，不执行写操作，但此循环的执行是完整的：

```
It's Monday
It's Tuesday
It's Thursday
It's Friday
```

2.5 创建函数

JavaScript 最重要的一个部分是制作其他代码可以重用的代码。要做到这一点，你可以把代码组织成执行特定任务的函数。函数是结合在一个单一的块中，并给予一个名称的一系列代码语句。然后，你就可以通过引用该名称来执行块中的代码。

2.5.1 定义函数

使用 function 关键字后跟一个描述该函数用途的名称、在()中的零个或多个参数的列表，以及在{}块中的一个或多个代码语句来定义一个函数。例如，下面是一个往控制台写入"Hello World"的函数的定义：

```
function myFunction(){
  console.log("Hello World");
}
```

要执行 myFunction()中的代码，你需要做的所有工作就是在主 JavaScript 或在另一个函数中添加下面一行：

```
myFunction();
```

2.5.2 将变量传递给函数

你经常需要将特定的值传递给函数，而函数在执行它们的代码时，将使用这些值。通常以逗号分隔的形式将值传递到函数。函数定义需要在()中有一个与传递进来的值的数量匹配的变量名列表。例如，下面的函数接受两个参数：name（名字）和 city（城市），并使用它们来构建输出字符串：

```
function greeting(name, city){
  console.log("Hello " + name);
  console.log(". How is the weather in " + city);
}
```

要调用 greeting()函数，你需要传递一个 name 值和一个 city 值。该值可以是直接的值或先前定义的变量。为了说明这一点，下面的代码把一个 name 变量和一个直接字符串作为 city 的值用来执行 greeting()函数：

```
var name = "Brad";
greeting(name, "Florence");
```

2.5.3 从函数返回值

通常情况下，函数需要返回一个值给调用代码。我们添加一个后面跟着变量或值的 return 关键字从函数返回值。例如，下面的代码调用一个函数来格式化字符串，把该函数返回的值赋给一个变量，然后将该值写入控制台：

```
function formatGreeting(name, city){
  var retStr = "";
  retStr += "Hello <b>" + name +"<b>,<br>);
  retStr += "Welcome to " + city + "!";
return retStr;
}
var greeting = formatGreeting("Brad", "Rome");
console.log(greeting);
```

你可以在函数中包含不止一个 return 语句。当函数遇到一个 return 语句时，函数的执行代码会立即被停止。如果 return 语句包含要返回的值，则返回该值。下面的例子展示了一个函数，它测试输入，并且如果输入是零，就立即返回：

```
function myFunc(value){
  if (value == 0)
    return value;
  <如果值不为零，要执行的代码>
  return value;
}
```

2.5.4 使用匿名函数

到目前为止，你已经看到的所有例子都显示命名的函数。在 JavaScript 中还可以创建匿名函数。在 JavaScript 这类函数式语言中，匿名函数可用于函数参数、对象属性或函数返回值。这些函数的好处是，当你调用其他函数时，可以在参数组中直接定义它们。因此，你并不需要正式的定义。

例如，下面的代码定义了一个函数 doCalc()，它接受 3 个参数。前两个参数应该是数值，第 3 个参数是一个将被调用，并把这两个数值作为参数传入的函数：

```
function doCalc(num1, num2, calcFunction){
    return calcFunction(num1, num2);
}
```

你可以定义一个函数，然后将不带参数的函数名传递给 doCalc()，如下面的例子所示：

```
function addFunc(n1, n2){
    return n1 + n2;
}
doCalc(5, 10, addFunc);
```

但是，你还可以选择在 doCalc()的调用中直接使用一个匿名函数，如下面这两个语句所示：

```
console.log( doCalc(5, 10, function(n1, n2){ return n1 + n2; }) );
console.log( doCalc(5, 10, function(n1, n2){ return n1 * n2; }) );
```

你或许可以看到，使用匿名函数的好处是，你不需要正式定义在代码的其他任何地方用不到的东西。这使得 JavaScript 代码更简洁易读。

2.6　理解变量作用域

一旦你开始在 JavaScript 应用程序中添加条件、函数和循环，就需要理解变量作用域。变量作用域规定了如何确定正在执行的代码行上的一个特定变量名的值。

JavaScript 允许你既定义全局版本又定义局部版本的变量。全局版本在主 JavaScript 中定义，而局部版本在函数中定义。当你在函数中定义局部版本时，就会在内存中创建一个新的变量。在这个函数中，将引用局部版本。在函数之外，你引用的是全局版本。

要更好地理解变量作用域，请考虑如下代码：

```
var myVar = 1;
function writeIt(){
  var myVar = 2;
  console.log("Variable = " + myVar);
  writeMore();
}
function writeMore(){
  console.log("Variable = " + myVar);
}
writeIt();
```

全局变量 myVar 是在第 1 行定义的，然后在第 3 行定义了局部版本的 myVar，它位于 writeIt()函数中。第 4 行写"Variable = 2"到控制台。之后在第 5 行，writeMore()被调用。由于在 writeMore()中不存在 myVar 的任何局部版本定义，因此全局 myvar 的值在第 8 行被写出。

2.7　使用 JavaScript 对象

JavaScript 有许多内置对象，如 Number（数字）、Array（数组）、String（字符串）、Date（日期）和 Math（数学）。这些内置对象都有成员属性和方法。除 JavaScript

对象外，Node.js、MongoDB、Express 和 Angular 也添加了自己的内置对象。

JavaScript 为你构建自己的自定义对象提供了一个相当不错的面向对象的编程结构。使用对象而不只是一个函数集合，是编写清洁、高效、可重复使用的 JavaScript 代码的关键。

2.7.1 使用对象语法

为了有效地在JavaScript中使用对象，你需要对其结构和语法有所理解。一个对象实际上只是一个容器，它将多个值（并且在某些情况下，将多个函数）组合在一起。对象的值被称为*属性*，而函数[1]被称为*方法*。

要使用一个 JavaScript 对象，必须先创建该对象的实例。你可以通过使用关键字 `new` 和对象的构造函数名称创建对象实例。例如，要创建一个 `Number` 对象，可以使用下面的代码行：

```
var x = new Number("5");
```

对象的语法很简单：使用对象名称，然后是一个点，接着是属性或方法的名称。例如，下面的代码行获取和设置名为 `MyObj` 的对象的 `name` 属性：

```
var s = myObj.name;
myObj.name = "New Name";
```

你也可以用相同的方式获取和设置对象的对象方法。例如，下面的代码行调用 `getName()` 方法，然后更改名为 `MyObj` 的对象的方法函数：

```
var name = myObj.getName();
myObj.getName = function() { return this.name; };
```

你还可以创建对象，并直接使用`{}`语法对变量和函数赋值。例如，下面的代码定义了一个新的对象，并赋予它值和一个方法函数：

```
var obj = {
    name: "My Object",
    value: 7,
    getValue: function() { return this.value; };
};
```

你还可以通过使用 `object[propertyName]`（对象[属性名]）的语法来访问 JavaScript 对象的成员。当你使用动态属性名称并且属性名必须包含 JavaScript 不支持的字符时，这非常有用。下面的例子获取对象 `MyObj` 中的`"User Name"`和`"Other Name"`属性：

1 原文有误，应该是对象的函数。——译者注

```
var propName = "User Name";
var val1 = myObj[propName];
var val2 = myObj["Other Name"];
```

2.7.2　创建自定义对象

正如你到目前为止所看到的，使用内置的 JavaScript 对象有几个优点。当你开始编写使用越来越多的数据的代码时，就会发现自己想要建立具有特定的属性和方法的自定义对象。

可以用几个不同的方法来定义 JavaScript 对象。最简单的是即时方法：只需创建一个通用的对象，然后根据需要添加其属性。

例如，要创建一个用户对象并赋给它一个名字和姓氏，以及定义一个函数来返回姓名，你可以使用下面的代码：

```
var user = new Object();
user.first="Brendan";
user.last="Dayley";
user.getName = function() { return this.first + " " + this.last; }
```

你也可以使用下面直接赋值的语法实现相同的效果，其中，对象被包含在{}中，而属性是使用 property:value（属性:值）的语法定义的：

```
var user = {
  first: 'Brendan',
  last: 'Dayley',
  getName: function() { return this.first + " " + this.last; }};
```

对于你以后并不需要再使用的简单对象，前两个选项工作良好。对于可重用的对象，更好的方法是将对象实际封装在其自身的函数块里面。这具有允许你将所有关于对象的代码局部保持在对象本身中的优点。例如：

```
function User(first, last){
  this.first = first;
  this.last = last;
  this.getName = function( ) { return this.first + " " + this.last; };
var user = new User("Brendan", "Dayley");
```

这些方法的最终结果基本相同：你有一个对象，包括可以使用点符号语法引用的属性，如下所示：

```
console.log(user.getName());
```

2.7.3　使用原型对象模式

创建对象的更先进的方法是使用原型模式。原型模式通过不在对象本身，而在对象的原型属性里面定义函数来实现。原型的好处是，在原型中定义的函数只在 JavaScript 加载时被创建一次，而不是每创建一个新的对象时都被创建。

下面的例子展示了实现原型的必要代码：

```
function UserP(first, last){
  this.first = first;
  this.last = last;
}
UserP.prototype = {
  getFullName: function(){
      return this.first + " " + this.last;
    }
};
```

请注意，先定义对象 `UserP`，然后将 `UserP.prototype` 设置为包含 `getFullName()` 函数。你可以在原型中包含任意多的函数。每创建一个新的对象时，这些函数都将可用。

2.8 处理字符串

`String` 对象是迄今为止在 JavaScript 中最常用的对象。在你定义一个字符串数据类型的变量的任何时候，JavaScript 就自动为你创建一个 `String` 对象。例如：

```
var myStr = "Teach Yourself jQuery & JavaScript in 24 Hours";
```

当创建一个字符串时，有一些特殊字符是不能直接添加到字符串中的。针对这些字符，JavaScript 提供了一组转义码，如表 2.5 所示。

表 2.5 **String** 对象的转义码

转 义 码	说 明	示 例	输出字符串
\'	单引号	"couldn\'t be"	couldn't be
\"	双引号	"I \"think\" I \"am\""	I "think" I "am"
\\	反斜杠	"one\\two\\three"	one\two\three
\n	换行符	"I am\nI said"	I am I said
\r	回车符	"to be\ror not"	to be or not
\t	制表符	"one\ttwo\tthree"	one two three
\b	退格符	"correctoin\b\b\bion"	correction
\f	换页符	"Title A\fTitle B"	输出 Title A 然后换页输出 Title B

你可以使用 String 对象的 length 属性确定一个字符串的长度，如下例所示：

```
var numOfChars = myStr.length;
```

String 对象有许多函数，使你可以以不同的方式访问和操作字符串。用于字符串操作的方法如表 2.6 所示。

表 2.6 操作 **String** 对象的方法

方　法	说　明
charAt(index)	返回指定索引处的字符
charCodeAt(index)	返回指定索引处的字符的 unicode 值
concat(str1, str2, ...)	连接两个或多个字符串，返回连接后的字符串的副本
fromCharCode()	将 unicode 值转换成实际的字符
indexOf(subString)	返回指定的 subString 值第一次出现的位置。如果没有找到 subString，返回-1
lastIndexOf(subString)	返回指定的 subString 值最后出现的位置。如果没有找到 subString，返回-1
match(regex)	搜索字符串，并返回正则表达式的所有匹配
replace(subString/regex, replacementString)	搜索字符串的字符串或正则表达式匹配，并用新的子串替换匹配的子串
search(regex)	基于正则表达式搜索字符串，并返回第一个匹配的位置
slice(start, end)	返回字符串的 start 和 end（不含）位置之间的部分的一个新字符串
split(sep, limit)	根据分隔符或正则表达式，把字符串分割为子字符串数组。可选的 limit 参数定义从头开始执行分割的最大数量
substr(start,length)	从字符串指定的 start 位置开始，并按照指定的字符 length（长度）提取字符
substring(from, to)	返回字符索引在 from 与 to（不含）之间的子串
toLowerCase()	将字符串转换为小写
toUpperCase()	将字符串转换为大写
valueOf()	返回原始字符串值

为了帮助你开始使用 String 对象提供的功能，以下各节描述一些可以使用 String 对象的方法来完成的常见任务。

2.8.1 合并字符串

可以使用+操作或使用第一个字符串上的 concat() 函数将多个字符串合并。例如，在下面的代码中，sentence1 和 sentence2 将是相同的：

```
var word1 = "Today ";
var word2 = "is ";
var word3 = "tomorrow\'s";
var word4 = "yesterday.";
var sentence1 = word1 + word2 + word3 + word4;
```

```
var sentence2 = word1.concat(word2, word3, word4);
```

2.8.2 在字符串中搜索子串

要确定一个字符串是否是另一个字符串的子字符串，可以使用 indexOf() 方法。例如，下面的代码只有当字符串包含单词 think 时，才把它写入控制台：

```
var myStr = "I think, therefore I am.";
if (myStr.indexOf("think") != -1){
  console.log (myStr);
}
```

2.8.3 在一个字符串中替换单词

另一种常见的 String 对象的任务是把一个子串替换为另一个。要替换字符串中的单词或短语，可用 replace() 方法。下面的代码用变量 username 的值来替换文本 "<username>"：

```
var username = "Brendan";
var output = "<username> please enter your password: ";
output.replace("<username>", username);
```

2.8.4 将字符串分割成数组

对于字符串，一个常见的任务是使用分隔符将它们分割成数组。例如，下面的代码在 ":" 分隔符上使用 split() 方法将一个时间字符串转换成它的基本组成部分的数组：

```
var t = "12:10:36";
var tArr = t.split(":");
var hour = tArr[0];
var minute = tArr[1];
var second = tArr[2];
```

2.9 使用数组

Array 对象提供存储和处理一组其他对象的一种手段。数组可以存储数值、字符串或其他 JavaScript 对象。创建 JavaScript 数组有几种不同的方法。例如，下面的语句创建同样的数组的 3 个相同版本：

```
var arr = ["one", "two", "three"];
var arr2 = new Array();
arr2[0] = "one";
arr2[1] = "two";
arr2[2] = "three";
```

```
var arr3 = new Array();
arr3.push("one");
arr3.push("two");
arr3.push("three");
```

第一种方法定义了 arr，并使用[]在一条语句中设置它的内容。第二种方法创建 arr2 对象，然后使用直接索引赋值来增加条目。第三种方法创建 arr3 对象，之后使用扩展数组的最佳选择：push()方法把条目推到数组上。

要获取数组中元素的个数，可以使用数组对象的 length 属性，如下面的例子所示：

```
var numOfItems = arr.length;
```

数组是从零开始索引的，这意味着第一项在索引 0 上，等等。例如，在下面的代码中，变量 first 的值是 Monday，变量 last 的值将是 Friday：

```
var week = ["Monday", "Tuesday", "Wednesday", "Thursday", "Friday"];
var first = w [0];
var last = week[week.length-1];
```

数组对象有许多内置的函数，使你可以用不同的方式来访问和操作数组。表 2.7 描述了连接到 Array 对象，让你操作数组内容的方法。

表 2.7 用来操作 Array 对象的方法

方 法	说 明
concat(arr1, arr2, ...)	返回一个数组和作为参数传递的数组的连接副本
indexOf(value)	返回数组中 value 的第一个索引。或如果没有找到该条目，返回-1
join(separator)	把一个数组中的所有元素连接为由 separator 分隔的单个字符串。如果没有指定分隔符，则使用逗号作为分隔符
lastIndexOf(value)	返回数组中 value 的最后一个索引。或如果没有找到该条目，返回-1
pop()	删除数组的最后一个元素，并返回该元素
push(item1, item2, ...)	添加一个或多个新元素到数组的结尾，并返回数组的新长度
reverse()	反转数组中所有元素的顺序
shift()	删除数组的第一个元素，并返回该元素
slice(start, end)	返回 start 和 end 索引之间的元素
sort(sortFunction)	对数组的元素排序。sortFunction 是可选的
splice(index, count, item1, item2...)	在 index 指定的索引处，删除 count 个条目，然后在 index 处插入作为参数传入的任意可选条目
toString()	返回一个数组的字符串形式
unshift()	将新元素添加到数组的开头，并返回新的长度
valueOf()	方法返回一个数组对象的原始值

为了帮助你开始使用 Array 对象提供的功能，以下各节描述了一些可以使用 Array 对象的方法来完成的常见任务。

2.9.1 合并数组

你可以用合并 String 对象的相同方式来合并数组：使用+语句或使用 concat()方法。在下面的代码中，arr3 最终和 arr4 是一样的：

```
var arr1 = [1,2,3];
var arr2 = ["three", "four", "five"]
var arr3 = arr1 + arr2;
var arr4 = arr1.concat(arr2);
```

> **注意**
> 你可以将一个数字数组和一个字符串数组合并。数组中的每一项都将保持自己的对象类型。然而，当你使用数组中的条目时，需要对有多个数据类型的数组保持跟踪，这样你才不会陷入麻烦。

2.9.2 遍历数组

你可以使用 for 或 for/in 循环对数组进行遍历。下面的代码说明了使用每种方法在数组中遍历每个条目的写法：

```
var week = ["Monday", "Tuesday", "Wednesday", "Thursday", "Friday"];
for (var i=0; i<week.length; i++){
  console.log("<li>" + week[i] + "</li>");
}
for (dayIndex in week){
  console.log("<li>" + week[dayIndex] + "</li>");
}
```

2.9.3 将数组转换为字符串

Array对象的一个有用的功能是，将一个字符串 [1]的元素结合在一起，制造一个String对象，通过使用join()方法指定分隔符将其分隔。例如，下面的代码把时间组件重新连接成 12:10:36 的格式：

```
var timeArr = [12,10,36];
var timeStr = timeArr.join(":");
```

---

1 应该是数组。——译者注

2.9.4　检查数组是否包含某个条目

你经常需要检查数组中是否包含某一个条目。可以使用 indexOf() 方法做到这一点。如果代码没有找到列表中的条目，则返回-1。如果一个条目在 week 数组中，下面的函数就把一条消息写到控制台：

```
function message(day){
  var week = ["Monday", "Tuesday", "Wednesday", "Thursday", "Friday"];
  if (week.indexOf(day) != -1){
    console.log("Happy " + day);
  }
}
```

2.9.5　在数组中添加条目和删除条目

使用各种内置的方法，有多种向 Array 对象添加条目，并从 Array 对象删除条目的方法。表 2.8 列出了一些在本书中使用的不同方法。

表 2.8　用来在数组中添加或删除元素的 **Array** 对象方法

语　　句	**x** 的值	**arr** 的值
var arr = [1,2,3,4,5];	undefined	1,2,3,4,5
var x = 0;	0	1,2,3,4,5
x = arr.unshift("zero");	6 （长度）	zero,1,2,3,4,5
x = arr.push(6,7,8);	9 （长度）	zero,1,2,3,4,5,6,7,8
x = arr.shift();	zero	1,2,3,4,5,6,7,8
x = arr.pop();	8	1,2,3,4,5,6,7
x = arr.splice(3,3,"four", "five","six");	4,5,6	1,2,3,four,five,six,7
x = arr.splice(3,1);	four	1,2,3,five,six,7
x = arr.splice(3);	five,six,7	1,2,3

2.10　添加错误处理

JavaScript 编程的一个重要组成部分，是添加错误处理来应对可能会出现的问题。默认情况下，如果因为你的 JavaScript 中的问题而产生了一个代码异常，那么脚本就会失败并且无法完成加载。这通常不是我们期望的行为。事实上，这往往是灾难性的。为了防止这些类型的问题，应该把代码包装在一个 try/catch 块中。

2.10.1 try/catch 块

为了防止代码完全崩溃，使用try/catch块来处理代码中的问题。如果在执行JavaScript的 try 块中的代码时遇到错误，它就会跳出来，并执行 catch 部分，而不是停止执行整个脚本。如果没有错误，那么整个 try 块都会被执行，并且不会有 catch 块被执行。

例如，下面的 try/catch 块试图把一个名为 badVarName 的未定义的变量的值赋值到变量 x：

```
try{
   var x = badVarName;
} catch (err){
   console.log(err.name + ': "' + err.message +  '" occurred when assigning x.');
}
```

请注意，catch 语句接受一个 err 参数，这是一个 error 对象。error 对象提供了 message 属性，该属性提供了错误的描述。error 对象还提供了一个 name 属性，它是抛出的错误类型的名称。

上述代码产生一个异常并输出如下的消息：

```
ReferenceError: "badVarName is not defined" occurred when assigning x.
```

2.10.2 抛出你自己的错误

你也可以使用 throw 语句抛出自己的错误。下面的代码演示了如何将 throw 语句添加到一个函数来抛出一个错误（即使不发生脚本错误）。函数 sqrRoot() 接受一个参数 x。然后，它测试 x 以验证它是一个正数，并返回一个表示 x 的平方根的字符串。如果 x 不是一个正数，则相应的错误被抛出，而 catch 块返回该错误：

```
function sqrRoot(x) {
   try {
      if(x=="")       throw {message:"Can't Square Root Nothing"};
      if(isNaN(x))    throw {message:"Can't Square Root Strings"};
      if(x<0)         throw {message:"Sorry No Imagination"};
      return "sqrt("+x+") = " + Math.sqrt(x);
   } catch(err){
      return err.message;
   }
}
function writeIt(){
   console.log(sqrRoot("four"));
   console.log(sqrRoot(""));
   console.log(sqrRoot("4"));
   console.log(sqrRoot("-4"));
}
writeIt();
```

下面是控制台输出，显示根据向sqrRoot()函数输入的参数内容而抛出的不同错误：

```
Can't Square Root Strings
Can't Square Root Nothing
sqrt(4) = 2
Sorry No Imagination
```

2.10.3 使用**finally**

异常处理的另一个重要工具是finally关键字。可以在一个try/catch块的结束处添加这个关键字。执行try/catch块之后，无论是否有错误发生并被捕获或者try块被完全执行，finally块总是被执行。

下面是在一个网页内使用finally块的例子：

```
function testTryCatch(value){
  try {
    if (value < 0){
      throw "too small";
    } else if (value > 10){
      throw "too big";
    }
    your_code_here
  } catch (err) {
    console.log("The number was " + err);
  } finally {
    console.log("This is always written.");
  }
}
```

2.11 小结

了解JavaScript是在Node.js、MongoDB、Express和Angular的环境中工作的关键。本章为你掌握本书其余部分的概念提供了足够的JavaScript语言基本语法。本章介绍了如何创建对象和函数，以及如何使用字符串和数组开展工作。你也学习了如何对脚本应用错误处理，这在Node.js的环境中是至关重要的。

2.12 下一章

在下一章中，你将直接学习建立Node.js项目的基础知识，探索一些语言习惯用法，并查看一个简单的实例。

第 2 部分
学习 Node.js

第 3 章
开始使用 Node.js

本章介绍 Node.js 环境。Node.js 是一个以高可伸缩性为设计理念的网站/应用程序框架。它的目的是充分利用浏览器中现有的 JavaScript 技术，并将那些相同的概念一路向下通过 Web 服务器延伸到后端服务。Node.js 是一项伟大的技术，它很容易实现，但可伸缩性非常强。

Node.js 是一个模块化平台，这意味着很多功能都是由外部模块提供的，而不是内置于平台的。Node.js 文化在根据几乎每一个可以想象的需求来创建和发布模块方面非常活跃。因此，本章的重点是了解和使用 Node.js 工具来在应用程序中建立、发布和使用自己的 Node.js 模块。

3.1　了解 Node.js

Node.js 是由 Ryan Dahl 在 2009 年开发的，它用来解决并发性问题引起的无奈，尤其是在处理 Web 服务的时候。那时谷歌刚刚为 Chrome Web 浏览器推出了 V8 JavaScript 引擎，它针对网络流量进行了高度的优化。Dahl 在 V8 之上建立 Node.js，把它作为与浏览器的客户端环境相匹配的服务器端环境。

其结果是产生了一个可伸缩性非常好的服务器端环境，使开发人员能够更轻松地跨越客户端和服务器之间的鸿沟。Node.js 是用 JavaScript 编写的这一事实，使得开发者可以轻松地在客户端和服务器之间来回访问代码，甚至可以在两个环境之间重用代码。

Node.js 拥有一个伟大的生态系统，并且不断有新的扩展被编写出来。Node.js 环境十分整洁，易于安装、配置和部署。实际上只要花一两个小时，你就可以让一个 Node.js Web 服务器启动并运行。

3.1.1　谁在使用 Node.js

Node.js 已经迅速在众多公司中赢得了知名度。这些公司使用 Node.js 最首要的原因是可伸缩性，而且它还易于维护和更快地开发。下面仅是几个使用 Node.js 技术的公司：

- 雅虎
- LinkedIn
- eBay
- 《纽约时报》
- 道琼斯
- 微软

3.1.2 Node.js 的用途

Node.js 可用于各种各样的用途。由于它基于 V8 引擎，并拥有高度优化的代码来处理 HTTP 流量，因此它最常见的用途是作为一个 Web 服务器。然而，Node.js 也可以用于其他各种 Web 服务，例如：

- Web 服务 API，比如 REST。
- 实时多人游戏。
- 后端的 Web 服务，例如跨域、服务器端的请求。
- 基于 Web 的应用。
- 多客户端的通信，如即时通信。

3.1.3 Node.js 包含的内容

Node.js 软件包带有许多内置模块。本书涵盖了这些模块中的许多，但没有涵盖全部。

- **断言测试（Assertion testing）：**允许在代码中测试功能。
- **缓冲区（Buffer）：**启用与 TCP 流和文件系统操作的交互（参见第 5 章）。
- **C/C++插件：**允许像使用任何其他 Node.js 模块一样使用 C 或 C++代码。
- **子进程（Child process）：**允许创建子进程（参见第 9 章）。
- **集群（Cluster）：**启用多核系统的使用（参见第 9 章）。
- **命令行选项：**提供在终端使用的 Node. js 命令。
- **控制台：**为用户提供一个调试控制台。

- **密码（Crypto）**：允许创建自定义加密（参见第 10 章）。
- **调试器**：允许调试 Node.js 文件。
- **DNS**：允许连接到 DNS 服务器（参见第 10 章）。
- **错误**：允许处理错误。
- **事件**：启用异步事件的处理（参见第 4 章）。
- **文件系统**：允许使用同步和异步方式的文件 I/O（参见第 6 章）。
- **全局变量**：可以使用常用的模块，而不必首先包含它们（参见第 10 章）。
- **HTTP**：启用对许多 HTTP 功能的支持（参见第 7 章）。
- **HTTPS**：启用通过 TLS/SSL 的 HTTP（参见第 7 章）。
- **模块**：为 Node.js 提供模块加载系统（参见第 3 章）
- **Net**：允许创建服务器和客户端（参见第 8 章）。
- **OS**：允许访问正在运行 Node.js 的操作系统（参见第 10 章）。
- **路径**：启用对文件和目录路径的访问（参见第 6 章）。
- **进程**：提供当前 Node.js 进程信息并允许对其进行控制（参见第 9 章）。
- **查询字符串**：允许分析和格式化 URL 查询（参见第 7 章）。
- **读取行（Readline）**：允许接口从数据流中读取（参见第 5 章）。
- **REPL**：允许开发人员创建命令 shell。
- **流（Stream）**：提供使用流接口生成对象的 API（参见第 5 章）。
- **字符串解码器**：提供用于将缓冲区对象解码为字符串的 API（参见第 5 章）。
- **计时器**：允许在将来调用调度函数（参见第 4 章）。
- **TLS/SSL**：实现 TLS 和 SSL 协议（参见第 8 章）。
- **URL**：启用 URL 解析和分析（参见第 7 章）。
- **实用程序**：为各种应用程序和模块提供支持。
- **V8**：公开 Node.js 版本的 V8 的 API（参见第 10 章）

- **VM**：允许 V8 虚拟机运行和编译代码。
- **ZLIB**：启用使用 Gzip 和 Deflate/Inflate 的压缩（参见第 5 章）。

3.2 Node.js 安装

可以使用从 Node.js 网站下载的安装程序轻松安装 Node.js。Node.js 安装程序在 PC 上安装必要的文件，以启动和运行 Node.js。不需要额外的配置就可以开始创建 Node.js 应用程序。

3.2.1 纵观 Node.js 安装位置

如果你看一下安装位置，就会看到两个可执行文件和 `node_modules` 文件夹。Node 可执行文件启动 Node.js JavaScript 虚拟机。下面列出了你需要开始学习的 Node.js 安装位置的内容。

- **`node`**：该文件启动一个 Node.js JavaScript 虚拟机。如果你传递一个 JavaScript 文件的位置作为参数，Node.js 就执行该脚本。如果没有指定目标 JavaScript 文件，就会出来一个脚本提示符，你可以利用它直接从控制台执行 JavaScript 代码。
- **`npm`**：此命令用来管理 Node.js 包，这将在 3.2.2 节讨论。
- **`node_modules`**：此文件夹包含安装的 Node.js 包。这些包作为扩展 Node.js 功能的库。

3.2.2 验证 Node.js 可执行文件

花 1 分钟的时间来验证 Node.js 安装并继续之前的工作。要做到这一点，请打开命令提示符并执行以下命令，这将弹出一个 Node.js 虚拟机：

```
node
```

接下来，在 Node.js 提示符下，执行以下命令，将`"Hello World"`写到屏幕上：

```
>console.log("Hello World");
```

你应当看到`"Hello World"`被写入控制台屏幕，现在可通过在 Windows 上按 Ctrl+C 组合键或在 Mac 上按 Cmd+C 组合键来退出控制台。

接下来，通过在命令提示符下执行以下命令来验证 `npm` 命令能正常工作：

```
npm version
```

你应该看到类似于下面的输出：

```
{ npm: '3.10.5',
  ares: '1.10.1-DEV',
  http_parser: '2.7.0',
  icu: '57.1',
  modules: '48',
  node: '6.5.0',
  openssl: '1.0.2h',
  uv: '1.9.1',
  v8: '5.1.281.81',
  zlib: '1.2.8'}
```

3.2.3 选择 Node.js IDE

如果你计划为 Node.js 项目使用一个集成开发环境（IDE），那么现在也应该花 1 分钟把它配置完成。大多数开发人员都对他们使用的 IDE 非常挑剔，并且即使你的 IDE 不能直接配置 Node.js，它也可能至少有一种方法来配置 JavaScript。例如，Eclipse 有一些很棒的 Node.js 插件，而 IntelliJ 出品的 WebStorm IDE 具有一些很好的内置 Node.js 的功能。如果你不知从哪里入手，我们使用 Visual Studio Code 作为内置 TypeScript 功能的 IDE，本书随后会用到它。

所以，你可以用任何编辑器来生成 Node.js Web 应用程序。实际上，你需要的是一个体面的文本编辑器。几乎所有你会生成的代码将是.js、.json、.html 和.css 代码。因此，请选择你使用起来感觉最舒服的编辑器来编写这些类型的文件。

3.3 使用 Node 包

Node.js 框架的最强大功能之一是能够轻松地使用 Node 包管理器（Node Packaged Manager，NPM）用额外的 Node 封装模块（NPM）将其扩展。没错：在 Node.js 世界，NPM 表示两种东西。本书将 Node 封装模块称为模块（Node Packaged Module，module），以便区分。

3.3.1 什么是 Node 封装模块

Node 封装模块是一个打包的库，它可以很容易地在不同的项目中被共享、重用和安装。有许多可用于多种用途的不同模块。例如，Mongoose 模块为 MongoDB 提供了一个 ODM（操作数据模型），Express 扩展了 Node 的 HTTP 的功能，等等。

Node.js 模块由不同的第三方机构创建，它们提供现有 Node.js 所缺乏的必要功能。贡献者的这个社区在增加和更新模块方面非常活跃。

每个 Node 封装模块都包含一个定义包的 `package.json` 文件。该 `package.json` 文件包含信息元数据，如名称、版本、作者和贡献者，以及控制元数据，比如依赖，以及当执行诸如安装与发布动作时，Node 包管理器使用的其他要求。

3.3.2　了解 Node 包注册表

Node 模块有一个被称为 Node 包注册表的管理位置，包就在那里被注册。该注册表可以让你在某个位置发布自己的包，让其他人可以使用它们，也可以下载其他人创建的包。

Node 包注册表位于 https://npmjs.com。你可以从这个位置查看最新、最流行的模块，也可以搜索特定的包，如图 3.1 所示。

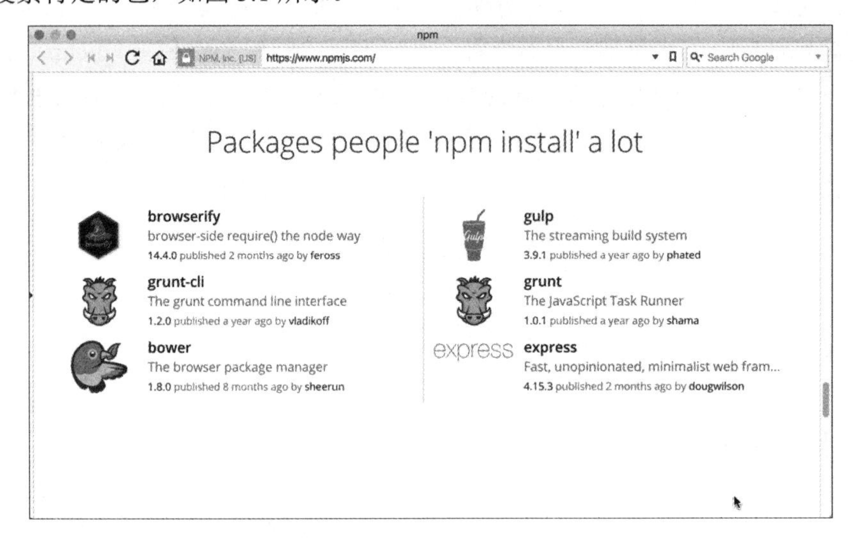

图 3.1　官方 Node 封装模块网站

3.3.3　使用 Node 包管理器

你已经看到，Node 包管理器是一个命令行实用程序。它可以让你查找、安装、删除、发布，以及做与 Node 封装模块相关的其他任务。Node 包管理器提供了 Node 包的注册表和开发环境之间的联系。

要真正解释 Node 包管理器的最简单方法是列出一些命令行选项和它们完成的任务。你将在本章的剩余部分，并贯穿全书地使用这些选项中的许多选项。表 3.1 列出了 Node

包管理器的命令。

表 3.1 **npm** 命令行选项（在适当的情况下，使用 **express** 作为包）

选　项	说　明	示　例
search	在存储库中查找模块包	npm search express
install	使用在存储库或本地位置上的一个 package.json 文件来安装包	npm install npm install express npm install express@0.1.1 npm install ../tModule.tgz
install -g	全局地安装一个包	npm install express -g
remove	删除一个模块	npm remove express
pack	把在一个 package.json 文件中定义的模块封装成.tgz 文件	npm pack
view	显示模块的详细信息	npm view express
publish	把在一个 package.json 文件中定义的模块发布到注册表	npm publish
unpublish	取消发布你已发布的一个模块	npm unpublish myModule
owner	允许你在存储库中添加、删除包和列出包的所有者	npm add bdayley myModule npm rm bdayley myModule npm ls myModule

3.3.4 搜索 Node 封装模块

你也可以直接在命令提示符下使用 npm search <*search_string*>命令搜索在 Node 程序包注册表中的模块。例如，下面的命令将搜索 openssl 相关模块，并显示如图 3.2 所示的结果。

```
npm search openssl
```

```
NAME               DESCRIPTION
bignum             Arbitrary-precision integer arithmetic using OpenSSL

certgen            Certificate generation library that uses the openssl command l
cipherpipe         Thin wrapper around openssl for encryption/decryption
csr                Read csr file
csr-gen            Generates OpenSSL Certificate Signing Requests
dcrypt             extended openssl bindings
fixedentropy       ```js // V8 supports custom sources of entropy. // by default,

lockbox            Simple, strong encryption.

node-hardcoressl   HardcoreSSL is a package for obtaining low-level asynchronous
nrsa               OpenSSL's RSA encrypt/decrypt routines
openssl            openssl wrapper
openssl-wrapper    OpenSSL wrapper
rsa                OpenSSL's RSA encrypt/decrypt routines
rsautl             A wrapper for OpenSSL's rsautl
selfsigned         Generate self signed certificates private and public keys
ssh-key-decrypt    Decrypt encrypted ssh private keys

ssl                Verification of SSL certificates

ssl-keychain       OpenSSL Keychain and Key generation module
ssl-keygen         OpenSSL Key Generation module
ursa               RSA public/private key crypto

x509-keygen        node.js module to generate self-signed certificate via openssl
```

图 3.2 从命令提示符搜索 Node.js 模块

3.3.5 安装Node封装模块

要在应用程序中使用某个Node模块，它必须首先被安装在Node可以找到的地方。要安装Node模块，使用npm install *<module_name>*命令。这会将Node模块下载到你的开发环境，并将其放置在运行install命令的node_modules文件夹中。例如，以下命令安装express模块：

```
npm install express
```

npm install命令的输出显示这个模块安装的依赖层次结构。例如，下列代码块显示了安装express模块的输出的一部分。

```
C:\express\example
`-- express@4.14.0
  +-- accepts@1.3.3
  | +-- mime-types@2.1.11
  | | `-- mime-db@1.23.0
  | `-- negotiator@0.6.1
  +-- array-flatten@1.1.1
  +-- content-disposition@0.5.1
  +-- content-type@1.0.2
  +-- cookie@0.3.1
  +-- cookie-signature@1.0.6
  +-- debug@2.2.0
  | `-- ms@0.7.1 ...
```

在上面列出的依赖层次中：express要求的一些方法有cookie-signature、range-parser、debug、fresh、cookie和send模块。所有这些模块都在安装过程中进行下载。请注意，每个依赖模块的版本也被列出。

Node.js能够处理依赖性冲突。例如，express模块需要cookie 0.3.1，但另一个模块可能需要cookie 0.3.0。为了解决这个问题，cookie模块的不同副本被放置在每个模块的文件夹中，在另外一个node_modules文件夹下。

要展示模块是怎么存储在一个层次结构中的，可考虑下面express在磁盘上的布局的例子。请注意，cookie和send模块都位于express模块的层次结构中，而且因为send模块需要mime，所以它位于send层次下：

```
./
./node_modules
./node_modules/express
./node_modules/express/node_modules/cookie
./node_modules/express/node_modules/send
./node_modules/express/node_modules/send/node_modules/mime
```

3.3.6 使用 **package.json**

所有Node的模块必须在其根目录下包含一个package.json文件。package.json文件是一个简单的 JSON 文本文件，定义了包含依赖关系的模块。该 package.json 文件可以包含多个不同的指令来告知 Node 包管理器如何处理模块。

下面是一个包含名称、版本、描述和依赖关系的 package.json 文件的例子：

```
{
    "name": "my_module",
    "version": "0.1.0",
    "description": "a simple node.js module",
    "dependencies" : {
        "express"   :  "latest"
    }
}
```

在 package.json 文件中必需的指令只有名称和版本；其余取决于你想要包含什么。表 3.2 描述了最常见的指令。

表 3.2 在 package.json 文件中使用的指令

指　令	说　明	示　例
name	包的唯一名字	"name":"camelot"
preferGlobal	表示该模块更倾向于在全局范围内安装	"preferGlobal": true
version	该模块的版本	"version":0.0.1
author	项目的作者	"author":"arthur@???.com"
description	模块的文字说明	"description":"a silly place"
contributors	模块的其他贡献者	"contributors": [{ "name":"gwen", "email":"gwen@???.com"}]
bin	随项目安装的二进制文件	"bin: { "excalibur": "./bin/excalibur"}
scripts	指定启动 Node 时执行的控制台应用程序的参数	"scripts" { "start": "node ./bin/excalibur", "test": "echo testing"}
main	指定应用程序的主入口点，它可以是一个二进制文件或.js 文件	"main":"./bin/excalibur"
repository	指定存储库类型和包的位置	"repository": { "type": "git", "location": "http://???.com/c.git"}

（续表）

指　令	说　明	示　例
keywords	指定出现在 npm search 中的关键词	"keywords": ["swallow", "unladen"]
dependencies	此模块依赖的模块和版本，你可以使用*和 x 通配符	"dependencies": { "express": "latest", "connect": "2.x.x, "cookies": "*" }
engines	此包可使用的 Node 的版本	"engines": { "node": ">=6.5"}

使用 package.json 文件的一种良好的方式是，为你的 Node.js 应用程序自动下载和安装依赖关系。你需要做的只是在项目代码的根目录创建一个 package.json 文件，并为它添加必要的依赖关系。例如，下面的 package.json 文件需要 express 模块作为依赖的模块：

```
{
    "name": "my_module",
    "version": "0.1.0",
    "dependencies" : {
        "express"   :  "latest"
    }
}
```

然后，从包的根目录运行下面的命令，而 express 模块会自动安装：

```
npm install
```

请注意，npm install 命令没有指定任何模块。这是因为 npm 在默认情况下会查找一个 package.json 文件。后来，当你需要额外的模块时，所有你需要做的就是将那些模块添加到 dependencies（依赖）指令中，然后再次运行 npm install。

3.4 创建 Node.js 应用程序

现在，你已经对 Node.js 有了足够的了解，那么可以进入一个 Node.js 项目，并开始涉足它了。在本节中，你将创建自己的 Node 封装模块，然后把该模块在一个 Node.js 应用程序中作为库来使用。

在这个练习中的代码保持在最低限度，以让你可以清楚地看到如何创建一个包、发布它，然后再次使用它。

3.4.1 创建 Node.js 模块封装

要创建一个 Node.js 封装模块，你需要在 JavaScript 中创建此功能，使用 package.json 文件定义该包，然后决定将其发布到注册表或将它打包供局部使用。

下面的步骤引导你完成建立一个 Node.js 封装模块的过程，这里使用一个被称为 censorify 的例子。censorify 模块接受文本并用星号代替某些特定的单词。

1. 创建一个名为.../censorify 的项目文件夹。这是此包的根目录。
2. 在该文件夹中创建一个名为 censortext.js 的文件。
3. 添加清单 3.1 censortext.js 的代码。大部分代码只是基本的 JavaScript，但要注意，第18～20行导出函数censor()、addCensoredWord()和getCensoredWords()。exports.censor 是使用这个模块的 Node.js 应用程序能够访问 censor() 函数所需的，对于其他两个函数也是如此。

清单 3.1 censortext.js：实现一个简单的 censor（检查员）函数并导出，以供其他模块使用此包

```
01 var censoredWords = ["sad", "bad", "mad"];
02 var customCensoredWords = [];
03 function censor(inStr) {
04   for (idx in censoredWords) {
05     inStr = inStr.replace(censoredWords[idx], "****");
06   }
07   for (idx in customCensoredWords) {
08     inStr = inStr.replace(customCensoredWords[idx], "****");
09   }
10   return inStr;
11 }
12 function addCensoredWord(word){
13   customCensoredWords.push(word);
14 }
15 function getCensoredWords(){
16   return censoredWords.concat(customCensoredWords);
17 }
18 exports.censor = censor;
19 exports.addCensoredWord = addCensoredWord;
20 exports.getCensoredWords = getCensoredWords;
```

4. 完成模块的代码后，要生成 Node.js 封装模块，你需要用到一个 package.json 文件，所以在.../censorify 文件夹中创建一个 package.json 文件。再加入类似于清单 3.2 的内容。具体而言，你至少需要添加 name（名称）、version（版本）和 main 指令。main 指令需要是被加载的主 JavaScript 的模块的名称，在这个例子中是 censortext。需要注意的是，.js 不是必需的；Node.js 会自动搜索.js 扩展名。

清单 3.2　**package.json**：定义 Node.js 模块

```
01 {
02  "author": "Brendan Dayley",
03  "name": "censorify",
04  "version": "0.1.1",
05  "description": "Censors words out of text",
06  "main": "censortext",
07  "dependencies": {},
08  "engines": {
09     "node": "*"
10  }
11 }
```

5. 在.../censorify 文件夹中创建一个名为 README.md 的文件。在这个文件中可放置你愿意写的任何自述说明。
6. 在控制台窗口转到.../censorify 文件夹，然后执行 npm pack 命令来建立一个本地的封装模块。
7. npm pack 命令会在.../censorify 文件夹中生成 censorify-0.1.1.tgz 文件。这是你的第一个 Node.js 封装模块。

3.4.2　将一个 Node.js 封装模块发布到 NPM 注册表

在前面，你使用 npm pack 命令创建了一个本地 Node.js 封装模块。你还可以在 http://npmjs.com 把同一个模块发布到 NPM 存储库。

当模块被发布到 NPM 注册表时，它们是通过前面讨论的 npm 管理器实用程序向所有人开放的。这使你能够更轻松地分发模块和应用程序给别人。

以下步骤描述了发布此模块到 NPM 注册表的过程。这些步骤假定你已经完成了 3.4.1 节的第 1 步到第 5 步。

1. 创建一个包含该模块的代码的公共存储库。然后把.../censorify 文件夹的内容推送到那个位置。下面是 GitHub 存储库的例子，URL：

   ```
   https://github.com/bwdayley/nodebook/tree/master/ch03/censorify
   ```

2. 在 https://npmjs.org/signup 创建一个账户。
3. 从控制台提示符使用 npm adduser 命令把创建的用户添加到环境中：

4. 键入你创建步骤 2 中的账户时，所用的用户名、密码和电子邮件。
5. 修改 package.json 文件以包含新的存储库的信息，以及想要在注册表搜索中可用的任何关键词，如清单 3.3 的第 7～14 行所示。

清单 3.3 package.json：定义 Node.js 模块，包括存储库和关键词信息

```
01 {
02  "author": "Brad Dayley",
03  "name": "censorify",
04  "version": "0.1.1",
05  "description": "Censors words out of text",
06  "main": "censortext",
07  "repository": {
08    "type": "git",
09    //"url": "Enter your github url"
10  },
11  "keywords": [
12    "censor",
13    "words"
14  ],
15  "dependencies": {},
16  "engines": {
17     "node": "*"
18  }
19 }
```

6. 从控制台的.../censor 文件夹使用以下命令发布该模块：

```
npm publish
```

一旦程序包已经发布，你就可以在 NPM 注册表中搜索它，并使用 npm install 命令将其安装到你的环境。

要从注册表中删除一个软件包，请确保你已利用 npm adduser 命令把带有该模块权限的用户添加到环境中，然后执行以下命令：

```
npm unpublish <项目名称>
```

例如，下面的命令取消发布 censorify 模块：

```
npm unpublish censorify
```

在某些情况下，如果不使用--force 选项，你将无法取消发布的模块，这个选项迫使从注册表中清除和删除该模块。下面是一个例子：

```
npm unpublish censorify --force
```

3.4.3 在 Node.js 应用程序中使用 Node.js 封装模块

在 3.4.2 节中，你学习了如何创建和发布 Node.js 模块。本小节提供一个在 Node.js 应用程序内实际使用 Node.js 模块的例子。Node.js 使得这个工作非常简单。所有你需要做的就是将 Node.js 封装模块安装到应用程序的结构中，然后使用 require()方法加载该模块。

require()方法接受任何已安装的模块名或位于文件系统上的.js 文件路径。例如：

```
require("censorify")
require("./lib/utils.js")
```

.js 文件扩展名是可选的。如果它被省略，Node.js 会搜索它。请按照以下步骤操作，你会看到这个过程是多么容易。

1. 创建一个名称为.../readwords 的项目文件夹。
2. 从.../readwords 文件夹中的控制台提示符下，使用以下命令来安装你先前创建的 censorify-0.1.1.tgz 包 censorify 模块：

   ```
   npm install ../censorify/censorify-0.1.1.tgz
   ```

3. 或者，如果你已经发布了 censorify 模块，则可以使用标准的命令来从 NPM 注册表下载和安装它：

   ```
   npm install censorify
   ```

4. 确认一个名为 node_modules 的文件夹，连同一个名为 censorify 的子文件夹被创建。
5. 创建一个名为.../readwords/readwords.js 的文件。
6. 把清单 3.4 中显示的内容添加到新的 readwords.js 文件。请注意，一个 require()调用加载 censorify 模块，并将其分配给变量 censor。然后 censor 变量可以用来调用来自 censorify 模块的 getCensoredWords()、addCensoredWords()和 censor()函数。

清单 3.4 readwords.js：显示文本时加载 censorify 模块

```
1 var censor = require("censorify");
2 console.log(censor.getCensoredWords());
3 console.log(censor.censor("Some very sad, bad and mad text."));
4 censor.addCensoredWord("gloomy");
5 console.log(censor.getCensoredWords());
6 console.log(censor.censor("A very gloomy day."));
```

7. 使用 node readwords.js 命令运行 readwords.js 应用程序，你应该得到如

下代码块所示的输出：

```
C:\nodeCode\ch03\readwords>node readwords
[ 'sad', 'bad', 'mad' ]
Some very *****, ***** and ***** text.
[ 'sad', 'bad', 'mad', 'gloomy' ]
A very *** day.
```

请注意，审查词都被替换为****，而且新的审查词 gloomy 被加入 censorify 模块实例 censor 中。

3.5　将数据写入控制台

在开发过程中 Node.js 最有用的模块之一是 console（控制台）模块。该模块提供了大量的功能，用来把调试和信息内容写到控制台。console 模块允许你控制到控制台的输出，实现时间差的输出，并把跟踪信息和断言写到控制台。本节将介绍 console 模块的使用，因为在本书后续的章节，你需要用到它。

由于 console 模块的用途很广泛，因此你并不需要使用 require()语句把它加载到你的模块。你只需使用 console.<函数>(<参数>)来调用控制台函数。表 3.3 列出了 console 模块中可用的函数。

表 3.3　console 模块成员函数

函　　数	说　　明
log([data],[...])	把 data 输出写入控制台。data 变量可以是字符串或可解析为字符串的一个对象。额外的参数也可以被发送。例如： console.log("There are %d items", 5); >>There are 5 items
info([data],[...])	与 console.log 相同
error([data],[...])	与 console.log 相同，但输出也被发送到 stderr
warn([data],[...])	与 console.error 相同
dir(obj)	把一个 JavaScript 对象的字符串表示形式写到控制台。例如： console.dir({name:"Brad", role:"Author"}); >> { name: 'Brad', role: 'Author' }
time(label)	把一个精度为毫秒的当前时间戳赋给一个字符串 label

timeEnd(label)	创建当前时间与赋给 label 的时间戳之间的差值，并输出结果。例如：
	console.time("FileWrite");
	f.write(data); //用时大约为 500 毫秒
	console.timeEnd("FileWrite");
	>> FileWrite: 500ms

（续表）

函　数	说　明

trace(label)	把代码当前位置的栈跟踪的信息写到 stderr。例如：
	module.trace("traceMark");
	>>Trace: traceMark
	  at Object.<anonymous> (C:\test.js:24:9)
	  at Module._compile (module.js:456:26)
	  at Object.Module._ext.js (module.js:474:10)
	  at Module.load (module.js:356:32)
	  at Function.Module._load (module.js:312:12)
	  at Function.Module.runMain(module.js:497:10)
	  at startup (node.js:119:16)
	  at node.js:901:3

assert(expression,[message])	如果 expression 计算结果为 false，就把消息和栈跟踪信息写到控制台

3.6　小结

本章的重点是让你快速掌握 Node.js 环境。Node.js 封装模块提供 Node.js 本身并没有配备的功能。你可以从 NPM 注册表下载这些模块，你甚至可以创建和发布自己的模块。package.json 文件提供每个 Node.js 模块的配置和定义。

本章的例子涉及创建、发布和安装自己的 Node.js 封装模块。你学习了如何使用 npm 来封装一个局部模块以及发布一个模块到 NPM 注册表。你还学习了如何安装 Node.js 模块，并在自己的 Node.js 应用程序中使用它们。

3.7　下一章

下一章将介绍 Node.js 的事件驱动性质，你将看到事件在 Node.js 环境中如何工作，并学习如何在你的应用程序中控制、处理和使用它们。

第 4 章

在 Node.js 中使用事件、监听器、定时器和回调

Node.js 通过其强大的事件驱动模型提供了可伸缩性和性能。本章的重点是理解该模型，以及它是如何不同于大部分 Web 服务器采用的传统线程模型的。了解事件模型至关重要，因为它可能迫使你改变设计应用程序的思维。然而，这种变化将是非常值得的，因为你使用 Node.js 获得了在速度上的提高。

本章还包括用来把工作添加到 Node.js 事件队列的不同方法。你可以使用事件监听器或计时器添加工作，或者你也可以直接调度工作。你还将学习如何在自己的自定义模块和对象中实现事件。

4.1　了解 Node.js 事件模型

Node.js 应用程序在一个单线程的事件驱动模型中运行。虽然 Node.js 在后台实现了一个线程池来做工作，但应用程序本身不具备多线程的任何概念。“等等，性能和规模怎么样呢？”你可能会问。起初，这可能似乎有悖于常理，但一旦你理解了 Node.js 事件模型背后的逻辑，这一切就都很好理解了。

4.1.1　比较事件回调和线程模型

在传统的线程网络模型中，请求进入 Web 服务器，并被分配给一个可用的线程。然后对于该请求的处理工作继续在该线程上进行，直到请求完成并发出响应。

图 4.1 显示了处理 `GetFile` 和 `GetData` 两个请求的线程模型。`GetFile` 请求打开文件，读取其内容，然后在一个响应中将数据发回。所有这些在相同的线程中按顺序发生。`GetData` 请求连接到数据库，查询所需的数据，之后在响应中将数据发送出去。

Node.js 事件模型的工作原理与此不同。Node.js 不是在各个线程为每个请求执行所有

的工作；反之，工作被添加到一个事件队列中，然后被一个运行一个事件循环的单独线程提取出来。事件循环抓取事件队列中最上面的条目，执行它，之后抓取下一个条目。当执行不再活动或有阻塞I/O的代码时，它不是直接调用该函数，而是把该函数随同一个要在该函数完成后执行的回调（callback）一起添加到事件队列。当Node.js事件队列中的所有事件都被执行完成时，Node应用程序终止。

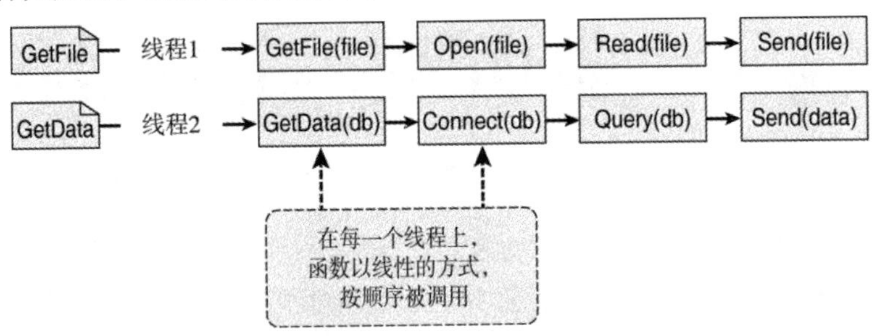

图4.1 使用线程模型在不同的线程上处理两个请求

图4.2显示了Node.js如何处理`GetFile`和`GetData`请求。`GetFile`和`GetData`请求被添加到事件队列。Node.js首先提取出`GetFile`请求，执行它，然后通过将`Open()`回调函数添加到事件队列来完成它。接下来它提取出`GetData`请求，执行它，并通过将`Connect()`回调函数添加到事件队列来完成它。这种情况会持续下去，直到没有任何回调函数要执行。请注意，在图4.2中，每个线程的事件并不一定遵循直接交错顺序。例如，连接（`Connect`）请求比读（`Read`）请求需要更长的时间来完成，所以`Send(file)`在`Query(db)`之前调用。

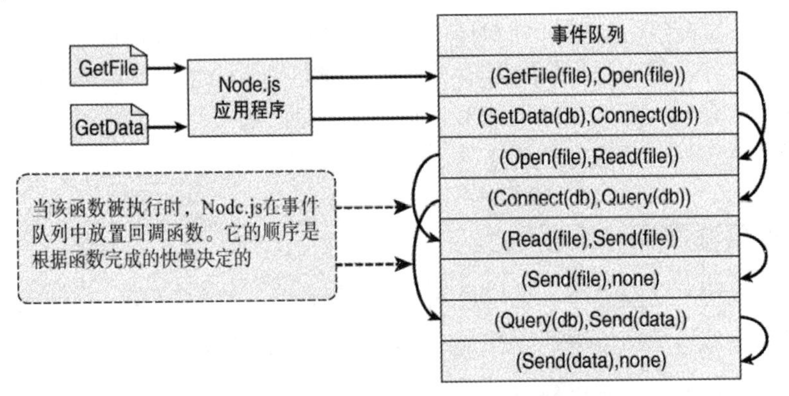

图4.2 使用Node.js事件模型，在一个事件驱动线程中处理两个请求

4.1.2 在Node.js中阻塞I/O

除非你遇到等待I/O的阻塞函数的问题，否则使用事件回调的Node.js事件模型还是

不错的。阻塞 I/O 停止当前线程的执行并等待一个回应，直到收到回应才能继续。阻塞 I/O 的一些例子如下：

- 读取文件。
- 查询数据库。
- 请求套接字。
- 访问远程服务。

Node.js 使用事件回调是为了避免对阻塞 I/O 的等待。因此，执行阻塞 I/O 的任何请求都在后台不同的线程中执行。Node.js 在后台实现线程池。当从事件队列中检索一个需要阻塞 I/O 的事件时，Node.js 从线程池中获取一个线程，并在那里执行功能，而不是主事件循环线程执行功能。这可以防止阻塞 I/O 阻碍事件队列中的其余事件。

在被阻塞的线程上执行的函数仍然可以把事件添加到要进行处理的事件队列中。例如，一个数据库查询调用通常通过回调函数来解析结果，并可能会在发送一个响应之前在事件队列上调度其他的工作。

图 4.3 显示了完整的 Node.js 事件模型，包括事件队列、事件循环和线程池。注意，事件循环要么在事件循环线程本身上执行函数，要么在一个单独的线程上执行函数，对于阻塞 I/O，则采取后一种方式。

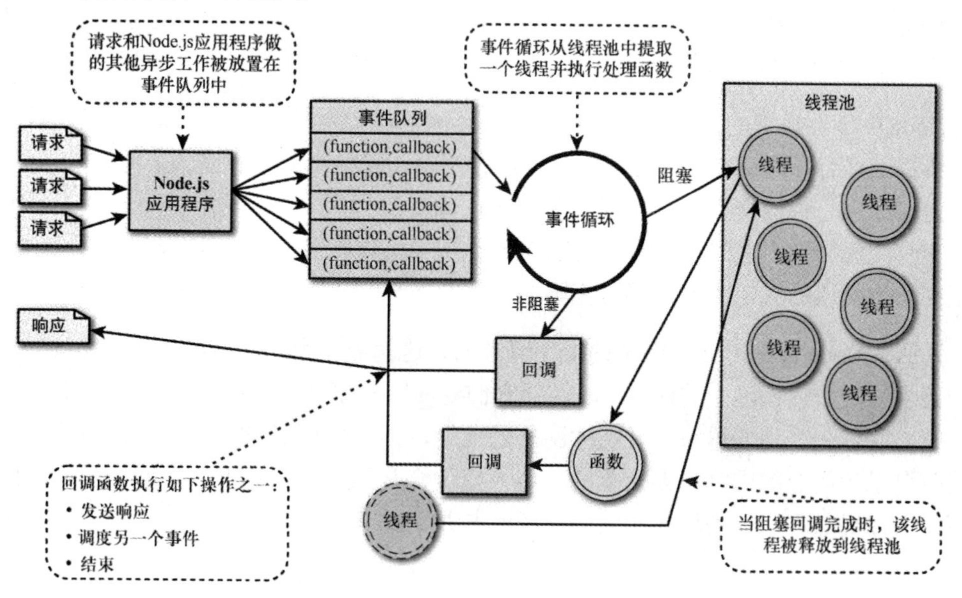

图 4.3　在 Node.js 事件模型中，工作作为一个带有回调的函数被添加到事件队列中，然后在事件循环线程中被提取出。之后，在无阻塞的情况下，在事件循环线程上执行该函数；或在阻塞的情况下，在一个单独的线程上执行它

4.1.3 会话示例

为了帮助你了解与传统的线程 Web 服务器相比，事件在 Node.js 中是如何工作的，请考虑在聚会上与一大群人进行不同的会话的例子。你充当 Web 服务器这部分，会话代表处理不同类型的 Web 请求的必要工作。你的会话被分成与不同的个体会话的若干个段。你结束了与一个人的会话，接着与另一个人会话，然后再回到第一个人，之后是第三个人，再回到第二个人，依此类推。

这个例子与 Web 服务器的处理过程有很多相似之处。有些会话很快结束（例如，一个对在内存中的数据块的简单请求）。其他会话则被拆分成像你在人与人之间来回往返的几个片段，类似于更复杂的服务器端的会话。还有一些会话在你等待其他人来回应时，它们的时间间隔很长，类似于如对文件系统、数据库或远程服务的阻塞 I/ O 请求。

在会话示例中使用传统的 Web 服务器的线程模型初听起来很不错，因为每个线程都像你一样。线程/克隆可以来回与每个人会话，并且好像你同时可以有多个会话。但此模型存在如下两个问题。

第一个问题是，你受克隆数量的限制。如果你只有 5 个克隆，那么为了与第 6 个人会话，一个克隆必须完全完成其会话。第二个问题是，线程（“克隆”）必须共享的 CPU （“大脑”）数量有个限值。这意味着，当其他克隆用脑时，共享相同的大脑的克隆不得不停止说话/听。你可以看到，如果克隆在其他克隆用脑时冻结，拥有它们真的没有多少好处。

Node.js 事件模型的作用比会话的例子更类似于现实生活。首先，Node.js 应用程序在单个线程上运行，这意味着只有一个你，没有克隆。每当一个人问你一个问题时，你都能尽快做出回应。你的交互完全是事件驱动的，你自然会从一个人转移到下一个人。因此，在同一时间你和别人之间可以有尽可能多的会话（只要你愿意）。其次，你的大脑总是关注正在与你交谈的人，因为你不与克隆共享它。

那么，Node.js 如何处理阻塞的 I/O 请求呢？这就需要用到后台线程池。Node.js 将阻塞的请求移交给线程池中的线程，以便让它们对应用程序处理事件的影响微乎其微。设想如果有人问你一个你要思考一会儿才回答的问题，会发生什么情况呢？你可以在努力处理你的脑海里的问题的同时与聚会上的其他人继续交互。该处理可能会影响你与别人互动的速度，但你仍然可以在处理长时间的思考时与几个人交流。

4.2 将工作添加到事件队列

当你创建 Node.js 应用的时候，请记住在 4.1 节描述的事件模型，并将其应用到你的代码设计中。要利用事件模型的可伸缩性和性能，你要确保把工作分解成可以作为一系列的回调来执行的块。

当你正确地设计了代码时，就可以使用事件模式来在事件队列上调度工作。在 Node.js 应用程序中，你可以使用下列方法之一传递回调函数来在事件队列中调度工作：

- 对阻塞 I/O 库调用之一做出调用，如写入文件或连接到一个数据库。
- 对内置的事件，如 `http.request` 或 `server.connection` 添加一个内置事件监听器。
- 创建自己的事件发射器并对它们添加自定义的监听器。
- 使用 `process.nextTick` 选项来调度在事件循环的下一次循环中被提取出的工作。
- 使用定时器来调度在特定的时间数量或每隔一段时间后要做的工作。

以下各节讨论实现定时器、`nextTick` 和自定义事件。这会使你了解事件机制的工作原理。阻塞 I/O 调用和内置事件将在后面的几章研究。

4.2.1　实现定时器

Node.js 和 JavaScript 的一个有用的特性是将代码的执行延迟一段时间的能力。这对于你不想总是运行的清理或更新工作非常有用。在 Node.js 中存在 3 种可实现的定时器：超时时间、时间间隔和即时定时器。以下各节描述每种定时器以及如何在你的代码中实现它们。

用超时时间来延迟工作

超时定时器用于将工作延迟一个特定时间数量。当时间到了时，回调函数执行，而定时器会消失。对于只需要执行一次的工作，应该使用超时时间。

创建超时时间定时器使用 Node.js 中内置的 `setTimeout(callback, delayMilliSeconds, [args])` 方法。当你调用 `setTimeout()` 时，回调函数在 `delayMilliSeconds` 到期后执行。例如，下面的语句在 1 秒后执行 `myFunc()`：

```
setTimeout(myFunc, 1000);
```

`setTimeout()` 函数返回一个定时器对象的 ID，你可以在 `delayMilliSeconds` 到期前的任何时候把此 ID 传递给 `clearTimeout(timeoutId)` 来取消超时时间函数。例如：

```
myTimeout =  setTimeout(myFunc, 100000);
```

```
...
clearTimeout(myTimeout);
```

清单 4.1 实现了调用 `simpleTimeout()` 函数的一系列简单超时时间，它输出自从超时时间被安排后经历的毫秒数。请注意，`setTimeout()` 的调用次序是无关紧要的。清单 4.1 输出中的结果按照其中的延时结束的顺序出现。

清单 4.1　simple_timer.js：在不同的时间间隔实现了一系列超时时间

```
01 function simpleTimeout(consoleTimer){
02   console.timeEnd(consoleTimer);
03 }
04 console.time("twoSecond");
05 setTimeout(simpleTimeout, 2000, "twoSecond");
06 console.time("oneSecond");
07 setTimeout(simpleTimeout, 1000, "oneSecond");
08 console.time("fiveSecond");
09 setTimeout(simpleTimeout, 5000, "fiveSecond");
10 console.time("50MilliSecond");
11 setTimeout(simpleTimeout, 50, "50MilliSecond");<Listing First>
```

清单 4.1 的输出　simple_timer.js：：以不同的延迟量执行超时时间函数的输出

```
C:\books\node\ch04> node simple_timer.js
50MilliSecond: 50.489ms
oneSecond: 1000.688ms
twoSecond: 2000.665ms
fiveSecond: 5000.186ms
```

用时间间隔执行定期工作

时间间隔定时器用于按定期的延迟时间间隔执行工作。当延迟时间结束时，回调函数被执行，然后重新调度为该延迟时间。对于必须定期进行的工作，应该使用时间间隔。

可以通过使用 Node.js 中内置的 `setInterval(callback, delayMilliSeconds, [args])` 方法创建时间间隔计时器。当你调用 `setInterval()` 时，每个 `delayMilliSeconds` 间隔到期后，回调函数执行。例如，下面的语句每秒执行一次 `myFunc()`：

```
setInterval(myFunc, 1000);
```

`setInterval()` 函数返回一个定时器对象的 ID，你可以在 `delayMilliSeconds` 到期之前的任何时候把这个 ID 传递给 `clearInterval(intervalId)` 来取消超时时间函数。例如：

```
myInterval = setInterval(myFunc, 100000);
...
```

```
clearInterval(myInterval);
```

清单 4.2 实现了一系列在不同的时间间隔更新变量 x、y 和 z 值的简单时间间隔回调。请注意 x、y 和 z 的值的改变不同，因为该时间间隔量是不同的；x 的递增速度是 y 的两倍，y 的递增速度又是 z 的两倍，如清单 4.2 的输出所示。

清单 4.2 simple_interval.js：在不同的时间间隔实现了一系列的更新回调

```
01 var x=0, y=0, z=0;
02 function displayValues(){
03   console.log("X=%d; Y=%d; Z=%d", x, y, z);
04 }
05 function updateX(){
06   x += 1;
07 }
08 function updateY(){
09   y += 1;
10 }
11 function updateZ(){
12   z += 1;
13   displayValues();
14 }
15 setInterval(updateX, 500);
16 setInterval(updateY, 1000);
17 setInterval(updateZ, 2000);
```

清单 4.2 的输出 simple_interval.js：以不同的延迟量执行时间间隔函数的输出

```
C:\books\node\ch04> node simple_interval.js
x=3; y=1; z=1
x=7; y=3; z=2
x=11; y=5; z=3
x=15; y=7; z=4
x=19; y=9; z=5
x=23; y=11; z=6
```

使用即时计时器立即执行工作

即时计时器用来在 I/O 事件的回调函数开始执行后，但任何超时时间或时间间隔事件被执行之前，立刻执行工作。这允许你把工作调度为在事件队列中的当前事件完成之后执行。应该使用即时定时器为其他回调产生长期运行的执行段，以防止 I/O 事件饥饿。

可以使用 Node.js 中内置的 `setImmediate(callback,[args])` 方法创建即时计时器。当你调用 `setImmediate()` 时，回调函数被放置在事件队列中，并且在遍历事件队列循环的每次迭代中，I/O 事件一有机会被调用就弹出一次。例如，下面的代码调度

myFunc()来在遍历事件队列的下一个周期内执行：

```
setImmediate(myFunc(), 1000);
```

setImmediate()函数返回一个定时器对象的 ID，你可以在从事件队列取走它前的任何时候把这个 ID 传递给 clearImmediate(immediateId)。例如：

```
myImmediate =  setImmediate(myFunc);
...
clearImmediate(myImmediate);
```

从事件循环中取消定时器引用

当定时器事件回调是留在事件队列中的仅有事件时，通常你不希望它们继续被调度。Node.js 提供了一个有用的工具来处理这种情况。这个工具是在 setInterval 和 setTimeout 返回的对象中可用的 unref()函数，它让你能够在这些事件是队列中仅有的事件时，通知事件循环不要继续。

例如，下面的代码取消 myInterval 时间间隔定时器引用：

```
myInterval = setInterval(myFunc);
myInterval.unref();
```

如果以后由于某种原因，你不想在时间间隔函数是留在队列中的仅有事件时终止程序，就可以使用 ref()函数来重新引用它：

```
myInterval.ref();
```

> **警告**
> 当 unref()与 setTimeout 定时器结合使用时，要用一个独立的定时器来唤醒事件循环。大量使用这些功能会对你的代码性能产生不利影响，所以应该尽量少地使用它们。

4.2.2　使用 nextTick 来调度工作

在事件队列上调度工作的一个有用的方法是 process.nextTick (callback)函数。此函数调度要在事件循环的下一次循环中运行的工作。不像 setImmediate()方法，nextTick()在 I/O 事件被触发之前执行。这可能会导致 I/O 事件的饥饿，所以 Node.js 通过默认值为 1000 的 process.maxTickDepth 来限制事件队列的每次循环可执行的 nextTick()事件的数目。

清单 4.3 说明了使用阻塞I/ O调用、定时器和nextTick()时，事件的顺序。请注意，阻塞调用fs.stat()首先执行[1]，然后是两个setImmediate()调用，之后是两个nextTick()调用。清单4.3的输出显示两个nextTick()调用在任何其他的调用之前执行，之后是第一个setImmediate()调用被执行，接着是fs.stat()，然后在循环的下一次迭代中，第二个setImmediate()调用被执行。

清单4.3 nextTick.js：实现了一系列阻塞fs调用、即时计时器和nextTick()调用来显示被执行顺序

```
01 var fs = require("fs");
02 fs.stat("nexttick.js", function(){
03   console.log("nexttick.js Exists");
04 });
05 setImmediate(function(){
06   console.log("Immediate Timer 1 Executed");
07 });
08 setImmediate(function(){
09   console.log("Immediate Timer 2 Executed");
10 });
11 process.nextTick(function(){
12   console.log("Next Tick 1 Executed");
13 });
14 process.nextTick(function(){
15   console.log("Next Tick 2 Executed");
16 });
```

清单4.3的输出 nexttick.js：显示先执行nextTick()调用

```
c:\books\node\ch04>node nexttick.js
Next Tick 1 Executed
Next Tick 2 Executed
Immediate Timer 1 Executed
Immediate Timer 2 Executed
nexttick.js Exists
```

4.2.3 实现事件发射器和监听器

在下面的各章中，你有机会实现很多内置到各种Node.js模块的事件。本节重点介绍创建自己的自定义事件，以及实现当一个事件被发出时得到执行的监听器回调。

1 这是代码中语句的顺序，而不是执行顺序。——译者注

将自定义事件添加到 JavaScript 对象

事件使用一个 EventEmitter 对象来发出。这个对象包含在 events 模块中。emit (eventName, [args]) 函数触发 eventName 事件，包括所提供的任何参数。下面的代码片段演示了如何实现一个简单的事件发射器：

```
var events = require('events');
var emitter = new events.EventEmitter();
emitter.emit("simpleEvent");
```

有时，你会想直接把事件添加到自己的 JavaScript 对象中。要做到这一点，就需要通过在对象实例中调用 events.EventEmitter.call(this) 来在对象中继承 EventEmitter 功能。还需要把 events.EventEmitter.prototype 添加到对象的原型中。例如：

```
Function MyObj(){
  Events.EventEmitter.call(this);
}
MyObj.prototype.__proto__ = events.EventEmitter.prototype;
```

然后，你就可以直接从对象实例中发出事件了。例如：

```
var myObj = new MyObj();
myObj.emit("someEvent");
```

把事件监听器添加到对象

一旦有了一个能够发出事件的对象实例，你就可以为自己所关心的事件添加监听器。可以通过使用下面的功能之一把监听器添加到 EventEmitter 对象。

- **.addListener(eventName, callback)**：将 callback 函数附加到对象的监听器中。每当 eventName 事件被触发时，callback 函数就被放置在事件队列中执行。
- **.on(eventName, callback)**：同 .addListener()。
- **.once(eventName, callback)**：只有 eventName 事件第一次被触发时，callback 函数才被放置在事件队列中执行。

例如，要在前面定义的 MyObject EventEmitter 类的实例中增加一个监听器，你可以使用如下代码：

```
function myCallback(){
  . . .
}
var myObject = new MyObj();
myObject.on("someEvent", myCallback);
```

从对象中删除监听器

监听器非常有用，并且是 Node.js 编程的重要组成部分。然而，它们会导致开销，你应该只在必要时使用它们。Node.js 在 EventEmitter 对象上提供了多个辅助函数来让你管理包含的监听器，如下所示。

- **.listeners(eventName)**：返回一个连接到 eventName 事件的监听器函数的数组。
- **.setMaxListeners(n)**：如果多于 n 的监听器都加入 EventEmitter 对象，就触发警报。它的默认值是 10。
- **.removeListener(eventName, callback)**：将 callback 函数从 EventEmitter 对象的 eventName 事件中删除。

实现事件监听器和发射器事件

清单 4.4 演示了在 Node.js 中实现监听器和自定义事件发射器的过程。Account 对象从 EventEmitter 类继承并提供了两种方法，即 deposit（存款）和 withdraw（取款），它们都发射 balanceChanged 事件。然后在第 15～31 行，3 个回调函数的实现连接到 Account 对象实例的 balanceChanged 事件并显示各种形式的数据。

请注意，checkGoal(acc, goal) 回调函数的实现有点不同于其他回调函数。这说明了如何在事件被触发时，将变量传递到该事件监听器函数。清单 4.4 的输出显示了清单 4.4 中代码的执行结果。

清单 4.4 emitter_listener.js：创建一个自定义 EventEmitter 对象并实现当 balanceChanged 事件被触发时所触发的 3 个监听器

```
01 var events = require('events');
02 function Account() {
03  this.balance = 0;
04  events.EventEmitter.call(this);
05  this.deposit = function(amount){
06    this.balance += amount;
07    this.emit('balanceChanged');
08  };
09  this.withdraw = function(amount){
10    this.balance -= amount;
11    this.emit('balanceChanged');
12  };
13 }
14 Account.prototype.__proto__ = events.EventEmitter.prototype;
15 function displayBalance(){
```

```
16   console.log("Account balance: $%d", this.balance);
17 }
18 function checkOverdraw(){
19   if (this.balance < 0){
20     console.log("Account overdrawn!!!");
21   }
22 }
23 function checkGoal(acc, goal){
24   if (acc.balance > goal){
25     console.log("Goal Achieved!!!");
26   }
27 }
28 var account = new Account();
29 account.on("balanceChanged", displayBalance);
30 account.on("balanceChanged", checkOverdraw);
31 account.on("balanceChanged", function(){
32   checkGoal(this, 1000);
33 });
34 account.deposit(220);
35 account.deposit(320);
36 account.deposit(600);
37 account.withdraw(1200);
```

清单 4.4 的输出　emitter_listener.js：显示了监听器回调函数输出的会计报表

```
C:\books\node\ch04>node emmiter_listener.js
Account balance: $220
Account balance: $540
Account balance: $1140
Goal Achieved!!!
Account balance: $-60
Account overdrawn!!!
```

4.3　实现回调

正如你在前面各节中所看到的，Node.js 事件驱动模型在很大程度上依赖于回调函数。起初，回调函数可能会有点难以理解，特别是你想从实现基本的匿名函数开始时。本节讨论回调的 3 个具体实现：将参数传递给回调函数，在循环内处理回调函数参数，以及嵌套回调。

4.3.1 向回调函数传递额外的参数

大部分回调函数都有传递给它们的自动参数，如错误或结果缓冲区。使用回调时，常见的一个问题是如何从调用函数给它们传递额外的参数。做到这一点的方法是在一个匿名函数中实现该参数，然后用来自匿名函数的参数调用实际回调函数。

清单 4.5 中的代码显示了实现回调函数的参数。这里有两个 sawCar 事件处理程序。请注意，sawCar 仅发出 make 参数。注意 emitter.emit() 函数也能接受额外的参数，make 如第 5 行所示被添加。第一个事件处理程序，在第 16 行实现了 logCar(make) 回调处理程序。要为 logColorCar() 添加颜色，在第 17～21 行定义的事件处理程序用了一个匿名函数。随机选择的颜色被传递到 logColorCar(make, color) 调用。你可以在清单 4.5 的输出中看见这个输出。

清单 4.5 callback_parameter.js：创建一个匿名函数来添加未由事件发出的附加参数

```
01 var events = require('events');
02 function CarShow() {
03   events.EventEmitter.call(this);
04   this.seeCar = function(make){
05     this.emit('sawCar', make);
06   };
07 }
08 CarShow.prototype.__proto__ = events.EventEmitter.prototype;
09 var show = new CarShow();
10 function logCar(make){
11   console.log("Saw a " + make);
12 }
13 function logColorCar(make, color){
14   console.log("Saw a %s %s", color, make);
15 }
16 show.on("sawCar", logCar);
17 show.on("sawCar", function(make){
18   var colors = ['red', 'blue', 'black'];
19   var color = colors[Math.floor(Math.random()*3)];
20   logColorCar(make, color);
21 });
22 show.seeCar("Ferrari");
23 show.seeCar("Porsche");
24 show.seeCar("Bugatti");
25 show.seeCar("Lamborghini");
26 show.seeCar("Aston Martin");
```

清单 4.5 的输出 callback_parameter.js：显示了给回调函数添加颜色参数的结果

```
C:\books\node\ch04>node callback_parameter.js
```

```
Saw a Ferrari
Saw a blue Ferrari
Saw a Porsche
Saw a black Porsche
Saw a Bugatti
Saw a red Bugatti
Saw a Lamborghini
Saw a black Lamborghini
Saw a Aston Martin
Saw a black Aston Martin
```

4.3.2　在回调中实现闭包

异步回调存在的一个有趣问题是闭包。闭包（Closure）是一个 JavaScript 的术语，它表示变量被绑定到一个函数的作用域，但不绑定到它的父函数的作用域。当你执行一个异步回调时，父函数的作用域可能更改。例如，通过遍历列表并在每次迭代时改变值。

如果某个回调函数需要访问父函数的作用域的变量，就需要提供闭包，使这些值在回调函数从事件队列被提取出时可以得到。实现这一点的一个基本方法是在函数块内部封装一个异步调用，并传入所需要的变量。

清单 4.6 说明了如何实现为 logCar()异步函数提供闭包的包装器函数。请注意，第 7～12 行的循环实现了一个基本的回调函数。然而，清单 4.6 的输出显示，汽车的名字始终是被读取的最后一个条目，因为每次循环迭代时，message 的值都会变化。

在第 13～20 行的循环实现了把消息作为 msg 参数传递的包装器函数，而 msg 值被附着在回调函数上。因此，清单 4.6 输出所示的闭包显示了正确的消息。为了使回调真正地异步，要使用 process.nextTick()方法来调度回调函数。

清单 4.6　callback_closure.js：创建一个包装器函数来提供异步回调所需的变量的闭包

```
01 function logCar(logMsg, callback){
02   process.nextTick(function() {
03     callback(logMsg);
04   });
05 }
06 var cars = ["Ferrari", "Porsche", "Bugatti"];
07 for (var idx in cars){
08   var message = "Saw a " + cars[idx];
09   logCar(message, function(){
10     console.log("Normal Callback: " + message);
11   });
12 }
13 for (var idx in cars){
```

```
14  var message = "Saw a " + cars[idx];
15  (function(msg){
16    logCar(msg, function(){
17      console.log("Closure Callback: " + msg);
18    });
19  })(message);
20 }
```

清单 4.6 的输出 callback_closure.js:
添加一个闭包包装器函数来允许异步回调访问所需的变量

```
C:\books\node\ch04>node callback_closure.js
Normal Callback: Saw a Bugatti
Normal Callback: Saw a Bugatti
Normal Callback: Saw a Bugatti
Closure Callback: Saw a Ferrari
Closure Callback: Saw a Porsche
Closure Callback: Saw a Bugatti
```

4.3.3 链式回调

使用异步函数时，如果两个函数都在事件队列上，则你无法保证它们的运行顺序。解决这一问题的最佳方法是让来自异步函数的回调再次调用该函数，直到没有更多的工作要做，以执行链式回调。这样，异步函数永远不会在事件队列上超过一次。

清单4.7是执行链式回调函数的一个基本的例子。条目列表被传递到函数 logCars()，异步函数 logCar() 被调用，然后 logCars() 函数被作为当 logCar() 完成时的回调函数。因此，同一时间只有一个版本的 logCar() 在事件队列上。清单 4.7 的输出显示了遍历此列表的输出。

清单 4.7 callback_chain.js：实现一个回调链，在此来自一个匿名函数的回调函数回调到最初的函数来遍历列表

```
01 function logCar(car, callback){
02  console.log("Saw a %s", car);
03  if(cars.length){
04    process.nextTick(function(){
05      callback();
06    });
07  }
08 }
09 function logCars(cars){
10  var car = cars.pop();
```

```
11   logCar(car, function(){
12     logCars(cars);
13   });
14 }
15 var cars = ["Ferrari", "Porsche", "Bugatti",
16             "Lamborghini", "Aston Martin"];
17 logCars(cars);
```

清单 4.7 的输出　callback_chain.js：使用异步回调链遍历列表

```
C:\books\node\ch04>node callback_chain.js
Saw a Aston Martin
Saw a Lamborghini
Saw a Bugatti
Saw a Porsche
Saw a Ferrari
```

4.4　小结

Node.js 使用事件驱动模型来提供可伸缩性和性能。你学习了事件驱动模型和 Web 服务器的传统线程模型之间的差异。你还学习了当阻塞 I/O 被调用时，可以把事件添加到事件队列中。你也学习了可以使用事件或定时器触发监听器或直接用 nextTick() 方法来调用监听器。

本章介绍了 3 种类型的定时器事件：超时时间、时间间隔和即时型。可以使用这些事件中的任意一种来把工作的执行延迟一段时间。你还看到了如何实现自己的自定义事件的发射器，并为它们添加监听器函数。

4.5　下一章

在下一章中，你会看到如何通过使用流和缓冲区来管理数据 I/O。此外，你将了解操作 JSON、字符串和压缩形式的数据的 Node.js 功能。

第5章

在 Node.js 中处理数据 I/O

大多数活跃的 Web 应用程序和服务都有许多流经它们的数据，这些数据来源的形式包括文本、JSON 字符串、二进制缓冲区和数据流。因此，Node.js 有很多内置的机制来支持处理从一个系统到另一个系统的数据 I/O。理解 Node.js 提供的实现有效和高效的 Web 应用程序和服务的机制非常重要。

本章的重点是操作 JSON 数据、管理二进制数据缓冲区，并实现可读取和可写入数据流及压缩和解压缩数据。你将学习如何利用 Node.js 功能去处理具有不同 I/O 要求的工作。

5.1 处理 JSON

实现 Node.js Web 应用程序和服务时你将最常使用的数据类型是 JSON（JavaScript Object Notation，JavaScript 对象符号）。JSON 是一个轻量级的方法，它用来把 JavaScript 对象和字符串的形式进行互相转换。当你需要序列化数据对象，以便将它们从客户端传递到服务器，从一个进程传递到另一个进程，从一个流传递到另一个流，或当你要将它们存储在数据库中时，使用 JSON 的方法很简便。

不使用 XML，而使用 JSON 序列化 JavaScript 对象有下列几个原因：

- JSON 更高效，需要更少的字符。
- 序列化/反序列化 JSON 要比 XML 快。因为 JSON 的语法更简单。
- 从开发人员的角度来看，JSON 更容易阅读，因为它类似于 JavaScript 的语法。

只有要对极其复杂的对象进行转换，或者如果你有现成的 XML/XSLT 转换器，才可能需要使用 XML 而不是 JSON。

5.1.1 把 JSON 转换成 JavaScript 对象

JSON 字符串以字符串形式表示 JavaScript 对象。该字符串的语法与代码非常相似，所以很容易理解。你可以使用 `JSON.parse(string)` 方法将格式正确的 JSON 字符串转换为一个 JavaScript 对象。

例如，在下面的代码片段中，accountStr 被定义为一个格式化的 JSON 字符串，然后使用 JSON.parse()将其转换为 JavaScript 对象，之后其成员属性就可以通过点符号来访问了：

```
var accountStr = '{"name":"Jedi", "members":["Yoda","Obi Wan"], \
                  "number":34512, "location": "A galaxy far, far away"}';
var accountObj = JSON.parse(accountStr);
console.log(accountObj.name);
console.log(accountObj.members);
```

上面的代码得到下列输出：

```
Jedi
[ 'Yoda', 'Obi Wan' ]
```

5.1.2 把 JavaScript 对象转换为 JSON

Node 也可以把一个 JavaScript 对象转换为格式正确的 JSON 字符串。因此，可以在文件或数据库中存储此字符串形式，通过一个 HTTP 连接发送它，或将其写入流或缓冲区。你可以使用 JSON.stringify(object)方法来解析一个 JavaScript 对象，并生成一个 JSON 字符串。

例如，下面的代码定义了一个包含字符串、数字和数组属性在内的 JavaScript 对象。使用 JSON.stringify()将其整个转换成 JSON 字符串：

```
var accountObj = {
  name: "Baggins",
  number: 10645,
  members: ["Frodo, Bilbo"],
  location: "Shire"
};
var accountStr = JSON.stringify(accountObj);
console.log(accountStr);
```

上述代码的输出如下：

```
{"name":"Baggins","number":10645,"members":["Frodo, Bilbo"],"location":"Shire"}
```

5.2 使用 **Buffer** 模块缓冲数据

虽然 JavaScript 对 Unicode 是非常友好的，但是它不擅长管理二进制数据。然而，在实施一些 Web 应用程序和服务时，二进制数据是非常有用的，例如：

- 传输压缩文件。
- 生成动态图像。
- 发送序列化的二进制数据。

5.2.1 了解缓冲数据

缓冲数据是由一系列的大端或小端格式字节组成的。这意味着它们比文本数据占用较少的空间。因此，Node.js 提供 `Buffer`（缓冲区）模块，它提供了在缓冲区结构中创建、读取、写入和操作二进制数据的功能。`Buffer` 模块是全局性的，所以并不需要使用 `require()` 函数来访问它。

缓冲数据被存储在类似于数组的结构中，但它被存储在正常 V8 堆之外的原始内存分配区中。因此，`Buffer` 不能调整大小。

当对缓冲区与字符串进行互相转换时，需要指定要使用的明确的编码方法。表 5.1 列出了受支持的各种编码方法。

表 5.1 字符串和二进制缓冲区之间的编码方法

方 法	说 明
`utf8`	多字节编码的 Unicode 字符，是大多数文档和网页中的标准
`utf16le`	2 个或 4 个字节小端编码的 Unicode 字符
`ucs2`	等同于 `utf16le`
`base64`	Base-64 字符串编码
`Hex`	每个字节编码为两个十六进制字符

> **大端和小端**
> 在缓冲区的二进制数据被存储为从 0x00 到 0xFF 的十六进制值的一系列八位组或八位 0 和 1 序列。它可以被作为一个字节或者作为含有多个字节的一个字来读取。在定义字时，端定义重要位的顺序。大端首先存储最不重要的字，而小端最后存储最不重要的字。例如，在大端编码中，字 `0x0A 0x0B 0x0C 0x0D` 将被作为 `[0x0A, 0x0B, 0x0C, 0x0D]` 存储在缓冲区中；而在小端编码中，它被存储成 `[0x0D, 0x0C, 0x0B, 0x0A]`。

5.2.2 创建缓冲区

`Buffer` 对象实际上是原始的内存分配区。因此，必须在创建它们时确定其大小。使用 `new` 关键字创建 `Buffer` 对象有如下 3 种方法：

```
new Buffer(sizeInBytes)
new Buffer(octetArray)
new Buffer(string, [encoding])
```

例如，下面的代码行分别使用字节大小、一个八位字节的缓冲区，以及一个UTF8字符串来定义缓冲区：

```
var buf256 = new Buffer(256);
var bufOctets = new Buffer([0x6f, 0x63, 0x74, 0x65, 0x74, 0x73]);
var bufUTF8 = new Buffer("Some UTF8 Text \u00b6 \u30c6 \u20ac", 'utf8');
```

5.2.3 写入缓冲区

Buffer对象已经创建后，你不能扩展其大小，但可以把数据写到缓冲区中的任何位置。表5.2描述了可以用来写入缓冲区的3种方法。

表5.2　用于写入 **Buffer** 对象的方法

方　法	说　明
buffer.write(string,[offset], [length], [encoding])	使用encoding的编码从缓冲区内的offset（偏移量）索引开始，写入string中length数量的字节
buffer[offset] = value	将索引offset处的数据替换为指定的value（值）
buffer.fill(value, [offset], [end])	将value写到缓冲区中从offset索引处开始，并在end索引处结束的每一个字节
writeInt8(value, offset, [noAssert]) writeInt16LE(value, offset, [noAssert]) writeInt16BE(value, offset, [noAssert]) ...	Buffer对象有一大批的方法来写入整数、无符号整数、双精度浮点数、浮点数等各种大小的数据，并采用小端或大端。value指定写入的值，offset指定要写的索引，而noAssert指定是否要跳过value和offset的验证。noAssert应保留默认的false，除非你绝对肯定value和offset的正确性

为了更好地说明写入缓冲区，清单5.1定义了一个缓冲区，以零填充它，在第3行使用write()方法在开头写一些文字，并在第5行使用write(string, offset, length)写一些额外的文本以改变现有缓冲区的一部分。然后在第7行，它通过直接设置索引的值增加了一个+到结束处，如清单5.1的输出所示。注意，buf256.write("more text", 9, 9)语句写到缓冲区的中间，而buf256[18] = 43修改一个字节。

清单5.1　**buffer_write.js**：用各种方式来写入 **Buffer** 对象

```
1 buf256 = new Buffer(256);
2 buf256.fill(0);
3 buf256.write("add some text");
4 console.log(buf256.toString());
```

```
5 buf256.write("more text", 9, 9);
6 console.log(buf256.toString());
7 buf256[18] = 43;
8 console.log(buf256.toString());
```

清单 5.1 的输出 buffer_write.js：把数据写入一个 Buffer 对象

```
C:\books\node\ch05>node buffer_write.js
add some text
add some more text
add some more text+
```

5.2.4 从缓冲区读取

从缓冲区读取有几种方法。最简单的是使用 toString()方法将缓冲区的全部或一部分转换为字符串。不过，你也可以直接在缓冲区访问特定的索引，或使用 read()。此外，Node.js 提供 StringDecoder 对象，它有一个 write(buffer)方法来进行解码，并使用指定的编码写入缓冲区数据。表 5.3 描述了读取 Buffer 对象的这些方法。

表 5.3 读取 **Buffer** 对象的方法

方 法	说 明
buffer.toString([encoding], [start], [end])	返回一个字符串，它包含了从缓冲区的 start 索引到 end 索引的字符，由 encoding 指定的编码解码。如果没有指定 start 或 end，则 toString()使用缓冲区的开始或结束
stringDecoder.write(buffer)	返回缓冲区的解码字符串版本
buffer[offset]	返回缓冲区在指定的 offset（偏移量）字节的八进制值
readInt8(offset, [noAssert]) readInt16LE(offset, [noAssert]) readInt16BE(offset, [noAssert]) ...	Buffer 对象有一大批的方法来读入整数、无符号整数、双精度浮点数、浮点数等各种大小的数据，并采用小端或大端。这些函数接受要读入的 offset 位置，而 noAssert 指定是否跳过 offset 的验证。noAssert 应保留默认的 false，除非你绝对肯定 offset 的正确性

为了说明如何从缓冲区读取，清单 5.2 定义了 UTF8 编码的字符缓冲区，然后使用不带参数的 toString()读取所有的缓冲区，之后用 encoding、start 和 end 参数读取缓冲区的一部分。之后在第 4 行和第 5 行中，它使用 UTF8 编码创建了一个 StringDecoder，并用它来把缓冲区的内容输出到控制台。接下来，用直接访问方法获取在索引 18 处的八进制字节值。清单 5.2 的输出显示了此代码的输出。

清单 5.2 buffer_read.js：从 Buffer 对象读取数据的各种方法

```
1 bufUTF8 = new Buffer("Some UTF8 Text \u00b6 \u30c6 \u20ac", 'utf8');
2 console.log(bufUTF8.toString());
```

```
3 console.log(bufUTF8.toString('utf8', 5, 9));
4 var StringDecoder = require('string_decoder').StringDecoder;
5 var decoder = new StringDecoder('utf8');
6 console.log(decoder.write(bufUTF8));
```

清单 5.2 的输出　buffer_read.js：从 Buffer 对象读取数据

```
C:\books\node\ch05>node buffer_read.js
Some UTF8 Text ¶ テ €
UTF8
Some UTF8 Text ¶ テ €
e3
e3838620
```

5.2.5　确定缓冲区的长度

缓冲区处理的一项常见任务是确定其长度，尤其是当你从一个字符串动态创建一个缓冲区的时候。可以通过在 Buffer 对象上调用.length 来确定缓冲区的长度。在确定字符串将在缓冲区中占用的字节长度时，你不能使用.length 属性。相反，你需要使用 Buffer.byteLength(string, [encoding])。注意，缓冲区中字符串长度和字节长度之间的区别是很重要的。为了说明这一点，请考虑以下语句：

```
"UTF8 text \u00b6".length;
//计算结果是11
Buffer.byteLength("UTF8 text \u00b6", 'utf8');
//计算结果是12
Buffer("UTF8 text \u00b6").length;
//计算结果是12
```

请注意，相同字符串的计算结果为 11 个字符，但因为它包含双字节字符，所以 byteLength 为 12。另外请注意，Buffer("UTF8 text \u00b6").length 的计算结果也为 12。这是因为缓冲区上的.length 返回的是字节长度。

5.2.6　复制缓冲区

处理缓冲区的一个重要组成部分，是将一个缓冲区中的数据复制到另一个缓冲区的能力。Node.js 为 Buffer 对象提供 copy(targetBuffer, [targetStart], [sourceStart], [sourceIndex])方法。targetBuffer 参数是另一个 Buffer 对象，targetStart、sourceStart 和 sourceEnd 是源和目标缓冲区内的索引。

> **注意**
> 若要从一个缓冲区复制字符串数据到另一个缓冲区，应确保两个缓冲区使用相同的编码；否则，对结果缓冲区解码时，你可能会得到意想不到的结果。

也可以通过直接索引将一个缓冲区中的数据复制到另一个缓冲区，例如：

```
sourceBuffer[index] = destinationBuffer[index]
```

清单 5.3 说明了将一个缓冲区的数据复制到另一个缓冲区的 3 个例子。在第 4～8 行的第一种方法，复制了完整的缓冲区。在第 10～14 行的下一个方法，只复制缓冲区中间的 5 个字节。在第 3 个例子中，对源缓冲区进行迭代，并且仅对缓冲区以每隔一个字节的方式复制。清单 5.3 的输出显示了它的执行结果。

清单 5.3 buffer_copy.js：将一个 Buffer 对象中的数据复制到另一个 Buffer 对象的各种方法

```
01 var alphabet = new Buffer('abcdefghijklmnopqrstuvwxyz');
02 console.log(alphabet.toString());
03 // 复制整个缓冲区
04 var blank = new Buffer(26);
05 blank.fill();
06 console.log("Blank: " + blank.toString());
07 alphabet.copy(blank);
08 console.log("Blank: " + blank.toString());
09 // 复制缓冲区的一部分
10 var dashes = new Buffer(26);
11 dashes.fill('-');
12 console.log("Dashes: " + dashes.toString());
13 alphabet.copy(dashes, 10, 10, 15);
14 console.log("Dashes: " + dashes.toString());
15 // 利用缓冲区索引直接复制
16 var dots = new Buffer('-------------------------');
17 dots.fill('.');
18 console.log("dots: " + dots.toString());
19 for (var i=0; i < dots.length; i++){
20  if (i % 2) { dots[i] = alphabet[i]; }
21 }
22 console.log("dots: " + dots.toString());
```

清单 5.3 的输出 buffer_copy.js：将一个 Buffer 对象的数据复制到另一个 Buffer 对象

```
C:\books\node\ch05>node buffer_copy.js
abcdefghijklmnopqrstuvwxyz
Blank:
Blank: abcdefghijklmnopqrstuvwxyz
Dashes: --------------------------
```

```
Dashes: ----------klmno-----------
dots: .........................
dots: .b.d.f.h.j.l.n.p.r.t.v.x.
```

5.2.7　对缓冲区切片

处理缓冲区的另一个重要方面是将它们分成切片的能力。切片（slice）是缓冲区的开始索引和结束索引之间的部分。对缓冲区切片可以让你操作一个特定的块。

可以使用 slice([start], [end]) 方法创建切片，它返回一个 Buffer 对象，其指向原缓冲区的 start 索引，并且具有 end - start 的长度。请记住，切片与副本不同。如果你编辑一个副本，原来的缓冲区并没有改变。但是，如果你编辑一个切片，则原来的缓冲区确实会改变。

清单 5.4 说明了切片的使用。注意，当切片在第 5 行和第 6 行被改变时，它也改变了原来的缓冲区，如清单 5.4 的输出所示。

清单 5.4　**buffer_slice.js**：创建和操作一个 **Buffer** 对象的切片

```
1 var numbers = new Buffer("123456789");
2 console.log(numbers.toString());
3 var slice = numbers.slice(3, 6);
4 console.log(slice.toString());
5 slice[0] = '#'.charCodeAt(0);
6 slice[slice.length-1] = '#'.charCodeAt(0);
7 console.log(slice.toString());
8 console.log(numbers.toString());
```

清单 5.4 的输出　buffer_slice.js：对 Buffer 对象切片和修改

```
C:\books\node\ch05>node buffer_slice.js
123456789
456
#5#
123#5#789
```

5.2.8　拼接缓冲区

你也可以把两个或多个 Buffer 对象拼接在一起，形成一个新的缓冲区。concat(list, [totalLength]) 方法接受 Buffer 对象的数组作为第一个参数，并把定义缓冲区最大字节数的 totalLength，作为可选的第二个参数。Buffer 对象按照它们出现在列表中的顺序被拼接；而一个新的 Buffer 对象被返回，它包含至多 totalLength 字节的原始缓冲区的内容。

如果你不提供 totalLength 参数，concat()就为你计算出它。但是，这样它必须遍历列表，所以提供 totalLength 值执行得更快。

清单 5.5 先把基 Buffer 和一个缓冲区拼接，然后再把它与另一个缓冲区拼接。如清单 5.5 的输出所示。

清单 5.5 **buffer_concat.js：拼接 Buffer** 对象

```
1 var af = new Buffer("African Swallow?");
2 var eu = new Buffer("European Swallow?");
3 var question = new Buffer("Air Speed Velocity of an ");
4 console.log(Buffer.concat([question, af]).toString());
5 console.log(Buffer.concat([question, eu]).toString());
```

清单 5.5 的输出 buffer_concat.js：拼接 Buffer 对象

```
C:\books\node\ch05>node buffer_concat.js
Air Speed Velocity of an African Swallow?
Air Speed Velocity of an European Swallow?
```

5.3 使用 Stream 模块来传送数据

Stream 模块是 Node.js 的一个重要模块。数据流是可读、可写，或者既可读又可写的内存结构。流在 Node.js 中被广泛使用，例如用在访问文件时，从 HTTP 请求中读取数据时，以及其他一些领域。本节将介绍使用 Stream 模块来创建流，以及从它们读出数据和向它们写入数据。

流的目的是提供一种从一个地方向另一个地方传送数据的通用机制。它们还公开各种事件，如数据可被读取时，当错误发生时，等等，这样你就可以注册监听器来在流变为可用或已准备好被写入时处理数据。

流常用于 HTTP 数据和文件。你可以将一个文件作为读取流打开或将数据作为读取流从 HTTP 请求访问，并读出所需的字节。此外，你可以创建自己的自定义流。以下各节描述创建和使用 Readable（可读）、Writable（可写）、Duplex（双工）和 Transform（变换）流的过程。

5.3.1 Readable 流

Readable 流提供一种机制，以方便地读取从其他来源进入应用程序的数据。Readable 流的一些常见实例如下：

- 在客户端的 HTTP 响应。
- 在服务器的 HTTP 请求。
- fs 读取流。
- zlib 流。
- crypto（加密）流。
- TCP 套接字。
- 子进程的 stdout 和 stderr。
- process.stdin。

Readable 流提供 read([size]) 方法来读取数据，其中 size 指定从流中读取的字节数。read() 可以返回一个 String、Buffer 或 null。Readable 流也公开了以下事件。

- **readable**：在数据块可以从流中读取的时候发出。
- **data**：类似于 readable；不同之处在于，当数据的事件处理程序被连接时，流被转变成流动的模式，并且数据处理程序被连续地调用，直到所有数据都被用尽。
- **end**：当数据将不再被提供时由流发出。
- **close**：当底层的资源（如文件）已关闭时发出。
- **error**：当在接收数据中出现错误时发出。

Readable 流对象也提供了许多函数，使你可以读取和操作它们。表 5.4 列出了 Readable 流对象提供的方法。

表 5.4 Readable 流对象提供的方法

方 法	说 明
read([size])	从流中读取数据。这些数据可以是 String、Buffer 或者 null（null 表示没有剩下任何更多的数据）。如果指定 size 参数，那么被读取的数据将仅限于那个字节数
setEncoding(encoding)	设置从 read() 请求读取返回 String 时使用的编码
pause()	暂停从该对象发出的 data 事件

（续表）

方 法	说 明
resume()	恢复从该对象发出的 data 事件
pipe(destination, [options])	把这个流的输出传输到一个由 destination（目的地）指定的 Writable 流对象。options 是一个 JavaScript 对象。例如，{end:true}当 Readable 结束时就结束 Writable 目的地
unpipe([destination])	从 Writable 目的地断开这一对象

为了实现自己的自定义 Readable 流对象，你需要首先继承 Readable 流的功能。实现这一点最简单的方法是使用 util 模块的 inherits()方法：

```
var util = require('util');
util.inherits(MyReadableStream, stream.Readable);
```

然后你创建对象调用的实例：

```
stream.Readable.call(this, opt);
```

你还需要实现一个调用 push()来输出 Readable 对象中的数据的_read()方法。push()调用应推入的是一个 String、Buffer，或者 null。

清单 5.6 说明了实现一个 Readable 流并从中读取的基本知识。请注意，Answers()类继承自 Readable，然后实现了 Answers.prototype._read()函数来处理数据的推出。还要注意，在第 18 行，直接 read()调用从流中读取第一个条目，之后在第 19～21 行定义的数据事件处理程序中读取其余条目。清单 5.6 的输出显示了此结果。

清单 5.6 stream_read.js：实现一个 Readable 流对象

```
01 var stream = require('stream');
02 var util = require('util');
03 util.inherits(Answers, stream.Readable);
04 function Answers(opt) {
05   stream.Readable.call(this, opt);
06   this.quotes = ["yes", "no", "maybe"];
07   this._index = 0;
08 }
09 Answers.prototype._read = function() {
10   if (this._index > this.quotes.length){
11     this.push(null);
12   } else {
13     this.push(this.quotes[this._index]);
14     this._index += 1;
15   }
16 };
17 var r = new Answers();
```

```
18 console.log("Direct read: " + r.read().toString());
19 r.on('data', function(data){
20   console.log("Callback read: " + data.toString());
21 });
22 r.on('end', function(data){
23   console.log("No more answers.");
24 });
```

清单 5.6 的输出　stream_read.js：实现自定义的 Readable 对象

```
C:\books\node\ch05>node stream_read.js
Direct read: yes
Callback read: no
Callback read: maybe
No more answers.
```

5.3.2 **Writable** 流

Writable 流旨在提供把数据写入一种可以轻松地在代码的另一个区域被使用的形式的机制。Writable 流的一些常见实例如下：

- 客户端上的 HTTP 请求。
- 服务器上的 HTTP 响应。
- fs 写入流。
- zlib 流。
- crypto 流。
- TCP 套接字。
- 子进程的 stdin。
- process.stdout，process.stderr。

Writable 流提供 write(chunk, [encoding], [callback]) 方法来将数据写入该流。其中，chunk（数据块）中包含要写入的数据；encoding 指定字符串的编码（如果需要的话）；而 callback 指定当数据已经完全刷新时执行的一个回调函数。如果数据被成功写入，则 write() 函数返回 true。Writable 流也公开了以下事件。

- **drain**：在 write() 调用返回 false 后，当准备好开始写更多的数据时，发出 drain 事件通知监听器。

- **finish**：当 end()在 Writable 对象上被调用，所有的数据都被刷新，并且不会有更多的数据将被接受时，发出此事件。
- **pipe**：当 pipe()方法在 Readable 流上被调用，以添加此 Writable 为目的地时，发出此事件。
- **unpipe**：当 unpipe()方法在 Readable 流上被调用，以删除此 Writable 为目的地时，发出此事件。

Writable 流对象也提供了一些你可以用来写和操纵它们的方法。表 5.5 列出了 Writable 流对象提供的方法。

表 5.5 **Writable** 流对象提供的方法

方　法	说　明
write(chunk, [encoding], [callback])	将数据块写入流对象的数据位置。该数据可以是 String 或 Buffer。如果指定 encoding，那么将其用于对字符串数据的编码。如果指定 callback，那么它在数据已被刷新后被调用
end([chunk], [encoding], [callback])	与 write()相同，除了它把 Writable 对象置于不再接收数据的状态，并发送 finish 事件外

为了实现自己的自定义 Writable 流对象，你需要首先继承 Writable 流的功能。实现这一点最简单的方法是使用 util 模块的 inherits() 方法：

```
var util = require('util');
util.inherits(MyWritableStream, stream.Writable);
```

然后你创建对象调用的实例：

```
stream.Writable.call(this, opt);
```

你还需要实现一个_write(data, encoding, callback)方法，以存储 Writable 对象的数据。清单 5.7 说明了实现和写入 Writable 流的基本知识。清单 5.7 的输出显示了此结果。

清单 5.7 **stream_write.js**：实现一个 **Writable** 流对象

```
01 var stream = require('stream');
02 var util = require('util');
03 util.inherits(Writer, stream.Writable);
04 function Writer(opt) {
05   stream.Writable.call(this, opt);
06   this.data = new Array();
07 }
08 Writer.prototype._write = function(data, encoding, callback) {
```

```
09   this.data.push(data.toString('utf8'));
10   console.log("Adding: " + data);
11   callback();
12 };
13 var w = new Writer();
14 for (var i=1; i<=5; i++){
15   w.write("Item" + i, 'utf8');
16 }
17 w.end("ItemLast");
18 console.log(w.data);
```

清单 5.7 的输出 stream_write.js：实现一个自定义的 Writable 对象

```
C:\books\node\ch05>node stream_write.js
Adding: Item1
Adding: Item2
Adding: Item3
Adding: Item4
Adding: Item5
Adding: ItemLast
[ 'Item1', 'Item2', 'Item3', 'Item4', 'Item5', 'ItemLast' ]
```

5.3.3 Duplex 流

Duplex（双工）流结合 Readable 和 Writable 功能。Duplex 流的一个很好例子是 TCP 套接字连接。你可在创建套接字后读取和写入它。

为了实现自己的自定义 Duplex 流对象，你需要先继承 Duplex 流的功能。实现这一点最简单的方法是使用 util 模块的 inherits() 方法：

```
var util = require('util');
util.inherits(MyDuplexStream, stream.Duplex);
```

然后你创建对象调用的实例：

```
stream.Duplex.call(this, opt);
```

在创建一个 Duplex 流时，opt 参数接受一个 allowHalfOpen 属性设置为 true 或 false 的对象。如果此选项设置为 true，则即使可写入端已经结束，可读取端也保持打开状态；反之亦然。如果该选项设置为 false，则结束可写入端也会结束可读取端；反之亦然。

当你实现一个全 Duplex 流时，在原型化 Duplex 类的时候需要同时实现_read(size)

和_write(data, encoding, callback)方法。

清单 5.8 说明了实现、写入和读取 Duplex 流的基本知识。虽然这只是一个基本的示例，但它显示了主要概念。Duplexer()类继承自 Duplex 流并实现了一个基本的_write()函数来将数据存储在该对象中的数组内。_read()函数使用 shift()来获得此数组的第一个条目，如果它等于"stop"，那么推入 null 并结束；如果有一个值，那么推入它；或者如果没有值，则设置超时时间定时器来回调到_read()函数。

在清单 5.8 的输出中，请注意，前两个写入"I think, " 和 "therefore"被一起读取。这是因为在 data 事件被触发之前，两者都被推入了 Readable。

清单 5.8 stream_duplex.js：实现 Duplex 流对象

```
01 var stream = require('stream');
02 var util = require('util');
03 util.inherits(Duplexer, stream.Duplex);
04 function Duplexer(opt) {
05   stream.Duplex.call(this, opt);
06   this.data = [];
07 }
08 Duplexer.prototype._read = function readItem(size) {
09   var chunk = this.data.shift();
10   if (chunk == "stop"){
11     this.push(null);
12   } else{
13     if(chunk){
14       this.push(chunk);
15     } else {
16       setTimeout(readItem.bind(this), 500, size);
17     }
18   }
19 };
20 Duplexer.prototype._write = function(data, encoding, callback) {
21   this.data.push(data);
22   callback();
23 };
24 var d = new Duplexer();
25 d.on('data', function(chunk){
26   console.log('read: ', chunk.toString());
27 });
28 d.on('end', function(){
29   console.log('Message Complete');
30 });
31 d.write("I think, ");
32 d.write("therefore ");
33 d.write("I am.");
```

```
34 d.write("Rene Descartes");
35 d.write("stop");
```

清单 5.8 的输出　stream_duplex.js：实现自定义的 Duplex 对象

```
C:\books\node\ch05>node stream_duplex.js
read:  I think,
read:  therefore
read:  I am.
read:  Rene Descartes
Message Complete
```

5.3.4　Transform 流

Transform（变换）流是另一类流。Transform 流扩展了 Duplex 流，但它修改了 Writable 流和 Readable 流之间的数据。当你需要修改从一个系统到另一个系统的数据时，这会非常有用。Transform 流的一些实例如下：

- zlib 流。
- crypto 流。

Duplex 和 Transform 流之间的一个主要区别是，在 Transform 流中不需要实现 _read() 和 _write() 原型方法。这些被作为直通函数提供。相反，你要实现 _transform(chunk, encoding, callback) 和 _flush(callback) 方法。此 _transform() 方法应该接受来自 write() 请求的数据，对其修改，并 push() 出修改后的数据。

清单 5.9 说明了实现 Transform 流的基本知识。这个流接受 JSON 字符串，将它们转换为对象，然后发出发送对象的名为 object 的自定义事件给所有监听器。该 _transform() 函数也修改对象来包含一个 handled 属性，然后以一个字符串形式发送。请注意，第 18～21 行实现了对象的事件处理函数，它显示某些属性。在清单 5.9 的输出中，请注意，JSON 字符串现在包括 handled 属性。

清单 5.9　stream_transform.js：实现 Transform 流对象

```
01 var stream = require("stream");
02 var util = require("util");
03 util.inherits(JSONObjectStream, stream.Transform);
04 function JSONObjectStream (opt) {
05   stream.Transform.call(this, opt);
06 };
07 JSONObjectStream.prototype._transform = function (data, encoding, callback) {
```

```
08   object = data ? JSON.parse(data.toString()) : "";
09   this.emit("object", object);
10   object.handled = true;
11   this.push(JSON.stringify(object));
12   callback();
13 };
14 JSONObjectStream.prototype._flush = function(cb) {
15   cb();
16 };
17 var tc = new JSONObjectStream();
18 tc.on("object", function(object){
19   console.log("Name: %s", object.name);
20   console.log("Color: %s", object.color);
21 });
22 tc.on("data", function(data){
23   console.log("Data: %s", data.toString());
24 });
25 tc.write('{"name":"Carolinus", "color": "Green"}');
26 tc.write('{"name":"Solarius", "color": "Blue"}');
27 tc.write('{"name":"Lo Tae Zhao", "color": "Gold"}');
28 tc.write('{"name":"Ommadon", "color": "Red"}');
```

清单 5.9 的输出　stream_transform.js：实现自定义的 Transform 对象

```
C:\books\node\ch05>node stream_transform.js
Name: Carolinus
Color: Green
Data: {"name":"Carolinus","color":"Green","handled":true}
Name: Solarius
Color: Blue
Data: {"name":"Solarius","color":"Blue","handled":true}
Name: Lo Tae Zhao
Color: Gold
Data: {"name":"Lo Tae Zhao","color":"Gold","handled":true}
Name: Ommadon
Color: Red
Data: {"name":"Ommadon","color":"Red","handled":true}
```

5.3.5 把 **Readable** 流用管道输送到 **Writable** 流

你可以用流对象做得最酷的东西之一是通过 pipe(writableStream, [options]) 函数把 Readable 流链接到 Writable 流。它做的工作正如其名：Readable 流的输出被直接输入 Writable 流。options 参数接受一个 end 属性设置为 true 或 false 的对象。当 end 是 true 时，Writable 流随着 Readable 流的结束而结束。这是默认的行为。例如：

```
readStream.pipe(writeStream, {end:true});
```

你也可以通过编程方式使用 `unpipe(destinationStream)` 选项来打破管道。清单 5.10 实现了一个 `Readable` 流和 `Writable` 流，然后使用 `pipe()` 函数把它们链接在一起。为了向你展示其基本过程，清单 5.10 的输出显示了从 `_write()` 方法输入的数据被输出到控制台。

清单 5.10　**stream_piped.js**：把 **Readable** 流传送到 **Writable** 流

```
01 var stream = require('stream');
02 var util = require('util');
03 util.inherits(Reader, stream.Readable);
04 util.inherits(Writer, stream.Writable);
05 function Reader(opt) {
06   stream.Readable.call(this, opt);
07   this._index = 1;
08 }
09 Reader.prototype._read = function(size) {
10   var i = this._index++;
11   if (i > 10){
12     this.push(null);
13   } else {
14     this.push("Item " + i.toString());
15   }
16 };
17 function Writer(opt) {
18   stream.Writable.call(this, opt);
19   this._index = 1;
20 }
21 Writer.prototype._write = function(data, encoding, callback) {
22   console.log(data.toString());
23   callback();
24 };
25 var r = new Reader();
26 var w = new Writer();
27 r.pipe(w);
```

清单 5.10 的输出　stream_piped.js：实现流管道传送

```
C:\books\node\ch05>node stream_piped.js
Item 1
Item 2
Item 3
Item 4
Item 5
```

```
Item 6
Item 7
Item 8
Item 9
Item 10
```

5.4 用 Zlib 压缩与解压缩数据

在使用大的系统或移动大量数据时，压缩和解压缩数据的能力极为有用。Node.js 在 Zlib 压缩模块中提供了一个很好的库，使你可以方便、高效地压缩和解压缩在缓冲区中的数据。

请记住，压缩数据需要花费 CPU 周期，所以在你招致压缩/解压缩成本之前，应该确信压缩数据会带来好处。Zlib 支持如下压缩方法。

- **gzip/gunzip**：标准 gzip 压缩。
- **deflate/inflate**：基于 Huffman 编码的标准 deflate 压缩算法。
- **deflateRaw/inflateRaw**：针对原始缓冲区的 deflate 压缩算法。

5.4.1 压缩和解压缩缓冲区

Zlib 模块提供了几个辅助函数，可以用它们很容易地压缩和解压缩数据缓冲区。这些函数都使用相同的基本格式 *function(buffer, callback)*，其中，*function* 是压缩/解压缩方法，*buffer* 是被压缩/解压缩的缓冲区，*callback* 是压缩/解压缩发生之后所执行的回调函数。

说明缓冲区压缩/解压缩的最简单办法是给你展示一些例子。清单 5.11 提供了几种压缩/解压缩的示例，而每个例子的大小的结果输出如清单 5.11 的输出所示。

清单 5.11 zlib_buffers.js：使用 Zlib 模块压缩/解压缩缓冲区

```
01 var zlib = require("zlib");
02 var input = '..............text..............';
03 zlib.deflate(input, function(err, buffer) {
04  if (!err) {
05    console.log("deflate (%s): ", buffer.length, buffer.toString('base64'));
06    zlib.inflate(buffer, function(err, buffer) {
07      if (!err) {
08        console.log("inflate (%s): ", buffer.length, buffer.toString());
09      }
10    });
```

```
11    zlib.unzip(buffer, function(err, buffer) {
12      if (!err) {
13        console.log("unzip deflate (%s): ", buffer.length, buffer.toString());
14      }
15    });
16  }
17 });
18
19 zlib.deflateRaw(input, function(err, buffer) {
20  if (!err) {
21    console.log("deflateRaw (%s): ", buffer.length, buffer.toString('base64'));
22    zlib.inflateRaw(buffer, function(err, buffer) {
23      if (!err) {
24        console.log("inflateRaw (%s): ", buffer.length, buffer.toString());
25      }
26    });
27  }
28 });
29
30 zlib.gzip(input, function(err, buffer) {
31  if (!err) {
32    console.log("gzip (%s): ", buffer.length, buffer.toString('base64'));
33    zlib.gunzip(buffer, function(err, buffer) {
34      if (!err) {
35        console.log("gunzip (%s): ", buffer.length, buffer.toString());
36      }
37    });
38    zlib.unzip(buffer, function(err, buffer) {
39      if (!err) {
40        console.log("unzip gzip (%s): ", buffer.length, buffer.toString());
41      }
42    });
43  }
44 });
```

清单5.11的输出　zilb_buffers.js：压缩/解压缩缓冲区

```
C:\books\node\ch05>node zlib_buffers.js
deflate (18): eJzTT00MBJakVJagiegB9Zgcq
deflateRaw (12): 09NDASWpFSWoInoA
gzip (30): H4sIAAAAAAAAC9PTQwElqRUlqCJ6AIq+x+AiAAAA
inflate (34): ...............text...............
unzip deflate (34): ...............text...............
inflateRaw (34): ...............text...............
gunzip (34): ...............text...............
unzip gzip (34): ...............text...............
```

5.4.2 压缩/解压缩流

用 Zlib 压缩/解压缩数据流与压缩/解压缩缓冲区略有不同。相反，可使用 pipe() 函数，通过压缩/解压缩对象来把数据从一个流输送到另一个流。这可适用于把任何 Readable 数据流压缩成 Writable 流。

这样做的一个很好的例子是使用 fs.ReadStream 和 fs.WriteStream 压缩文件的内容。清单 5.12 显示了通过使用 zlib.Gzip() 对象压缩一个文件的内容，然后用 zlib.Gunzip() 对象对它解压缩的一个例子。

清单 5.12 zlib_file.js：使用 Zlib 模块压缩/解压缩文件流

```
01 var zlib = require("zlib");
02 var gzip = zlib.createGzip();
03 var fs = require('fs');
04 var inFile = fs.createReadStream('zlib_file.js');
05 var outFile = fs.createWriteStream('zlib_file.gz');
06 inFile.pipe(gzip).pipe(outFile);
07 gzip.flush();
08 outFile.close();
09 var gunzip = zlib.createGunzip();
10 var inFile = fs.createReadStream('zlib_file.gz');
11 var outFile = fs.createWriteStream('zlib_file.unzipped');
12 inFile.pipe(gunzip).pipe(outFile);
```

5.5 小结

大部分密集的 Web 应用程序和服务的核心都是从一个系统进入另一个系统的庞大数据流。在本章中，你学习了如何使用 Node.js 的内置功能处理 JSON 数据，操作二进制缓冲区数据和利用数据流。你也学习了压缩缓冲数据和通过压缩/解压缩运行数据流来了解压缩。

5.6 下一章

在下一章中，你将看到如何与 Node.js 的文件系统交互。你会学习读/写文件、创建目录，并读取文件系统信息。

第 6 章 从 Node.js 访问文件系统

在 Node.js 中，与文件系统的交互是非常重要的，特别是如果你需要通过管理动态文件来支持 Web 应用程序或服务。Node.js 在 fs 模块中提供了与文件系统进行交互的良好接口。该模块提供了在大多数语言中可用的标准文件访问 API 来打开、读取、写入文件，以及与其交互。

本章介绍从 Node.js 应用程序访问文件系统必需的基础知识。你应该具备创建、读取和修改文件，以及在目录结构中穿行的能力。你还会学到访问文件和文件夹的信息并删除、截断和重命名文件与文件夹。

对于本章所讨论的所有文件系统调用，你都需要加载 fs 模块，例如：

```
var fs  = require('fs');
```

6.1 同步和异步文件系统调用

Node.js 提供的 fs 模块使得几乎所有的功能都有两种形式可供选择：异步和同步。例如，存在异步形式的 write()和同步形式的 writeSync()。在你实现代码时，理解这两种形式的差异是非常重要的。

同步文件系统调用会阻塞，直到调用完成，控制才被释放回线程。这既具有优势，但如果同步调用阻塞主事件线程或后台线程池中太多的线程，也可能导致在 Node.js 中严重的性能问题。因此，你应该尽量限制使用同步文件系统调用。

异步调用被放置在事件队列中以备随后运行。这使得调用能够融入 Node.js 事件模型，但在执行你的代码的时候，这可能会有点棘手，因为调用线程将在异步调用被事件循环提取出之前继续运行。

在大多数情况下，同步和异步文件系统调用的底层功能是完全一样的。这两种调用都接受相同的参数，但有一个例外：所有的异步调用最终都需要一个额外的参数，即一个在文件系统调用完成时执行的回调函数。

下面介绍Node.js的同步和异步文件系统调用之间的重要区别：

- 异步调用需要用一个回调函数作为额外的参数。回调函数在文件系统的请求完成时被执行，并且通常包含一个错误作为其第一个参数。
- 异步调用自动处理异常；并且如果发生异常，就把一个错误对象作为第一个参数来传递。为了在同步调用中处理异常，必须使用自己的 `try/catch` 代码块。
- 同步调用立即运行；并且除非它们完成，否则执行不会返回到当前线程。异步调用被放置在事件队列中，并且执行返回到正在运行的线程的代码，但是实际的调用直到它被事件循环提取出时才会执行。

6.2 打开和关闭文件

Node为打开文件提供同步和异步方式。一旦文件被打开，你就可以从中读取数据或将数据写入它，这取决于用来打开文件的标志。要在Node.js应用程序中打开文件，可使用下面的异步或同步语句之一：

```
fs.open(path, flags, [mode], callback)
fs.openSync(path, flags, [mode])
```

`path` 参数指定文件系统的标准路径字符串。`flags` 参数指定打开文件的模式——读、写、追加等，如表6.1所描述。可选的 `mode` 参数设置文件访问模式，默认为 `0666`，这表示可读且可写。

表6.1 定义文件如何打开的标志

模 式	说 明
r	打开文件用于读取。如果该文件不存在，则会出现异常
r+	打开文件用于读写。如果该文件不存在，则会出现异常
rs	在同步模式下打开文件用于读取。这与强制使用 fs.openSync()是不一样的。当使用这种模式时，操作系统将绕过本地文件系统缓存。因为它可以让你跳过可能失效的本地缓存，所以这对NFS挂载是有用的。你应该只在必要时使用该标志，因为它可能会对性能产生负面影响
rs+	同 rs，除了打开文件用于读取和写入外
w	打开文件用于写操作。如果它不存在，就创建该文件；或者如果它确实存在，则截断该文件
wx	同 w；但如果路径存在，则打开失败
w+	打开文件用于读写。如果它不存在，就创建该文件；或者如果它确实存在，则截断该文件
wx+	同 w+；但如果路径存在，则打开失败
a	打开文件用于追加。如果它不存在，则创建该文件
ax	同 a；但如果路径存在，则打开失败

（续表）

模 式	说 明
a+	打开文件进行读取和追加。如果它不存在，则创建该文件
ax+	同 a+；但如果路径存在，则打开失败

一旦文件被打开，你需要关闭它以迫使操作系统把更改刷新到磁盘并释放操作系统锁。要关闭文件，可通过使用下列方法之一，并给它传递文件句柄来实现。在异步 close() 方法调用的情况下，还需要指定一个回调函数：

```
fs.close(fd, callback)
fs.closeSync(fd)
```

以下显示以异步模式打开和关闭文件的一个例子。请注意，callback（回调）函数被指定，并接收 err 和 fd 参数。fd 参数是你可以用来读取或写入该文件的文件描述符：

```
fs.open("myFile", 'w', function(err, fd){
  if (!err){
    fs.close(fd);
  }
});
```

以下显示以同步模式打开和关闭文件的一个例子。请注意，没有回调函数，并且用于读取和写入文件的文件描述符是直接从 fs.openSync() 返回的：

```
var fd = fs.openSync("myFile", 'w');
fs.closeSync(fd);
```

6.3 写入文件

fs 模块提供了 4 种不同的方式将数据写入文件。你可以在单个的调用中将数据写入文件，使用同步写操作写入块，采用异步写操作写入块，或通过 Writable 流来流写入。所有这些方法都接受一个 String 或 Buffer 对象作为输入。以下各节介绍这些方法的用法。

6.3.1 简单文件写入

将数据写入一个文件的最简单方法是使用 writeFile() 方法中的一种。这些方法把一个字符串或缓冲区的全部内容写入一个文件。以下是 writeFile() 方法的语法：

```
fs.writeFile(path, data, [options], callback)
fs.writeFileSync(path, data, [options])
```

path参数指定文件的路径，它可以是相对或绝对路径。data参数指定要被写入文件中的String或Buffer对象。可选的options参数是一个对象，它可以包含定义字符串编码，以及打开文件时使用的模式和标志的encoding、mode和flag属性。异步方法还需要callback参数，当文件写入已经完成时它被调用。

清单6.1实现了一个简单的异步fileWrite()[1]请求来在文件中存储config（配置）对象的JSON字符串。清单6.1的输出显示了这段代码的输出。

清单6.1　**file_write.js**：将一个JSON字符串写入文件

```
01 var fs = require('fs');
02 var config = {
03   maxFiles: 20,
04   maxConnections: 15,
05   rootPath: "/webroot"
06 };
07 var configTxt = JSON.stringify(config);
08 var options = {encoding:'utf8', flag:'w'};
09 fs.writeFile('config.txt', configTxt, options, function(err){
10   if (err){
11     console.log("Config Write Failed.");
12   } else {
13     console.log("Config Saved.");
14   }
15 });
```

清单6.1的输出　file_write.js：写入一个配置文件

```
C:\books\node\ch06\writing>node file_write.js
Config Saved.
```

6.3.2　同步文件写入

文件写入的同步方法在返回执行正在运行的线程之前，将数据写入文件。这么做的优点是使你能够在相同的代码段多次写入；但如前所述，如果该文件写入控制住其他线程，这就可能是一个缺点。

要同步写入文件，先用openSync()打开它来获取一个文件描述符，然后使用fs.writeSync()将数据写入文件。下面显示了fs.writeSync()的语法：

```
fs.writeSync(fd, data, offset, length, position)
```

1　原文有误，应该是writeFile。——译者注

fd参数是openSync()返回的文件描述符。data参数指定要被写入文件中的String或Buffer对象。offset参数指定从输入data中开始读取的索引。如果你想从String或Buffer的当前索引开始，这个值应该为null。length参数指定要写入的字节数，你可以指定null，表示一直写到数据缓冲区的末尾。position参数指定在文件中开始写入的位置；若要使用文件的当前位置，就把该值指定为null。

清单6.2显示了实现基本同步写入把一系列字符串数据存储到文件。清单6.2的输出显示了此结果。

清单6.2 file_write_sync.js：执行同步写入文件

```
1 var fs = require('fs');
2 var veggieTray = ['carrots', 'celery', 'olives'];
3 fd = fs.openSync('veggie.txt', 'w');
4 while (veggieTray.length){
5   veggie = veggieTray.pop() + " ";
6   var bytes = fs.writeSync(fd, veggie, null, null);
7   console.log("Wrote %s %dbytes", veggie, bytes);
8 }
9 fs.closeSync(fd);
```

清单6.2的输出 file_write_sync.js：同步写入文件

```
C:\books\node\ch06\writing>node file_write_sync.js
Wrote olives  7bytes
Wrote celery  7bytes
Wrote carrots  8bytes
```

6.3.3 异步写入文件

文件写入的异步方法在事件队列中放置写入请求，然后将控制返回给调用代码。除非事件循环提取出写入请求，并且执行它；否则实际的写操作不会发生。在同一个文件上执行多个异步写入请求时，你需要小心。因为除非你在执行下一个写入之前等待第一个写入回调函数完成，否则你不能保证执行的顺序。通常情况下，做到这一点的最简单方法是把写操作嵌套到来自上一个写操作的回调函数中。清单6.3说明了这一过程。

要异步写入一个文件，首先使用open()打开它，然后在来自打开请求的回调函数已经执行后，使用fs.write()将数据写入文件。以下显示fs.write()的语法：

```
fs.write(fd, data, offset, length, position, callback)
```

fd 参数是 openSync()返回的文件描述符。data 参数指定要被写入文件中的

String 或 Buffer 对象。offset 参数指定要开始读取数据的输入数据中的索引。如果你想从 String 或 Buffer 的当前索引开始，此值应为 null。length 参数指定要写入的字节数；要在缓冲区的末尾写入，就将此参数指定为 null。position 参数指定在文件中开始写入的位置。要使用文件的当前位置，就把该值指定为 null。

callback 参数必须是可以接受 error 和 bytes 两个参数的函数，其中 error 是在写过程中发生的错误，而 bytes 指定写入的字节数。

清单 6.3 显示了实现基本的异步写入来把一系列字符串数据存储到一个文件。请注意，在第 18～20 行 open() 的 callback 所指定的回调函数调用 writeFruit() 函数，并传递文件描述符。还要注意的是在第 6～13 行指定的 write() 方法的回调函数也调用 writeFruit()，并传递文件描述符。这确保了异步写入在执行另一个异步写入之前完成。清单 6.3 的输出显示了此代码的输出。

清单 6.3　file_write_async.js：执行异步写入文件

```
01 var fs = require('fs');
02 var fruitBowl = ['apple', 'orange', 'banana', 'grapes'];
03 function writeFruit(fd){
04   if (fruitBowl.length){
05     var fruit = fruitBowl.pop() + " ";
06     fs.write(fd, fruit, null, null, function(err, bytes){
07       if (err){
08         console.log("File Write Failed.");
09       } else {
10         console.log("Wrote: %s %dbytes", fruit, bytes);
11         writeFruit(fd);
12       }
13     });
14   } else {
15     fs.close(fd);
16   }
17 }
18 fs.open('fruit.txt', 'w', function(err, fd){
19   writeFruit(fd);
20 });
```

清单 6.3 的输出　file_write_async.js：异步写入文件

```
C:\books\node\ch06\writing>node file_write_async.js
Wrote: grapes  7bytes
Wrote: banana  7bytes
Wrote: orange  7bytes
Wrote: apple  6bytes
```

6.3.4 流式文件写入

往一个文件写入大量数据时，最好的方法之一是使用流方法，这种方法把文件作为一个 Writable 流打开。正如第 5 章所讨论的，Writable 流可以很容易地实现，并使用 pipe()方法与 Readable 流链接；这使得它容易写来自源 Readable 流（如 HTTP 请求）的数据。

若要将数据异步传送到文件，首先需要使用以下语法创建一个 Writable 对象：

```
fs.createWriteStream(path, [options])
```

path 参数指定文件的路径，可以是相对或绝对路径。可选的 options 参数是一个对象，它可以包含定义字符串编码以及打开文件时使用的模式和标志的 encoding、mode 和 flag 属性。

一旦你打开了 Writable 文件流，就可以使用标准的流式 write(buffer)方法来写入它。当你完成写入后，再调用 end()方法来关闭流。

清单 6.4 显示了实现一个基本的 Writable 文件流。请注意，当代码完成写入后，end()方法在第 13 行被执行，这会触发 close 事件。清单 6.4 的输出显示了此代码的输出。

清单 6.4 file_write_stream.js：实现一个 Writable 流，允许流式写入一个文件

```
01 var fs = require('fs');
02 var grains = ['wheat', 'rice', 'oats'];
03 var options = { encoding: 'utf8', flag: 'w' };
04 var fileWriteStream = fs.createWriteStream("grains.txt",  options);
05 fileWriteStream.on("close", function(){
06   console.log("File Closed.");
07 });
08 while (grains.length){
09   var data = grains.pop() + " ";
10   fileWriteStream.write(data);
11   console.log("Wrote: %s", data);
12 }
13 fileWriteStream.end();
```

清单 6.4 的输出 file_write_stream.js：实现流式写入文件

```
C:\books\node\ch06\writing>node file_write_stream.js
Wrote: oats
Wrote: rice
Wrote: wheat
File Closed.
```

6.4 读取文件

fs 模块也提供了 4 种不同的方法来从文件中读取数据：以一个大块读取数据，读取采用同步写入的数据块，读取采用异步写入的数据块，或通过一个 Readable 流来流式读取。所有这些方法都是有效的。具体使用哪一个方法取决于应用程序的特定需求。以下各节分别介绍如何使用和实现这些方法。

6.4.1 简单文件读取

从文件中读取数据最简单的方法是使用 readFile()方法中的一种。这些方法从文件中把全部内容读取到数据缓冲区。以下显示 readFile()方法的语法：

```
fs.readFile(path, [options], callback)
fs.readFileSync(path, [options])
```

path 参数指定文件的路径，可以是相对或绝对路径。可选的 options 参数是一个对象，它可以包含定义字符串编码以及打开文件时使用的模式和标志的 encoding、mode 和 flag 属性。异步方法还需要 callback 参数，当文件的读取已经完成时，它会被调用。

清单 6.5 说明了实现简单的异步 readFile()请求来从一个配置文件中读取 JSON 字符串，然后用它来创建一个 config 对象。清单 6.5 的输出显示了此代码的输出。

清单 6.5　file_read.js 代码：读取 JSON 字符串文件到一个对象

```
01 var fs = require('fs');
02 var options = {encoding:'utf8', flag:'r'};
03 fs.readFile('config.txt', options, function(err, data){
04  if (err){
05    console.log("Failed to open Config File.");
06  } else {
07    console.log("Config Loaded.");
08    var config = JSON.parse(data);
09    console.log("Max Files: " + config.maxFiles);
10    console.log("Max Connections: " + config.maxConnections);
11    console.log("Root Path: " + config.rootPath);
12  }
13 });
```

清单 6.5 的输出　file_read.js：读取配置文件中的对象

```
C:\books\node\ch06\reading>node file_read.js
Config Loaded.
Max Files: 20
```

```
Max Connections: 15
Root Path: /webroot
```

6.4.2 同步文件读取

文件读取的同步方法，在执行返回到正在运行的线程之前，读取文件中的数据。这么做的优点是使你能够在相同的代码段多次读取；但如前面所讨论的，如果该文件读取操作控制住其他线程，那么它也可能是一个缺点。

要同步读取一个文件，先使用 openSync()打开它来获取一个文件描述符，然后使用 readSync()从文件中读取数据。下面显示 readSync()的语法：

```
fs.readSync(fd, buffer, offset, length, position)
```

fd 参数是 openSync()返回的文件描述符。buffer 参数指定数据将被从文件中读入的 Buffer 对象。offset 参数指定缓冲区中将开始写入数据的索引；如果你想在缓冲区的当前索引处开始，那么此值应为 null。length 参数指定要读取的字节数；若要一直写到缓冲区的末尾，则指定 null。position 参数指定文件中开始读取的位置。要使用文件的当前位置，则把该值指定为 null。

清单 6.6 显示了实现从一个文件中读取字符串数据块的基本同步读取。清单 6.6 的输出显示了此代码的输出。

清单 6.6 file_read_sync.js：执行从文件同步读取

```
01 var fs = require('fs');
02 fd = fs.openSync('veggie.txt', 'r');
03 var veggies = "";
04 do {
05   var buf = new Buffer(5);
06   buf.fill();
07   var bytes = fs.readSync(fd, buf, null, 5);
08   console.log("read %dbytes", bytes);
09   veggies += buf.toString();
10 } while (bytes > 0);
11 fs.closeSync(fd);
12 console.log("Veggies: " + veggies);
```

清单 6.6 的输出 file_read_sync.js：从文件同步读取

```
C:\books\node\ch06\reading>node file_read_sync.js
read 5bytes
read 5bytes
read 5bytes
```

```
read 5bytes
read 2bytes
read 0bytes
Veggies: olives celery carrots
```

6.4.3 异步文件读取

文件读取的异步方法将读取请求放置在事件队列中，然后将控制返回给调用代码。除非事件循环提取出读请求，并且执行它；否则实际读操作不会发生。在同一文件执行多个异步读取请求时，你必须小心。因为除非你在执行下一个读取之前等待第一个读取回调执行完成，否则就不能保证其执行顺序。通常情况下，做到这一点的最简单方法是把读取嵌套在来自上一次读取的回调函数中。清单 6.7 说明了这一过程。

要异步从文件中读取，首先使用 open()打开它，然后在来自打开请求的回调函数已经执行后，使用 read()读取文件数据。以下显示了 read()的语法：

```
fs.read(fd, buffer, offset, length, position, callback)
```

fd 参数是 openSync()返回的文件描述符。buffer 参数指定数据将被从文件中读入的 Buffer 对象。offset 参数指定开始读数据的缓冲区索引；如果你想在缓冲区的当前索引处开始，此值应为 null。length 参数指定要读取的字节数；指定 null 则一直读取到缓冲区的末尾。position 参数指定文件中开始读取的位置；若要使用文件的当前位置，则把这个值指定为 null。

callback 参数必须是一个可以接受 error、bytes 和 buffer 这 3 个参数的函数。error 参数是一个错误；如果读取过程中发生了错误的话，bytes 指定读取的字节数；而 buffer 是从读请求填充数据的缓冲区。

清单 6.7 显示了通过实现基本的异步读取来从一个文件中读取数据块。请注意，在第 16～18 行的 open()回调函数中指定的回调函数调用 readFruit()函数，并传递文件描述符。还要注意的是在第 5～13 行指定的 read()回调函数也调用 readFruit()，并传递文件描述符。这保证了异步读取在执行另一个读取之前完成。清单 6.7 的输出显示了此代码的输出。

清单 6.7 file_read_async.js：执行从文件异步读取

```
01 var fs = require('fs');
02 function readFruit(fd, fruits){
03   var buf = new Buffer(5);
04   buf.fill();
05   fs.read(fd, buf, 0, 5, null, function(err, bytes, data){
06       if ( bytes > 0) {
```

```
07        console.log("read %dbytes", bytes);
08        fruits += data;
09        readFruit(fd, fruits);
10      } else {
11        fs.close(fd);
12        console.log ("Fruits: %s", fruits);
13      }
14    });
15 }
16 fs.open('fruit.txt', 'r', function(err, fd){
17   readFruit(fd, "");
18 });
```

清单 6.7 的输出 file_read_async.js：从文件中异步读取

```
C:\books\node\ch06\reading>node file_read_async.js
read 5bytes
read 5bytes
read 5bytes
read 5bytes
read 5bytes
read 2bytes
Fruits: grapes banana orange apple
```

6.4.4 流式文件读取

从文件读取大量数据时使用的最好方法之一是流式读取方法，这种方法将把一个文件作为一个 Readable 流打开。正如第 5 章所讨论的，可以很容易地实现 Readable 流，并通过 pipe()方法将它们链接到 Writable 流。这使得很容易从文件中读取数据，并将它注入一个源 Writable 流，如 HTTP 响应中。

要异步从文件流式传输数据，你首先需要使用以下语法创建一个 Readable 流对象：

```
fs.createReadStream(path, [options])
```

path 参数指定文件的路径，可以是相对或绝对路径。可选的 options 参数是一个对象，它可以包含定义字符串编码以及打开文件时使用的模式和标志的 encoding、mode 和 flag 属性。

当你打开 Readable 文件流后，就可以通过使用 readable 事件和 read()请求，或通过实现 data 事件处理程序轻松地从它读出，如清单 6.8 所示。

清单 6.8 显示了实现一个基本的 Readable 文件流。请注意，第 4～7 行实现了一个不断地从流中读取数据的 data 事件处理程序。清单 6.8 的输出显示了此代码的输出。

清单 6.8　**file_read_stream.js**：实现 **Readable** 流，使得能够流式读取一个文件

```
01 var fs = require('fs');
02 var options = { encoding: 'utf8', flag: 'r' };
03 var fileReadStream = fs.createReadStream("grains.txt",  options);
04 fileReadStream.on('data', function(chunk) {
05   console.log('Grains: %s', chunk);
06   console.log('Read %d bytes of data.', chunk.length);
07 });
08 fileReadStream.on("close", function(){
09   console.log("File Closed.");
10 });
```

清单 6.8 的输出　file_read_stream.js：实现从文件中流式读取

```
C:\books\node\ch06\reading>node file_read_stream.js
Grains: oats rice wheat
Read 16 bytes of data.
File Closed.
```

6.5　其他文件系统任务

除了读取和写入文件外，fs 模块还提供了与文件系统交互的附加功能。例如，在一个目录中列出文件，查看文件的信息，等等。以下各节将介绍在创建 Node.js 应用程序时，你可能需要实现的最常用的文件系统任务。

6.5.1　验证路径的存在性

在对文件或目录执行任何形式的读/写操作之前，你可能要验证路径是否存在。可以通过使用下面的方法轻松地做到这一点：

```
fs.exists(path, callback)
fs.existsSync(path)
```

fs.existsSync(path)返回 true 或 false，这取决于路径是否存在。正如任何其他的异步文件系统调用一样，如果你使用 fs.exists()，就需要实现一个调用完成时要执行的回调函数。根据路径是否存在，此回调函数将被传入 true 或 false 布尔值。例如，下面的代码验证在当前路径中是否存在一个以 filesystem.js 命名的文件，并显示验证的结果：

```
fs.exists('filesystem.js', function (exists) {
  console.log(exists ? "Path Exists" : "Path Does Not Exist");
});
```

6.5.2 获取文件信息

另一项常见的任务是获取有关文件系统对象的基本信息，如文件大小、模式、修改时间，以及条目是否是一个文件或文件夹等。可以使用下面的调用来获得这些信息：

```
fs.stats(path, callback)
fs.statsSync(path)
```

fs.statsSync()方法返回一个 Stats 对象。执行 fs.stats()方法，而 Stats 对象作为第二个参数被传递到回调函数。第一个参数是 error（如果发生错误的话）。

表 6.2 列出了一些附加到 Stats 对象上的最常用的属性和方法。

表 6.2 文件系统条目属性和 Stats 对象的方法

属性/方法	说　明
isFile()	如果该条目是一个文件，则返回 true
isDirectory()	如果该条目是一个目录，则返回 true
isSocket()	如果该条目是一个套接字，则返回 true
dev	指定文件所在的设备 ID
mode	指定文件的访问模式
size	指定文件的字节数
blksize	指定用于存储该文件的块大小，以字节为单位
blocks	指定文件在磁盘上占用的块的数目
atime	指定上次访问文件的时间
mtime	指定文件的最后修改时间
ctime	指定文件的创建时间

清单 6.9 先执行 fs.stats()调用，然后作为 JSON 字符串输出对象的结果，并利用 isFile()、isDirector()和 isSocket()调用，说明了如何使用 fs.stats()调用，如清单 6.9 的输出所示。

清单 6.9 file_stats.js：实现一个 fs.stats()调用来检索有关文件的信息

```
01 var fs = require('fs');
02 fs.stat('file_stats.js', function (err, stats) {
03   if (!err){
04     console.log('stats: ' + JSON.stringify(stats, null, '  '));
05     console.log(stats.isFile() ? "Is a File" : "Is not a File");
06     console.log(stats.isDirectory() ? "Is a Folder" : "Is not a Folder");
07     console.log(stats.isSocket() ? "Is a Socket" : "Is not a Socket");
08     stats.isDirectory();
09     stats.isBlockDevice();
10     stats.isCharacterDevice();
```

```
11     //stats.isSymbolicLink(); //only lstat
12     stats.isFIFO();
13     stats.isSocket();
14   }
15 });
```

清单 6.9 的输出　file_stats.js：显示有关文件的信息

```
C:\books\node\ch06>node file_stats.js
stats: {
  "dev": 818973644,
  "mode": 33206,
  "nlink": 1,
  "uid": 0,
  "gid": 0,
  "rdev": 0,
  "ino": 1970324837052284,
  "size": 535,
  "atime": "2016-09-14T18:03:26.572Z",
  "mtime": "2013-11-26T21:51:51.148Z",
  "ctime": "2014-12-18T17:30:43.340Z",
  "birthtime": "2016-09-14T18:03:26.572Z"
}
Is a File
Is not a Folder
Is not a Socket
```

6.5.3　列出文件

使用文件系统开展工作时，另一项常见的任务是列出在目录中的文件和文件夹。例如列出文件和文件夹，以确定是否需要进行清理；在目录结构上动态操作等。

可以使用下列命令之一读取条目列表来访问文件系统中的文件：

```
fs.readdir(path, callback)
fs.readdirSync(path)
```

如果 readdirSync()被调用，则返回表示指定路径中条目名称的字符串数组。在 readdir()的情况下，该列表作为第二个参数被传递给回调函数，并且如果有错误的话，此错误作为第一个参数被传递。

为了说明 readdir()的使用，清单 6.10 实现了一个嵌套的回调链来遍历目录结构并输出其中的条目。请注意，回调函数实现了一个包装器，它提供一个 fullPath 变量的闭包，并且通过由异步回调函数调用使 WalkDirs()函数循环，如清单 6.10 的输出所示。

清单 6.10 **file_readdir.js**：实现一个回调链来遍历和输出目录结构的内容

```
01 var fs = require('fs');
02 var Path = require('path');
03 function WalkDirs(dirPath){
04  console.log(dirPath);
05  fs.readdir(dirPath, function(err, entries){
06    for (var idx in entries){
07      var fullPath = Path.join(dirPath, entries[idx]);
08      (function(fullPath){
09        fs.stat(fullPath, function (err, stats){
10          if (stats && stats.isFile()){
11            console.log(fullPath);
12          } else if (stats && stats.isDirectory()){
13            WalkDirs(fullPath);
14          }
15        });
16      })(fullPath);
17    }
18  });
19 }
20 WalkDirs("../ch06");
```

清单 6.10 的输出 file_readdir.js：迭代地使用链接的异步回调函数来遍历目录结构

```
C:\books\node\ch06>node file_readdir.js
../ch06
..\ch06\file_readdir.js
..\ch06\filesystem.js
..\ch06\data
..\ch06\file_stats.js
..\ch06\file_folders.js
..\ch06\renamed
..\ch06\reading
..\ch06\writing
..\ch06\data\config.txt
..\ch06\data\folderA
..\ch06\data\grains.txt
..\ch06\data\fruit.txt
..\ch06\reading\file_read.js
..\ch06\data\veggie.txt
..\ch06\data\log.txt
..\ch06\data\output.txt
..\ch06\writing\file_write.js
..\ch06\reading\file_read_async.js
..\ch06\reading\file_read_sync.js
..\ch06\reading\file_read_stream.js
..\ch06\writing\file_write_async.js
```

```
..\ch06\writing\file_write_stream.js
..\ch06\writing\file_write_sync.js
..\ch06\data\folderA\folderC
..\ch06\data\folderA\folderB
..\ch06\data\folderA\folderB\folderD
..\ch06\data\folderA\folderC\folderE
```

6.5.4 删除文件

处理文件时，另一项常见任务是删除它们以清理数据或腾出更多文件系统上的空间。要从Node.js中删除文件，请使用下列命令之一：

```
fs.unlink(path, callback)
fs.unlinkSync(path)
```

unlinkSync(path)返回true或false，这取决于是否删除成功。如果删除该文件时遇到错误，异步的unlink()调用就传回一个错误值给回调函数。

下面的代码段说明使用unlink()异步fs调用删除一个名为new.txt的文件的过程：

```
fs.unlink("new.txt", function(err){
  console.log(err ? "File Delete Failed" :  "File Deleted");
});
```

6.5.5 截断文件

截断（Truncate）文件是指通过把文件结束处设置为小于当前大小的值来减少文件的大小。你可能需要截断不断增长，但不包含关键数据的文件（例如，临时日志）。可以使用下面的fs调用之一来截断文件，传入你希望文件截断完成时要包含的字节数：

```
fs.truncate(path, len, callback)
fs.truncateSync(path, len)
```

truncateSync(path)返回true或false，具体取决于文件是否被成功截断。另一方面，如果截断文件时遇到错误，则异步truncate()调用传递一个error值给回调函数。

下面的代码段说明了把名为log.txt的文件截断成零字节的过程：

```
fs.truncate("new.txt", function(err){
  console.log(err ? "File Truncate Failed" :  "File Truncated");
});
```

6.5.6 建立和删除目录

有时你可能需要实现目录结构来存储你的 Node.js 应用程序的文件。fs 模块提供根据需要添加和删除目录的功能。

从 Node.js 添加目录，请使用下列 fs 调用之一：

```
fs.mkdir(path, [mode], callback)
fs.mkdirSync(path, [mode])
```

path 可以是绝对或相对路径。可选的 mode 参数允许你指定新目录的访问模式。

mkdirSync(path) 返回 true 或 false，这取决于目录是否已成功创建。另一方面，如果在创建目录时遇到错误，异步的 mkdir() 调用传递一个 error 值给回调函数。

请记住，使用异步方法的时候，你需要等待创建目录的回调函数完成后，才能创建该目录的子目录。下面的代码片段演示了如何将创建一个子目录结构的操作链接在一起：

```
fs.mkdir("./data", function(err){
  fs.mkdir("./data/folderA", function(err){
    fs.mkdir("./data/folderA/folderB", function(err){
      fs.mkdir("./data/folderA/folderB/folderD", function(err){
      });
    });
    fs.mkdir("./data/folderA/folderC", function(err){
      fs.mkdir("./data/folderA/folderC/folderE", function(err){
      });
    });
  });
});
```

要从 Node.js 删除目录，请使用以下的 fs 调用之一，可以使用绝对路径或相对路径：

```
fs.rmdir(path, callback)
fs.rmdirSync(path)
```

rmdirSync(path) 函数返回 true 或 false，这取决于该目录是否被成功删除。如果删除目录时遇到错误，异步 rmdir() 调用传递一个 error 值给回调函数。

正如使用 mkdir() 调用，请记住，使用异步方法时，在删除父目录之前，你需要等待删除该目录的回调函数完成。下面的代码片段演示了如何将删除子目录结构的操作链接在一起：

```
fs.rmdir("./data/folderA/folderB/folderC", function(err){
  fs.rmdir("./data/folderA/folderB", function(err){
    fs.rmdir("./data/folderD", function(err){
    });
```

```
  });
  fs.rmdir("./data/folderA/folderC", function(err){
    fs.rmdir("./data/folderE", function(err){
    });
  });
});
```

6.5.7　重命名文件和目录

你可能需要在 Node.js 应用程序中重命名文件和文件夹，以腾出空间给新的数据，归档旧的数据，或应用由用户所做的更改。重命名文件和文件夹使用以下 fs 调用完成：

```
fs.rename(oldPath, newPath, callback)
fs.renameSync(oldPath, newPath)
```

oldPath 参数指定现有的文件或目录的路径，而 newPath 参数指定新名称。renameSync (path) 返回 true 或 false，这取决于文件或目录是否已成功更名。另一方面，如果重命名文件或目录时遇到错误，异步 rename() 调用就传递一个 error 值给回调函数。

下面的代码段说明实现 fs 调用来把一个名为 old.txt 的文件重命名为 new.txt，并把一个名为 testDir 的目录重命名为 renamedDir：

```
fs.rename("old.txt", "new.txt", function(err){
  console.log(err ? "Rename Failed" : "File Renamed");
});
fs.rename("testDir", "renamedDir", function(err){
  console.log(err ? "Rename Failed" : "Folder Renamed");
});
```

6.5.8　监视文件更改

虽然并不完全稳定，但 fs 模块提供了监视文件，并在文件发生变化时执行回调函数的有用工具。如果你希望当文件被修改时触发事件的发生，但不希望从你的应用程序中直接不断地轮询，这会很有用。监视确实在底层操作系统中产生了一些开销，所以应该适可而止地使用它们。

为了实现对文件的监视，可使用下面的命令传递你想要监视的文件的 path（路径）：

```
fs.watchFile(path, [options], callback)
```

你也可以传入 options，这是一个对象，它包含 persistent（持续）和 interval 属性。如果你想只要文件被监视，就继续运行这个过程，则把 persistent 属性设为 true。interval 属性指定你所需的文件更改的轮询时间，以毫秒为单位。

当文件发生变化时，callback 函数就会执行，并传递当前和以前的 Stats 对象。

下面的代码示例每隔 5 秒时间间隔监视一个名为 log.txt 的文件，并使用 Stats 对象来输出本次和上次文件被修改的时间：

```
fs.watchFile("log.txt", {persistent:true, interval:5000}, function (curr, prev) {
  console.log("log.txt modified at: " + curr.mtime);
  console.log("Previous modification was: " + prev.mtime);
});
```

6.6 小结

Node.js 提供 fs 模块，它可以让你与文件系统进行交互。fs 模块允许你创建、读取和修改文件。你也可以使用 fs 模块在目录结构中转移，查看文件和文件夹的相关信息，并通过删除和重命名文件与文件夹来更改目录结构。

6.7 下一章

下一章主要介绍如何使用 http 模块实现基本的 Web 服务器。你会看到如何解析查询字符串。你还会学习如何在 Node.js 中实现一个基本的 Web 服务器。

第 7 章
在 Node.js 中实现 HTTP 服务

Node.js 最重要的方面之一是具有迅速实现 HTTP 和 HTTPS 服务器和服务的能力。Node.js 提供内置的 http 和 https 模块，并且它们提供了一个基本的框架以做从 HTTP 和 HTTPS 的角度来看你需要做的任何事情。事实上，只使用 http 模块来实现完整的 Web 服务器，这是不难做到的。

然而，你可能会使用不同的模块，如 express 来实现完整的 Web 服务器。这是因为 http 模块是相当低层次的，它不提供处理路由、cookie、缓存等的调用。在本书后面有关 express 的章节中，你会看到 express 模块提供的好处。

你更有可能使用 http 模块的地方是实现供应用程序使用的后端 Web 服务。这使得 http 模块成为你的工具箱中一个非常宝贵的工具。你可以创建基本的 HTTP 服务器，它们为在你的防火墙后面的通信提供一个接口，然后再创建一个与这些服务交互的基本的 HTTP 客户端。

因此，本章主要介绍在使用 http 模块实现客户端和服务器时需要用到的对象。本章中的例子是基本的，这使得它们很容易使用和扩展。

7.1 处理 URL

统一资源定位符（URL）充当 HTTP 服务器处理来自客户端的请求的一个地址标签。它为把一个请求发到正确的服务器的特定端口上，并访问合适的数据提供了所有需要的信息。

一个 URL 可以被分解成几个不同的组成部分，每个部分都为 Web 服务器如何路由和处理来自客户端的 HTTP 请求提供一块基本的信息。图 7.1 显示了 URL 及其可以被包括的组件的基本结构。不是每一个 HTTP 请求都包括所有这些组件。例如，大多数请求都不包括身份验证组件，许多请求不包括查询字符串或散列位置。

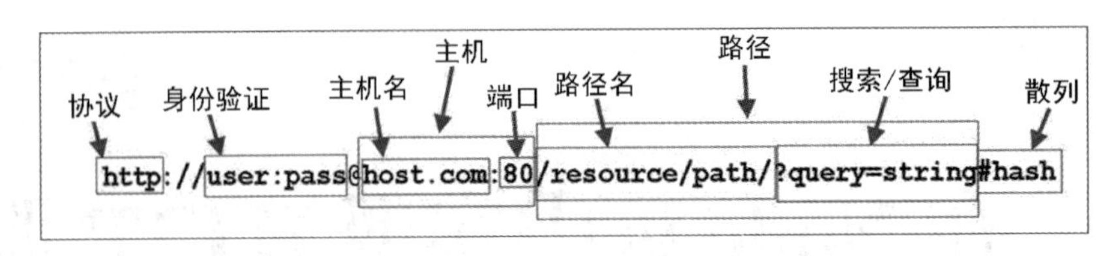

图 7.1　可以在 URL 中包含的基本组件

7.1.1　了解 URL 对象

来自客户端的 HTTP 请求包括 URL 字符串和在图 7.1 中显示的信息。为了更有效地使用 URL 信息，Node.js 提供了 `url` 模块，它提供了把 URL 字符串转换成一个 `URL` 对象的功能。

要从 URL 字符串创建 `URL` 对象，把 URL 字符串作为第一个参数传递给下面的方法：

```
url.parse(urlStr, [parseQueryString], [slashesDenoteHost])
```

`url.parse()`方法将 URL 字符串作为第一个参数。`parseQueryString` 参数是一个布尔值；如果为 `true`，那么也把 URL 的查询字符串部分解析为对象字面量。它的默认值为 `false`。`slashesDenoteHost` 也是一个布尔值；如果为 `true`，那么把格式为 `//host/path` 的 URL 解析为`{host: 'host', pathname: '/path'}`，而不是`{pathname: '//host/path'}`。它的默认值为 `false`。

你还可以使用 `url.format()`方法将一个 `URL` 对象转换成字符串的形式：

```
url.format(urlObj)
```

表 7.1 列出了由 `url.parse()`创建的 `URL` 对象的属性。

表 7.1　由 **url.parse()** 创建的 **URL** 对象的属性

属　性	说　明
href	这是最初解析的完整的 URL 字符串
protocol	请求协议，小写
host	URL 的完整主机部分，包括端口信息，小写
auth	URL 的身份认证信息部分
hostname	主机的主机名部分，小写
port	主机的端口号部分
pathname	URL 的路径部分（包括最初的斜线，如果存在的话）
search	URL 的查询字符串部分，包括前导的问号
path	完整路径，包括路径和搜索

（续表）

属 性	说 明
query	这要么是查询字符串中的参数部分，要么是含有查询字符串参数和值的解析后的对象。如果 parseQueryString 设置为 true，就是解析后的对象
hash	URL 的散列部分，包括井号（#）

以下是解析一个 URL 字符串转换成一个对象，然后将其转换回字符串的例子：

```
var url = require('url');
var urlStr = 'http://user:pass@host.com:80/resource/path?query=string#hash';
var urlObj = url.parse(urlStr, true, false);
urlString = url.format(urlObj);
```

7.1.2 解析 URL 组件

url 模块有用的另一种功能是用与浏览器相同的方式来解析 URL 的组件。这可以让你在服务器端操作 URL 字符串，以在 URL 中做出调整。例如，你可能想要在处理一个请求之前更改 URL 位置，因为该资源已经移动或更改了参数。

要把一个 URL 解析到新的位置，可以使用以下语法：

```
url.resolve(from, to)
```

from 参数指定原始基础 URL 字符串。to 参数指定你想要 URL 被解析到的新位置。下面的代码显示了把一个 URL 解析到新位置的一个例子。

```
var url = require('url');
var originalUrl = 'http://user:pass@host.com:80/resource/path?query=string#hash';
var newResource = '/another/path?querynew';
console.log(url.resolve(originalUrl, newResource));
```

此代码段的输出如下所示：

```
http://user:pass@host.com:80/another/path?querynew
```

请注意，在被解析后的 URL 位置中只有资源路径及以后的内容被改变。

7.2 处理查询字符串和表单参数

HTTP 请求通常在 URL 中包含查询字符串或在正文内包含参数数据来处理表单的提交。查询字符串可以从 7.1 节所定义的 URL 对象获得。由表单请求发送的参数数据可以从客户端请求的正文读出，如本章后面所介绍的那样。

查询字符串和表单参数都只是基本的键-值对。要在 Node.js Web 服务器中实际使用这些值，你需要使用 querystring 模块的 parse() 方法将字符串转换成 JavaScript 对象：

```
querystring.parse(str, [sep], [eq], [options])
```

str 参数是查询或参数字符串。sep 参数允许你指定使用的分隔符，默认的分隔符是&。eq 参数允许你指定分析时使用的赋值运算符，它的默认值为=。options 参数是一个具有属性 maxKeys 的对象，它让你能够限制生成的对象可以包含的键的数量，默认值是 1000。如果把它指定为 0，则表示没有任何限制。

下面是一个使用 parse() 来解析查询字符串的例子：

```
var qstring = require('querystring');
var params = qstring.parse("name=Brad&color=red&color=blue");
The params object created would be:
{name: 'Brad', color: ['red', 'blue']}
```

你也可以反过来通过使用 stringify() 函数把一个对象转换成一个查询字符串，如下所示：

```
querystring.stringify(obj, [sep], [eq])
```

7.3　了解请求、响应和服务器对象

要使用 Node.js 应用程序的 http 模块，你首先需要了解请求和响应对象。它们提供信息及流入、流出 HTTP 客户端和服务器的许多功能。当你看到这些对象的组成时，包括属性、事件和它们提供的方法，就能很容易地实现自己的 HTTP 服务器和客户端。

以下各节介绍 ClientRequest、ServerResponse、IncomingMessage 和 Server 对象的宗旨和行为。还介绍了每种对象提供的最重要的事件、属性和方法。

7.3.1　http.ClientRequest 对象

当你构建一个 HTTP 客户端时，调用 http.request() 使得一个 ClientRequest 对象在内部被创建。这个对象表示正在服务器上处理的请求。你使用 ClientRequest 对象来启动、监控和处理来自服务器的响应。

ClientRequest 实现了一个 Writable 流，所以它提供了一个 Writable 流对象的所有功能。例如，你可以使用 write() 方法写入 ClientRequest 对象以及把一个 Readable 流用管道传输到它里面去。

要实现 ClientRequest 对象，可以使用以下语法来调用 http.request()：

```
http.request(options, callback)
```

options 参数是一个对象，其属性定义了如何把客户端的 HTTP 请求打开并发送到服务器。表 7.2 列出了可以指定的属性。callback 参数是一个回调函数，在把请求发送到服务器后，处理从服务器返回的响应时调用此回调函数。此回调函数唯一的参数是一个 IncomingMessage 对象，该对象是来自服务器的响应。

下面的代码显示了 ClientRequest 对象的基本实现：

```
var http = require('http');
var options = {
  hostname: 'www.myserver.com',
  path: '/',
  port: '8080',
  method: 'POST'
};
var req = http.request(options, function(response){
  var str = ''
  response.on('data', function (chunk) {
    str += chunk;
  });
  response.on('end', function () {
    console.log(str);
  });
});
req.end();
```

表 7.2 在创建 **ClientRequest** 对象时，可以指定的选项

选　项	说　明
host	请求发往的服务器的域名或 IP 地址 默认为 localhost
hostname	与 host 相同，但对 url.parse()的支持优于 host
port	远程服务器的端口。默认为 80
localAddress	网络连接绑定的本地接口
socketPath	UNIX 域套接字（使用 host:port 或 socketPath）
method	指定 HTTP 请求方法的字符串。例如，GET、POST、CONNECT、OPTIONS 等。默认为 GET
path	指定所请求的资源路径的字符串。默认为/。这也应该包括查询字符串（如果有的话）。例如： /book.html?chapter=12
headers	包含请求标头的对象。例如： { 'content-length': '750', 'content-type': 'text/plain'}
auth	基本身份验证，它的形式为 user:password，用于计算 Authorization 头

（续表）

选 项	说 明
agent	定义 Agent（代理）行为。如果使用 Agent，则请求默认为 Connection:keep-alive。可能的值如下所示。 undefined(默认值)：使用全局 Agent Agent：使用特定的 Agent 对象 False：禁用 Agent 行为

ClientRequest 对象提供了几个事件，使你能够处理请求可能会遇到的各种状态。例如，你可以添加一个监听器，它在 response（响应）事件由服务器的响应触发时被调用。表 7.3 列出了 ClientResponse 对象提供的事件。

表 7.3 **ClientRequest** 对象提供的事件

事 件	说 明
response	当从服务器接收到该请求的响应时发出。该回调处理程序接收一个 IncomingMessage 对象作为唯一的参数
socket	当一个套接字被分配给该请求后发出
connect	每当服务器响应一个由 CONNECT 方法发起的请求时发出。如果该事件未由客户端处理，那么该连接将被关闭
upgrade	当服务器响应在其标头包括一个更新请求的请求时发出
continue	当服务器发送一个 100 Continue HTTP 响应，指示客户端发送请求正文时发出

除了事件，ClientRequest 对象还提供了可用于将数据写入请求、中止请求或停止请求的几种方法。表 7.4 列出了 ClientRequest 对象中可用的方法。

表 7.4 **ClientRequest** 对象中可用的方法

方 法	说 明
write(chunk, [encoding])	把一个正文数据块（Buffer 或 String 对象）写入请求。这可以让你的数据流入 ClientRequest 对象的 Writable 流。如果你传输正文数据，则当你创建请求时应该包括{'Transfer-Encoding', 'chunked'}标头选项。编码参数默认为 utf8
end([data], [encoding])	把可选的数据写入请求正文，然后刷新 Writable 流并终止该请求
abort()	中止当前的请求
setTimeout(timeout, [callback])	为请求设置套接字超时时间
setNoDelay([noDelay])	禁用在发送数据之前缓冲数据的 Nagle 算法。noDelay 参数是一个布尔值，为 true 表示立即写，为 false 表示缓冲写入
setSocketKeepAlive ([enable], [initialDelay])	启用和禁用保持客户端请求的活动功能。enable 参数默认为 false，即禁用。initialDelay 参数指定最后一个数据包和第一个保持活动请求之间的延迟

7.3.2 http.ServerResponse 对象

当 HTTP 服务器接收到一个 request（请求）事件时，它在内部创建 ServerResponse 对象。这个对象作为第二个参数被传递到 request（请求）事件处理程序。你可以使用 ServerRequest 对象制定并发送到客户端的响应。

ServerResponse 实现了一个 Writable 流，所以它提供了一个 Writable 流对象的所有功能。例如，你可以使用 write()方法写入 ServerResponse 对象，也可以用管道把 Readable 流传入它以把数据写回客户端。

处理客户端请求时，你使用属性、事件和 ServerResponse 对象的方法来建立和发送标头、写入数据，以及发送响应。表 7.5 列出了在 ServerResponse 对象中可用的事件和属性。表 7.6 列出了在 ServerResponse 对象中可用的方法。

表 7.5 **ServerResponse** 对象中可用的事件和属性

事件或属性	说　明
close	当到客户端的连接在发送 Response.end()来完成并刷新响应之前关闭时发出
headersSent	布尔值：如果标头已被发送，为 true；否则为 false。这是只读的
sendDate	布尔值：如果设置为 true，则 Date 标头是自动生成的，并作为响应的一部分发送
statusCode	让你无须显式地写入标头来指定响应状态码。例如： response.statusCode=500;

表 7.6 **ServerResponse** 对象中可用的方法

方　法	说　明
writeContinue()	发送一个 HTTP/1.1 100 Continue 消息给客户端，请求被发送的正文内容

writeHead(statusCode, [reasonPhrase], [headers])	把一个响应标头写入请求。statusCode 参数是 3 位数的 HTTP 响应状态代码，如 200、401 或 500。可选的 reasonPhrase 是一个字符串，表示 statusCode 的原因。headers 是响应标头对象。例如：
	response.writeHead(200, 'Success', {
	  'Content-Length': body.length,
	  'Content-Type': 'text/plain' });

setTimeout(msecs, callback)	设置客户端连接的套接字超时时间（以毫秒计），连同一个如果发生超时将被执行的 callback 函数
setHeader(name, value)	设置一个特定的标头值，其中 name 是 HTTP 标头的名称，而 value 是标头的值
getHeader(name)	获取已在响应中设置的一个 HTTP 标头的值
removeHeader(name)	移除已在响应中设置的一个 HTTP 标头
write(chunk, [encoding])	写入 chunk、Buffer 或 String 对象到响应 Writable 流。这仅把数据写入响应的正文部分。默认编码为 utf8。如果数据被成功写入，返回 true；否则，如果数据被写到用户内存，则返回 false。如果它返回 false，当缓冲区再次空闲时，drain 事件将由 Writable 流发出

（续表）

方 法	说 明
addTrailers(headers)	将 HTTP 尾随标头写入响应的结束处
end([data], [encoding])	将可选的数据输出写入响应的正文，然后刷新 Writable 流并完成响应

7.3.3 http.IncomingMessage 对象

无论是 HTTP 服务器还是 HTTP 客户端都创建 IncomingMessage 对象。在服务器端的客户端请求由一个 IncomingMessage 对象表示，而在客户端的服务器响应由一个 IncomingMessage 对象表示。IncomingMessage 对象可同时用于两者的原因在于它们的功能基本上是相同的。

IncomingMessage 实现了一个 Readable 流，让你能够把客户端请求或服务器响应作为流源读入。这意味着它们的 readable 和 data 事件可以被监听并用来从流中读出数据。

除了由 Readable 类提供的功能，IncomingMessage 对象还提供了在表 7.7 中列出的属性、事件和方法。这使你可以从客户端请求或服务器响应访问信息。

表 7.7 IncomingMessage 对象中可用的事件、属性和方法

方法、事件或属性	说 明
close	当底层套接字被关闭时发出
httpVersion	指定用于构建客户端请求/响应的 HTTP 版本
headers	包含了随请求/回应发送的标头的一个对象
trailers	包含了随请求/响应发送的任何 trailer 标头的对象
method	指定用于请求/响应的方法（例如，GET、POST 或 CONNECT）
url	发送到服务器的 URL 字符串。这是可以传递到 url.parse() 的字符串。这个属性只在处理客户端请求的 HTTP 服务器中有效
statusCode	指定来自服务器的 3 位数状态码。此属性只在处理服务器响应的 HTTP 客户端上有效
socket	这是一个指向 net.Socket 对象的句柄，用来与客户端/服务器通信
setTimeout(msecs, callback)	设置连接的以毫秒计的套接字超时时间，连同一个如果发生超时将被执行的 callback 函数

7.3.4 http.Server 对象

Node.js HTTP Server 对象提供了实现 HTTP 服务器的基本框架。它提供了一个监听端口的底层套接字和接收请求，然后发送响应给客户端连接的处理程序。当服务器正在监

听时，Node.js 应用程序不会结束。

Server 对象实现 EventEmitter 并且发出如表 7.8 中列出的事件。当你实现一个 HTTP 服务器时，你需要处理这些事件中的至少某些或全部。例如，当收到客户端请求时，你至少需要一个事件处理程序来处理所触发的 request 事件。

表 7.8 可以被 **Server** 对象触发的事件

事 件	说 明
request	每当服务器收到客户端请求时触发。回调函数应该接受两个参数。第一个参数是代表客户端请求的 IncomingMessage 对象，第二个参数是用来制定和发送响应的 ServerResponse 对象。例如：function callback (request, response){}
connection	当一个新的TCP流建立时触发。回调函数接收套接字作为唯一的参数。例如：function callback (socket){}
close	在服务器关闭时触发。回调函数不接收参数
checkContinue	当收到包括期待的 100-continue 标头的请求时触发。即使你不处理此事件，默认的事件处理程序也响应 HTTP/1.1 100 Continue。例如：function callback (request, response){}
connect	接收到 HTTP CONNECT 请求时发出。callback 接收 request、socket，以及 head，它是一个包含隧道流的第一个包的缓冲区。例如：function callback (request, socket, head){}
upgrade	当客户端请求 HTTP 升级时发出。如果不处理这个事件，则客户端发送一个升级请求来把自己的连接关闭。callback 接收 request、socket，以及 head，它是一个包含隧道流的第一个包的缓冲区。例如：function callback (request, socket, head){}
clientError	当客户端连接套接字发出一个错误时发出。callback 接收 error 作为第一个参数，并接收 socket 作为第二个参数。例如：function callback (error, socket){}

要启动 HTTP 服务器，你需要首先使用 createServer()方法创建一个 Server 对象，如下所示：

```
http.createServer([requestListener])
```

此方法返回 Server 对象。可选的 requestListener 参数是在请求事件被触发时执行的回调函数。此回调函数应该接受两个参数。第一个参数是代表客户端请求的 IncomingMessage 对象，第二个参数是用来制定和发送响应的 ServerResponse 对象。

一旦创建了 Server 对象，你就可以通过调用在 Server 对象上的 listen()方法开始监听它：

```
listen(port, [hostname], [backlog], [callback])
```

这是你最有可能使用的方法。以下是这个方法的参数的说明。

- **port**（端口）：指定监听的端口。

- **hostname（主机名）**：当主机名将接受连接时指定。如果省略这个参数，则服务器接受直接指向任何 IPv4 地址（INADDR_ANY）的连接。
- **backlog（积压）**：指定被允许进行排队的最大待处理连接数。默认值是 511。
- **callback（回调）**：指定该服务器已经开始在指定的端口上监听时，要执行的回调处理程序。

下面的代码显示了启动一个 HTTP 服务器并监听端口 8080 的示例。注意，请求回调处理函数被传递到 createServer() 方法中：

```
var http = require('http');
http.createServer(function (req, res) {
  <<handle the request and response here>>
}).listen(8080);
```

可以使用另外两种方法来监听通过文件系统的连接。第一个方法接受一个要监听的文件路径，第二个方法接受一个已经打开的文件描述符句柄：

```
listen(path, [callback])
listen(handle, [callback])
```

要使 HTTP 服务器停止已经开始的监听，请使用以下 close() 方法：

```
close([callback])
```

7.4　在 Node.js 中实现 HTTP 客户端和服务器

现在，你理解了 ClientRequest、ServerResponse 和 IncomingMessage 对象。你可以深入下去，并实现一些 Node.js HTTP 客户端和服务器。本节将引导你完成在 Node.js 中实现基本的 HTTP 客户端和服务器的过程。以下各节实现客户端和服务器，说明了两者如何相互作用。

在以下各节中的例子是基本的，使你能够轻松掌握启动客户端/服务器，然后处理不同的请求和响应的概念。在下面的示例中没有包含错误处理，不能防攻击，也没有太多的其他功能。然而，这些例子为使用 http 模块处理一般的 HTTP 请求所需要的基本流程和结构提供了多方面的介绍。

7.4.1　提供静态文件服务

最基本的 HTTP 服务器类型是一个提供静态文件服务的服务器。为了在 Node.js 中提供静态文件服务，你需要先启动 HTTP 服务器并监听端口。然后，在请求处理程序中，使用 fs 模块在本地打开该文件，然后在响应中写入文件的内容。

清单 7.1 显示了一个静态文件服务器的基本实现。请注意，第 5 行使用 createServer() 创建一个服务器，也定义了第 6～15 行所示的请求事件处理程序。还要注意，服务器通过调用 listen()在 Server 对象上监听 8080 端口。

在第 6 行的请求事件处理程序中，url.parse()方法解析 url，让你在指定第 7 行的文件路径时，可以使用 pathname（路径名）属性。静态文件使用 fs.readFile()被打开和读取，并在 readFile()回调函数中，使用在第 14 行的 res.end(data) 把该文件的内容写入响应对象。

清单 7.1 http_server_static.js：实现一个基本的静态文件服务的 Web 服务器

```
01 var fs = require('fs');
02 var http = require('http');
03 var url = require('url');
04 var ROOT_DIR = "html/";
05 http.createServer(function (req, res) {
06  var urlObj = url.parse(req.url, true, false);
07  fs.readFile(ROOT_DIR + urlObj.pathname, function (err,data) {
08    if (err) {
09      res.writeHead(404);
10      res.end(JSON.stringify(err));
11      return;
12    }
13    res.writeHead(200);
14    res.end(data);
15  });
16 }).listen(8080);
```

清单 7.2 显示了一个 HTTP 客户端的基本实现，它向服务器发送一个 GET 请求来检索文件内容。注意，该请求的选项在第 2～6 行被设置，然后客户端请求在第 16～18 行根据传入的选项被初始化。

当请求完成时，回调函数使用 on('data')处理程序来读取来自服务器的响应中的内容，然后 on('end')处理程序来把文件内容记录到一个文件。图 7.2 和清单 7.2 的输出显示了 HTTP 客户端的输出以及从 Web 浏览器访问静态文件。

清单 7.2 http_client_static.js：一个基本的 Web 客户端检索静态文件

```
01 var http = require('http');
02 var options = {
03    hostname: 'localhost',
04    port: '8080',
05    path: '/hello.html'
```

```
06  };
07 function handleResponse(response) {
08   var serverData = '';
09   response.on('data', function (chunk) {
10     serverData += chunk;
11   });
12   response.on('end', function () {
13     console.log(serverData);
14   });
15 }
16 http.request(options, function(response){
17   handleResponse(response);
18 }).end();
```

清单 7.2 的输出　实现一个基本的静态文件 Web 服务器

```
C:\books\node\ch07>node http_server_static.js
<html>
  <head>
    <title>Static Example</title>
  </head>
  <body>
    <h1>Hello from a Static File</h1>
  </body>
</html>
```

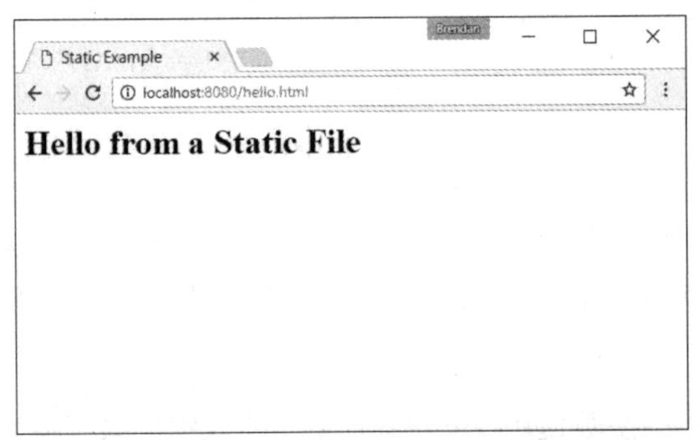

图 7.2　实现并访问基本的静态文件 Web 服务器

7.4.2　实现动态的 GET 服务器

比起你用 Node.js Web 服务器来提供静态内容，你将更经常地使用它们提供动态内容。该内容可以是动态的 HTML 文件或片段、JSON 数据，或一些其他的数据类型。要动态地为一个 GET 请求提供服务，你需要在请求处理程序中实现代码，用它来动态填充要发送回客户端的数据，把它写入响应，然后调用 end()来完成响应和刷新 Writable 流。

清单 7.3 显示了一个动态 Web 服务的基本实现。在这个例子中，Web 服务简单地用一个动态生成的 HTTP 文件来响应。该示例旨在显示发送标头，建立响应，然后在一系列 `write()` 请求中发送数据的过程。

请注意，第 6 行使用 `createServer()` 创建服务器，而第 15 行使用 `listen()` 开始在 `8080` 端口上监听。在第 7～15 行中定义的请求事件处理程序中，`Content-Type` 标头被设置，然后标头随同响应代码 `200` 被发送。在现实中，你将会做很多处理来准备数据。但在这个例子中，数据是只在第 2～5 行中定义的消息数组。

请注意，在第 11～13 行，循环遍历这些消息并每次调用 `write()` 把响应传送到客户端。随后在第 14 行，响应通过对 `end()` 的调用被完成。

清单 7.3　`http_server_get.js`：实现基本的 GET Web 服务器

```
01 var http = require('http');
02 var messages = [
03   'Hello World',
04   'From a basic Node.js server',
05   'Take Luck'];
06 http.createServer(function (req, res) {
07   res.setHeader("Content-Type", "text/html");
08   res.writeHead(200);
09   res.write('<html><head><title>Simple HTTP Server</title></head>');
10   res.write('<body>');
11   for (var idx in  messages){
12     res.write('\n<h1>' + messages[idx] + '</h1>');
13   }
14   res.end('\n</body></html>');
15 }).listen(8080);
```

清单 7.4 显示了从清单 7.3 中的服务器读取响应的一个 HTTP 客户端的基本实现。这与清单 7.2 中的例子非常相似，但是请注意，没有路径被指定（因为该服务并不真正需要一个路径）。对于更复杂的服务，你将实现查询字符串或复杂的路径的路由来处理各种调用。

请注意，在第 11 行中，来自响应的 `statusCode` 被记录到控制台。另外，在第 12 行来自响应的 `headers` 也被记录。然后在第 13 行，来自服务器的完整响应被记录。图 7.3 和清单 7.4 的输出显示了 HTTP 客户端的输出，以及通过 Web 浏览器访问动态 `GET` 服务器。

清单 7.4　`http_client_get.js`：针对清单 7.3 的服务器发出 GET 请求的基本 Web 客户端

```
01 var options = {
02     hostname: 'localhost',
03     port: '8080',
```

```
04   };
05 function handleResponse(response) {
06   var serverData = '';
07   response.on('data', function (chunk) {
08     serverData += chunk;
09   });
10   response.on('end', function() {
11     console.log("Response Status:", response.statusCode);
12     console.log("Response Headers:", response.headers);
13     console.log(serverData);
14   });
15 }
16 http.request(options, function(response){
17   handleResponse(response);
18 }).end
```

清单 7.4 的输出　实现一个基本的 HTTP GET 服务

```
C:\books\node\ch07>node http_server_get.js
Response Status: 200
Response Headers: { 'content-type': 'text/html',
  date: 'Mon, 26 Sep 2016 17:10:33 GMT',
  connection: 'close',
  'transfer-encoding': 'chunked' }
<html><head><title>Simple HTTP Server</title></head><body>
<h1>Hello World</h1>
<h1>From a basic Node.js server</h1>
<h1>Take Luck</h1>
</body></html>
```

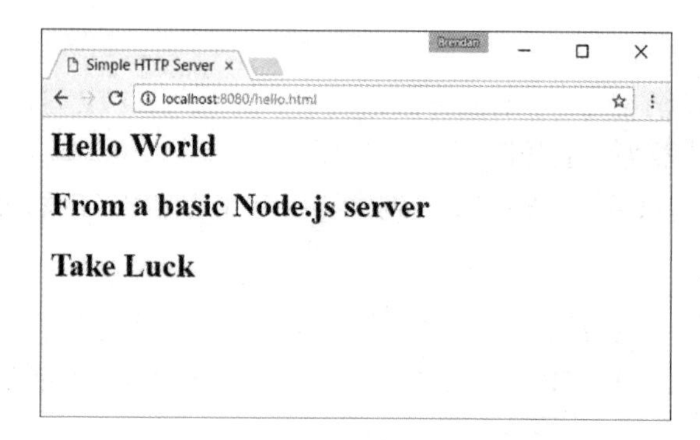

图 7.3　实现和访问基本的 HTTP GET 服务器

7.4.3　实现 POST 服务器

实现一个 POST 服务类似于实现一个 GET 服务器。事实上，为方便起见，你可能最终在同一个代码中实现它们。如果你需要使用表单提交将数据发送到服务器进行更新，POST 服务是很方便的。为了满足一个 POST 请求，则需要在请求处理程序中实现代码来读取 POST 正文的内容并处理它。

一旦处理完数据，你就可以动态填充要发送回客户端的数据，把它写入响应，然后调用 end()来完成响应并刷新 Writable 流。如同一个动态的 GET 服务器，POST 请求的输出可能是一个网页、一个 HTTP 片段、JSON 数据，或一些其他数据。

清单 7.5 显示了一个处理 POST 请求的动态 Web 服务的基本实现。在这个例子中，Web 服务从客户端接受一个 JSON 字符串，它表示一个具有 name 和 occupation 属性的对象。在第 4～6 行的代码从请求流中读取数据，然后在第 7～14 行的事件处理程序中，该数据被转换为一个对象，并用于建立具有 message（消息）和 question（问题）属性的新对象。之后在第 14 行中，新对象被字符串化并在 end()调用中被发送回客户端。

清单 7.5 http_server_post.js：实现一个处理HTTP POST请求的基本HTTP服务器 [1]

```
01 var http = require('http');
02 http.createServer(function (req, res) {
03  var jsonData = "";
04  req.on('data', function (chunk) {
05    jsonData += chunk;
06  });
07  req.on('end', function () {
08    var reqObj = JSON.parse(jsonData);
09    var resObj = {
10      message: "Hello " + reqObj.name,
11      question: "Are you a good " + reqObj.occupation + "?"
12    };
13    res.writeHead(200);
14    res.end(JSON.stringify(resObj));
15  });
16 }).listen(8080);
17
18
19 var http = require('http');
20 var options = {
21  host: '127.0.0.1',
22  path: '/',
23  port: '8080',
24  method: 'POST'
25 };
26 function readJSONResponse(response) {
27  var responseData = '';
```

[1] 以下代码有勘误，参见 http://ptgmedia.pearsoncmg.com/images/9780134655536/errata/9780134655536_NodeMongo-AngularWebDev2E_Errata_20180213.pdf。——译者注

```
28  response.on('data', function (chunk) {
29    responseData += chunk;
30  });
31  response.on('end', function () {
32    var dataObj = JSON.parse(responseData);
33    console.log("Raw Response: " +responseData);
34    console.log("Message: " + dataObj.message);
35    console.log("Question: " + dataObj.question);
36  });
37 }
38 var req = http.request(options, readJSONResponse);
39 req.write('{"name":"Bilbo", "occupation":"Burglar"}');
40 req.end();
```

清单 7.6 显示了把 JSON 数据作为 POST 请求的一部分发送到服务器的 HTTP 客户端的基本实现。请求在第 20 行开始。然后在第 21 行，一个 JSON 字符串被写入请求流，而第 22 行使用 end() 完成请求。

当服务器发回响应时，第 10～12 行中的 on('data') 处理程序读取 JSON 响应。然后第 13～18 行的 on('end') 处理程序把响应解析成一个 JSON 对象，并输出原始响应、消息和问题。清单 7.6 的输出显示了 HTTP POST 客户端的输出。

清单 7.6　http_client_post.js：使用 POST 发送 JSON 数据到服务器，并处理 JSON 响应的基本 HTTP 客户端

```
01 var http = require('http');
02 var options = {
03  host: '127.0.0.1',
04  path: '/',
05  port: '8080',
06  method: 'POST'
07 };
08 function readJSONResponse(response) {
09  var responseData = '';
10  response.on('data', function (chunk) {
11    responseData += chunk;
12  });
13  response.on('end', function () {
14    var dataObj = JSON.parse(responseData);
15    console.log("Raw Response: " +responseData);
16    console.log("Message: " + dataObj.message);
17    console.log("Question: " + dataObj.question);
18  });
19 }
20 var req = http.request(options, readJSONResponse);
21 req.write('{"name":"Bilbo", "occupation":"Burglar"}');
22 req.end();
```

清单 7.6 的输出 实现了提供 JSON 数据服务的 HTTP POST 服务器

```
C:\books\node\ch07>node http_server_post.js
Raw Response: {"message":"Hello Bilbo","question":"Are you a good Burgler?"}
Message: Hello Bilbo
Question: Are you a good Burgler?
```

7.4.4 与外部源交互

Node.js 中的 HTTP 服务的一个常见用途是访问外部系统获得的数据来满足客户端的请求。各种外部系统提供了可以以各种方式使用的数据。在这个例子中，代码连接到 openweathermap.org API 来检索有关一个城市的天气信息。为了保持例子简单，来自 openweathermap.org 的输出以原始格式被推送到浏览器。在现实中，你可能会需要将数据块输送到自己的网页、窗口控件或数据响应中。

清单 7.7 显示了同时接受 GET 和 POST 请求的 Web 服务的实现。对于 GET 请求，则返回一个带有一个表单的简单网页，它允许用户提交一个城市的名字。然后在 POST 请求中，城市名称被访问，且 Node.js Web 客户端启动并远程连接到 openweathermap.org 检索该城市的天气信息。之后这些信息连同原来的网页表单被一起返回到服务器。

本示例与前一示例之间的最大区别在于，Web 服务器还实现了一个本地 Web 客户端连接到外部服务，并获得数据，用以完成响应。Web 服务器在第 35～49 行实现。请注意，如果方法是 POST，我们就从请求流中读取表单数据，并使用 querystring.parse() 来获取城市名并调用进入 GetWeather() 函数。

在第 27～33 行的 GetWeather() 函数实现对 openweathermap.org 的客户端请求。然后在第 17～25 行的 parseWeather() 请求处理程序读取来自 openweathermap.org 的响应并把数据传递到第 4～16 行定义的 sendResponse() 函数，它完成响应，并且将其返回给客户端。图 7.4 显示了在 Web 浏览器中外部服务的实现。

> **注意**
> 你必须访问 openweathermap.org 官网创建账号并取得一个 API key，才能使用下面的应用程序。

清单 7.7 http_server_external：实现远程连接到外部天气数据源的 HTTP Web 服务

```
01 var http = require('http');
02 var url = require('url');
03 var qstring = require('querystring');
04 var APIKEY = ""//place your own api key within the quotes;
```

```
05 function sendResponse(weatherData, res){
06   var page = '<html><head><title>External Example</title></head>' +
07     '<body>' +
08     '<form method="post">' +
09     'City: <input name="city"><br>' +
10     '<input type="submit" value="Get Weather">' +
11     '</form>';
12   if(weatherData){
13     page += '<h1>Weather Info</h1><p>' + weatherData +'</p>';
14   }
15   page += '</body></html>';
16   res.end(page);
17 }
18 function parseWeather(weatherResponse, res) {
19   var weatherData = '';
20   weatherResponse.on('data', function (chunk) {
21     weatherData += chunk;
22   });
23   weatherResponse.on('end', function () {
24     sendResponse(weatherData, res);
25   });
26 }
27 function getWeather(city, res){
28   city = city.replace(' ', '-');
29   console.log(city);
30   var options = {
31     host: 'api.openweathermap.org',
32     path: '/data/2.5/weather?q=' + city + '&APPID=' + APIKEY
33   };
34   http.request(options, function(weatherResponse){
35     parseWeather(weatherResponse, res);
36   }).end();
37 }
38 http.createServer(function (req, res) {
39   console.log(req.method);
40   if (req.method == "POST"){
41     var reqData = '';
42     req.on('data', function (chunk) {
43       reqData += chunk;
44     });
45     req.on('end', function() {
46       var postParams = qstring.parse(reqData);
47       getWeather(postParams.city, res);
48     });
49   } else {
50     sendResponse(null, res);
51   }
52 }).listen(8080);
```

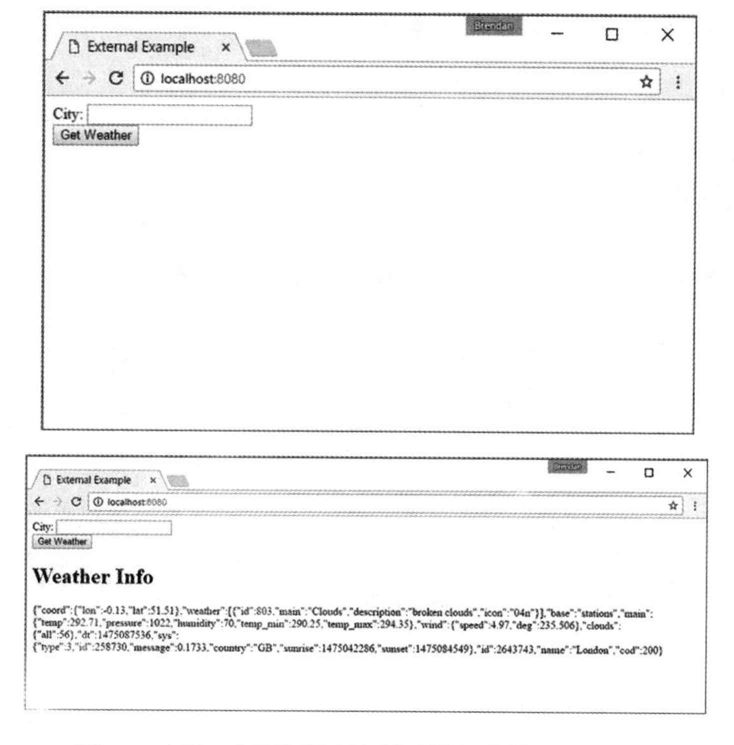

图 7.4 实现一个连接到远程天气数据源的外部 Web 服务

7.5 实现 HTTPS 服务器和客户端

超文本传输安全协议（HTTPS）是一种在 HTTP 客户端和服务器之间提供安全通信的通信协议。HTTPS 实际上只是在 TLS/SSL 协议上面运行的 HTTP，它在那里得到了安全保障能力。HTTPS 采用两种主要方式提供安全保护。首先，它使用长期的公钥和密钥来对短期会话密钥进行交换，使数据可以在客户端和服务器之间进行加密。它还提供了身份验证，这样就可以确保连接到的 Web 服务器是你真正想要连接的那个 Web 服务器，从而防止中间人攻击（在这种攻击中，请求通过第三方被重新路由）。

以下各节讨论在你的 Node.js 环境中使用 `https` 模块实现 HTTPS 服务器和客户端。在开始使用 HTTPS 之前，你需要生成一个私钥和一个公共证书。有几种方法可以做到这一点，这取决于你的平台。其中一个最简单的方法就是使用平台的 OpenSSL 库。

要生成一个私钥，首先执行以下 OpenSSL 命令：

```
openssl genrsa -out server.pem 2048
```

接下来，再使用下面的命令创建一个证书签名请求文件：

```
openssl req -new -key server.pem -out server.csr
```

> **注意**
> 在创建证书签名请求文件时，你需要回答几个问题。当系统提示你输入通用名称时，你应该输入自己想连接到的服务器的域名。否则，该证书将无法正常工作。此外，你还可以在主题备用名称（Subject Alternative Names）字段中输入其他域名和 IP 地址。

然后，创建一个可以用于你自己的目的或用于测试的自签名证书，请使用以下命令：

```
openssl x509 -req -days 365 -in server.csr -signkey server.pem -out server.crt
```

> **注意**
> 自签名证书对于测试目的和内部使用是不错的。但是，如果要实现需要在互联网上被保护的外部 Web 服务，你可能想要得到由认证机构签署的证书。如果你想创建一个由第三方认证机构签署的证书，则需要采取额外步骤。

7.5.1　创建 HTTPS 客户端

创建 HTTPS 客户端的流程几乎与创建一个在本章前面讨论过的 HTTP 客户端完全一样。唯一不同的是，HTTPS 客户端有额外的选项，如表 7.9 所示，它允许你指定客户端的安全性选项。你要关注的最重要的选项是 key（键）、cert（证书）和 agent（代理）。

key 选项指定用于 SSL 的私钥。cert 值指定使用的 x509 公钥。全局代理不支持 HTTPS 需要的选项，所以你需要通过把代理设置为 null 来禁用代理，如下所示：

```
var options = {
  key: fs.readFileSync('test/keys/client.pem'),
  cert: fs.readFileSync('test/keys/client.crt'),
  agent: false
};
```

你也可以创建自己的自定义 Agent 对象，它指定了用于请求的 agent 选项，如下所示：

```
options.agent = new https.Agent(options);
```

一旦定义了 cert、key 和 agent 设置的选项，你就可以调用 https.request (options, [responseCallback])，而它会与 http.request() 调用做完全一样的工作。唯一的区别是，在客户端和服务器之间传输的数据被加密了：

```
var options = {
```

```
  hostname: 'encrypted.mysite.com',
  port: 443,
  path: '/',
  method: 'GET',
  key: fs.readFileSync('test/keys/client.pem'),
  cert: fs.readFileSync('test/keys/client.crt),
  agent: false
};
var req = https.request(options, function(res) {
  <与http.request一样地处理响应>
}
```

表 7.9 **https.request()和 https.createServer()的其他选项**

选　项	说　明
pfx	包含私钥、证书和服务器的 CA 证书，格式为 PFX 或 PKCS12 的字符串或 Buffer 对象
key	包含用于 SSL 的私钥的字符串或 Buffer 对象
passphrase	包含私钥或 PFX 的密码短语的一个字符串
cert	包含要使用的公共 x509 证书的字符串或 Buffer 对象
ca	用来检查远程主机 PEM 格式受信任的证书的字符串或缓冲区的数组
ciphers	一个字符串，用于描述使用或排除密码
rejectUnauthorized	一个布尔值。如果为 true，则表示针对提供的 CA 列表验证服务器证书。如果验证失败，就发出错误事件。验证发生在连接层中，在 HTTP 请求被发送之前。默认为 true。仅适用于 http.request()选项
crl	一个保存 PEM 编码的证书吊销列表（CRL）的字符串或字符串列表，只适用于 https.createServer()
secureProtocol	使用的 SSL 方法，如 SSLv3_method 强制使用 SSL 版本 3

7.5.2 创建 HTTPS 服务器

创建一个 HTTPS 服务器的流程与创建一个在本章前面讨论过的 HTTP 服务器几乎完全一样。唯一的区别是，HTTPS 服务有你必须传递给 https.createServer()的附加 options 参数。这些选项，如前面的表 7.9 所列，允许你指定服务器的安全性选项。你需要关注的最重要的选项是 key 和 cert。

key 选项指定用于 SSL 的私钥。cert 值指定要使用的 x509 公钥。下面是在 Node.js 中创建 HTTPS 服务器的示例：

```
var options = {
  key: fs.readFileSync('test/keys/server.pem'),
  cert: fs.readFileSync('test/keys/server.crt')
};
https.createServer(options, function (req, res) {
```

```
  res.writeHead(200);
  res.end("Hello Secure World\n");
}).listen(8080);
```

一旦HTTPS服务器已经创建，请求/响应处理就以在本章前面所述的HTTP服务器相同的方式工作。

7.6 小结

Node.js的一个重要方面是迅速实现HTTP和HTTPS服务器和服务的能力。http和https模块提供了实现Web服务器需要的一切基础知识。为了实现全功能的Web服务器，你应当使用扩展功能更多的库，比如express。然而，http和https模块对于一些基本Web服务工作效果很好，而且实现起来简单。

本章涵盖HTTP基础的例子，为你实现自己的服务提供了一个良好的开端。你也学习了如何使用url和querystring模块来把URL和查询字符串解析成对象并返回。

7.7 下一章

在下一章中，你会稍微深入一点地了解net模块。你将了解如何使用TCP客户端和服务器实现自己的套接字服务。

第 8 章 在 Node.js 中实现套接字服务

后端服务的一个重要部分是通过套接字相互通信的能力。套接字允许一个进程通过一个 IP 地址和端口与另一个进程通信。当你实现对运行在同一台服务器上的两个不同进程的进程间通信（IPC）或访问一个完全不同的服务器上运行的服务时，这很有用。Node.js 提供`net`模块，它允许你既创建套接字服务器又创建可以连接到套接字服务器的客户端。对于安全连接，Node.js 提供`tls`模块，它可让你实现安全 TLS 套接字服务器和客户端。

8.1 了解网络套接字

网络套接字是跨整个计算机网络流动的通信的端点。套接字位于 HTTP 层下面并提供服务器之间的实际点对点通信。几乎所有的互联网通信都是基于在互联网上两点之间传输数据的互联网套接字。

套接字使用套接字地址开展工作，这是 IP 地址和端口的组合。在套接字连接中有两种类型的点：一类是服务器，它监听连接；另一类是客户端，它打开一个到服务器的连接。服务器和客户端都需要一个唯一的 IP 地址和端口的组合。

Node.js `net` 模块套接字使用传输控制协议（TCP）通过发送原始数据来通信。这个协议负责包装数据并保证它从一点成功发送到另一点。Node.js 套接字实现了 `Duplex`（双工）流，它允许你读取和写入服务器与客户端之间的数据流。

套接字是 `http` 模块的底层结构。如果你不需要处理如 `GET` 和 `POST` 的 Web 请求的功能，而只需要点对点地传输数据，那么使用套接字就能为你提供一个轻量级的解决方案和更多的控制。

在与同一台计算机上运行的其他进程进行通信时，套接字也很方便。进程不能直接共享内存，所以如果你想从另一个进程访问在一个进程中的数据，则可以在每个进程中打开同一个套接字来读取和写入两个进程之间的数据。

8.2 了解 TCP 服务器和 Socket 对象

要在 Node.js 应用程序中使用 net 模块，你首先需要了解 TCP Server 和 Socket 对象。这些对象提供了启动 TCP 服务器来处理请求并实现 TCP 套接字客户端来对套接字服务器发出请求的框架。一旦你了解了这些对象的事件、属性、方法和行为，就将很容易实现自己的 TCP 套接字服务器和客户端。

以下各节介绍了 net.Socket 和 net.Server 对象的目的和行为，还介绍了它们提供的最重要的事件、属性和方法。

8.2.1 net.Socket 对象

Socket 对象同时在套接字服务器和客户端套接字上创建，并允许数据在它们之间来回写入和读取。Socket 对象实现 Duplex 流，所以它提供了 Writable 和 Readable 数据流提供的所有功能。例如，你可以使用 write() 方法把数据以流式写入服务器或客户端，而 data 事件处理程序则传输来自服务器或客户端的数据。

在套接字客户端上，当你调用 net.connect() 或 net.createConnection() 时，Socket 对象在内部创建。这个对象是为了表示到服务器的套接字连接。你使用 Socket 对象来监控该连接，将数据发送到服务器并处理来自服务器的响应。在 Node.js net 模块中没有明确的客户端对象，因为 Socket 对象充当完整的客户端，让你能够发送/接收数据并终止连接。

在套接字服务器上，当客户端连接到服务器时，Socket 对象被创建，并被传递到连接事件处理程序。这个对象是为了表示对客户端的套接字连接。在服务器上，使用 Socket 对象来监控客户端连接，并对客户端发送和接收数据。

要创建一个 Socket 对象，可使用下列方法之一：

```
net.connect(options, [connectionListener])
net.createConnection(options, [connectionListener])
net.connect(port, [host], [connectListener])
net.createConnection(port, [host], [connectListener])
net.connect(path, [connectListener])
net.createConnection(path, [connectListener])
```

所有的调用都将返回一个 Socket 对象，唯一的区别是它们接受的第一个参数。所有这些方法的最后一个参数都是一个当连接对服务器打开时执行的回调函数。注意，对于每一种方法，都有一种 net.connect() 的形式和 net.createConnection() 的形式。

这些形式的工作方式完全相同。

创建一个 Socket 对象的第一种方式是通过一个 options 参数，它是一个包含了定义套接字连接的属性的对象。表 8.1 列出了创建 Socket 对象时可以指定的属性。第二种方法接收 port 和 host 的值，作为直接的参数，如表 8.1 所述。第三个选项接受指定文件系统位置的 path 参数，这个位置是一个 UNIX 套接字在创建 Socket 对象时使用的。

表 8.1 创建一个 Socket 对象时可以指定的选项

属 性	说 明
port	客户端应该连接到的端口号。此选项是必需的
host	客户端应该连接到的服务器的域名或 IP 地址。默认为 localhost
localAddress	客户端应该绑定的用于网络连接的本地 IP 地址
localPort	绑定的用于网络连接的本地端口
family	IP 协议的版本（默认值：4）
lookup	自定义查找（默认值：dns.lookup）

一旦 Socket 对象被创建，它就提供了在连接到服务器的生命周期中发出的几个事件。例如，套接字连接时触发的 connect 事件，当有数据在 Readable 流中待读出时，发出 data 事件，以及到该服务器的连接关闭时发出的 close 事件。当你实现套接字服务器时，可以注册这些事件被发出来时要执行的回调函数，用来处理打开和关闭套接字、读/写数据等。表 8.2 列出了可以在 Socket 对象上被触发的事件。

表 8.2 可以在 Socket 对象上被触发的事件

事 件	说 明
connect	成功建立与服务器的连接时发出。回调函数不接受任何参数
data	在套接字上收到数据时发出。如果没有数据事件处理程序被连接，那么数据可能会丢失。回调函数必须接受一个 Buffer 对象作为参数，它包含从套接字读取的数据的块。例如：function(chunk){}
end	当服务器通过发送一个 FIN 终止连接时发出。回调函数不接受任何参数
timeout	由于不活动，因此到服务器的连接超时时发出
drain	当写缓冲区变为空时发出。你可以使用此事件截回被写入套接字中的数据流。回调函数不接受任何参数
error	在套接字连接上发生错误时发出。回调函数应该接受错误的唯一参数。例如：function(error){}
close	套接字已完全关闭时发出，它可能是由一个 end() 方法关闭的，或者因为发生错误而关闭。回调函数不接受任何参数

Socket 对象还包括了几种方法，让你能够做诸如读取和写入套接字，以及暂停或结束数据流之类的事情。其中许多方法是从 Duplex 流对象继承的，所以你对它们应该是熟

悉的。表 8.3 列出了可用在 Socket 对象上的方法。

表 8.3 可以在 **Socket** 对象上被调用的方法

方 法	说 明
setEncoding([encoding])	当这个函数被调用时，从套接字的流返回的数据是被编码的 String，而不是一个 Buffer 对象。设定写入数据和从该流读取数据时应使用的默认编码。当使用 buf.toString (encoding) 把一个缓冲区转换为字符串时，应使用此选项来处理多字节字符；否则，它们可能被割裂。如果你想以字符串读取数据，则应始终使用此方法
write(data, [encoding], [callback])	把一个数据缓冲区或字符串写入套接字的 Writable 流，如果指定了编码，就使用该编码。一旦数据被写入，就执行 callback 函数
end([data], [encoding])	写入一个数据缓冲区或字符串到套接字的 Writable 流，然后刷新流并关闭连接
destroy()	强制套接字连接关闭。你应该只需要在出现故障时使用这个方法
pause()	暂停在套接字的 Readable 流上发出 data 事件。这可以让你中止对流上传数据
resume()	恢复在套接字的 Readable 流上发出 data 事件
setTimeout(timeout, [callback])	指定一个单位为毫秒的 timeout，它是套接字处于非活动状态时，服务器在发出超时事件之前会等待的时间。callback 函数作为一次事件监听器被触发。如果你想要在超时时间到后结束连接，就应该在 callback 函数中手工执行它
setNoDelay([noDelay])	禁用/启用在发送数据之前缓冲它的 Nagle 算法。将此设置为 false 来禁用数据缓冲
setKeepAlive([enable], [initialDelay])	在连接上启用/禁用保持活动的功能。可选的 initialDelay 参数指定以毫秒为单位的时间，表示在套接字中发送第一个保持活动数据包前的闲置时间
address()	返回绑定的地址，该地址协议的名字和套接字的端口，正如操作系统所报告的那样。返回值是一个对象，它包含 port、family 和 address 属性。例如：{ port: 8107, family: 'IPv4', address: '127.0.0.1' }
unref()	如果此套接字是事件队列中的唯一事件，则允许 Node.js 应用程序终止
ref()	重新引用套接字，以使如果此套接字是事件队列中唯一的东西，Node.js 应用程序不会终止

Socket 对象还提供了可以访问以获得关于该对象的信息的几个属性，例如，套接字通信的地址和端口、被写入的数据量，以及缓冲区大小。表 8.4 列出了可用的 Socket 对象的属性。

表 8.4 可以在 **Socket** 对象上被访问的属性

属 性	说 明
bufferSize	返回当前已缓冲并等待写入套接字的流中的字节数
remoteAddress	套接字连接到的远程服务器的 IP 地址
remotePort	套接字连接到的远程服务器的端口
remoteFamily	套接字连接到的远程协议的 IP
localAddress	远程客户端用于套接字连接的本地 IP 地址

（续表）

属　性	说　明
localPort	远程客户端用于套接字连接的本地端口
bytesRead	由套接字读取的字节数
bytesWritten	由套接字写入的字节数

为了说明流过一个 Socket 对象的数据，下面的代码显示了实现客户端上的 Socket 对象的基本知识：

```
var net = require('net');
var client = net.connect({port: 8107, host:'localhost'}, function() {
  console.log('Client connected');
  client.write('Some Data\r\n');
});
client.on('data', function(data) {
  console.log(data.toString());
  client.end();
});
client.on('end', function() {
  console.log('Client disconnected');
});
```

注意，net.connect()方法使用含有port和host属性的options对象被调用。connect回调函数记录一条消息，然后写一些数据到服务器。要处理从服务器返回的数据，就要实现on('data')[1]事件处理程序。要处理套接字的关闭，就要实现on('end')事件处理程序。

8.2.2 net.Server 对象

可以使用 net.Server 对象创建一个 TCP 套接字服务器，并开始监听对它的连接，你将能够读取和写入数据。当你调用 net.createServer()时，Server 对象在内部创建。这个对象表示套接字服务器并处理监听连接，然后发送和接收那些连到服务器的连接的数据。

当服务器接收到一个连接时，服务器会创建一个 Socket 对象，并把它传递给正在监听的任何连接事件处理程序。由于 Socket 对象实现了 Duplex 流，因此你可以使用 write()方法把数据的写入传回给客户端，并用一个 data 事件处理程序来传输来自客户端的数据。

要创建一个服务器对象，使用如下 net.createServer()方法：

[1] 原文有误，已更正。——译者注

```
net.createServer([options], [connectionListener])
```

options 参数是一个对象，它指定创建套接字 Server 对象时要使用的选项。表 8.5 列出了 options 对象的属性。第二个参数是 connection 事件的回调函数，它在接收到连接时被执行。connectionListenter 回调函数被传递给用于连接中的客户端的 Socket 对象。

表 8.5　创建 **net.Server** 时可指定的选项

属　性	说　明
allowHalfOpen	一个布尔值，如果为 true，则表示当套接字的另一端发送一个 FIN 数据包时，该套接字将不会自动发送一个 FIN 数据包，从而使一半的 Duplex 流保持开放。默认为 false
pauseOnConnect	一个布尔值，如果为 true，则每个连接的每个套接字都被暂停，并且无数据从它的句柄被读取。这允许进程略过它们之间的连接而不读取任何数据。默认为 false

一旦 Server 对象被创建，它就提供了在该服务器的生命周期中触发的一些事件。例如，在套接字客户端连接时触发的 connection 事件，以及当服务器关闭时被触发的 close 事件。当你实现自己的套接字服务器时，可以注册当这些事件被触发时执行的处理连接、错误和关机的回调函数。表 8.6 列出了可以在 Socket 对象上被触发的事件。

表 8.6　可以在 **net.Socket** 对象上被触发的事件

事　件	说　明
listening	当服务器调用 listen() 方法在一个端口上开始监听时发出。回调函数不接受任何参数
connection	当连接从套接字的客户端收到时发出。回调函数必须接受一个参数，它是一个 Socket 对象，表示到连接中的客户端的连接。例如：function(client){}
close	当服务器正常关闭或由于出错而关闭时发出。除非所有的客户端连接都已经结束，否则该事件不发出
error	当发生错误时发出。出错也触发 close 事件

Server 对象还包括了几种方法，让你做与读取和写入套接字，以及暂停或结束数据流一样的事情。其中许多方法是从 Duplex 流对象继承的，所以你对它们应该是熟悉的。表 8.7 列出了可用在 Socket 对象上的方法。

表 8.7　可以在 **net.Server** 对象上被调用的方法

方　法	说　明
listen(port, [host], [backlog], [callback])	打开服务器上的端口，并开始监听连接。port 指定监听端口。如果指定 0 作为端口，那就随机选一个端口号。host 是在其上监听的 IP 地址，如果它被省略，则服务器接受定向到任何 IPv4 地址的连接。backlog 指定服务器允许的待处理连接的最大数目，默认值是 511 当服务器打开了端口，并开始监听时，callback 函数被调用
listen(path, [callback])	同上，只是启动一个 UNIX 套接字服务器，监听的是指定的文件系统路径上的连接

（续表）

方 法	说 明
listen(handle, [callback])	同上，只是一个到 Server 或 Socket 对象的句柄，它具有指向该服务器上的文件的描述符句柄的底层_handle 成员。它假定文件描述符指向一个已经绑定到端口的套接字文件
getConnections(callback)	返回当前连接到服务器的连接数量。callback 在连接数被计算出来时被执行，并接受一个 error 参数和 count 参数。例如： function(error, count)
close([callback])	阻止服务器接收新的连接。当前连接被允许保留，直到它们完成。除非所有当前连接都已经关闭，否则该服务器并没有真正停止
address()	返回绑定的地址，该地址协议的名字和套接字的端口，正如操作系统所报告的一样。返回值是一个对象，它包含 port、family 和 address 属性。例如： { port: 8107, family: 'IPv4', address: '127.0.0.1' }
unref()	如果服务器是在事件队列中的唯一事件，则调用此方法允许 Node.js 应用程序终止
ref()	引用套接字，以使如果服务器是在事件队列中的唯一的东西，Node.js 应用程序不会终止

Server 对象还提供了 maxConnections 属性，它允许你设置服务器拒绝连接之前可接受的最大连接数目。如果一个进程使用 child_process.fork()被派生给一个子进程处理，则你不应该使用这个选项。

下面的代码显示了实现 Server 对象的基础知识：

```
var net = require('net');
var server = net.createServer(function(client) {
  console.log('Client connected');
  client.on('data', function(data) {
    console.log('Client sent ' + data.toString());
  });
  client.on('end', function() {
    console.log('Client disconnected');
  });
  client.write('Hello');
});
server.listen(8107, function() {
  console.log('Server listening for connections');
});
```

请注意，net.createServer()方法实现了一个接受客户端Socket对象的回调函数。要处理从客户端回来的数据时，就需要实现on('data')[1]事件处理程序。为了处理

[1] 原文有误，已更正。——译者注

套接字的关闭，就需要实现on('end')事件处理程序。要开始监听连接，就在端口 8107 上调用listen()方法。

8.3　实现 TCP 套接字服务器和客户端

现在你理解了 net.Server 和 net.Socket 对象，因而可以着手实现一些 Node.js TCP 客户端和服务器了。本节将引导你完成在 Node.js 中实现基本的 TCP 客户端和服务器的过程。

以下各节中的例子都是基本的，它们使你轻松掌握启动 TCP 服务器在端口上监听，然后实现可以连接的客户端的概念。这些例子的目的是帮助你看到需要实现的交互和事件处理。

8.3.1　实现 TCP 套接字客户端

在最基本的层面上，实现 TCP 套接字的客户端包括创建连接到服务器的 Socket 对象，然后将数据写入服务器，并接着处理返回的数据。此外，你应该建立套接字，使它也可以处理错误、缓冲区已满，以及超时等情况。本节讨论使用 Socket 对象实现套接字客户端的每个步骤。清单 8.1 给出了下面讨论的完整代码。

第一步是通过调用 net.connect()创建套接字客户端，如下所示。也传入要连接到的端口和主机，并实现 callback（回调）函数来处理连接事件：

```
net.connect({port: 8107, host:'localhost'}, function() {
  //处理连接
});
```

然后在回调函数里面，应当设置连接的行为。例如，你可能要添加超时时间或设置编码，如下所示：

```
this.setTimeout(500);
this.setEncoding('utf8');
```

你还需要添加处理程序来处理 data、end、error、timeout 和 close 事件。例如，为了处理 data 事件，以使你可以读取从服务器返回的数据，就可以在连接已经建立后，添加以下处理程序：

```
this.on('data', function(data) {
  console.log("Read from server: " + data.toString());
  //处理数据
  this.end();
});
```

要把数据写到服务器，你需要实现 write() 命令。如果你正在写很多数据到服务器，并且写入失败，就可能还需要实现一个 drain 事件处理程序，以在缓冲区为空时重新开始写入。以下显示的例子实现了处理写入失败的 drain 处理程序。请注意，一旦函数结束，就用一个闭包来保存套接字和数据变量的值：

```
function writeData(socket, data){
  var success = !socket.write(data);
  if (!success){
    (function(socket, data){
      socket.once('drain', function(){
        writeData(socket, data);
      });
    })(socket, data);
  }
}
```

清单 8.1 显示了一个基本 TCP 套接字客户端的完整实现。这个客户端的全部工作只是发送一点数据到服务器并接收回一点数据，然而，该例子可以很容易地扩展到跨套接字支持更复杂的数据处理。请注意，有 3 个单独的套接字打开到服务器，而它们在同一时间进行通信。请注意，被创建的每个客户端都获得不同的随机端口号，如清单 8.1 的输出所示。

清单 8.1 socket_client.js：实现基本的 TCP 套接字客户端

```
01 var net = require('net');
02 function getConnection(connName){
03  var client = net.connect({port: 8107, host:'localhost'}, function() {
04    console.log(connName + ' Connected: ');
05    console.log('   local = %s:%s', this.localAddress, this.localPort);
06    console.log('   remote = %s:%s', this.remoteAddress, this.remotePort);
07    this.setTimeout(500);
08    this.setEncoding('utf8');
09    this.on('data', function(data) {
10      console.log(connName + " From Server: " + data.toString());
11      this.end();
12    });
13    this.on('end', function() {
14      console.log(connName + ' Client disconnected');
15    });
16    this.on('error', function(err) {
17      console.log('Socket Error: ', JSON.stringify(err));
18    });
19    this.on('timeout', function() {
20      console.log('Socket Timed Out');
21    });
22    this.on('close', function() {
23      console.log('Socket Closed');
```

```
24     });
25   });
26   return client;
27 }
28 function writeData(socket, data){
29   var success = !socket.write(data);
30   if (!success){
31     (function(socket, data){
32       socket.once('drain', function(){
33         writeData(socket, data);
34       });
35     })(socket, data);
36   }
37 }
38 var Dwarves = getConnection("Dwarves");
39 var Elves = getConnection("Elves");
40 var Hobbits = getConnection("Hobbits");
41 writeData(Dwarves, "More Axes");
42 writeData(Elves, "More Arrows");
43 writeData(Hobbits, "More Pipe Weed");
```

清单 8.1 的输出　socket_client.js：实现基本的 TCP 套接字客户端

```
Elves Connected:
   local = 127.0.0.1:62616
   remote = 127.0.0.1:8107
Dwarves Connected:
   local = 127.0.0.1:62617
   remote = 127.0.0.1:8107
Hobbits Connected:
   local = 127.0.0.1:62618
   remote = 127.0.0.1:8107
Elves From Server: Sending: More Arrows
Dwarves From Server: Sending: More Axes
Hobbits From Server: Sending: More Pipe Weed
Dwarves Client disconnected
Socket Closed
Elves Client disconnected
Socket Closed
Hobbits Client disconnected
Socket Closed
```

8.3.2　实现 TCP 套接字服务器

在最基本的层面上，实现一个 TCP 服务器端需要的流程是创建一个 Server 对象，监听端口，并处理传入的连接，包括从连接读取数据和把数据写入该连接。此外，套接字服务器应该处理在 Server 对象上的 close 和 error 事件，以及发生在传入的客户端连接 Socket 对象上的事件。本节讨论了使用 Server 对象实现套接字服务器的每个步骤。清单 8.2 给出了下面讨论的完整代码。

第一步是通过调用 net.createServer()创建套接字服务器，如下所示。你还需要提供一个连接回调处理程序，然后调用 listen()开始在该端口上监听：

```
var server = net.createServer(function(client) {
  //这里实现连接的回调处理程序代码
});
server.listen(8107, function() {
 //这里实现监听回调处理
});
```

在 listen 回调处理程序内，你还应当添加处理程序来支持 Server 对象上的 close 和 error 事件。这些可能只是记录日志语句，或者你可能希望添加在这些事件发生时所执行的额外代码。以下是基本的例子：

```
server.on('close', function(){
  console.log('Server Terminated');
});
server.on('error', function(err){
});
```

然后在 connection 事件回调函数里面，需要设置连接的行为。例如，你可能要添加超时时间或设置编码，如下所示：

```
this.setTimeout(500);
this.setEncoding('utf8');
```

你还需要添加处理程序来处理客户端连接上的 data、end、error、timeout 和 close 事件。例如，为了处理 data 事件，以使你可以读取来自客户端的数据，就可以在连接被建立后，添加以下处理程序：

```
this.on('data', function(data) {
  console.log("Received from client: " + data.toString());
  //处理数据
});
```

要把数据写到服务器，就需要在代码的某个地方实现 write()命令。如果你正在写很多数据到客户端，则可能还需要实现一个 drain 事件处理程序，以在缓冲区为空时重新开始写入。如果因为缓冲区已满而使 write()返回一个失败，或者如果你想切断写入套接字，这会是有帮助的。以下的例子实现了处理写入失败的 drain 处理程序。请注意，一旦函数结束，就用一个闭包来保存套接字和数据变量的值：

```
function writeData(socket, data){
  var success = !socket.write(data);
  if (!success){
    (function(socket, data){
      socket.once('drain', function(){
        writeData(socket, data);
      });
    })(socket, data);
  }
}
```

清单 8.2 显示了一个基本 TCP 套接字服务器的完整实现。此套接字服务器在端口 8107 上接受连接，读取数据，然后把写入的字符串返回给客户端。虽然此实现是非常基本的，但它说明了处理事件以及在客户端连接上读取和写入数据的过程。

清单 8.2　socket_server.js：实现基本的 TCP 套接字服务器

```
01 var net = require('net');
02 var server = net.createServer(function(client) {
03   console.log('Client connection: ');
04   console.log('   local = %s:%s', client.localAddress, client.localPort);
05   console.log('   remote = %s:%s', client.remoteAddress, client.remotePort);
06   client.setTimeout(500);
07   client.setEncoding('utf8');
08   client.on('data', function(data) {
09     console.log('Received data from client on port %d: %s',
10                 client.remotePort, data.toString());
11     console.log('  Bytes received: ' + client.bytesRead);
12     writeData(client, 'Sending: ' + data.toString());
13     console.log('  Bytes sent: ' + client.bytesWritten);
14   });
15   client.on('end', function() {
16     console.log('Client disconnected');
17     server.getConnections(function(err, count){
18       console.log('Remaining Connections: ' + count);
19     });
20   });
21   client.on('error', function(err) {
22     console.log('Socket Error: ', JSON.stringify(err));
23   });
24   client.on('timeout', function() {
25     console.log('Socket Timed out');
26   });
27 });
28 server.listen(8107, function() {
29   console.log('Server listening: ' + JSON.stringify(server.address()));
```

```
30   server.on('close', function(){
31     console.log('Server Terminated');
32   });
33   server.on('error', function(err){
34     console.log('Server Error: ', JSON.stringify(err));
35   });
36 });
37 function writeData(socket, data){
38   var success = !socket.write(data);
39   if (!success){
40     (function(socket, data){
41       socket.once('drain', function(){
42         writeData(socket, data);
43       });
44     })(socket, data);
45   }
46 }
```

8.4 实现 TLS 服务器和客户端

传输层安全性/安全套接字层（TLS/SSL）是为了在互联网上提供安全通信的一种加密协议。它们使用 X.509 证书以及会话密钥来验证你正在通信的套接字服务器是否是你想要与之通信的服务器。TLS 用两种主要方式提供安全性。首先，它使用长期公钥和密钥来交换短期会话密钥，使数据可以在客户端和服务器之间进行加密。其次，它还提供了身份验证，这样可以确保你连接到的 Web 服务器就是你实际想要连接的那一台，从而防止通过第三方把请求重新路由的中间人攻击。

以下各节讨论在你的 Node.js 环境使用 `tls` 模块实现 TLS 套接字服务器和客户端。在开始使用 TLS 之前，你需要为自己的客户端和服务器生成一个私钥和一个公共证书。根据平台的不同，有多种方法可以做到这一点。其中一个最简单的方法是使用你的平台的 OpenSSL 库。

要生成一个私钥，先执行以下 OpenSSL 命令：

```
openssl genrsa -out server.pem 2048
```

接下来，再使用下面的命令创建一个证书签名请求文件：

```
openssl req -new -key server.pem -out server.csr
```

> **注意**
> 在创建证书签名请求文件时，你需要回答几个问题。当系统提示输入通用名称时，你应该输入自己想连接到的服务器的域名。否则，该证书将无法正常工作。此外，你还可以在主题备用名称（Subject Alternative Names）字段中输入其他域名和 IP 地址。

然后，创建一个可以用于自己的用途或用于测试的自签名证书，请使用以下命令：

```
openssl x509 -req -days 365 -in server.csr -signkey server.pem -out server.crt
```

> **注意**
> 自签名证书对于测试用途或内部使用是不错的。但是，如果要实现需要在互联网上被保护的外部 Web 服务，你可能想要得到由认证机构签署的证书。如果你想创建一个由第三方认证机构签署的证书，则需要采取额外的步骤。

8.4.1　创建 TLS 套接字客户端

创建 TLS 客户端与本章前面讨论过的套接字客户端的创建流程几乎完全一样。唯一不同的是，创建 TLS 客户端有更多的选项，如表 8.8 所示，它允许你指定客户端的安全性选项。你需要操心的最重要的选项是 key、cert 和 ca。

key 选项指定用于 SSL 的私钥。cert 值指定使用的 x509 公钥。如果你使用的是自签名证书，则需要在服务器的证书上指出 ca 属性：

```
var options = {
  key: fs.readFileSync('test/keys/client.pem'),
  cert: fs.readFileSync('test/keys/client.crt'),
  ca: fs.readFileSync('test/keys/server.crt')
};
```

一旦你定义了设置 cert、key 和 ca 的选项，就可以调用 tls.connect(options, [responseCallback])，而它将会与 net.connect() 调用完全一样地开展工作。唯一的区别是，tls.connect 对在客户端和服务器之间传输的数据进行加密：

```
var options = {
  hostname: 'encrypted.mysite.com',
  port: 8108,
  path: '/',
  method: 'GET',
  key: fs.readFileSync('test/keys/client.pem'),
  cert: fs.readFileSync('test/keys/client.crt),
  ca: fs.readFileSync('test/keys/server.crt)
```

```
};
var req = tls.connect(options, function(res) {
  <与net.connect同样地处理连接>
}
```

表 8.8 **tls.connect()**的其他选项

选　项[1]	说　明
pfx	包含私钥、证书和服务器的 CA 证书，格式为 PFX 或 PKCS12 的字符串或 Buffer 对象
key	包含用于 SSL 的私钥的字符串或 Buffer 对象
passphrase	包含私钥或 PFX 的密码短语的一个字符串
cert	包含要使用的公共 x509 证书的字符串或 Buffer 对象
ca	用来检查远程主机的受信任的 PEM 格式证书字符串或缓冲区的数组
rejectUnauthorized	一个布尔值，如果为 true，则表示针对提供的 CA 列表验证服务器证书。如果验证失败，就发出错误事件。验证发生在连接层中，在 HTTP 请求被发送之前发生。默认值为 true
servername	指定服务器名指示（SNI）的 TLS 扩展的服务器名称
secureProtocol	指定使用的 SSL 方法，如 SSLv3_method 强制使用 SSL 版本 3

8.4.2 创建 TLS 套接字服务器

创建TLS套接字服务器与本章前面讨论过的套接字服务器的创建流程几乎完全一样。唯一的区别是，创建 TLS 套接字服务器有必须传入 tls.createServer()的附加 options 参数，并且存在可以在 tls.Server 对象上触发的其他一些事件。这些选项，如表 8.9 所列，允许你为服务器指定安全选项。表 8.10 列出了 TLS 套接字服务器的其他事件。你需要操心的最重要的选项是 key、cert 和 ca。

key 选项指定用于 SSL 的私钥。cert 值指定使用的 x509 公钥。如果你使用的是自签名证书，则需要在客户端的证书中指出 ca 属性。

表 8.9 用于 **tls.createServer()**的其他选项

选　项	说　明
pfx	包含私钥、证书和服务器的 CA 证书，格式为 PFX 或 PKCS12 的字符串或 Buffer 对象
key	包含用于 SSL 的私钥的字符串或 Buffer 对象
passphrase	包含私钥或 PFX 的密码短语的一个字符串
cert	包含要使用的公共 x509 证书的字符串或 Buffer 对象
ca	用来检查远程主机的受信任的 PEM 格式证书字符串或缓冲区的数组
crl	一个保存 PEM 编码的证书吊销列表（CRL）的字符串或字符串列表

[1] 原文有误，已更正。——译者注

（续表）

选　项	说　明
ciphers	一个字符串，用于描述使用或排除密码。与 honorCipherOrder 结合使用，这是一个很好的防止 BEAST 攻击的方法
handshakeTimeout	如果 SSL/TLS 握手无法完成，中止连接之前等待的毫秒数。如果触及超时时间，就在 tls.Server 上发出一个 clientError
honorCipherOrder	一个布尔值，如果为 true，则表示在选择一个密码时，服务器优先用服务器的首选项，而非客户端的
requestCert	为 true 时，服务器将从连接的客户端请求一个证书，并试图验证该证书。默认值是 false
rejectUnauthorized	如果为 true，则服务器会拒绝未被提供的 CA 列表授权的任何连接。此选项只有在 requestCert 为 true 时才起作用。默认值是 false
NPNProtocols	可能的 NPN 协议的数组或缓冲区。协议应根据其优先级进行排序
SNICallback	客户端支持 SNI TLS 扩展时被调用的函数。服务器名称是传递给回调函数的唯一参数
sessionIdContext	一个字符串，其中包含一个用于会话恢复的不透明的标识符。如果 requestCert 为 true，则默认值是在命令行中生成的一个 MD5 散列值。否则，不提供默认值
secureProtocol	使用的 SSL 方法，如 SSLv3_method 强制使用 SSL 版本 3

以下是在 Node.js 中创建 TLS 套接字服务器的一个例子：

```
var options = {
  key: fs.readFileSync('test/keys/server.pem'),
  cert: fs.readFileSync('test/keys/server.crt'),
  ca: fs.readFileSync('test/keys/client.crt')
};
tls.createServer(options, function (client) {
  client.write("Hello Secure World\r\n");
  client.end();
}).listen(8108);
```

一旦 TLS 套接字服务器已经创建，请求/响应处理的工作方式就与本章前面介绍的 TCP 套接字服务器基本相同。服务器可以接受连接并读取和写入数据返回给客户端。

表 8.10　在 TLS **Server** 对象上的其他事件

事　件	说　明
secureConnection	当新的安全连接已经成功建立时发出。回调函数接受一个可以写入和读取的 tls.CleartextStream 流对象的实例。例如：function (clearStream)
clientError	当一个客户端连接发出错误时发出。回调函数的参数是该错误和 tls.SecurePair 对象。例如：function (error, securePair)
newSession	创建一个新的 TLS 会话时发出。回调函数被传入 SessionID 和 sessionData 参数，其中包含会话信息。例如：function (sessionId, sessionData)

（续表）

事　件	说　明
resumeSession	当客户端试图恢复以前的 TLS 会话时发出。你可以在外部存储区存储会话，这样你就可以在接收到这个事件时查找它。回调处理函数接收两个参数：第一个是 sessionId，第二个是如果会话不能建立将被执行的 callback。例如：function(sessionId, callback)

8.5 小结

在一个 Node.js 应用程序中实现后端服务时，套接字是非常有用的。它们允许一个系统中的服务通过 IP 地址和端口与其他系统上的一个服务进行通信。它们还提供了实现在同一台服务器上运行的两个不同进程之间的 IPC 的能力。net 模块允许你创建作为服务器的 Server 对象和充当套接字客户端的 Socket 对象。由于 Socket 对象扩展 Duplex 流，因此可以同时从服务器和客户端读取和写入数据。对于安全连接，Node.js 提供 tls 模块，它可以让你实现安全 TLS 套接字服务器和客户端。

8.6 下一章

在下一章中，你会学习在 Node.js 环境中实现多进程。这使你可以把工作分包给在系统上的其他进程，以利用多处理器服务器的优势。

第 9 章 在 Node.js 中使用多处理器扩展应用程序

在第 4 章中，你了解到了 Node.js 应用程序在单个线程上运行，而不在多线程上运行。对应用程序处理使用单个线程，使 Node.js 进程更加高效和快捷。但是，大多数服务器均具有多个处理器，并且你可以利用这些处理器扩展自己的 Node.js 应用程序。Node.js 允许用户从主应用程序中把工作派生为随后可以彼此并行和主应用程序一起处理的各个进程。

为了方便使用多个进程，Node.js 提供了 3 个特定的模块。`process`（进程）模块提供了访问正在运行的进程。`child_process`（子进程）模块使你可以创建子进程，并与它们通信。`cluster`（集群）模块实现了共享相同端口的集群服务器，从而允许多个请求被同时处理。

9.1 了解 process 模块

`process` 模块是一个无须使用 `require()` 就可以从你的 Node.js 应用程序进行访问的全局对象。该对象使你能够访问正在运行的进程以及底层硬件体系结构的信息。

9.1.1 了解进程 I/O 管道

`process` 模块为进程 `stdin`、`stdout` 和 `stderr` 提供了对标准 I/O 管道的访问。`stdin` 是进程的标准输入管道，它通常是控制台。你可以利用下面的代码读取控制台输入：

```
process.stdin.on('data', function(data){
  console.log("Console Input: " + data);
});
```

然后，当你向控制台输入数据，之后按 Enter 键时，数据就被回写出来。例如：

```
some data
```

```
Console Input: some data
```

process 模块的 stdout 和 stderr 属性是可以相应地处理的 Writable 流。

9.1.2　了解进程的信号

process 模块的一大特点是，它允许你注册监听器来处理操作系统发送给一个进程的信号。当你需要在一个进程停止或终止前执行某些动作，例如执行清理操作时，这是很有用的。表 9.1 列出了你可以为其添加监听器的进程事件。

为了注册一个进程信号，只需使用 on(event, callback) 方法。例如，要为 SIGBREAK 事件注册一个事件处理程序，你可以使用下面的代码：

```
process.on('SIGBREAK', function(){
  console.log("Got a SIGBREAK");
});
```

表 9.1　可以被发送到 Node.js 进程的事件

事　件	说　明
SIGUSR1	当 Node.js 调试器启动时发出。你可以添加一个监听器，但你不能停止调试器的启动
SIGPIPE	当进程试图写一个在另一端没有进程连接的管道时发出
SIGHUP	在 Windows 上控制台关闭窗口和在其他平台上发生各种类似的情况时发出。请注意，Windows 在发送此事件约 10 秒后终止 Node.js
SIGTERM	在发出一个终止进程的请求时发出。这在 Windows 中是不被支持的
SIGINT	当中断被发送到这个进程上，如在 Ctrl+C 组合键被按下时发出
SIGBREAK	在 Windows 上，Ctrl+Break 组合键被按下时发出
SIGWINCH	在控制台已经被调整大小时发出。在 Windows 上，只有当你写入控制台、移动光标或者在原始模式下使用可读的 TTY 时才发出
SIGKILL	在一个进程杀掉时发出。不能安装监听器
SIGSTOP	在一个进程停止时发出。不能安装监听器

9.1.3　使用 process 模块控制进程执行

process 模块还使你能够对进程的执行施加一定的控制。特别是，它能够停止当前进程，杀掉另一个进程，或安排工作在事件队列中运行。例如，退出当前 Node.js 进程，你可以使用：

```
process.exit(0)
```

表 9.2 列出了可在 process 模块中使用的进程控制方法。

表 9.2 可以在 **process** 模块上被调用来影响进程执行的方法

方　法	说　明
abort()	使当前的 Node.js 应用程序发出一个 abort 事件，退出，并产生一个内存核心转储文件
exit([code])	使当前的 Node.js 应用程序退出，并返回指定的 code
kill(pid, [signal])	导致操作系统向指定的 pid 的进程发送一个 kill 信号。默认的 signal（信号值）是 SIGTERM，但你可以指定另一个信号
nextTick(callback)	调度 Node.js 应用程序的队列中的 callback 函数

9.1.4 从 process 模块获取信息

process 模块提供了丰富的与正在运行的进程和系统体系结构相关的信息。在实现应用程序时，这些信息可能是有用的。例如，process.pid 属性提供了随后你可以让应用程序使用的进程 ID。

表 9.3 列出了你可以从 process 模块访问的属性和方法，并介绍了它们的返回值。

表 9.3 **process** 模块收集信息所调用的方法

方　法	说　明
version	指定 Node.js 的版本
versions	提供了一个对象，它包含了本 Node.js 应用程序所需的模块和版本
config	包含用于编译当前节点可执行程序的配置选项
argv	包含用于启动 Node.js 应用程序的命令参数。第一个元素是节点（node），而第二个元素是到主 JavaScript 文件的路径
execPath	指定 Node.js 从中启动的绝对路径
execArgv	指定用于启动应用程序的特定于节点的命令行选项
chdir(directory)	更改应用程序的当前工作目录。如果你提供在应用程序启动后加载的配置文件，这个功能可能很有用
cwd()	返回进程的当前工作目录
env	包含在该进程的环境中指定的键/值对
pid	指定当前进程的 ID
title	指定当前运行的进程的标题
arch	指定进程正在运行的处理器体系结构（例如，x64、ia32 或 arm）
platform	指定操作系统平台（例如，linux、win32 或 freebsd）
memoryUsage()	描述 Node.js 进程的当前内存使用情况。你需要使用 util.inspect() 方法读取对象。例如： console.log(util.inspect(process.memoryUsage())); { rss: 13946880, heapTotal: 4083456, heapUsed: 2190800 }

（续表）

方　法	说　明
maxTickDepth	指定被nextTick()调度的在阻塞I/O被处理之前运行的事件最大数量。你应该根据需要调整该值，以防你的I/O进程饥饿
uptime()	包含Node.js处理器已经运行的秒数
hrtime()	在元组array[seconds, nanoseconds]中返回一个高精度的时间。如果你需要实现一个粒度的计时机制，就使用此方法
getgid()	在POSIX平台上，返回这个进程的数值型组ID
setgid(id)	在POSIX平台上，设置这个进程的数值型组ID
getuid()	在POSIX平台上，返回这个进程的数值型或字符串型的用户ID
setuid(id)	在POSIX平台上，设置这个进程的数值型或字符串型的用户ID
getgroups()	在POSIX平台上，返回组ID的数组
setgroups(groups)	在POSIX平台上，设置补充组ID。你的Node.js应用程序需要root权限才能调用此方法
initgroups(user, extra_group)	在POSIX平台上，用来自/etc/group的信息初始化组访问列表。你的Node.js应用程序需要root权限才能调用此方法

为了帮助你了解使用process模块获取信息，清单9.1进行了一系列的调用，并把结果输出到控制台，如清单9.1的输出所示。

清单9.1　process_info.js：使用process模块访问进程和系统的相关信息

```
01 var util = require('util');
02 console.log('Current directory: ' + process.cwd());
03 console.log('Environment Settings: ' + JSON.stringify(process.env));
04 console.log('Node Args: ' + process.argv);
05 console.log('Execution Path: ' + process.execPath);
06 console.log('Execution Args: ' + JSON.stringify(process.execArgv));
07 console.log('Node Version: ' + process.version);
08 console.log('Module Versions: ' +  JSON.stringify(process.versions));
09 //console.log(process.config);
10 console.log('Process ID: ' + process.pid);
11 console.log('Process Title: ' + process.title);
12 console.log('Process Platform: ' + process.platform);
13 console.log('Process Architecture: ' + process.arch);
14 console.log('Memory Usage: ' + util.inspect(process.memoryUsage()));
15 var start = process.hrtime();
16 setTimeout(function() {
17   var delta = process.hrtime(start);
18   console.log('High-Res timer took %d seconds and %d nanoseconds', delta[0], +
delta[1]);
19   console.log('Node has been running %d seconds', process.uptime());
20 }, 1000);
```

清单 9.1 的输出　使用 process 模块访问进程和系统的相关信息

```
Current directory: C:\Users\CalebTZD\workspace\node\code\ch09
Environment Settings:
Node Args: C:\Program Files\nodejs\node.exe,C:\Users\CalebTZD\workspace\node\
code\ch09\process_info.js
Execution Path: C:\Program Files\nodejs\node.exe
Execution Args: []
Node Version: v7.8.0
Module Versions: Node Config:
Process ID: 12896
Process Title: C:\Program Files\nodejs\node.exe
Process Platform: win32
Process Architecture: x64
Memory Usage: { rss: 20054016,
  heapTotal: 5685248,
  heapUsed: 3571496,
  external: 8772 }
High-Res timer took 1 seconds and 913430 nanoseconds
Node has been running 1.123 seconds
```

9.2 实现子进程

若要使你的 Node.js 应用程序能利用服务器的多个处理器的优势，就需要把工作分包给子进程。Node.js 提供 child_process 模块，它使你可以在其他进程上产生、派生，并执行工作。以下各节讨论在其他进程上执行任务的过程。

请记住，子进程不能直接访问彼此或父进程中的全局内存。因此，你需要设计自己的应用程序以并行运行。

9.2.1 了解 ChildProcess 对象

child_process 模块提供了一个被称为 ChildProcess 的新类，它作为可以从父进程访问的子进程的表示形式。这使你可以从启动子进程的父进程控制、结束，并将消息发送到子进程。

process 模块也是一个 ChildProcess 对象。这意味着，当你从父模块访问 process 时，它是父 ChildProcess 对象；但是当你从子进程访问 process 时，它是 ChildProcess 对象。

本节的目的是使你熟悉 ChildProcess 对象，这样你就可以利用它在后续各节中真正实现多进程的 Node.js 应用程序。达到这一点的最佳途径是了解 ChildProcess 对象的事件、属性和方法。

表 9.4 列出了可以在 ChildProcess 对象上发出的事件。你可以为这些事件实现处理程序来处理子进程终止，或将消息发送回父进程的情况。

表 9.4　可以在 **ChildProcess** 对象上发出的事件

事　件	说　明
message	当 ChildProcess 对象调用 send()方法来发送数据时发出。在这个事件上的监听器实现一个 callback（回调）函数，它随后可以读出发送的数据。例如：child.on('send': function(message){console.log(message)});
error	在工作进程中出现错误时发出。该处理程序接收一个错误对象作为唯一的参数
exit	当工作进程结束时发出。该处理程序接收两个参数，code 和 signal，它们指定退出代码和传入信号来杀掉进程（如果它是被父进程杀掉的）
close	当工作进程的所有 stdio 流都已经终止的时候发出。它与 exit 不同，因为多个进程可以共享相同的 stdio 流
disconnect	当 disconnect()在一个工作进程上被调用时发出

表 9.5 列出了可以在子进程上调用的方法。这些方法允许你终止、断开子进程，或将消息发送到子进程。例如，可以从父进程调用下面的代码将对象发送到子进程：

```
child.send({cmd: 'command data'});
```

表 9.5　可以在 **ChildProcess** 对象上调用的方法

方　法	说　明
kill([signal])	导致操作系统发送一个 kill 信号给子进程。默认的信号是 SIGTERM，但你可以指定另一个信号。可参考表 9.1
send(message, [sendHandle])	将消息发送到句柄。该消息可以是字符串或对象。可选的 sendHandle 参数让你可以把 TCP Server 或 Socket 对象发送到客户端。这允许客户端进程共享相同的端口和地址
disconnect()	关闭父进程与子进程之间的进程间通信（或 IPC）通道，并把父进程和子进程的连接标志都设置为 false

表 9.6 列出了可以在 ChildProcess 对象上访问的属性。

表 9.6　可以在 **ChildProcess** 对象上访问的属性

属　性	说　明
stdin	输入 Writable 流
stdout	标准输出 Readable 流
strerr	用于输出错误的标准输出 Readable 流
pid	进程的 ID
connected	一个布尔值，在 disconnect()被调用后，它被设置为 false。当它是 false 时，你再也不能将消息发送给子进程

9.2.2 使用 **exec()** 在另一个进程上执行一个系统命令

从一个 Node.js 进程中把工作添加到另一个进程的最简单方法是，使用 exec() 函数在一个子 shell 中执行系统命令。exec() 函数几乎可以执行能从控制台提示符下执行的任何东西，如二进制可执行文件、shell 脚本、Python 脚本或批处理文件。

执行时，exec() 函数创建一个系统子 shell，然后在那个 shell 中执行命令字符串，就好像你已经从一个控制台提示符下执行它。这具有能够充分利用控制台 shell 的功能的优势，如在命令行上访问环境变量。

exec() 函数返回一个 ChildProcess 对象，它的语法如下所示：

```
child_process.exec(command, [options], callback)
```

command 参数是一个字符串，它指定了在子 shell 中执行的命令。options 参数是一个对象，它指定执行命令时使用的设置，如在当前工作目录。表 9.7 列出了使用 exec() 命令时可以指定的选项。

callback 参数是接受 error、stdout 和 stderr 这 3 个参数的函数。如果在执行命令时遇到错误，error 参数就传递一个错误对象。stdout 和 stderr 都是包含执行命令的输出的 Buffer 对象。

表 9.7 **exec()** 和 **execFile()** 函数可以设置的选项

选 项	说 明
cwd	指定子进程执行的当前工作目录
env	一个对象，它指定 property:value 作为环境的键/值对
encoding	指定存储命令的输出时输出缓冲区使用的编码
maxBuffer	指定 stdout 和 stderr 输出缓冲区的大小。默认值是 200×1024
timeout	指定父进程在杀掉子进程之前，如果子进程尚未完成，等待的毫秒数。默认值是 0，这意味着没有超时时间
killSignal	指定终止子进程时使用的 kill 信号。默认值是 SIGTERM

清单 9.2 的代码显示了使用 exec() 函数执行一个系统命令的例子。结果如清单 9.2 的输出所示。

清单 9.2 **child_exec.js**：在另一个进程中执行系统命令

```
01 var childProcess = require('child_process');
02 var options = {maxBuffer:100*1024, encoding:'utf8', timeout:5000};
03 var child = childProcess.exec('dir /B', options,
04                                        function (error, stdout, stderr) {
05   if (error) {
06     console.log(error.stack);
```

```
07    console.log('Error Code: '+error.code);
08    console.log('Error Signal: '+error.signal);
09  }
10  console.log('Results: \n' + stdout);
11  if (stderr.length){
12    console.log('Errors: ' + stderr);
13  }
14 });
15 child.on('exit', function (code) {
16   console.log('Completed with code: '+code);
17 });
```

清单 9.2 的输出 child_exec.js：在另一个进程中执行系统命令

```
Completed with code: 0
Results:
chef.js
child_fork.js
child_process_exec.js
child_process_exec_file.js
child_process_spawn.js
cluster_client.js
cluster_server.js
cluster_worker.js
file.txt
process_info.js
```

9.2.3 使用 **execFile()** 在另一个进程上执行一个可执行文件

从一个Node.js进程中把工作添加到另一个进程的另一种简单方法是，使用execFile()函数在另一个进程上执行可执行文件。这与使用 exec()是相似的，不同之处在于 execFile()没有使用子 shell。这使得 execFile()更轻量，但是也意味着要执行的命令必须是一个二进制可执行文件。Linux 的 shell 脚本和 Windows 的批处理文件不能使用 execFile()函数来执行。

execFile()函数返回一个 ChildProcess 对象，它的调用语法如下所示：

```
child_process.execFile(file, args, options, callback)
```

file 参数是一个字符串，它指定要执行的可执行文件的路径。args 参数是一个数组，用于指定传递给可执行文件的命令行参数。options 参数是一个对象，它指定执行命令时使用的设置，比如当前的工作目录。表 9.7 列出了可在 execFile()命令中指定的选项。

callback 参数是接受 error、stdout 和 stderr 这 3 个参数的函数。如果在执行命令时遇到错误，error 参数就传递一个错误对象，stdout 和 stderr 都是包含执行命令的输出的 Buffer 对象。

清单 9.3 显示了使用execFile()函数来执行系统命令[1]。结果如清单 9.3 的输出所示。

清单 9.3 child_process_exec_file.js：在另一个进程中执行一个可执行文件

```
01 var childProcess = require('child_process');
02 var options = {maxBuffer:100*1024, encoding:'utf8', timeout:5000};
03 var child = childProcess.execFile('ping.exe', ['-n', '1', 'google.com'],
04                                   options, function (error, stdout, stderr) {
05   if (error) {
06     console.log(error.stack);
07     console.log('Error Code: '+error.code);
08     console.log('Error Signal: '+error.signal);
09   }
10   console.log('Results: \n' + stdout);
11   if (stderr.length){
12     console.log('Errors: ' + stderr);
13   }
14 });
15 child.on('exit', function (code) {
16   console.log('Child completed with code: '+code);
17 });
```

清单 9.3 的输出 child_process_exec_file.js：在另一个进程中执行一个可执行文件

```
Child completed with code: 0
Results:
Pinging google.com [216.58.195.78] with 32 bytes of data:
Reply from 216.58.195.78: bytes=32 time=47ms TTL=55

Ping statistics for 216.58.195.78:
    Packets: Sent = 1, Received = 1, Lost = 0 (0% loss),
Approximate round trip times in milli-seconds:
    Minimum = 47ms, Maximum = 47ms, Average = 47ms
```

9.2.4 使用 spawn() 在另一个 Node.js 实例中产生一个进程

从一个 Node.js 进程中把工作加入另一个进程中的一种更复杂的方法是产生（spawn）另一个进程，连接它们之间 stdio、stdout 和 stderr 的管道，然后在新的进程中使用 spawn() 函数执行一个文件。这种方法比 exec() 的负担稍重一些，但好处很大。

[1] 应该是可执行文件。——译者注

spawn()和 exec()/execFile()的主要区别是，其产生的进程中的 stdin 可以进行配置，并且 stdout 和 stderr 都是父进程中的 Readable 流。这意味着 exec()和 execFile()必须先执行完成，然后才能读取缓冲区输出。但是，一旦一个 spawn()进程的输出数据已被写入，就可以读取它。

spawn()函数返回一个 ChildProcess 对象，它的语法如下所示：

```
child_process.spawn(command, [args], [options])
```

command 参数是一个字符串，它指定要被执行的命令。args 参数是一个数组，用于指定传递给可执行命令的命令行参数。options 参数是一个对象，它指定执行命令时使用的设置，比如当前的工作目录。表 9.8 列出了 spawn()命令可以指定的选项。

callback 参数是接受 error、stdout 和 stderr 这 3 个参数的函数。如果在执行命令时遇到错误，error 参数就传递一个错误对象，stdout 和 stderr 都由 stdio 选项设置定义，默认情况下它们是 Readable 流对象。

表 9.8　可以在 spawn()函数中设置的 options 参数的属性

属　性	说　明
cwd	表示子进程的当前工作目录
env	一个对象，它指定 property:value 作为环境的键/值对
detached	一个布尔值，如果为 true，则使子进程成为新进程组的组长，即使父进程退出，也让这个进程继续。你还应该使用 child.unref()，使得父进程退出之前不等待子进程
uid	对于 POSIX 进程，指定进程的用户标识
gid	对于 POSIX 进程，指定进程的组标识
stdio	定义子进程 stdio 配置([stdin, stdout, stderr])。默认情况下，Node.js 为[stdin, stdout, stderr]打开文件描述符[0, 1, 2]。此字符串定义每个输入和输出流的配置。例如： ['ipc', 'ipc', 'ipc'] 下列选项可用于此： **'pipe'**——创建子进程和父进程之间的管道。父进程可以使用 ChildProcess.stdio[fd]访问该管道，其中 fd 是文件描述符，用[0, 1, 2]代表[stdin, stdout, stderr] **'ipc'**——父进程和子进程之间创建一个 IPC 通道，使用前面所述的 send()方法来传递消息/文件描述符 **'ignore'**——在子进程中不设置一个文件描述符 **Stream 对象**——指定使用在父进程中定义的 Readable 或 Writeable 流对象。Stream 的基本文件描述符被复制到子进程，因此数据可以在子进程和父进程之间相互流式传输 **文件描述符整数**——指定使用一个文件描述符的整数值 **null，undefined**——使用[stdin, stdout, stderr]值的默认值[0, 1, 2]

清单 9.4 显示了使用 spawn()函数执行一个系统命令。结果如清单 9.4 的输出所示。

清单 9.4 **child_process_spawn_file.js**：在另一个进程中产生命令

```
01 var spawn = require('child_process').spawn;
02 var options = {
03     env: {user:'brad'},
04     detached:false,
05     stdio: ['pipe','pipe','pipe']
06 };
07 var child = spawn('netstat', ['-e']);
08 child.stdout.on('data', function(data) {
09   console.log(data.toString());
10 });
11 child.stderr.on('data', function(data) {
12   console.log(data.toString());
13 });
14 child.on('exit', function(code) {
15   console.log('Child exited with code', code);
16 });
```

清单 9.4 的输出 child_process_spawn_file.js：在另一个进程中产生命令

```
Interface Statistics
                          Received            Sent
Bytes                    893521612       951835252
Unicast packets             780762         5253654
Non-unicast packets          94176           31358

Child exited with code 0
Discards                         0               0
Errors                           0               0
Unknown protocols                0
```

9.2.5 实现子派生

Node.js 还提供一种特殊形式的进程产生方式，被称为派生（fork），其目的是执行在一个单独的处理器上运行的另一个 V8 引擎实例中的 Node.js 模块代码。它的好处是可以并行运行多个服务。不过，这需要时间来运转 V8 的一个新实例，每个实例需要大约 10MB 的内存。因此，你应该把派生的进程设计为存活期更长的，而且你不需要大量的派生进程。请记住，你不能从创建比你系统中的 CPU 数目更多的进程中得到性能收益。

不同于 spawn，在派生时你不能为子进程配置 stdio。相反，它需要你使用在 ChildProcess 对象中的 send()机制在父进程和子进程之间通信。

fork()函数返回一个ChildProcess对象，它的语法如下所示：

```
child_process.fork(modulePath, [args], [options])
```

modulePath参数是一个字符串，它指定会被新的Node.js实例启动的JavaScript文件的路径。args参数是一个数组，它用于指定传递给node命令的命令行参数。options参数为一个对象，它指定执行命令时使用的设置，如当前工作目录。表9.9列出了可以在fork()命令中指定的选项。

callback参数是接受error、stdout和stderr这3个参数的函数。如果在执行命令时遇到错误，error参数就传递一个错误对象，stdout和stderr都是Readable流对象。

表9.9　fork()函数可以设置的options参数的属性

属　性	说　明
cwd	指定子进程的当前工作目录
env	一个对象，它指定property:value作为环境的键/值对
encoding	指定把数据写入输出流时和穿越send()IPC机制时使用的编码
execPath	指定用于创建产生的Node.js进程的可执行文件。这可以让你对Node.js不同进程使用不同的版本。然而，这是不被推荐的，以防进程的功能是不同的
silent	一个布尔值，如果为true，则将导致在派生的进程中的stdout和stderr不与父进程相关联。默认为false

清单9.5和清单9.6显示了派生到在一个单独的进程中运行的另一Node.js实例的例子。清单9.5中的代码使用fork()创建了3个子进程，它们都运行清单9.6中的代码。父进程然后使用ChildProcess对象将命令发送到子进程。清单9.6中的代码实现了process.on('message')回调函数来从父进程接收消息。还实现了process.send()方法把响应发送回父进程，从而实现两者之间的IPC机制。清单9.6的输出显示了这些代码的输出。

清单9.5　child_fork.js：父进程创建3个子进程，并给每一个子进程发送命令，并行执行

```
01 var child_process = require('child_process');
02 var options = {
03     env:{user:'Brad'},
04     encoding:'utf8'
05 };
06 function makeChild(){
07   var child = child_process.fork('chef.js', [], options);
08   child.on('message', function(message) {
09     console.log('Served: ' + message);
10   });
```

```
11   return child;
12 }
13 function sendCommand(child, command){
14   console.log("Requesting: " + command);
15   child.send({cmd:command});
16 }
17 var child1 = makeChild();
18 var child2 = makeChild();
19 var child3 = makeChild();
20 sendCommand(child1, "makeBreakfast");
21 sendCommand(child2, "makeLunch");
22 sendCommand(child3, "makeDinner");
```

清单 9.6 chef.js：一个子进程，负责处理 message 事件和将数据发送回父进程

```
01 process.on('message', function(message, parent) {
02   var meal = {};
03   switch (message.cmd){
04     case 'makeBreakfast':
05       meal = ["ham", "eggs", "toast"];
06       break;
07     case 'makeLunch':
08       meal = ["burger", "fries", "shake"];
09       break;
10     case 'makeDinner':
11       meal = ["soup", "salad", "steak"];
12       break;
13   }
14   process.send(meal);
15 });
```

清单 9.6 的输出 chef.js：一个子进程，负责处理 message 事件和将数据发送回父进程

```
Requesting: makeBreakfast
Requesting: makeLunch
Requesting: makeDinner
Served: soup,salad,steak
Served: ham,eggs,toast
Served: burger,fries,shake
```

9.3 实现进程集群

你可以用 Node.js 做得最酷的东西之一，就是在同一台机器的独立进程中创建并行运行的 Node.js 实例的集群。你可以使用在前面学到的技术，通过派生进程，然后使用

send(message, serverHandle) IPC 机制对 send() 消息进行通信，并传递它们之间的底层的 TCP 服务器句柄来做到这一点。但是，因为这是非常常见的任务，所以 Node.js 提供了 cluster 模块，它可以为你自动完成所有的工作。

9.3.1　使用 cluster 模块

cluster 模块提供了必要的功能来轻松地实现运行在同一台机器不同进程上的 TCP 或 HTTP 服务器集群，但它们仍使用相同的底层套接字，从而在相同的 IP 地址和端口组合上处理请求。cluster 模块是易于实现的，它提供了多个事件、方法和属性，可以用它们来启动和监控 Node.js 服务器集群。

表 9.10 列出了可以由 cluster 模块发出的事件。

表 9.10　可以由 cluster 模块发出的事件

事　件	说　明
fork	当新的工作进程已经被派生时发出。callback 函数接收 Worker 对象作为唯一的参数。例如：function (Worker)
online	当新工作进程发回一条消息，表明它已经启动时发出。callback 函数接收一个 Worker 对象作为唯一的参数。例如：function (Worker)
listening	当工作进程调用 listen() 开始监听共享端口的时候发出。callback 处理程序接收 Worker 对象以及表示工作进程正在监听的端口的 address 对象。例如：function (Worker, address)
disconnect	当 IPC 通道已经被切断时发出，如当服务器调用 worker.disconnect() 的时候。callback 函数接收一个 Worker 对象作为唯一的参数。例如：function (Worker)
exit	在 Worker 对象已断开的时候发出。callback 处理程序接收 Worker、code 和使用的 signal。例如：function (Worker, code, signal)
setup	在 setupMaster() 被首次调用时发出

表 9.11 列出了 cluster 模块的方法和属性，你可以用它们来获取诸如该节点是否是工作节点或主节点之类的信息，以及配置和实现派生进程。

表 9.11　cluster 模块的方法和属性

属　性	说　明
settings	包含 exec、args 和 silent 属性值，用于建立集群
isMaster	如果当前进程是集群的主节点，返回 true；否则，返回 false
isWorker	如果当前进程是集群的工作节点，返回 true；否则，返回 false
setupMaster([settings])	接受一个可选的 settings 对象，它包含 exec、args 和 silent 属性。exec 属性指向工作进程的 JavaScript 文件。args 属性是要传递的参数的数组，而 silent 断开工作线程的 IPC 机制

（续表）

属　性	说　明
disconnect([callback])	断开工作进程的 IPC 机制，并关闭句柄。当断开连接完成时 callback 函数被执行
worker	引用在工作进程的当前 Worker 对象。这不在主进程中定义
workers	包含 Worker 对象，你可以通过标识从主进程引用它们。例如：cluster.workers[workerId]

9.3.2 了解 Worker 对象

当一个工作进程被派生时，一个新的 Worker 对象同时在主进程和工作进程中创建。在工作进程中，Worker 对象用来表示当前的工作进程，并与正在发生的集群事件进行交互。在主进程中，Worker 对象代表子工作进程，使你的主应用程序可以向它们发送信息，接受它们的状态变化的事件，甚至杀掉它们。

表 9.12 列出了 Worker 对象可以发出的事件。

表 9.12 可以由 Worker 对象发出的事件

事　件	说　明
message	在工作进程收到一个新消息时发出。回调函数把 message 作为唯一的参数传递
disconnect	在 IPC 通道已对这个工作进程断开后发出
exit	在这个 Worker 对象已断开时发出
error	在这个工作进程发生错误时发出

表 9.13 列出了 Worker 对象提供的方法和属性，你可以用它们来获取诸如本节点是否是工作进程或主节点的信息，以及配置和实现派生的进程。

表 9.13 Worker 模块的方法和属性

属　性	说　明
id	表示该工作进程的唯一 ID
process	指定该工作进程运行的 ChildProcess 对象
suicide	对这个工作进程调用 kill()或 disconnect()时被设置为 true。你可以使用此标志来确定是否要跳出尝试的循环，并优雅地退出
send(message, [sendHandle])	将消息发送到主进程
kill([signal])	通过断开 IPC 通道杀掉当前工作进程，然后退出。将 suicide 标志设置为 true
disconnect()	在工作进程中调用它时，关闭所有服务器，等待关闭事件，并断开 IPC 通道。当从主节点中调用它时，发送一个内部消息给工作进程，使其断开本身。设置 suicide 标志

9.3.3　实现一个 HTTP 集群

要说明 cluster 模块的价值，最好的办法是通过 Node.js HTTP 服务器的基本实现来展示。清单 9.7 实现了一个基本的 HTTP 服务器集群。第 4～13 行为集群工作进程的 fork、listening 和 exit 事件注册监听器。然后在第 14 行调用 setupMaster()，并指定工作进程可执行的 cluster_worker.js。接下来，第 15～19 行调用 cluster.fork() 创建工作进程。最后，第 20～24 行代码遍历工作进程，并为每一个工作进程注册了一个 on('message') 事件处理程序。

清单 9.8 实现了工作进程 HTTP 服务器。请注意，HTTP 服务器返回响应给客户端，然后也在第 7 行将消息发送到集群主节点。

清单 9.9 实现了一个简单的 HTTP 客户端，它发送一系列请求来测试清单 9.8 中创建的服务器。清单 9.7 和清单 9.8 的输出显示了服务器的输出，而清单 9.9 的输出显示了客户端的输出。请注意，清单 9.9 的输出显示请求是被服务器上的不同进程处理的。

清单 9.7　cluster_server.js：一个主进程，它最多创建 4 个工作进程

```
01 var cluster = require('cluster');
02 var http = require('http');
03 if (cluster.isMaster) {
04   cluster.on('fork', function(worker) {
05     console.log("Worker " + worker.id + " created");
06   });
07   cluster.on('listening', function(worker, address) {
08     console.log("Worker " + worker.id +" is listening on " +
09                 address.address + ":" + address.port);
10   });
11   cluster.on('exit', function(worker, code, signal) {
12     console.log("Worker " + worker.id +" Exited");
13   });
14   cluster.setupMaster({exec:'cluster_worker.js'});
15   var numCPUs = require('os').cpus().length;
16   for (var i = 0; i < numCPUs; i++) {
17     if (i>=4) break;
18     cluster.fork();
19   }
20   Object.keys(cluster.workers).forEach(function(id) {
21     cluster.workers[id].on('message', function(message){
22       console.log(message);
23     });
24   });
25 }
```

清单 9.8 **cluster_worker.js**：一个工作进程，它实现了 HTTP 服务器

```
01 var cluster = require('cluster');
02 var http = require('http');
03 if (cluster.isWorker) {
04   http.Server(function(req, res) {
05     res.writeHead(200);
06     res.end("Process " + process.pid + " says hello");
07     process.send("Process " + process.pid + " handled request");
08   }).listen(8080, function(){
09     console.log("Child Server Running on Process: " + process.pid);
10   });
11 };
```

清单 9.9 **cluster_client.js**：一个 HTTP 客户端，它发送一系列的请求来测试服务器

```
01 var http = require('http');
02 var options = { port: '8080'};
03 function sendRequest(){
04   http.request(options, function(response){
05     var serverData = '';
06     response.on('data', function (chunk) {
07       serverData += chunk;
08     });
09     response.on('end', function () {
10       console.log(serverData);
11     });
12   }).end();
13 }
14 for (var i=0; i<5; i++){
15   console.log("Sending Request");
16   sendRequest();
17 }
```

清单 9.7 和清单 9.8 的输出 cluster_server.js：一个主进程，它最多创建 4 个工作进程

```
Worker 1 created
Worker 2 created
Worker 3 created
Worker 4 created
Child Server Running on Process: 9012
Worker 1 is listening on null:8080
Child Server Running on Process: 1264
Worker 2 is listening on null:8080
Child Server Running on Process: 5488
Worker 4 is listening on null:8080
Child Server Running on Process: 7384
```

```
Worker 3 is listening on null:8080
Process 1264 handled request
Process 7384 handled request
Process 5488 handled request
Process 7384 handled request
Process 5488 handled request
```

清单 9.9 的输出 cluster_client.js：一个 HTTP 客户端，它发送一系列的请求来测试服务器

```
Sending Request
Sending Request
Sending Request
Sending Request
Sending Request
Process 10108 says hello
Process 12584 says hello
Process 13180 says hello
Process 10108 says hello
Process 12584 says hello
```

9.4 小结

要在具有多个处理器的服务器上充分发挥 Node.js 性能，你需要能够将工作分包给其他进程。process 模块可以让你与系统进程进行交互；child_process 模块可以让你在一个单独的进程中实际执行代码；而 cluster 模块允许你创建 HTTP 或 TCP 服务器集群。

child_process 模块提供了 exec()、execFile()、spawn() 和 fork() 函数，它们都在独立的进程上开始工作。ChildProcess 和 Worker 对象提供在父进程和子进程之间进行通信的机制。

9.5 下一章

在下一章中，将介绍一些 Node.js 提供的其他便利模块。例如，os 模块提供了与操作系统进行交互的工具，而 util 模块提供了有用的功能。

第 10 章 使用其他 Node.js 模块

本章介绍一些在 Node.js 中内置的额外功能。os 模块提供了在实现应用程序时可能有用的操作系统方面功能。util 模块提供各种功能，如字符串格式化。dns 模块提供从 Node.js 应用程序执行 DNS 查找和反向查找功能。

以下各节描述这些模块，以及如何在你的 Node.js 应用程序中使用它们。你应该已经很熟悉某些方法了，因为你已经在前面的章节见过它们了。

10.1 使用 os 模块

os 模块提供一套有用的函数来让你获得操作系统（OS）信息。例如，从来自操作系统的流访问数据时，你可以使用 os.endianness()函数来确定操作系统是大端还是小端编码的，以便可以使用正确的读取和写入方法。

表 10.1 列出了 os 模块提供的方法，并介绍了它们的使用方法。

表 10.1　可以在 os 模块中被调用的方法

方　法	说　明
tmpdir()	返回一个指向操作系统默认临时目录的字符串。如果你需要临时存储文件，然后再删除它们，这是非常有用的
endianness()	根据机器的体系结构，对于大端和小端编码，分别返回 BE 或 LE
hostname()	返回机器定义的主机名。在实现需要一个主机名的网络服务时，此功能非常有用
type()	返回字符串形式的操作系统类型
platform()	返回字符串形式的平台名称（例如，win32、linux 或 freeBSD）
arch()	返回平台的体系结构。例如：x86 或 x64
release()	返回操作系统发布版本
uptime()	返回一个以秒为单位的时间戳，表示操作系统已经运行多久
loadavg()	在基于 UNIX 的系统中，返回一个包含了[1，5，15]分钟的系统负载值的数组
totalmem()	返回一个以字节为单位的整数，表示系统内存容量
freemem()	返回一个以字节为单位的整数，表示可用的系统内存

（续表）

方　法	说　明
cpus()	返回描述了 model（型号）、speed（速度）和 times（时间）的对象的数组，此数组包含 CPU 已经花费在 user、nice、sys、dle 和 irq 上的时间量
networkInterfaces()	返回一个对象的数组，它描述绑定到系统中的每个网络接口上的 address（地址）和 family（地址族）
EOL	EOL 包含操作系统相应的行尾字符（例如，\n 或\r\n）。这用在处理字符串数据时，使一个应用程序跨平台兼容

为了帮助你直观地使用 os 模块，清单 10.1 包括了每个 os 模块调用。结果如清单 10.1 的输出所示。

清单 10.1　os_info.js：调用 os 模块的方法

```
01 var os = require('os');
02 console.log("tmpdir :\t" + os.tmpdir());
03 console.log("endianness :\t" + os.endianness());
04 console.log("hostname :\t" + os.hostname());
05 console.log("type :\t\t" + os.type());
06 console.log("platform :\t" + os.platform());
07 console.log("arch :\t\t" + os.arch());
08 console.log("release :\t" + os.release());
09 console.log("uptime :\t" + os.uptime());
10 console.log("loadavg :\t" + os.loadavg());
11 console.log("totalmem :\t" + os.totalmem());
12 console.log("freemem :\t" + os.freemem());
13 console.log("EOL :\t" + os.EOL);
14 console.log("cpus :\t\t" + JSON.stringify(os.cpus()));
15 console.log("networkInterfaces : " +
16             JSON.stringify(os.networkInterfaces()));
```

清单 10.1 的输出　调用 os 模块的方法

```
tmpdir :    C:\Users\CalebTZD\AppData\Local\Temp
endianness :   LE
hostname :     DESKTOP-3I5OR8I
type :         Windows_NT
platform :     win32
arch :         x64
release :      10.0.14393
uptime :       1473719.6450068
loadavg :      0,0,0
totalmem :     12768796672
freemem :      8033443840
EOL :

cpus :
```

10.2 使用 util 模块

util 模块是一个包罗万象的模块。它提供了格式化字符串、将对象转换为字符串、检查对象的类型，并执行对输出流的同步写入，以及一些对象继承的增强。

下面介绍 util 模块中的大部分功能，还解释了如何在 Node.js 应用程序中使用 util 模块。

10.2.1 格式化字符串

在处理字符串数据时，需要能够快速地格式化字符串。Node.js 在 util 模块中提供了一个基本的字符串格式化方法来处理许多字符串格式化的需要。util.format() 函数接受一个格式化字符串作为第一个参数，并返回一个格式化后的字符串。以下是 format() 方法的语法，其中 format 是格式化字符串而 [...] 表示后面的参数：

```
util.format(format, [...])
```

format参数是可以包含零个或多个占位符的字符串。每一个占位符都以一个%字符开始，并最终被相应的参数转换的字符串值取代。第一个格式化占位符表示第二个[1]参数等。以下是受支持的占位符。

- **%s**：指定字符串。
- **%d**：指定一个数值（可以是整数或浮点数）。
- **%i**：指定一个整数。
- **%f**：指定一个浮点数。
- **%j**：指定一个 JSON 可转换为字符串的对象。
- **%**：如果%后保留为空，则不作为占位符。

使用 format() 时请注意以下几点。

- 当参数[2]没有占位符那么多时，多余的占位符都不会被替换。例如：

  ```
  util.format('%s = %s', 'Item1'); // 'Item1':%s'
  ```

- 当有比占位符更多的参数时，多余的参数被转换为字符串，然后用空格分隔符连接起来。例如：

[1] format 是第一个参数。——译者注

[2] 指除 format 外的参数。——译者注

```
util.format('%s = %s', 'Item1', 'Item2', 'Item3'); // 'Item1 = Item2 Item3'
```

- 如果第一个参数不是一个格式字符串，那么 util.format()把每个参数都转换为字符串，用空格分隔符将其连接在一起，然后返回连接后的字符串。例如：

```
util.format(1, 2, 3); // '1 2 3'
```

10.2.2　检查对象类型

确定你从命令取回的一个对象是否是特定的类型通常很有用。要做到这一点，可使用 isinstanceof 运算符，它比较对象的类型并返回 true 或 false。例如：

```
([1,2,3] isinstanceof Array) //true
```

10.2.3　将 JavaScript 对象转换为字符串

通常，尤其是调试的时候，你需要把一个 JavaScript 对象转换为字符串表示。util.inspect()方法允许你检查一个对象，然后返回该对象的字符串表示形式。

下面是 inspect()方法的语法：

```
util.inspect(object, [options])
```

object 参数是要转换为字符串的 JavaScript 对象。options 方法可以让你控制格式化过程的某些方面。options 可以包含以下属性。

- **showHidden**：当设置为 true 时，该对象的不可枚举的属性也被转换成字符串。默认为 false。
- **depth**：当格式化属性也是对象时，限制检查过程遍历的深度。这可以防止无限循环，并防止实例复杂的对象花费大量的 CPU 周期。默认值为 2；如果为空(null)，则它可以无限递归下去。
- **colors**：当设置为 true 时，输出使用 ANSI 颜色代码的样式。默认为 false。
- **customInspect**：当设置为 false 时，被检查的对象定义的任何自定义 inspect()函数都不会被调用。默认为 true。

可以把自己的 inspect()函数附加到一个对象，以控制输出。下面的代码创建一个带有 first 和 last 属性的对象，而 inspect()只输出 name 属性：

```
var obj = { first:'Caleb', last:'Dayley' };
obj.inspect = function(depth) {
  return '{ name: "' + this.first + " " + this.last + '" }';
};
```

```
console.log(util.inspect(obj));
// Outputs: { name: "Caleb Dayley" }
```

10.2.4 从其他对象继承功能

util 模块提供了 util.inherits()方法来允许你创建一个继承另一个对象的 prototype（原型）方法的对象。当你创建一个新的对象时，prototype 方法自动被使用。本书的几个例子已经展示了这一点，例如，实现自己的自定义 Readable 和 Writable 流的时候。

以下是 util.inherits()方法的语法：

```
util.inherits(constructor, superConstructor)
```

原型 constructor 被设定为原型 superConstructor，并在一个新的对象被创建时执行。你可以通过使用 constructor.super_属性从你的自定义对象的构造函数访问 superConstructor。

清单 10.2 说明了使用 inherits()继承 events.EventEmitter 对象构造函数来创建一个 Writable 流。请注意，在第 11 行的对象是 events 的一个实例，EventEmitter。还要注意，在第 12 行的 Writer.super_值是 eventsEmitter。结果如清单 10.2 的输出所示。

清单 10.2 util_inherit.js：使用 inherits()来从 events.EventEmitter 继承原型

```
01 var util = require("util");
02 var events = require("events");
03 function Writer() {
04  events.EventEmitter.call(this);
05 }
06 util.inherits(Writer, events.EventEmitter);
07 Writer.prototype.write = function(data) {
08  this.emit("data", data);
09 };
10 var w = new Writer();
11 console.log(w instanceof events.EventEmitter);
12 console.log(Writer.super_ === events.EventEmitter);
13 w.on("data", function(data) {
14      console.log('Received data: "' + data + '"');
15 });
16 w.write("Some Data!");
```

清单 10.2 的输出 util_inherit.js：使用 inherits()来从 events.EventEmitter 继承原型

```
true
true
Received data: "Some Data!"
```

10.3 使用 dns 模块

如果你的 Node.js 应用程序需要解析 DNS 域名、查找域，或做反向查找，那么 dns 模块非常有用。DNS 查找会联系域名服务器并且请求有关特定域名的记录。反向查找则联系域名服务器并请求与一个 IP 地址相关联的 DNS 名称。dns 模块提供了最可能需要进行的查找功能。表 10.2 列出了这些查找调用及其语法，以及它们的用途。

表 10.2 可以在 dns 模块上调用的方法

方 法	说 明
lookup(domain, [family], callback)	解析域名。family 属性可以是 4、6，或者为 null，其中 4 解析第一个找到的 A（IPv4）记录，6 解析第一个找到的 AAAA（IPv6）记录，null 则是这两者都解析。默认为 null。callback 函数接收一个 error 作为第一个参数，并接收一个 IP 地址的数组作为第二个参数。例如： function (error, addresses)
resolve(domain, [rrtype], callback)	把域名解析成类型由 rrtype 指定的记录数组。rrtype 可以如下所示。 ■ **A**：IPv4 地址（默认） ■ **AAAA**：IPv6 地址 ■ **MX**：邮件交换记录 ■ **TXT**：文字记录 ■ **SRV**：SRV 记录 ■ **PTR**：反向 IP 查找 ■ **NS**：名称服务器记录 ■ **CNAME**：规范名称记录 callback 函数接收一个 error 作为第一个参数，并接收一个 IP 地址的数组作为第二个参数。例如： function (error, addresses)
resolve4(domain, callback)	同 dns.resolve()，但只解析 A 记录
resolve6(domain, callback)	同 dns.resolve()，但只解析 AAAA 记录
resolveMx(domain, callback)	同 dns.resolve()，但只解析 MX 记录

（续表）

方 法	说 明
resolveTxt(domain, callback)	同 dns.resolve()，但只解析 TXT 记录
resolveSrv(domain, callback)	同 dns.resolve()，但只解析 SRV 记录
resolveNs(domain, callback)	同 dns.resolve()，但只解析 NS 记录
resolveCname(domain, callback)	同 dns.resolve()，但只解析 CNAME 记录
reverse(ip, callback)	对 IP 地址进行反向查找。如果发生错误，则 callback 函数接收一个 error 对象；如果查找成功，则接收域的数组。例如： function (error, domains)

清单 10.3 显示了执行查找和反向查找。在第 3 行，resolve4()用于查找 IPv4 地址，然后在第 5～8 行，对那些相同的地址，reverse()被调用，并进行反向查找。结果如清单 10.3 的输出所示。

清单 10.3 dns_lookup.js：对域和 IP 地址执行查找和反向查找

```
01 var dns = require('dns');
02 console.log("Resolving www.google.com . . .");
03 dns.resolve4('www.google.com', function (err, addresses) {
04   console.log('IPv4 addresses: ' + JSON.stringify(addresses, false, ' '));
05   addresses.forEach(function (addr) {
06     dns.reverse(addr, function (err, domains) {
07       console.log('Reverse for ' + addr + ': ' + JSON.stringify(domains));
08     });
09   });
10 });
```

清单 10.3 的输出 dns_lookup.js：对域和 IP 地址执行查找和反向查找

```
Resolving www.google.com . . .
IPv4 addresses: [
 "172.217.6.68"
]
Reverse for 172.217.6.68: ["sfo07s17-in-f4.1e100.net","sfo07s17-in-f68.1e100.net"]
```

10.4 使用 crypto 模块

crypto(加密)模块是有趣的并且玩起来让人很开心。顾名思义,它创建加密信息, 或者换句话说，使用秘密代码创建安全的通信。若要使用 crypto，必须确保将其加载到 Node 项目中。虽然这个模块很酷，但它不是必需的，并且可以构建一个不支持 crypto 的 Node 应用程序。确保加载 crypto 的最简单方法是使用简单的 try catch(err)；例如：

```
let crypto;
try {
  crypto = require('crypto');
} catch (err) {
  console.log('crypto support is disabled!');
}
```

crypto 模块包括几个类，这些类提供了对数据和流进行加密和解密的功能。表 10.3 列出了 crypto 模块提供的所有不同类。

表 10.3 可在 crypto 模块中使用的类

类	说 明
certificate	用于使用 SPKAC（一种证书签名请求机制），且主要用于处理 HTML5 的输出
cipher	用于使用可读和可写的流加密数据，或使用 cipher.update 和 cipher.final 方法
decipher	cipher 的反操作。用于使用可读和可写的流解密数据，或使用 decipher.update 和 deciper.final 方法
diffieHellman	用于为 Diffie-Hellman（一种交换密钥的特定方法）创建密钥交换
eCDH（椭圆曲线 Diffie-Hellman）	用于为 ECDH（与 Diffie-Hellman 相同，但双方使用椭圆曲线公-私密钥对）创建密钥交换
hash	用于使用可读和可写的流创建数据的散列摘要，或使用 hash.update 和 hash.digest
hmac	用于使用可读和可写的流创建数据的 Hmac 摘要，或使用 Hmac.update 和 Hmac.digest
sign	用于生成签名
verify	与 sign 一起串联使用，以验证签名

crypto 模块最常见的用途是使用 Cipher 和 Decipher 类创建加密数据，以便以后存储和解密。例如，对口令加密。最初，口令以文本形式输入，但将其作为文本存储实际上是愚蠢的。相反，口令是使用加密算法（如'aes192'）方法加密的。这样就可以存储加密的数据，如果在不解密的情况下访问它，则只能看到密文，从而保护你的口令免受

窥探。清单 10.4 显示了一个加密和解密口令字符串的示例。结果如清单 10.4 的输出所示。

清单 10.4　encrypt_password：使用 cipher 和 decipher 对数据进行加密和解密

```
var crypto = require('crypto');
var crypMethod = 'aes192';
var secret = 'MySecret';
function encryptPassword(pwd){
  var cipher = crypto.createCipher(crypMethod, secret);
  var cryptedPwd = cipher.update(pwd,'utf8','hex');
  cryptedPwd += cipher.final('hex');
  return cryptedPwd;
}
function decryptPassword(pwd){
  var decipher = crypto.createDecipher(crypMethod, secret);
  var decryptedPwd = decipher.update(pwd,'hex','utf8');
  decryptedPwd += decipher.final('utf8');
  return decryptedPwd;
}
var encryptedPwd = encryptPassword("BadWolf");
console.log("Encrypted Password");
console.log(encryptedPwd);
console.log("\nDecrypted Password");
console.log(decryptPassword(encryptedPwd));
```

清单 10.4 的输出　使用 cipher 和 decipher 对数据进行加密和解密

```
Encrypted Password
0ebc7d846519b955332681c75c834d50

Decrypted Password
BadWolf
```

10.5　其他 Node 模块和对象

本节列出了其他的一些 Node 模块和对象，这将有助于了解以下内容。

- **Global（全局）**：在所有模块中都可用的对象。全局的范围是从 _dirname 开始的任何地方，它为你提供了目录的名称和 Process 对象。
- **V8**：用于公开 API 的模块，专门用于在 Node 二进制文件中内置的 V8 版本。
- **Debugger（调试器）**：用于调试 Node 应用程序的模块。要使用它，只需用 debug 参数启动 Node，就像这样：`$ node debug myscript.js`。

- **Assertion testing（断言测试）**：提供用于测试不变量的断言测试基本集的模块。
- **C/C++ add-ons（C/C++插件）**：允许动态链接利用 C 或 C++编写的共享对象的对象。它们提供了一个在 Node 和 C/C++库中都可以使用的 JavaScript 接口，允许它们作为常规 Node.js 应用程序工作。
- **REPL（读取事件打印循环）**：接受单独的输入行，使用用户定义的函数对它们进行计算，然后输出结果。

10.6　小结

`os` 模块使你可以获取有关系统的信息，包括操作系统的类型和版本、平台体系结构，还能获取编程的帮助信息，如可用内存量、临时文件夹的位置，以及行尾（EOL）字符。`util` 模块是 Node 包罗万象的库，它具有同步输出、字符串格式化和类型检查的方法。`dns` 模块可以从 Node.js 应用程序执行 DNS 查找和反向查找。`crypto` 模块用加密和解密来对私有数据保密。

10.7　下一章

在下一章中，你将跳转到 MongoDB 的世界。你将了解 MongoDB 的基本知识，以及如何在 Node.js 世界中实现 MongoDB。

第 3 部分

学习 MongoDB

第 11 章

了解 NoSQL 和 MongoDB

高性能的数据存储解决方案是大多数大型 Web 应用程序和服务的核心。后端数据存储负责存储一切东西，从用户账户的信息到购物车中的商品，以及博客和评论数据。好的 Web 应用必须精确、高速和可靠地存储和检索数据。因此，你所选择的数据存储机制必须在满足用户需求的程度上执行。

多种不同的数据存储解决方案都可以用于存储和检索 Web 应用程序所需的数据。3 种最常见的方案是，在文件系统的文件中直接存储、关系数据库和 NoSQL 数据库。本书选择的数据存储是 MongoDB，它是一种 NoSQL 数据库。

以下各节描述 MongoDB，并讨论你在决定如何实现数据的结构和配置数据库之前需要回顾的设计思路。本章将介绍你应该问自己哪些问题，并且还将介绍 MongoDB 中内置的机制是如何满足这些问题的答案要求的。

11.1 为什么要采用 NoSQL

NoSQL（Not Only SQL，“不仅是 SQL”）概念由提供缺乏传统 SQL 关系数据库的严格限制模型的存储和检索技术组成。NoSQL 背后的动机主要是简化设计、水平伸缩，以及对数据的可用性进行更精细的控制。

NoSQL 打破了关系数据库的传统结构，并允许开发人员用更紧密地契合了其系统数据流需求的方法实现模型。NoSQL 数据库的实现方式可能永远无法用传统的关系数据库来构造。

有多种不同的 NoSQL 技术，如 HBase 的列结构、Redis 的键/值结构，以及 Neo4j 的图状结构。然而，本书选择 MongoDB 和文档模型，因为它们在为 Web 应用程序和服务实现后端存储方面具有极大的灵活性和可伸缩性。此外，MongoDB 是目前能够得到的最流行并拥有最好的支持的 NoSQL 数据库之一。

11.2 了解 MongoDB

MongoDB 是这样一种 NoSQL 数据库，它基于的文档模型把数据对象作为一个集合中单独的文档来存储。MongoDB 语言的动机是实现提供高性能、高可用性和自动伸缩的数据存储。在即将到来的各章中，你将看到，MongoDB 的安装和实现非常简单。

11.2.1 理解集合

MongoDB 利用集合将数据分组在一起。集合（collection）仅仅是一组具有相同或类似用途的文档。集合的行为类似于传统的 SQL 数据库中的表，但两者之间有一个很大的不同。在 MongoDB 中，集合不执行严格的模式；相反，如果需要的话，在同一个集合中的文档可以具有彼此略微不同的结构。这减少了把在文档中的条目分成若干不同的表的需要，而在 SQL 实现中往往需要这样做。

11.2.2 了解文档

文档（document）是 MongoDB 数据库中单个数据实体的表示。集合由一个或多个相关的对象组成。MongoDB 和 SQL 之间的主要区别是文档与行存在很大的不同。行数据是平坦的，这意味着行中的每个值都有一个列。然而，在 MongoDB 中，文档可以包含嵌入的子文档，从而为应用程序提供更密切的内在数据模型。

事实上，在 MongoDB 中，代表文档的记录被存储为 BSON，这是 JSON 的一个轻量级的二进制形式。此外，MongoDB 的 `field:value`（字段/值）对对应于 JavaScript 的 `property:value`（属性/值）对。这些 `field:value` 对定义了存储在该文档中的值。这意味着，要把 MongoDB 的记录转换回你会在自己的 Node.js 应用程序中使用的 JavaScript 对象，几乎没有必要进行翻译。

例如，MongoDB 的文档可以构造成如下这个样子，带有 `name`、`version`、`languages`、`admin` 和 `paths`（名称、版本、语言、管理和路径）字段：

```
{
  name: "New Project",
  version: 1,
  languages: ["JavaScript", "HTML", "CSS"],
  admin: {name: "Brad", password: "****"},
  paths: {temp: "/tmp", project:"/opt/project", html: "/opt/project/html"}
}
```

请注意，文档结构包含字段/属性，它们是字符串、整数、数组和对象，就像一个 JavaScript 对象的属性。后面的表 11.1 列出了在 BSON 文档中可以为字段值设置的不同数据类型。

字段名不能包含空（null）字符、句点（.）或美元符号（$）。此外，_id 字段名是为对象的 ID 保留的。该_id 字段是系统中的一个唯一的 ID，它由以下几部分组成：

- 一个 4 字节的值，代表从纪元以来过去的秒数。
- 一个 3 字节的机器标识符。
- 一个 2 字节的进程 ID。
- 一个 3 字节的计数器，从一个随机值开始。

在 MongoDB 中，文档的最大大小为 16MB，这可以防止导致 RAM 使用过量或对文件系统产生强烈冲击。虽然你可能永远不会接近这个数字，但在你需要设计包含文件数据的一些复杂的数据类型时，仍请牢记这个最大文件大小。

11.3 MongoDB 的数据类型

BSON 数据格式在以二进制形式存储 JavaScript 对象时，提供了几种不同的类型供使用。这些类型尽可能与 JavaScript 的类型相匹配。了解这些类型是重要的，因为你可以真正地查询 MongoDB，以发现具有某一类型的值的特定属性的对象。例如，你可以在数据库中查找时间戳值是一个 String 对象的文档，或查询时间戳值是 Date 对象的文档。

MongoDB 为每一种数据类型分配了从 1 到 255 的整数 ID 编号，可使用它来按类型查询。表 11.1 显示了 MongoDB 支持的数据类型的列表，以及 MongoDB 用来辨别它们的编号。

表 11.1 MongoDB 的数据类型和相应的 ID 编号

类型	编号
Double	1
String	2
Object	3
Array	4
Binary data	5
Object id	7
Boolean	8
Date	9
Null	10
Regular Expression	11
JavaScript	13

（续表）

类　型	编　号
JavaScript (with scope)	15
32-bit integer	16
Timestamp	17
64-bit integer	18
Decimal128	19
Min Key	-1
Max Key	127

在 MongoDB 中使用不同数据类型时你需要当心的另一件事是它们比较的顺序。当比较不同 BSON 类型的值时，MongoDB 使用下面的比较顺序，从最低到最高排列如下。

1. Min Key（最小键，内部类型）
2. Null（空值）
3. Numbers（数值，32 位整数，64 位整数，双精度浮点数）
4. String（字符串）
5. Object（对象）
6. Array（数组）
7. Binary Data（二进制数据）
8. Object ID（对象 ID）
9. Boolean（布尔值）
10. Date，Timestamp（日期，时间戳）
11. Regular Expression（正则表达式）
12. Max Key（最大键，内部类型）

11.4 规划你的数据模型

在你开始实现 MongoDB 数据库时，需要了解所存储的数据的性质、这些数据将如何被存储，以及如何去访问它。理解这些概念可以让你做出提前判断，并构造数据和应用程序以达到最佳性能。

具体来说，你应该问自己以下问题：

- 应用程序将要使用的基本对象是什么？
- 不同的对象类型之间的关系是什么：一对一、一对多，还是多对多？
- 新的对象被添加到数据库中的频度如何？
- 从数据库中删除对象的频度如何？
- 对象修改的频度如何？
- 对象访问的频度如何？
- 对象将如何进行访问，通过ID、属性值、比较，等等？
- 对象类型的组将如何进行访问，通过普通的ID、共同属性值，等等？

一旦你拥有了这些问题的答案，就可以设计MongoDB中的集合和文档的结构了。以下各节讨论文档、集合和数据库建模的不同方法，你可以在MongoDB中使用它们，以使数据存储和访问最优化。

11.4.1 使用文档引用来规范化数据

数据规范化是组织文档和集合，以减少冗余和依赖的过程。你可以通过确定属性属于子对象的那些对象来规范化数据，并且子对象应存放在另一个集合的一个单独的文档中，而不存放在该对象的文档中。通常情况下，你会对具有一对多或多对多的子对象关系的对象来执行这个过程。

规范化数据的优点在于，数据库大小会变小，因为每个对象的唯一的单个副本将存在于它自己的集合中，而不是重复存储在单个集合的多个对象中。此外，如果你经常修改子对象的信息，那么只需要修改一个实例，而不是在对象的集合中对有该子对象的每个记录都进行修改。

规范化数据的一个主要缺点是，当你查找需要规范化子对象的用户对象时，必须用一个单独的查询来链接子对象。如果你经常访问用户数据，这就可能会导致严重的性能问题。

规范化数据有意义的一个例子是包含拥有最喜欢的商店的用户的系统。每个User（用户）都是一个具有name、phone和favoriteStore（姓名、电话和最喜欢的商店）属性的对象。favoriteStore属性也是包含name、street、city和zip（名称、街道、城市和邮政编码）属性的子对象。

然而，成千上万的用户可能都有相同的最喜欢的商店，所以存在大量的一对多关系。因此，在每个 User 对象中存储 FavoriteStore 对象数据没有任何意义。因为这将导致成千上万的重复。相反，FavoriteStore 对象应该包括能够从用户的 FavoriteStore 文档中引用的 _id 对象属性。然后，应用程序可以使用引用 ID favoriteStore 从 Users 集合链接到 FavoriteStores 集合的 FavoriteStore 文档的数据。

图 11.1 说明了上述 Users 和 FavoriteStores 集合的结构。

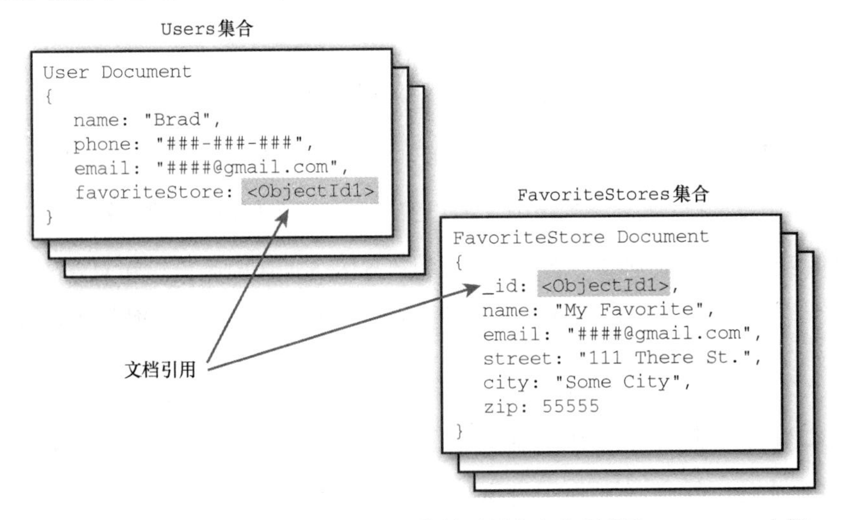

图 11.1　通过添加对另一个集合的文件的引用来定义规范的 MongoDB 文档

11.4.2　使用嵌入式文档反规范化数据

反规范化数据是对应当被直接嵌入某个主对象的文档中的该主对象的子对象进行确定的过程。通常情况下，对大部分是一对一的关系或不会频繁更新的比较小的对象执行这个过程。

反规范化文档的主要好处是，你可以在一个单独的查询中得到完整的对象，而无须进行额外的查找来与其他集合中的子对象相结合。这是一个重大的性能提高。缺点是，对于有一对多关系的子对象，要在每个文档中都存储它的一个独立的副本，这会减慢插入的速度，还占用额外的磁盘空间。

反规范化数据有意义的一个例子是包含用户的家庭和工作联系信息的系统。用户是通过具有 name、home 和 work（姓名、家庭联系信息和工作联系信息）属性的 User 文档来表示的一个对象。而 home 和 work 属性是包含 phone、street、city 和 zip（电话、街道、城市和邮政编码）属性的子对象。

用户的 home 和 work 属性并不经常更改。可能有在同一个家庭的多个用户，但不会有很多；而子对象中的实际值不是真的那么大，也不会非常频繁地改变。因此，在 User 对象中直接存储 home 的联系信息是有意义的。

work 属性需要多一点的思考。有多少拥有同样的工作联系信息的用户呢？如果答案是不多，则 Work 对象应该被嵌入 User 对象中。你是否经常查询 User 对象，并需要 work 联系信息呢？如果答案是很少这样查询，那么你可能要把 work 规范化到其自己的集合。但是，如果答案是经常或总是这样查询，那么你很可能要把 work 嵌入 User 对象中。

图 11.2 显示如上所述嵌入了家庭和工作联系信息的 Users 的结构。

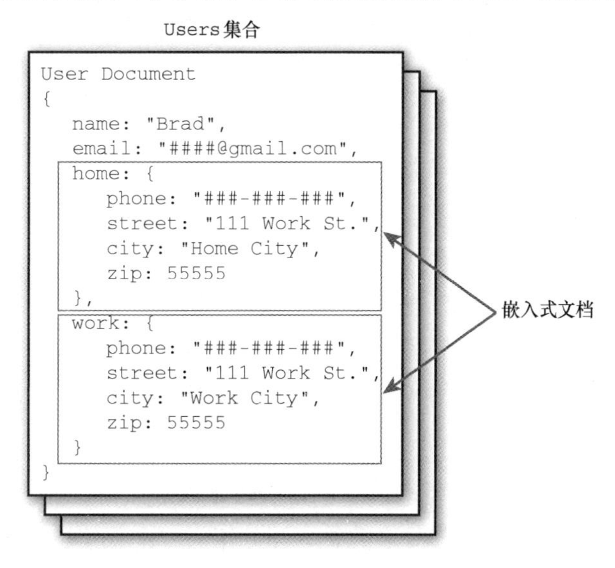

图 11.2　通过实现文档中嵌入式的对象来定义反规范化的 MongoDB 文档

11.4.3　使用封顶集合

MongoDB 的一个很大特点是能够建立一个封顶集合（capped collection），这是具有固定大小的一种集合。当一个超过该集合的大小的新文档需要被写入某集合时，集合中最旧的文档会被删除，并插入新的文档。对于插入、检索和删除率很高的对象，封顶集合的效果很好。

以下是使用封顶集合的好处：

- 封顶集合保证插入顺序被保留。因而查询不需要利用一个索引来按照文档被存储的顺序返回它们，这消除了索引的开销。
- 封顶集合还保证插入顺序与磁盘上的顺序是相同的，这是通过禁止增加文档大小的更新做到的。这消除了重新定位和管理文件的新位置的开销。

- 封顶集合自动移除集合中最陈旧的文档。因此，你不需要在自己的应用程序代码中实现删除。

但你需要小心地使用封顶集合，因为它们具有如下限制：

- 一旦被插入封顶集合，文档就无法更新到更大的尺寸。虽然可以更新，但是，新数据必须与原数据的大小相同或比原数据的大小更小。
- 不能从封顶集合中删除文档。这意味着即使数据不被使用，它也在磁盘上占用空间。虽然你可以显式删除封顶集合来有效地删除所有条目，但你需要重新创建它以便再次使用。

封顶集合的一个出色用途是作为交易系统中的滚动日志。你可以随时访问日志的最后 *X* 个条目，而无须显式地清理最陈旧的条目。

11.4.4 了解原子写操作

在 MongoDB 的文档级别，写操作是原子的；这意味着，同时只有一个进程可以更新单个文档或单个集合。因此，对那些反规范化的文档的写操作是原子的。然而，对规范化文档的写入需要分别对在其他集合的子对象进行写操作，因此，对规范化对象的写操作作为一个整体可能不是原子的。

在设计文档和集合时，你需要牢记原子写操作，以确保自己的设计符合应用的需求。换句话说，如果你绝对必须把一个对象的各个部分作为一个整体以原子的方式写入，就需要用反规范化的方式来设计对象。

11.4.5 考虑文件增长

当你更新文档时，需要考虑新的数据将会对文档的增长有什么样的影响。MongoDB 在文档中提供了一些填充，以便容纳更新操作过程中典型的增长。但是，如果更新导致文件增大到超过磁盘上已分配的空间，MongoDB 就必须把该文件迁移到磁盘上新的位置，从而导致对系统性能的损害。此外，频繁迁移文件可能会导致磁盘碎片的问题。例如，如果一个文件包含一个数组，并且你添加了足够的元素到该数组，就会导致这个问题。

减轻文件增长的一种方法是，对那些经常增长的属性使用规范化的对象。例如，不是使用一个数组来存储在 `Cart`（购物车）对象中的物品，你可以为 `CartItems` 创建一个集合，并把放入 `Cart` 中的新物品存储为 `CartItems` 集合的新文档，并引用在其中的用户 Cart 中的物品。

11.4.6 识别索引、分片和复制的机会

MongoDB 提供了几种机制来优化性能、可伸缩性和可靠性。当你在考虑数据库设计时，应考虑以下每个选项。

- **索引（Indexing）**：索引通过构建可以很容易进行排序的查找索引来改善经常执行的查询的性能。集合的_id 属性会自动建立索引，因为通过 ID 来查找条目是一种常见的做法。但是，你还需要考虑用户还会用什么其他方式来访问数据，而使得实现的索引也将提高这些查询的性能。
- **分片（Sharding）**：分片是对数据的大集合进行切片的过程，这种大集合可以被划分到集群中的多个 MongoDB 服务器。每个 MongoDB 服务器都被认为是一个分片。这提供了利用多台服务器来支持针对一个大系统的大量请求的好处。因此，它提供了对数据库的水平伸缩。应该观察数据的大小和将要访问它的请求的数量，以确定是否对集合分片和分多少片。
- **复制（Replications）**：复制是对在集群中的多个 MongoDB 实例上的数据进行拷贝的过程。在考虑数据库的可靠性方面，应实现复制，以确保关键数据的备份副本始终是随时可用的。

11.4.7 大集合与大量集合的对比

在设计 MongoDB 的文档和集合时，另一件要考虑的重要事情是设计中导致的集合数量。具有大量集合没有重大的性能问题；但具有大量条目的同一个集合，确实会有性能问题。应该考虑如何把大集合分解为更多的可使用的块。

比如，你在一个数据库中存储用户过去购买活动的交易历史记录。你知道，对于这些已完成的购买活动，你将永远不会需要针对多个用户一起查找它们。你只需要使用户能查看他或她自己的历史记录。如果你有成千上万拥有大量交易的用户，那么为每个用户建立一个单独的集合，用来存储用户各自的历史记录，将是有意义的。

11.4.8 决定数据生命周期

数据库设计中最经常被忽视的一个方面是数据的生命周期。特别是，文档应该在一个特定的集合中存在多长时间呢？一些集合具有应该无限期地保存的文档，例如，活动的用户账户。但是，请记住，系统中的每个文档都会导致查询集合时性能的损失。你应该在每

个集合的文档中定义一个 TTL 值，即存活时间（time-to-live）的值。

在 MongoDB 中有几种实现存活时间机制的方式。一种方法是在应用程序中实现代码来监控和清理旧的数据。另一种方法是利用 MongoDB 的集合上的 TTL 设置，它允许你定义一个配置文件，其中规定文档在一定秒数后或在特定时刻被自动删除。若你只需要最新文档的集合，则可以实现一个自动保持集合小规模的封顶集合。

11.4.9　考虑数据的可用性和性能

设计 MongoDB 数据库时，需要考虑的另两件重要的事情是数据的使用，以及它将如何影响性能。在前面的各节描述了不同的方法来解决一些数据大小和优化的复杂性。你应该考虑甚至要重新考虑的最后一件事是数据的可用性和性能。最终这些是任何 Web 解决方案及其背后的存储的两个最重要方面。

数据的可用性是指一个数据库满足网站功能的能力。首先，你必须确保数据可以访问，以便网站可以正常运行。用户将不会容忍一个根本没有做他们想要的工作的网站。这还包括数据的准确性。

其次，你可以考虑性能。数据库必须能够以合理的速度传递数据。请参考本章的前几节来为你的数据库评估和设计性能因素。

在一些比较复杂的情况下，你可能会发现有必要评估数据的可用性，然后是性能，之后再回去评估可用性，经过几个循环，直到你得到正确的平衡。此外，请记住，今天的可用性要求可随时更改。记住这会影响你如何设计文档和集合，使得如果有必要，它们能够在未来变得更具可伸缩性。

11.5　小结

在本章中，你了解了 MongoDB 以及针对数据的构造和数据库配置的设计注意事项。你了解了集合、文档，以及可以在其中存储的数据类型。你还学习了如何规划数据模型，你需要回答什么样的问题，以及 MongoDB 用来满足你的数据库需求的内置机制。

11.6　下一章

在下一章中，你会学习安装 MongoDB。你还将看到如何利用 MongoDB 的 shell 来设置用户账户并访问集合和文档。

第 12 章 MongoDB 入门

本章让你加快速度学习 MongoDB。第 11 章更侧重于 MongoDB 的理论方面，而这一章是关于实际应用的。你将了解如何安装 MongoDB，启动和停止引擎，并访问 MongoDB 的 shell。MongoDB 的 shell 允许你管理 MongoDB 服务器，以及执行数据库上的每一个必要的功能。使用 MongoDB 的 shell 是开发过程以及数据库管理中的一个重要方面。

本章将介绍 MongoDB 的安装和如何访问 shell。本章侧重于一些基本的管理任务，如设置用户账户和身份验证。本章最后还将介绍如何管理数据库、集合和文档的有关知识。

12.1 构建 MongoDB 的环境

要开始使用 MongoDB，第一个任务就是在开发系统上安装它。在开发系统上装好后你就可以使用它的功能，学习 MongoDB 的 shell，并为第 13 章打好基础，在那一章你将开始把 MongoDB 集成到你的 Node.js 应用程序。

下面几节介绍安装、启动和停止数据库引擎及访问 shell 客户端。当你能够做到这些事情时，就可以开始在自己的环境中使用 MongoDB 了。

12.1.1 MongoDB 的安装

在 Node.js 的环境中实现 MongoDB 的第一个步骤是安装 MongoDB 服务器。每个主要平台，包括 Linux、Windows、Solaris 和 OS X 都有相应版本的 MongoDB。在 Red Hat、SuSE、Ubuntu 和亚马逊的 Linux 发行版上还提供了 MongoDB 企业版。MongoDB 的企业版是一款基于订阅的版本，并提供增强的安全性、管理和集成支持。

对于本书，出于学习 MongoDB 的目的，MongoDB 标准版是理想的。在继续前，请访问 http://docs.mongodb.org/manual/installation/，并按照说明下载和在你的环境中安装 MongoDB。

作为安装和设置流程的一部分，你需要遵循的步骤如下。

1. 下载并解压缩 MongoDB 文件。

2. 把 <mongo_install_location>/bin 目录添加到系统路径。

3. 创建数据文件目录<mongo_data_location>/data/db。

4. 在控制台提示符下使用如下命令启动 MongoDB：

```
mongod -dbpath <mongo_data_location>/data/db
```

12.1.2　启动 MongoDB

一旦你已经安装了 MongoDB，就需要能够启动和停止数据库引擎。可以通过执行在 <mongo_install_location>/bin 目录的 mongod 可执行文件（在 Windows 上是 mongod.exe）来启动数据库引擎。此可执行文件启动 MongoDB，并开始在配置端口上监听对数据库的请求。

可以通过设置几个不同的参数控制 mongod 可执行文件的行为。例如，你可以配置 MongoDB 监听的 IP 地址和端口，以及记录日志和验证。表 12.1 提供了一些最常用的参数的列表。

下面是用 port 和 dbpath 参数启动 MongoDB 的一个例子：

```
mongod -port 28008 -dbpath <mongo_data_location>/data/db
```

表 12.1　mongod 的命令行参数

参　　数	说　　明
--help,-h	返回基本帮助和用法文本
--version	返回 MongoDB 的版本
--config<文件名>, -f <文件名>	指定包含运行时配置的配置文件
--verbose,-v	增加发送到控制台，并写入由--logpath 规定的日志文件的内部报告数量
--quiet	减少发送到控制台和日志文件的报告数量
--port<端口>	指定 mongod 来监听客户端的连接的 TCP 端口。默认值是 27017
--bind_ip<IP 地址>	指定 mongod 将绑定和监听连接的 IP 地址。默认值是 All Interfaces（所有接口）
--maxConns<编号>	指定 mongod 接受的并发连接的最大数目。最大值是 20000
--logpath<路径>	指定日志文件的路径。在重新启动时，日志文件会被覆盖掉，除非你还指定--logappend
--auth	对从远程主机连接的用户启用数据库身份验证
--dbpath<路径>	指定 mongod 实例用来存储其数据的目录
--nohttpinterface	禁用 HTTP 接口

（续表）

参　数	说　明
--nojournal	禁用日志
--noprealloc	禁止预分配数据文件，从而缩短启动时间，但可能在正常操作期间造成显著的性能损失
--repair	在所有数据库上运行修复程序

12.1.3 停止 MongoDB

每个平台都有不同的方法来停止已启动的 mongod 可执行文件。不过，最好的方法之一就是从 shell 客户端来停止，因为那会彻底关闭当前的操作并迫使 mongod 退出。

要从 MongoDB 的 shell 客户端停止 MongoDB 数据库，使用以下命令切换到 admin 数据库，然后关闭数据库引擎：

```
use admin
db.shutdownServer()
```

12.1.4 从 shell 客户端访问 MongoDB

一旦你安装、配置和启动了 MongoDB，就可以通过 MongoDB 的 shell 来访问它。MongoDB 的 shell 是随 MongoDB 提供的交互式 shell，它允许你访问、配置和管理 MongoDB 数据库、用户，等等。你可以使用 shell 做一切事情，从用户账户设置到创建数据库，以及查询数据库中的内容。

以下各节将带你亲历一些你将要在 MongoDB 的 shell 执行的最常见的管理任务。特别是，你需要能够创建用户账户、数据库和集合，这样你就可以练习本书中的其余例子。此外，你还应该至少能够对文档进行基本的查询，以助你解决访问数据时遇到的任何问题。

要启动 MongoDB 的 shell，首先确信 mongod 正在运行，然后在控制台提示符下执行 mongo 命令，shell 就应该启动了，如图 12.1 所示。

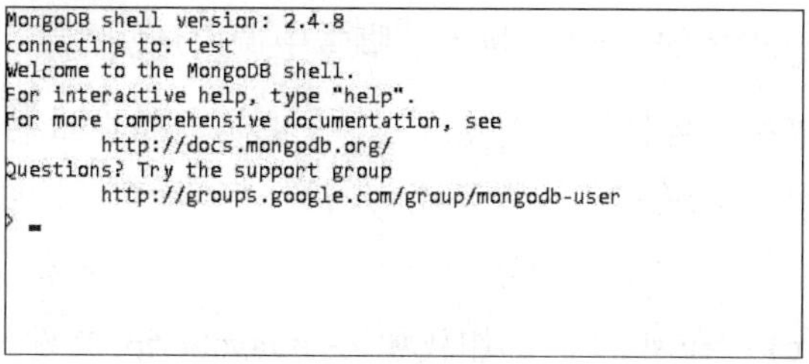

```
MongoDB shell version: 2.4.8
connecting to: test
Welcome to the MongoDB shell.
For interactive help, type "help".
For more comprehensive documentation, see
        http://docs.mongodb.org/
Questions? Try the support group
        http://groups.google.com/group/mongodb-user
> _
```

图 12.1 启动 MongoDB 的 shell

一旦你进入了 MongoDB shell，就可以管理 MongoDB 的各个方面。当你在使用 MongoDB 的 shell 时，请记住两件事。首先，它是基于 JavaScript 的，因此它支持大多数 JavaScript 的语法。其次，shell 提供了对服务器上数据库和集合的直接访问，因此，你在 shell 中做出的更改会直接影响到服务器上的数据。

了解 MongoDB 的 shell 命令

MongoDB 的 shell 提供了一些命令，你可以从 shell 提示符下执行它们。你需要熟悉这些命令，因为你将反复使用它们。如下列表描述了每个命令和它的用途。

- **help <option>**：用于为 MongoDB 的 shell 命令显示语法帮助。option 参数允许指定你想得到帮助的某领域。
- **use <database>**：更改当前 database 句柄。数据库操作在当前数据库句柄上处理。
- **db.help**：显示数据库方法的帮助选项。
- **Show <option>**：根据 option 参数显示清单。option 的值如下。
  - **dbs**：显示数据库清单。
  - **collections**：显示当前数据库的集合清单。
  - **profile**：显示时间超过 1 毫秒的最新 system.profile 条目。
  - **databases**：显示所有可用数据库的清单。
  - **roles**：显示当前数据库所有可用的角色清单（包括内置的和自定义的）。
  - **users**：显示当前数据库所有用户的清单。
- **exit**：退出数据库。

了解 MongoDB 的 shell 的方法

在 MongoDB 中的 shell 还提供了许多用于执行管理功能的方法。可以直接从 MongoDB 的 shell 或者从在 MongoDB 的 shell 中执行的脚本中调用这些方法。

可以用多种方法来执行各种管理功能。其中一些方法将在本书后面具体介绍。现在，你只需要了解 shell 的方法的类型，以及如何访问它们就够了。下面的列表提供了 shell 的方法的几个例子。

- **load(script)**：在 shell 内部加载和运行 JavaScript 文件。要对数据库进行脚本操作，这是一种很好的方式。

- **UUID(string)**：把一个 32 字节的十六进制字符串转换成 BSON 的 UUID。
- **db.auth(username, password)**：在当前数据库，对你进行身份验证。

还有很多不同的 shell 方法。它们中的许多都将在随后的章节介绍。

了解命令的参数和结果

MongoDB 的 shell 是与 MongoDB 的数据结构紧密结合的交互式 JavaScript shell。这意味着许多数据交互，从传递给方法的参数到从方法所返回的数据，都是标准的 MongoDB 文档，这在大多数情况下是 JavaScript 对象。例如，创建用户时，你传递一个类似于下面的文档以定义用户：

```
db.createUser( { user: "testUser",
             roles: [ "read" ],
             otherDBRoles: { testDB2: [ "readWrite" ] } } )
```

而当你在 shell 中列出数据库的用户时，这些用户显示为类似这样的文档的列表：

```
> use admin
switched to db admin
> db.system.users.find()
{ "_id" : ObjectId("529e71927c798d1dd56a63d9"), "user" : "dbadmin", "pwd" :
"78384f4d73368bd2d3a3e1da926dd269", "roles"
: [ "readWriteAnyDatabase", "dbAdminAnyDatabase", "clusterAdmin" ] }
{ "_id" : ObjectId("52a098861db41f82f6e3d489"), "user" : "useradmin", "pwd" :
"0b4568ab22a52a6b494fd54e64fcee9f", "roles
" : [ "userAdminAnyDatabase" ] }
```

使用 shell 编写 MongoDB 脚本

正如你所看到的，命令、方法和 MongoDB shell 的数据结构都是基于交互式 JavaScript 的。管理 MongoDB 的一个很好的方法是创建可以多次运行的脚本，或者可以随时在特定的时间运行的脚本，如在升级时运行的脚本。

脚本文件可以包含任意数量的 MongoDB 命令，使用 JavaScript 语法（如条件语句和循环）。有两种运行 MongoDB shell 脚本的方法。第一种方法是在控制台命令行中，使用`--eval`。该`--eval`参数接受一个 JavaScript 字符串或 JavaScript 文件并启动 MongoDB 的 shell，且立即执行 JavaScript。

例如，下面的命令启动 MongoDB 的 shell 和执行`db.getCollections()`上的测试

数据库。然后，它输出 JSON 字符串结果，如图 12.2 所示。

```
mongo test --eval "printjson(db.getCollectionNames())"
```

> **注意**
> 如果正在使用身份验证(你应该使用)，那么脚本可能需要通过身份验证才能执行命令。

第二种方法是，利用 `load(script_path)` 方法在 MongoDB shell 提示符运行 JavaScript 脚本。此方法加载一个 JavaScript 文件，并立即执行。例如，下面的 shell 命令加载并执行 `db_update.js` 脚本文件：

```
load("/tmp/db_update.js")
```

```
C:\Users\Brad>mongo test --eval "printjson(db.getCollectionNames())"
MongoDB shell version: 2.4.8
connecting to: test
[ "system.indexes", "system.users" ]
```

图 12.2　从 MongoDB 的 shell 命令行执行的 JavaScript 文件

12.2　管理用户账户

一旦使 MongoDB 启动和运行，你会想要做的第一件事就是添加能够访问数据库的用户。MongoDB 提供从 MongoDB 的 shell 添加、删除和配置用户的功能。以下各节讨论使用 MongoDB 的 shell 来管理用户账户。

12.2.1　列出用户

用户账户存储在每个数据库的 `db.system.users` 集合中。`User` 对象包含 `_id`、`user`、`pwd`、`roles` 字段，有时还包括 `otherDBRoles` 字段。有几种方法来获取 `User` 对象的列表。首先是把数据库切换到你想列出其中的用户的数据库，然后执行 `show users` 命令。下面的命令显示切换到 `admin` 数据库并列出用户，如图 12.3 所示：

```
use admin
show users
```

你也可以在 `db.system.users` 集合上使用查询，如 `find`。区别在于，`db.system.users.find()` 返回一个可用于访问 `User` 文档的游标对象。例如，下面的代码获取在 `admin` 数据库的用户的游标，并返回用户的数量：

```
use admin
cur = db.system.users.find()
cur.count()
```

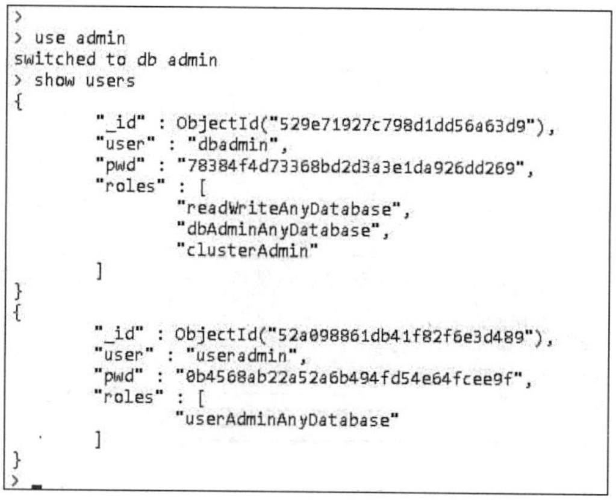

```
>
> use admin
switched to db admin
> show users
{
        "_id" : ObjectId("529e71927c798d1dd56a63d9"),
        "user" : "dbadmin",
        "pwd" : "78384f4d73368bd2d3a3e1da926dd269",
        "roles" : [
                "readWriteAnyDatabase",
                "dbAdminAnyDatabase",
                "clusterAdmin"
        ]
}
{
        "_id" : ObjectId("52a098861db41f82f6e3d489"),
        "user" : "useradmin",
        "pwd" : "0b4568ab22a52a6b494fd54e64fcee9f",
        "roles" : [
                "userAdminAnyDatabase"
        ]
}
> _
```

图 12.3 列出 admin 数据库上的用户

12.2.2 创建用户账户

可以使用 MongoDB 的 shell 创建可管理、读取和写入数据库的用户账户。可以使用 MongoDB 的 shell 内的 createUser()方法添加用户账户。该 createUser()方法接受一个 document 对象，它允许你指定适用于该用户的用户名、角色和密码。表 12.2 列出了可以在此 document 对象中指定的字段。

表 12.2 用 db.createUser()方法创建用户时使用的字段

字　段	格　式	说　明
user	string	指定一个唯一的用户名
roles	array	指定用户角色的数组。MongoDB 中提供了大量你可以分配给用户的角色。表 12.3 列出了一些常见的角色
pwd	Hash 或 string	(可选）指定用户的密码。在创建用户时，这可能是一个散列值或字符串；然而，它以散列值被存储在数据库中

MongoDB 中提供了大量的角色，可以将它们分配给一个用户账户。这些角色使你能够对用户账户执行复杂的权限和限制。表 12.3 列出了一些可被分配给用户的最常见的角色。

表 12.3 可以被分配给用户账户的数据库角色

角　色	说　明
read	允许用户从数据库的任何集合中读取数据
readAnyDatabase	同 read，但针对所有的数据库
readWrite	提供 read 的所有功能，并允许用户写数据库中的任何集合，包括插入、删除和更新文件，以及创建，重命名和删除集合

（续表）

角　色	说　明
readWriteAnyDatabase	同 readWrite，但针对所有的数据库
dbAdmin	允许用户读取和写入数据库，以及清理、修改、压缩、得到统计概要，并进行验证
dbAdminAnyDatabase	同 dbAdmin，但针对所有数据库
clusterAdmin	允许用户对 MongoDB 执行一般的管理，包括连接、集群、复制、列出数据库、创建数据库和删除数据库
userAdmin	允许用户创建和修改数据库的用户账户
userAdminAnyDatabase	同 userAdmin，但包括 local 和 config 数据库

注意

readAnyDatabase、readWriteAnyDatabase、dbAdminAnyDatabase 和 userAdminAnyDatabase 角色只能应用到 admin 数据库的用户中，因为它们必须适用于所有数据库。

要创建一个用户，你应该切换到该数据库，然后使用 createUser() 方法创建用户对象。下面的 MongoDB shell 命令说明创建一个基本的管理员用户到 test 数据库：

```
use test
db.createUser( { user: "testUser",
   pwd: "test",
   roles: [ "readWrite", "dbAdmin" ] } )
```

现在，下面是一个更复杂的例子。下列命令将相同的用户添加到 newDB 数据库，让他只有 read 的权限，并让他有对 testDB2 数据库 readWrite 的权限：

```
use newDB
db.createUser( { user: "testUser",

   roles: [ "read" ],
   otherDBRoles: { testDB2: [ "readWrite" ] } } )
```

12.2.3　删除用户

可以使用 removeUser(<username>) 方法删除 MongoDB 的用户。你需要先切换到该用户所在的数据库。例如，要从 testDB 数据库中删除用户 testUser，可以在 MongoDB 的 shell 中使用下面的命令：

```
use testDB
db.removeUser("testUser")
```

12.3 配置访问控制

在 MongoDB 的 shell 中，你首先要执行的管理任务之一是添加用户配置访问控制。MongoDB 提供在数据库级别上的验证和授权，这意味着用户存在于单个数据库的上下文中。为了实现基本的身份验证，MongoDB 把用户凭据存储在每个数据库中名为 `system.users` 的集合里面。

最初，`admin` 数据库没有分配给它的任何用户。当还没有在 `admin` 数据库中定义用户时，MongoDB 允许在本地主机上的连接有对数据库的完全管理访问。因此，设置新的 MongoDB 实例的第一步是创建用户管理员和数据库管理员账户。用户管理员账户提供在 `admin` 和其他数据库中创建用户账户的功能。你还需要创建一个可以当作超级用户使用的数据库管理员账户，用它来管理数据库、集群、复制和 MongoDB 的其他方面。

> **注意**
> 要在 admin 数据库中创建用户管理员和数据库管理员账户。如果你正在对自己的 MongoDB 数据库使用身份验证，为了管理用户或数据库，你必须以这些用户之一的身份验证到 `admin` 数据库。你还应该为每个数据库创建用于访问目的用户账户，如 12.2 节所述。

12.3.1 创建用户管理员账户

配置访问控制的第一步是实现一个用户管理员账户。用户管理员应只有创建用户的权限，而根本没有管理数据库或其他管理功能。这使数据库管理和用户账户管理完全分离。

可以通过执行以下两条命令，在 MongoDB 的 shell 中创建一个用户管理员账户来访问 `admin` 数据库，然后添加一个具有 `userAdminAnyDatabase` 权限的用户：

```
use admin
db.createUser( { user: "<username>",
   pwd: "<password>",
   roles: [ "userAdminAnyDatabase" ] } )
```

用户管理员账户应该以 `userAdminAnyDatabase` 作为唯一的角色来创建。这为该用户管理员提供了创建新的用户账户的能力，但除此之外不能对数据库执行任何操作。下面的示例创建了一个用户名为 `useradmin`、密码为 `test` 的用户管理员，如图 12.4 所示：

```
use admin
db.createUser( { user: "useradmin",
   pwd: "test",
   roles: [ "userAdminAnyDatabase" ] } )
```

```
> show users
> use admin
switched to db admin
> db.addUser( { user: "useradmin",
...         pwd: "test",
...         roles: [ "userAdminAnyDatabase" ] } )
{
        "user" : "useradmin",
        "pwd" : "0b4568ab22a52a6b494fd54e64fcee9f",
        "roles" : [
                "userAdminAnyDatabase"
        ],
        "_id" : ObjectId("52a0ba533120fa0d0e424dd3")
}
>
> show users
{
        "_id" : ObjectId("52a0ba533120fa0d0e424dd3"),
        "user" : "useradmin",
        "pwd" : "0b4568ab22a52a6b494fd54e64fcee9f",
        "roles" : [
                "userAdminAnyDatabase"
        ]
}
> _
```

图 12.4　创建用户管理员账户

12.3.2　打开身份验证

一旦用户管理员账户已经创建，就要使用--auth 参数重新启动 MongoDB 数据库，如下所示：

```
mongod -dbpath <mongo_data_location>/data/db --auth
```

客户端现在必须使用一个用户名和密码来访问数据库。此外，当你从 shell 访问 MongoDB 时，需要执行下面的命令来验证到 admin 数据库，以便可以为用户添加数据库的权限：

```
use admin
db.auth("useradmin", "test")
```

你也可以用另一种方法来验证到 admin 数据库，即在启动 MongoDB 的 shell 时使用--username 和--password 选项，如下面的例子所示：

```
mongo --username "useradmin " --password "test"
```

12.3.3　创建数据库管理员账户

可以通过在 MongoDB shell 中执行 createUser 方法创建一个数据库管理员账户来访问 admin 数据库。然后添加一个具有 readWriteAnyDatabase、dbAdminAnyDatabase 和 clusterAdmin 权限的用户。这为该用户提供了访问系统中的所有数据库、创建新的数据库，并管理 MongoDB 的集群和副本的能力。下面的示例显示创建一个名为 dbadmin 的数据库管理员：

```
use admin
db.createUser( { user: "dbadmin",
   pwd: "test",
   roles: [ "readWriteAnyDatabase", "dbAdminAnyDatabase", "clusterAdmin" ] } )
```

然后，你可以在 MongoDB 的 shell 中使用该用户来管理数据库。一旦你创建新的管理员账户，就可以利用下面的命令以那个用户的身份来验证：

```
use admin
db.auth("dbadmin", "test")
```

你也可以在启动 MongoDB 的 shell 时使用--username 和--password 选项来作为数据库管理员验证到 admin 数据库，如下面这个例子所示：

```
mongo --username "dbadmin" --password "test"
```

12.4 管理数据库

在 MongoDB 的 shell 中管理数据库，需要使用具有 clusterAdmin 权限的用户账户，如本章前面所述的数据库管理员账户。一旦你创建了一个数据库管理员账户，就可以验证该用户并执行以下各节中所述的任务。

12.4.1 显示数据库清单

通常你可能需要只看到已经创建的数据库的列表，特别是如果你已经创造了大量的数据库，或者你不是管理系统的唯一的人时。要查看系统中的数据库列表，请使用 show dbs 命令，它显示已被创建的数据库清单：

```
show dbs
```

12.4.2 切换当前数据库

使用在 MongoDB 中内置的句柄 db 来执行数据库操作。许多操作仅可以被应用在一个数据库中。因此，要对其他数据库执行操作，你需要将 db 句柄改为指向一个新数据库。

要切换当前数据库，你可以使用 db.getSiblingDB(database) 方法或 use <database>方法。例如，下面的两个方法都把当前数据库句柄切换为 testDB：

```
db = db.getSiblingDB('testDB')
use testDB
```

任何一种方法都是可以接受的，并把 db 的值设置为指定的数据库。然后，你可以使用 db 来管理新的当前数据库。

12.4.3　创建数据库

MongoDB 没有提供在 shell 中显式地创建数据库的一个命令。相反，你可以简单地使用 use <new_database_name>创建一个新的数据库句柄。请记住，除非你把集合添加到新的数据库，否则它实际上并不会被保存。例如，下面的命令创建一个名为 newDB 的新数据库，然后把一个名为 newCollection 的集合添加到它上面：

```
use newDB
db.createCollection("newCollection")
```

为了验证新的数据库存在，你就可以使用 show dbs 命令，如图 12.5 所示。

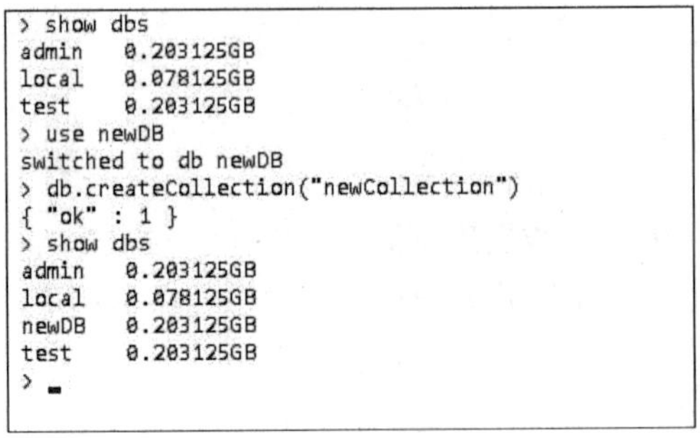

```
> show dbs
admin    0.203125GB
local    0.078125GB
test     0.203125GB
> use newDB
switched to db newDB
> db.createCollection("newCollection")
{ "ok" : 1 }
> show dbs
admin    0.203125GB
local    0.078125GB
newDB    0.203125GB
test     0.203125GB
> _
```

图 12.5　在 MongoDB 的控制台 shell 中创建一个新的数据库

12.4.4　删除数据库

一旦数据库被创建，它就存在于 MongoDB 中，直到管理员删除它为止。删除数据库是一些系统上的常见任务，尤其是当创建的数据库用于容纳临时数据时。有时候，在数据库变得陈旧时删除它们并根据需要简单地创建新数据库，比起试图清理在数据库中的条目更容易。

要从 MongoDB 的 shell 中删除一个数据库，可以使用 dropDatabase()方法。例如，要删除 newDB 数据库，可以使用以下命令切换到 newDB 数据库中，然后将其删除：

```
use newDB
db.dropDatabase()
```

应该注意，dropDatabase()删除当前数据库，但它不会改变当前的数据库句柄。这意味着，如果你删除了一个数据库，然后在不改变当前数据库的情况下使用句柄创建一个集合，则被删除的数据库会被重新创建。

图 12.6 显示了从 MongoDB 中删除 newDB 的一个例子。

```
> show dbs
admin    0.203125GB
local    0.078125GB
newDB    0.203125GB
test     0.203125GB
> use newDB
switched to db newDB
> db.dropDatabase()
{ "dropped" : "newDB", "ok" : 1 }
> show dbs
admin    0.203125GB
local    0.078125GB
test     0.203125GB
> _
```

图 12.6　在 MongoDB 的控制台 shell 中删除数据库

12.4.5　复制数据库

与数据库有关的另一个常见任务是对它们进行复制。复制数据库会创建一个除名称不同外一模一样的数据库。你有几个原因可能要创建数据库的副本，例如，在你执行大量的更改时有一个备份，或作为归档使用。

要创建数据库的副本，可切换到该数据库，然后使用 copyDatabase(origin, destination, [hostname])来创建一个副本。origin 参数是一个字符串，它指定要复制的数据库的名称。destination 参数指定在此 MongoDB 服务器上要创建的数据库的名称。可选的 hostname 参数指定 origin 数据库 MongoDB 服务器的主机名（如果你从不同的主机复制数据库）。例如：

```
db.copyDatabase('customers', 'customers_archive')
```

12.5　管理集合

作为一名数据库管理员，你可能会发现自己在管理一个数据库中的集合。MongoDB 在 MongoDB 的 shell 中提供了在数据库中创建、查看集合，并对其进行操作的功能。下面几节介绍你需要知道的使用 MongoDB 的 shell 列出集合、创建新集合，并访问其中包含的文档的基础知识。

12.5.1　显示数据库中的集合列表

你经常需要查看数据库中包含的集合的名单，例如，为了验证集合存在或者找出你忘记的集合的名称。要查看数据库中收集的名单，你需要切换到该数据库，然后使用 show collections 来获得数据库中包含的集合列表。例如，下列命令列出测试数据库中的集合：

```
use test
show collections
```

12.5.2　创建集合

你必须先在 MongoDB 数据库中创建集合，然后才可以开始存储文档。要创建一个集合，你需要在数据库句柄上调用 `createCollection(name, [options])`。`name` 参数是新集合的名称。可选的 `options` 参数是一个对象，该对象可以具有如表 12.4 列出的属性，它定义了集合的行为。

表 12.4　创建一个集合时可以指定的选项

角　　色	说　　明
capped	一个布尔值；如果它为 true，则表示该集合是一个封顶集合。它不会增长到比 size 属性指定的最大规模更大。默认值为 false
autoIndexID	一个布尔值；如果它为 true，则表明自动为添加到集合的每个文档创建一个 _id 字段并实现该字段上的索引。这对封顶集合应该是 false。默认值为 true
size	以字节为单位的大小，用于 capped（封顶）集合。最旧的文件被删除，以腾出空间给新的文件
max	在 capped（封顶）集合中允许的最大文档数。最旧的文件被删除，以腾出空间给新的文件
validator	允许用户指定集合的验证规则或表达式.
validationLevel	确定 MongoDB 在更新过程中对文档应用验证规则的严格程度
validationAction	确定非法文档的处理方式是出错，还是警告但仍然被插入
indexOptionDefaults	允许用户在创建集合时指定默认索引配置

例如，下面的代码行在 `testDB` 数据库中创建一个名为 `newCollection` 的新集合，如图 12.7 所示：

```
db.createCollection("newCollection")
```

```
> use testDB
switched to db testDB
> show collections
> db.createCollection("newCollection", {capped:false})
{ "ok" : 1 }
> show collections
newCollection
system.indexes
>
```

图 12.7　在 MongoDB 的 shell 中创建一个新的集合

12.5.3　删除集合

有时候，当旧的集合不再需要时，你也想把它们删除。删除旧的集合会释放磁盘空间，并消除任何与集合关联的开销，如索引。

要在 MongoDB 的 shell 中删除集合，你需要切换到正确的数据库，获取集合（collection）对象，然后调用该对象上的 drop() 函数。例如，下面的代码从 testDB 数据库中删除 newCollection 集合，如图 12.8 所示：

```
use testDB
show collections
coll = db.getCollection("newCollection")
coll.drop()
show collections
```

```
> use testDB
switched to db testDB
> show collections
newCollection
system.indexes
> coll = db.getCollection("newCollection")
testDB.newCollection
> coll.drop()
true
> show collections
system.indexes
> _
```

图 12.8 在 MongoDB 的控制台 shell 中删除一个集合

12.5.4 在集合中查找文档

在大多数情况下，你可以使用一个库，如本地的 MongoDB 驱动程序或 Mongoose 访问文档的集合。不过，可能有时候你需要在 MongoDB 的 shell 里面查看文档。

MongoDB的shell使用集合对象上的find(query)方法提供了完整的查询功能来查找集合中的文档。可选的query参数指定包含字段和值的查询文档与集合中的文档匹配。与该查询匹配的文档被从集合中删除[1]。使用不带query参数的find()方法返回集合中的所有文档。

例如，下面的代码行首先查询集合中的每一个条目，然后检索 speed 字段等于 120mph（120 英里每时）的文档。结果如图 12.9 所示。

```
use testDB
coll = db.getCollection("newCollection")
coll.find()
coll.find({speed:"120mph"})
```

[1] 本句原文有误，“删除”应改为“返回”。——译者注

```
> use testDB
switched to db testDB
> coll = db.getCollection("newCollection")
testDB.newCollection
> coll.find()
{ "_id" : ObjectId("52a0c65b3120fa0d0e424dd8"), "vehicle" : "plane", "speed" : "480mph" }
{ "_id" : ObjectId("52a0c65b3120fa0d0e424dd9"), "vehicle" : "car", "speed" : "120mph" }
{ "_id" : ObjectId("52a0c65b3120fa0d0e424dda"), "vehicle" : "train", "speed" : "120mph" }
> coll.find({speed:"120mph"})
{ "_id" : ObjectId("52a0c65b3120fa0d0e424dd9"), "vehicle" : "car", "speed" : "120mph" }
{ "_id" : ObjectId("52a0c65b3120fa0d0e424dda"), "vehicle" : "train", "speed" : "120mph" }
> _
```

图 12.9　在集合中查找文档

12.5.5　将文档添加到集合中

通常情况下，你应当通过 Node.js 应用程序往集合中插入文档。不过，可能有些时候，你需要从管理的角度手动插入文档来预加载数据库、修复数据库，或者用于测试目的。

将文档添加到一个集合，你需要先得到集合对象，然后在该对象上调用 insert(document) 或 save(document) 方法。document 参数是被转换成 BSON 并存储在集合中的格式正确的 JavaScript 对象。例如，下面的命令在一个集合里面创建 3 个新对象，如图 12.10 所示：

```
use testDB
coll = db.getCollection("newCollection")
coll.find()
coll.insert({ vehicle: "plane", speed: "480mph" })
coll.insert({ vehicle: "car", speed: "120mph" })
coll.insert({ vehicle: "train", speed: "120mph" })
coll.find()
```

```
> use testDB
switched to db testDB
> coll = db.getCollection("newCollection")
testDB.newCollection
> coll.find()
> coll.insert({ vehicle: "plane", speed: "480mph" })
> coll.insert({ vehicle: "car", speed: "120mph" })
> coll.insert({ vehicle: "train", speed: "120mph" })
> coll.find()
{ "_id" : ObjectId("52a0d2743120fa0d0e424dde"), "vehicle" : "plane", "speed" : "480mph" }
{ "_id" : ObjectId("52a0d2743120fa0d0e424ddf"), "vehicle" : "car", "speed" : "120mph" }
{ "_id" : ObjectId("52a0d2743120fa0d0e424de0"), "vehicle" : "train", "speed" : "120mph" }
> _
```

图 12.10　在集合中创建文档

12.5.6　从集合中删除文档

通常情况下，也应当通过 Node.js 应用程序从集合中删除文档。不过，可能有些时候，你需要从管理角度手动删除文档来修复数据库或用于测试目的。

要从集合中删除文档，你需要先得到集合对象，然后调用该对象的 remove(query) 方法。可选的 query 参数指定了与集合中文档的字段和值匹配的查询文档。与查询匹配的文档被从集合中删除。使用不带 query 参数的 remove() 方法从集合中删除所有文档。例如，下面的命令首先删除 vehicle 是 plane 的文档，然后将该集合中的所有文档全都删除，如图 12.11 所示：

```
use testDB
coll = db.getCollection("newCollection")
coll.find()
coll.remove({vehicle: "plane"})
coll.find()
coll.remove()
coll.find()
```

```
> use testDB
switched to db testDB
> coll = db.getCollection("newCollection")
testDB.newCollection
> coll.find()
{ "_id" : ObjectId("52a0d2743120fa0d0e424dde"), "vehicle" : "plane", "speed" : "480mph" }
{ "_id" : ObjectId("52a0d2743120fa0d0e424ddf"), "vehicle" : "car", "speed" : "120mph" }
{ "_id" : ObjectId("52a0d2743120fa0d0e424de0"), "vehicle" : "train", "speed" : "120mph" }
> coll.remove({vehicle: "plane"})
> coll.find()
{ "_id" : ObjectId("52a0d2743120fa0d0e424ddf"), "vehicle" : "car", "speed" : "120mph" }
{ "_id" : ObjectId("52a0d2743120fa0d0e424de0"), "vehicle" : "train", "speed" : "120mph" }
> coll.remove()
> coll.find()
>
```

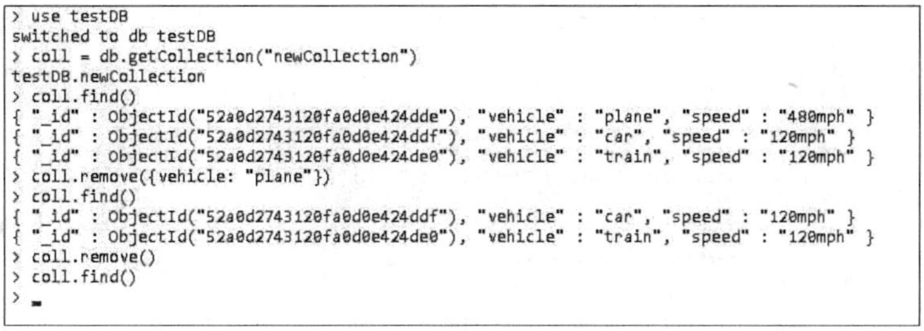

图 12.11 从集合中删除文档

12.5.7 更新集合中的文档

通常情况下，也应当通过 Node.js 应用程序更新集合中的文档。不过，有时候你可能需要从管理角度手动更新文档来修复数据库或用于测试目的。

要更新集合中的文档，你需要先得到该集合。然后就可以使用不同的方法：用 save(object) 方法来保存你对某个对象的更改，也可以使用 update(query, update, options) 方法来查询集合中的文档，然后在它们被找到时更新它们。

当使用 update() 方法时，query 参数指定了字段和值与集合中的文档匹配的一个查询文档。update 参数为一个对象，它指定在做出更新时使用的更新运算符。例如，$inc 递增该字段的值，$set 设置字段的值，$push 将一个条目推送到数组等。例如，下面的更新对象递增一个字段，设置另一个字段，然后重命名第 3 个字段：

```
{ $inc: {count: 1}, $set: {name: "New Name"}, $rename: {"nickname": "alias"} }
```

update() 方法的 options 参数是一个对象，它有两个属性，multi 和 upsert，这两个属性都是布尔值。如果 upsert 是 true，那么若没有找到就创建一个新的文档。如果 multi 是 true，与查询匹配的所有文档都被更新；否则，只有第一个文档被更新。

例如，下面的命令把 speed 设定为 150mph，并添加被称为 updated 的新字段来更新 speed 为 120mph 的文档。此外，save()方法用于将更改保存到 plane 文档：

```
use testDB
coll = db.getCollection("newCollection")
coll.find()
coll.update({ speed: "120mph" },
            { $set: { speed: "150mph" , updated: true } },
            { upsert: false, multi: true })
coll.save({ "_id" : ObjectId("52a0caf33120fa0d0e424ddb"),
            "vehicle" : "plane", "speed" : "500mph" })
coll.find()
```

图 12.12 显示了控制台的输出。

```
> use testDB
switched to db testDB
> coll = db.getCollection("newCollection")
testDB.newCollection
> coll.find()
{ "_id" : ObjectId("52a0caf33120fa0d0e424ddb"), "vehicle" : "plane", "speed" : "470mph" }
{ "_id" : ObjectId("52a0caf33120fa0d0e424ddc"), "vehicle" : "car", "speed" : "120mph" }
{ "_id" : ObjectId("52a0caf33120fa0d0e424ddd"), "vehicle" : "train", "speed" : "120mph" }
> coll.update({ speed: "120mph" },
...             { $set: { speed: "150mph" , updated: true } },
...             { upsert: false, multi: true })
> coll.save({ "_id" : ObjectId("52a0caf33120fa0d0e424ddb"),
...             "vehicle" : "plane", "speed" : "500mph" })
> coll.find()
{ "_id" : ObjectId("52a0caf33120fa0d0e424ddb"), "vehicle" : "plane", "speed" : "500mph" }
{ "_id" : ObjectId("52a0caf33120fa0d0e424ddc"), "speed" : "150mph", "updated" : true, "vehicle" : "car" }
{ "_id" : ObjectId("52a0caf33120fa0d0e424ddd"), "speed" : "150mph", "updated" : true, "vehicle" : "train" }
>
```

图 12.12　从集合更新文档

12.6　小结

从开发的角度看，你与 MongoDB 的大多数交互都是从库文件发出的，如本地的 Node.js MongoDB 驱动程序。然而，在你可以开始在应用程序中实现 MongoDB 前，需要先安装 MongoDB 的服务器并将其配置为可运行。你还应该建立管理账户和数据库账户，然后打开验证，以保证安全性，即使在你的开发环境中也是如此。

本章讨论了 MongoDB 的安装和访问 MongoDB shell 的过程。你学到了如何用 shell 进行交互，以创建用户账户、数据库、集合和文档。

12.7　下一章

在下一章中，你将使用原生的用于 Node.js 的 MongoDB 驱动模块在 Node.js 应用程序中实现 MongoDB。你将学习如何将 mongodb 模块包含在应用程序中，并连接到 MongoDB 执行数据库操作。

第 13 章

MongoDB 和 Node.js 入门

你可以使用多个模块从 Node.js 应用程序访问 MongoDB。MongoDB 团队采纳了 MongoDB Node.js 驱动程序作为标准方法。此驱动程序提供了所有功能，并和 MongoDB 的 shell 客户端可用的本机指令非常相似。

本章着重让你开始从 Node.js 应用程序访问 MongoDB。你会学习如何安装 MongoDB Node.js 驱动程序，并使用它来连接 MongoDB 数据库。还有几节介绍从 Node.js 应用程序创建、访问，并使用数据库和集合的过程。

13.1 把 MongoDB 的驱动程序添加到 Node.js

实现从 Node.js 应用程序访问 MongoDB 的第一步是把 MongoDB 的驱动程序添加到应用程序项目中。MongoDB Node.js 驱动程序是官方支持的 MongoDB 原生 Node.js 驱动程序。它是迄今为止最好的实现，并得到了 MongoDB 的赞助。

本书不可能细致入微地介绍该驱动程序。有关其他信息，我建议你在 http://mongodb.github.io/node-mongodb-native/查阅 MongoDB Node.js 驱动程序文档。此文档的组织合理但有点粗糙。

由于采用了 Node.js 的模块化架构，因此把 MongoDB Node.js 驱动程序添加到一个项目是一个简单的 `npm` 命令。在项目的根目录下，在控制台提示符下执行以下命令：

```
npm install mongodb
```

如果 `node_modules` 目录不存在，就会创建 `node_modules` 目录，而 `mongodb` 驱动模块就安装在它下面。一旦完成这一点，你的 Node.js 应用程序文档就可以使用 `require('mongodb')`命令来访问 `mongodb` 模块的功能。

13.2 从 Node.js 连接到 MongoDB

一旦你已经使用 `npm` 命令安装了 `mongodb` 模块，就可以通过打开到 MongoDB 服务器的连接来开始从 Node.js 应用程序访问 MongoDB。连接作为你用来创建、更新和存取 MongoDB 数据库中数据的接口。

访问 MongoDB 的最佳办法为通过 `mongodb` 模块中的 `MongoClient` 类来访问。这个类提供了两种主要方法来创建到 MongoDB 的连接：一种方法是创建 `MongoClient` 对象的一个实例，然后使用该对象来创建和管理 MongoDB 的连接。另一种方法是使用连接字符串进行连接。这两种方法都能正常工作。

13.2.1　了解写入关注

在连接和更新 MongoDB 服务器上的数据前，你需要决定要在连接上实现什么级别的写入关注。*写入关注*（write concern）说明，在报告写操作成功的时候，MongoDB 连接提供的保证。写入关注的强度决定保证的级别。

强的写入关注告诉 MongoDB 在做出反应之前保持等待，直到一个写入被成功地完整写入磁盘。而较弱的写入关注让 MongoDB 只等到已成功调度某个更改的写入后就做出反应。强的写入关注的缺点是速度慢。它们越强大，MongoDB 等待响应客户端的连接时间就越长，从而写请求会慢。

从 MongoDB 的驱动程序连接的角度看，写入关注可以被设置为在表 13.1 中列出的级别中的一个。在服务器连接上设置此级别，并适用于所有连到该服务器的连接。如果检测到一个写错误，则写入请求的回调（callback）函数将返回一个错误。

表 13.1　MongoDB 连接的写入关注级别

级　别	说　明
`-1`	忽略网络错误
`0`	写确认是不必要的
`1`	请求写确认
`2`	写确认请求跨主服务器和副本集中的一个辅助服务器
`majority`	写确认是从副本集的主服务器请求的

13.2.2　通过 `MongoClient` 对象从 Node.js 连接到 MongoDB

使用 `MongoClient` 对象连接到 MongoDB 涉及创建客户端的一个实例、打开到数据库的连接，以及如果需要，验证到数据库，然后根据需要处理注销和关闭。

要通过 `MongoClient` 对象连接到 MongoDB，首先用如下语法创建 `MongoClient` 对象的一个实例：

```
var client = new MongoClient();
```

创建了 MongoClient 后，你仍然需要利用 connect(url, options, callback) 方法打开一个对 MongoDB 服务器数据库的连接。url 由表 13.2 所列的几个组件构成。这些选项采用下列语法：

```
mongodb://[username:password@]host[:port][/[database][?options]]
```

例如，要连接到主机 MyDBServer 的 8088 端口上名为 MyDB 的 MongoDB 数据库，使用如下 URL：

```
client.connect('mongodb://MyDBServer:8088/MyDB');
```

表 13.2 **MongoClient 连接 url 组件**

选　项	说　明
mongodb://	指定该字符串使用 MongoDB 的连接格式
username	指定验证时使用的用户名。可选
password	指定进行身份验证时使用的密码。可选
host	指定 MongoDB 服务器的主机名或地址。你可以通过指定用逗号分隔的多个 host:port 组合来连接到多个 MongoDB 服务器。例如： mongodb://host1:270017,host2:27017,host3:27017/testDB
port	指定连接到 MongoDB 的服务器时使用的端口。默认值是 27017
database	指定要连接的数据库的名字。默认为 admin
options	指定连接时使用的选项的键/值对。你还可以在 dbOpt 和 serverOpt 参数上指定这些选项

除了连接 url 信息外，还可以提供 options 对象，用来指定 MongoClient 对象如何创建和管理对 MongoDB 的连接。这个 options 对象是 connect()方法的第二个参数。

例如，如下代码显示了一个到 MongoDB 的连接，它的重新连接时间间隔为 500 毫秒，而连接超时时间是 1000 毫秒：

```
client.connect ('mongodb://MyDBServer:8088/MyDB',
                { connectTimeoutMS: 1000,
                  reconnectInterval: 500 },
                  function(err, db){ . . . });
```

表 13.3 列出了定义 MongoClient 对象时，options 对象可设置的最重要的设置项。如果连接失败，callback 方法以 error 为第一个参数被回调；如果连接成功，就以一个 MongoClient 对象为第二个参数被回调。

表 13.3　用来创建 **MongoClient** 连接的数据库连接选项

选　　项	说　　明
readPreference	指定从复制集读取对象时，采取哪种读取偏好。设置读取偏好可优化读取操作。例如，只从备用服务器读取可以释放主服务器。 ■ ReadPreference.PRIMARY ■ ReadPreference.PRIMARY_PREFERRED ■ ReadPreference.SECONDARY ■ ReadPreference.SECONDARY_PREFERRED ■ ReadPreference.NEAREST
ssl	布尔值，如果为 true，则指定连接使用 SSL。mongod 也需要被配置为使用 SSL。如果使用 ssl，还可以指定 sslCA、sslCert、sslKey 和 sslPass 选项来指定 SSL 颁证机构，以及证书、密钥和密码
poolSize	指定用于服务器的连接池中的连接个数。默认是 5，表示最多有 5 个到数据库的连接可被 MongoClient 共享
ReconnectInterval	指定服务器重试之间等待的毫秒数
auto_reconnect	布尔值，如果为 true，则指定遇到错误时客户端是否需要尝试重建此连接
readConcern	设置集合的读取关注
W	指定写入关注的级别。适用值请参阅表 13.1
wTimeOut	指定写入关注结束的超时值
reconnectTries	指定服务器重试连接的次数
nodelay	一个布尔值，指定无延迟套接字
keepAlive	指定套接字的 keepalive 量
connectionTimeOut	指定连接超时之前等待的毫秒数
socketTimeOut	指定套接字发送超时之前等待的毫秒数

回调函数接受一个错误作为第一个参数，并以 Db 对象实例作为第二个参数。如果出现错误，则 Db 对象实例为 null；否则，你可以使用它来访问数据库，因为连接已被建立并通过验证。

而在回调函数中，你可以通过使用传递作为第二个参数的 Db 对象访问 MongoDB 数据库。当你完成连接时，可在 Db 对象上调用 close()来关闭连接。

清单 13.1 显示了使用连接 url 的方法的一个例子。第 4 行指定连接。请注意，回调函数传递一个已验证的 Db 对象，所以不需要验证。

清单 13.1　**db_connect_url.js**：使用连接 **url** 连接到 MongoDB

```
01 var MongoClient = require('mongodb').MongoClient,
02     Server = require('mongodb').Server;
```

```
03 var client = new MongoClient();
04 client.connect('mongodb://dbadmin:test@localhost:27017/testDB',
05                 { poolSize: 5, reconnectInterval: 500 },
06 function(err, db) {
07  if (err){
08    console.log("Connection Failed Via Client Object.");
09  } else {
10    console.log("Connected Via Client Object . . .");
11    db.logout(function(err, result) {
12      if(!err){
13        console.log("Logged out Via Client Object . . .");
14      }
15      db.close();
16         console.log("Connection closed . . .");
17    });
18  }
```

清单 13.1 的输出 db_connect_url.js：使用连接 url 连接到 MongoDB

```
Connected Via Client Object ...
Logged out Via Client Object ...
Connection closed ...
```

你也可以用采用 username 和 password 参数的 db 对象来验证。这允许你不必在 url 中包含全部选项就连接到 MongoDB。在清单 13.2 中的第 4 行显示，我们在 url 中不指定 username、password 和 database，然后在第 10 行连接到 testDB 数据库，之后在第 13 行使用 username 和 password 验证。

清单 13.2 db_connect_object.js：使用 db 对象验证

```
01 var MongoClient = require('mongodb').MongoClient,
02    Server = require('mongodb').Server;
03 var client = new MongoClient();
04 client.connect('mongodb://localhost:27017'),
05          { poolSize: 5, reconnectInterval: 500, },
06 function(err, db) {
07   if (err){
08   console.log("Connection Failed Via Client Object.");
09  } else {
10   var db = db.db("testDB");
11  } if (db){
12     console.log("Connected Via Client Object . . .");
13     db.authenticate("dbadmin", "test", function(err, results){
14       if (err){
15         console.log("Authentication failed . . .");
16         db.close();
17         console.log("Connection closed . . .");
```

```
18          } else {
19            console.log("Authenticated Via Client Object . . .");
20            db.logout(function(err, result) {
21              if(!err){
22                console.log("Logged out Via Client Object . . .");
23              }
24              db.close();
25              console.log("Connection closed . . .");
26            });
27          }
28        });
29      }
30    }
```

清单 13.2 的输出 db_connect_object.js：使用 db 对象验证

```
Connected Via Client Object . . .
Authenticated Via Client Object . . .
Logged out Via Client Object . . .
Connection closed . . .
```

13.3 了解用在 MongoDB Node.js 驱动程序中的对象

MongoDB Node.js 驱动程序使用了大量的结构化对象与数据库进行交互。你已经看到了 MongoClient 对象是如何提供交互来连接到数据库的。其他对象表示与数据库、集合、管理功能和游标互动。

下面讨论这些对象，并提供使用它们来在 Node.js 应用程序中实现数据库功能所需的基础知识。在接下来的几章，你也将获得更多的机会来接触这些对象和方法。

13.3.1 了解 Db 对象

在 MongoDB 驱动程序内部的 Db 对象提供对数据库的访问。它作为数据库的代表，让你执行连接、添加用户、访问集合等任务。你大量使用 Db 对象来获得并保持对你在 MongoDB 中交互的数据库的访问。

如 13.2 节所述，当你连接到数据库时，一个 Db 对象通常被创建。表 13.4 列出了你可以在 Db 对象上调用的方法。

表 13.4 **Db** 对象上的方法

方 法	说 明
open(callback)	连接到数据库。已连接后执行 callback 函数。如果发生错误，则回调函数的第一个参数是错误，而第二个参数是 Db 对象。例如：function(error, db){}
db(dbName)	创建 Db 对象的新实例。连接套接字是与原始对象共享的
close([forceClose], callback)	关闭数据库连接。forceClose 参数是一个布尔值，当设置为 true 时，迫使套接字关闭。数据库被关闭时，回调函数执行，并接受 error 对象和 results 对象：function(error, results){}
admin()	返回 MongoDB 的 Admin 对象的实例。参见表 13.5
collectionInfo([name], callback)	获取指向数据库集合信息的 Cursor 对象。如果指定了 name，那么只有那个集合在游标中返回。回调函数接受 err 和 cursor 参数：function(err, cursor){}
collectionNames(callback)	返回该数据库的集合名称的列表。回调函数接受 err 和 names 参数，这里的 names 是集合名称的数组：function(err, names){}
collection(name, [options], callback)	获取集合的有关信息并创建一个 Collection 对象的实例。options 参数是一个对象，其属性定义了对集合的访问。回调函数接受 err 和 collection 参数： function(err,collection){}
collections(callback)	获取此数据库中所有集合的信息，并为每个集合都创建 Collection 对象的实例。回调函数接受 err 和 collections 的参数，其中 collections 是 Collection 对象的数组：function(err, collections){}
logout(callback)	将用户从数据库中注销。回调函数接受 error 和 results 参数：function(error, results){}
authenticate(username, password, callback)	以一个用户身份验证到数据库。访问数据库时，你可以使用此方法在用户之间进行切换。回调函数接受 error 和 results 参数：function(error, results){}
addUser(username, password, callback)	将用户添加到这个数据库中。目前已验证的用户将需要用户管理权限才能添加用户。回调函数接受 error 和 results 参数：function(error, results){}
removeUser(username, callback)	从数据库中删除用户。回调函数接受 error 和 results 参数：function(error, results){}
createCollection (collectionName, callback)	在数据库中创建一个新的集合。回调函数接受 error 和 results 参数：function(error, results){}
dropCollection (collectionName, callback)	从数据库中删除由 collectionName 指定的集合。回调函数接受 error 和 results 参数：function(error, results){}
renameCollection (oldName, newName, callback)	重命名数据库中的集合。回调函数接受 error 和 results 参数：function(error, results){}
dropDatabase(dbName, callback)	从 MongoDB 中删除这个数据库。回调函数接受 error 和 results 参数：function(error, results){}

13.3.2 了解 **Admin** 对象

可以使用 Admin 对象对 MongoDB 数据库执行某些管理职能。Admin 对象专门代表到 admin 数据库的连接，并提供不包含在 Db 对象中的功能。

可以通过在 Db 对象的一个实例上使用 admin() 方法或把 Db 对象传递到构造函数中创建 Admin 对象。例如，以下两种方法都能正常工作：

```
var adminDb = db.admin()
var adminDb = new Admin(db)
```

表 13.5 列出了可以从 Admin 对象被调用的重要管理方法。这些方法让你能够执行诸如 ping MongoDB 服务器、在 admin 数据库中添加和删除用户、列出数据库等任务。

表 13.5 在 **Admin** 对象上的方法

方 法	说 明
serverStatus(callback)	检索 MongoDB 服务器的状态信息。回调函数接受 error 和 status 参数： function(error, status){}
ping(callback)	ping MongoDB 服务器。这是非常有用的，因为你可以用 Node.js 应用程序来监控到 MongoDB 的服务器连接。回调函数接受 error 和 results 参数：function(error, results){}
listDatabases(callback)	从服务器获取数据库列表。回调函数接受 error 和 results 参数：function(error, results){}
authenticate(username, password, callback)	同表 13.4 中的 Db，但用于 admin 数据库
logout(callback)	同表 13.4 中的 Db，但用于 admin 数据库
addUser(username, password, [options], callback)	同表 13.4 中的 Db，但用于 admin 数据库
removeUser(username, callback)	同表 13.4 中的 Db，但用于 admin 数据库

13.3.3 了解 **Collection** 对象

Collection 对象代表了 MongoDB 的数据库集合。你可以使用 Collection 对象来访问集合中的条目、添加文档、查询文档，等等。

可以通过在 Db 对象的实例上使用 collection()方法或把 Db 对象和集合名称传递给构造函数创建一个 Collection 对象。集合应当在 MongoDB 服务器上预先创建，可以利用 Db 对象上的 createCollection()方法来创建它。例如，下列方法都能正常工作：

```
var collection = db.collection()
var collection = new Collection(db, "myCollection")
```

```
db.createCollection("newCollection", function(err, collection){ }
```

表 13.6 列出了可以从 Collection 对象被调用的基本方法。这些方法允许你添加和修改集合中的文档、查找文档，并删除集合。

表 13.6 **Collection** 对象的基本方法

方 法	说 明
insert(docs, [callback])	将一个或多个文档插入集合。docs 参数是描述文档的对象。在使用写入关注时，你必须包括回调函数。回调函数接受 error 和 results 参数：function(error, results){}
remove([query], [options], [callback])	从集合中删除文档。query 是用于确定要删除的文档的一个参数。如果没有提供 query 参数，则所有的文档都将被删除。如果提供了 query 参数，则与 query 参数匹配的文档将被删除。options 允许你在修改文档时，使用 w、wtimeout、upsert，以及 new 选项来指定写入关注。当使用写入关注时，你必须包括回调函数。回调函数接受 error 和 results 参数：function(error, results){}
rename(newName, callback)	把集合重命名为 newName。回调函数接受 error 和 results 参数：function(error, results){}
save([doc],[options], [callback])	把在 doc 参数中指定的文档保存到数据库。如果你正在临时更改对象，然后需要将其存储，这是有用的，但它的效率不如 update()方法或 findAndModify()方法。options 允许你在修改文档时，使用 w、wtimeout、upsert，以及 new 选项来指定写入关注。当使用写入关注时，你必须包括回调函数。回调函数接受 error 和 results 参数：function(error, results){}
update(query, document, [options], [callback])	用 document 参数中所指定的信息来更新数据库中与 query 对象匹配的文档。options 允许你在修改文档时，使用 w、wtimeout、upsert，以及 new 选项来指定写入关注。当使用写入关注时，你必须包括回调函数。回调函数接受 error 和 results 参数：function(error, results){}
find(query, [options], callback)	创建一个指向一组与查询匹配的文档的 Cursor 对象。options 参数允许你指定在服务器端构建游标时使用的限制、排序等选项。回调函数接受 error 和 cursor 参数：function(error, cursor){}
findOne(query, [options], callback)	同 find()，不同之处是 Cursor 中仅包含找到的第一个文档
findAndModify(query, sort, update, [options], callback)	对与 query 参数匹配的文档进行修改。sort 参数确定哪些对象先被修改。update 参数指定要在文档上进行的更改。options 允许你在修改文档时，使用 w、wtimeout、upsert，以及 new 选项来指定写入关注。回调函数接受 error 和 results 参数：function(error, results){}
findAndRemove(query, sort, [options], callback)	删除与 query 参数匹配的文档。sort 参数确定哪些对象先被修改。options 允许你在删除文档时，使用 w、wtimeout、upsert，以及 new 选项来指定写入关注。回调函数接受 error 和 results 参数：function(error, results){}

（续表）

方　法	说　明
distinct(key, [query], callback)	在集合中为一个特定的文档 key 创建不同的值的列表。如果指定 query 参数，那么只有与 query 匹配的文档被包括在内。回调函数接受 error 和 values 参数，其中 values 是指定 key 的不同的值的数组：function(error, values){}
count([query], callback)	计算集合中文档的数量。如果使用了 query 参数，那么只有与 query 匹配的文档被包括在内。回调函数接受 error 和 count 参数，其中 count 是匹配的文档数量：function(error, count){}
drop(callback)	删除当前集合。回调函数接受 error 和 results 参数：function(error, results){}
stats(callback)	获取集合的统计信息，包括条目数量、在磁盘上的大小，平均对象大小，以及其他更多信息。回调函数接收 error 和 stats 参数：function(error, stats){}

13.3.4　了解 **Cursor** 对象

当你使用 MongoDB Node.js 驱动程序在 MongoDB 中执行某些操作时，结果以 Cursor（游标）对象的形式返回。Cursor 对象作为一个可迭代的可在数据库中访问一组对象的指针。例如，当你使用 find()时，实际的文档不在回调函数中返回，而返回一个 Cursor 对象。然后，你可以使用该 Cursor 对象来读取结果的条目。

因为 Cursor 对象是可以迭代的，所以在内部保持一个当前位置的索引。这样，你就可以一次读取一个条目。请记住，有些操作只影响 Cursor 的当前项目，并递增索引。其他操作则影响从目前索引往前的所有条目。

为了让你从整体上了解 Cursor 对象，表 13.7 列出了你可以在 Cursor 对象上调用的基本方法。这些方法允许你添加和修改集合中的文档、查找文档，以及删除集合。

表 13.7　**Cursor** 对象的基本方法

方　法	说　明
each(callback)	从当前游标索引开始遍历 Cursor 对象的条目并每次都调用回调函数。这可以让你在游标表示的每个条目上执行回调函数。回调函数接受 err 和 item 参数：function(err, item){}
toArray(callaback)	从当前游标索引开始向前遍历 Cursor 对象的条目并返回一个对象数组给回调函数。回调函数接受 err 和 items 参数：function(err, items){}
nextObject(callback)	返回 Cursor 对象的下一个对象给回调函数，并递增索引。回调函数接受 err 和 item 参数：function(err, item){}
rewind()	把 Cursor 对象重置到初始状态。如果你遇到一个错误，则需要重新设置游标并再次开始处理，这是非常有用的

（续表）

方　法	说　明
count(callback)	确定由游标所表示的条目数量。回调函数接受 error 和 count 参数：function(error, count){}
sort(keyOrList, direction, callback)	对 Cursor 对象表示的条目进行排序。keyOrList 参数是一个 String 或一个由字段键组成的 Array（数组），指定要进行排序的字段。direction 参数是一个数字，1 表示升序，而-1 表示降序。回调函数接受 error 作为第一个参数，并接受 sortedCursor 作为第二个参数：function(err, sortedCursor){}
close(callback)	关闭 Cursor 对象，从而释放客户端和 MongoDB 服务器上的内存
isClosed()	如果 Cursor 对象已经关闭，返回 true；否则，返回 false

13.4 访问和操作数据库

MongoDB Node.js 驱动程序的一个很棒的特性是，它提供了从 Node.js 应用程序创建并管理数据库的能力。对于大多数安装，你一次性地设计和实现数据库，然后就不再接触它们。然而，有时候，能够动态地创建和删除数据库，还是非常方便的。

13.4.1 列出数据库

要列出一个系统中的数据库，你要在 Admin 对象上使用 listDatabases()方法。这意味着你首先需要创建一个 Admin 对象的实例。数据库列表在回调函数的第二个参数中返回，并且它是数据库对象的一个简单的数组。

下面的代码显示创建 Admin 对象，然后用它来获得 MongoDB 服务器上数据库的列表的例子：

```
MongoClient.connect("mongodb://localhost/admin", function(err, db) {
  var adminDB = db.admin();
  adminDB.listDatabases(function(err, databases){
    console.log("Before Add Database List: ");
    console.log(databases);
  });
});
```

13.4.2 创建数据库

就像用 MongoDB shell 一样，没有显式地创建数据库的方法。一旦集合或文档被添加到其中，数据库即自动生成。因此，创建一个新的数据库，所有你需要做的是用 MongoClient 连接提供的 Db 对象上的 db()方法来创建一个新的 Db 对象实例。然后调用新的 Db 对象实例上的 createCollection()来创建数据库。

下面的代码显示了连接到服务器后，创建一个名为 newDB 的新数据库的一个例子：

```
var MongoClient = require('mongodb').MongoClient;
MongoClient.connect("mongodb://localhost/", function(err, db) {
  var newDB = db.db("newDB");
  newDB.createCollection("newColleciton", function(err, collection){
    if(!err){
      console.log("New Database and Collection Created");
    }
  });
});
```

13.4.3　删除数据库

要从 MongoDB 删除数据库，你需要得到一个指向该数据库的 Db 对象实例。然后调用该对象上的 dropDatabase()方法。这可能需要一段时间让 MongoDB 完成删除。如果你需要验证该删除已经发生了，则可以使用一个超时时间来等待数据库删除的发生。例如：

```
newDB.dropDatabase(function(err, results){
  <在这里处理数据库的删除>
});
```

13.4.4　创建、列出和删除数据库实例

为了帮助巩固对数据库操作的理解，清单 13.3 说明了创建、列出和删除数据库的全过程。建立一个到 MongoDB 服务器的连接，然后第 4～7 行列出当前数据库。之后，第 8 行和第 9 行调用 createCollection()创建一个新的数据库。在 createCollection()回调处理程序中，再次列出数据库，以验证创建操作是否成功。

第 15～32 行通过 dropDatabase()删除数据库。请注意，在 dropDatabase()回调中，实现了一个 setTimeout()定时器来设置等待一定的秒数后再检查数据库列表以验证数据库删除。

清单 13.3　db_create_list_delete.js：使用 MongoDB Node.js 驱动程序创建、列出和删除数据库

```
01 var MongoClient = require('mongodb').MongoClient;
02 MongoClient.connect("mongodb://localhost/", function(err, db) {
03   var adminDB = db.admin();
04   adminDB.listDatabases(function(err, databases){
05     console.log("Before Add Database List: ");
06     console.log(databases);
```

```
07  });
08  var newDB = db.db("newDB");
09  newDB.createCollection("newColleciton", function(err, collection){
10    if(!err){
11      console.log("New Database and Collection Created");
12      adminDB.listDatabases(function(err, databases){
13        console.log("After Add Database List: ");
14        console.log(databases);
15        db.db("newDB").dropDatabase(function(err, results){
16          if(!err){
17            console.log("Database dropped.");
18            setTimeout(function() {
19              adminDB.listDatabases(function(err, results){
20                var found = false;
21                for(var i = 0; i < results.databases.length; i++) {
22                  if(results.databases[i].name == "newDB") found = true;
23                }
24                if (!found){
25                  console.log("After Delete Database List: ");
26                  console.log(results);
27                }
28                db.close();
29              });
30            }, 15000);
31          }
32        });
33      });
34    }
35  });
36 });
```

清单 13.3 的输出 db_create_list_delete.js：使用 MongoDB Node.js 驱动程序创建、列出和删除数据库

```
New Database and Collection Created
After Add Database List:
{ databases:
   [ { name: 'admin', sizeOnDisk: 155648, empty: false },
     { name: 'astro', sizeOnDisk: 73728, empty: false },
     { name: 'local', sizeOnDisk: 73728, empty: false },
     { name: 'newDB', sizeOnDisk: 8192, empty: false },
     { name: 'testDB', sizeOnDisk: 8192, empty: false },
     { name: 'words', sizeOnDisk: 565248, empty: false } ],
  totalSize: 884736,
```

```
  ok: 1 }
After Delete Database List:
{ databases:
   [ { name: 'admin', sizeOnDisk: 155648, empty: false },
     { name: 'astro', sizeOnDisk: 73728, empty: false },
     { name: 'local', sizeOnDisk: 73728, empty: false },
     { name: 'testDB', sizeOnDisk: 8192, empty: false },
     { name: 'words', sizeOnDisk: 565248, empty: false } ],
  totalSize: 876544,
  ok: 1 }
Database dropped.
```

13.4.5　获取 MongoDB 服务器的状态

Admin 对象的另一大特性是，它具有获取有关 MongoDB 的服务器状态信息的能力。这些信息包括主机名、版本、运行时间、打开的游标，等等。你可以使用此信息来确定 MongoDB 服务器的运行状况和状态，然后调整你的代码来处理有问题的情况。

要显示 MongoDB 服务器的状态，可以使用 Admin 对象的 serverStatus()方法。清单 13.4 说明了如何创建 Admin 对象，然后调用 serverStatus()，并显示了运行结果。

清单 13.4　db_status.js：检索和显示 MongoDB 服务器状态

```
1 var MongoClient = require('mongodb').MongoClient;
2 MongoClient.connect("mongodb://localhost/test", function(err, db) {
3   var adminDB = db.admin();
4   adminDB.serverStatus(function(err, status){
5     console.log(status);
6     db.close();
7   });
8 });
```

清单 13.4 的输出　db_status.js：检索和显示 MongoDB 服务器状态

```
  version: '3.4.2',
  process: 'mongod',
  pid: 2612,
  uptime: 44775,
  uptimeMillis: 44774694,
  uptimeEstimate: 44774,
  localTime: 2017-08-11T19:02:25.086Z,
  asserts: { regular: 0, warning: 0, msg: 0, user: 0, rollovers: 0 },
  connections: { current: 1, available: 999999, totalCreated: 8 },
  extra_info:
```

13.5 访问和操作集合

对于频繁使用的 Node.js 安装，一项常见的任务是集合的动态操控。例如，一些较大的安装给每个大客户一个单独的集合，以便当客户登入或离开时，根据需要添加和删除集合。MongoDB Node.js 驱动程序在 Db 和 Collection 对象上提供了易于使用的方法，让你操控数据库上的集合。

13.5.1 列出集合

要列出在数据库中的集合，需要从一个指向你要使用的数据库的 Db 对象开始。然后调用 Db 对象的 collections() 方法。例如：

```
var newDB = db.db("newDB");
newDB.collections(function(err, collectionList) {} )
```

collections() 方法返回一个包含这些集合的名称的对象数组。例如：

```
[ { name: 'newDB.system.indexes' },
  { name: 'newDB.newCollection',
    options: { create: 'newCollection' } } ]
```

所得到的 collectionList 参数的值是 Collection 对象的一个数组。

13.5.2 创建集合

你已经看到了创建集合的过程。这里只需使用 Db 对象上的 createCollection() 方法。例如：

```
var newDB = db.db("newDB");
newDB.createCollection("newCollection", function(err, collection){ })
```

回调函数的 collection 参数的值是一个 Collection 对象。你接着可以使用此对象来执行操作集合、添加文档等操作。

13.5.3 删除集合

有两种方法来删除集合。第一种方法是在 Db 对象上调用 dropCollection(name)。第二种方法是调用 Collection 对象上的 drop() 方法，这种方法有时更为方便，比如当你遍历 Collection 对象的列表时。

下面是两种方法：

```
var myDB = db.db("myDB ");
myDB.dropCollection("collectionA", function(err, results){ });
```

```
// 或
myDB.collection("collectionB", function(err, collB){
  collB.drop();
});
```

13.5.4　创建、列出和删除集合的示例

为了演示创建、列出和删除集合，清单 13.5 执行了一系列链式回调函数，它们分别列出集合、创建一个新的集合，然后删除它。该代码是非常基本的，易于领会。

清单 13.5　collection_create_list_delete.js：创建、检索和删除 MongoDB 数据库中的集合

```
01 var MongoClient = require('mongodb').MongoClient;
02 MongoClient.connect("mongodb://localhost/", function(err, db) {
03   var newDB = db.db("newDB");
04   newDB.collections(function(err, collectionNames){
05     console.log("Initial collections: ");
06     console.log(collectionNames);
07     newDB.createCollection("newCollection", function(err, collection){
08       newDB.collections(function(err, collectionNames){
09         console.log("Collections after creation: ");
10         console.log(collectionNames);
11         newDB.dropCollection("newCollection", function(err, results){
12           newDB.collections(function(err, collectionNames){
13             console.log("Collections after deletion: ");
14             console.log(collectionNames);
15             db.close();
16           });
17         });
18       });
19     });
20   });
21 });
```

清单 13.5 的输出　collection_create_list_delete.js：创建、检索和删除 MongoDB 数据库中的集合

```
Initial collections:
[]
Collections after creation:
[ Collection {
    s:
     { pkFactory: [Object],
       db: [Object],
       topology: [Object],
       dbName: 'newDB',
       options: [Object],
```

```
        namespace: 'newDB.newCollection',
        readPreference: [Object],
        slaveOk: true,
        serializeFunctions: undefined,
        raw: undefined,
        promoteLongs: undefined,
        promoteValues: undefined,
        promoteBuffers: undefined,
        internalHint: null,
        collectionHint: null,
        name: 'newCollection',
        promiseLibrary: [Function: Promise],
        readConcern: undefined } } ]
Collections after deletion:
[]
```

13.5.5 获取集合信息

Collection 对象的另一个有用的功能就是获取一个特定集合的统计信息的能力。统计信息可以使你了解集合有多大，无论是文档的数量还是在磁盘上的大小。你可能需要补充代码来定期检查你的集合的统计信息，以确定它们是否需要进行清理。

清单 13.6 显示了如何通过调用 Collection 对象的 stats()方法来访问一个集合的统计信息。

清单 13.6 collection_stat.js：检索和显示集合的统计信息

```
01 var MongoClient = require('mongodb').MongoClient;
02 MongoClient.connect("mongodb://localhost/", function(err, db) {
03   var newDB = db.db("newDB");
04   newDB.createCollection("newCollection", function(err, collection){
05     collection.stats(function(err, stats){
06       console.log(stats);
07       db.close();
08     });
09   });
10 });
```

清单 13.6 的输出 collection_stat.js：检索和显示集合的统计信息

```
{ ns: 'newDB.newCollection',
  size: 0,
  count: 0,
  storageSize: 4096,
  capped: false,
```

```
wiredTiger:
 { metadata: { formatVersion: 1 },
   creationString:
   type: 'file',
   uri: 'statistics:table:collection-4-8106062778677821448',
```

13.6 小结

MongoDB Node.js 驱动程序是官方支持的从 Node.js 应用程序访问 MongoDB 的本地方法。它安装简单，并易于集成到 Node.js 应用程序。在本章中，你学到了使用 `MongoClient` 类连接到 MongoDB 数据库的各种方法和选项。你也看到并实践了 `Db`、`Admin`、`Collection` 和 `Cursor` 类的用法。

本章的例子引导你通过 Node.js 应用程序创建、查看，并动态地删除数据库。你也了解到了如何创建、访问和删除集合。

13.7 下一章

在下一章中，你将使用 MongoDB 文档。你将学习把文档插入一个集合，并访问它们的方法。你还将学习如何用几种不同的方法操作和删除文档。

第 14 章 从 Node.js 操作 MongoDB 文档

在第 13 章中，你学会了使用 MongoDB Node.js 驱动程序来管理与操作数据库和集合的基础知识。本章扩展了这些概念，说明如何在集合中操作文档。MongoDB Node.js 驱动程序在 `Collection` 类中提供了很多功能，如第 13 章所述，它允许你往集合插入文档，从集合中访问、修改，并删除文档。

本章各节将描述在集合上执行的基本文档管理任务，包括插入和删除。本章将介绍控制数据库写入请求的行为的选项。还将学习 MongoDB 允许你用来更新文档的更新结构，而不是你可能已经在 SQL 中看到的冗长而复杂的查询字符串。

14.1 了解数据库更改选项

本章将讨论修改 MongoDB 数据库的几种方法。当你更改数据库时，MongoDB Node.js 驱动程序需要知道如何在更改过程中处理连接。因此，每一个更改数据库的方法，都允许你传递可选的 `options` 参数，用来指定表 14.1 定义的某些或所有属性。

表 14.1 数据库更改请求中可以在 `options` 参数中指定的定义行为的选项

选 项	说 明
w	指定数据库连接的写入关注的级别。参阅表 13.1 的可用值
wtimeout	指定等待写入关注完成的时间量，以毫秒为单位。这个值被加到正常的连接超时值中
fsync	一个布尔值，当设置为 true 时，表示写请求在返回前需要等待 fsync 完成
journal	一个布尔值，当设置为 true 时，表示写请求在返回前需要等待 journal（日志）同步完成
serializeFunctions	一个布尔值，当设置为 true 时，表示附加到对象的函数存储在文档中时应进行序列化
forceServerObjectId	一个布尔值，当设置为 true 时，表示由客户端设置的任何对象 ID（id）值在插入过程中将被服务器覆盖
checkKeys	一个布尔值，当设置为 true 时，在插入时，文档的键要在数据库中进行检查。默认值为 true。警告：如果将此设置为 false，可能导致 MongoDB 受到注入攻击
upsert	一个布尔值，当设置为 true 时，表示如果没有与更新请求匹配的文档，则一个新的文档将被创建

（续表）

选　项	说　明
multi	一个布尔值，当设置为 true 时，表示如果有多个文档与更新请求的查询匹配，则所有文档都会被更新。当设置为 false 时，只有找到的第一个文档被更新
new	一个布尔值，当设置为 true 时，表示返回由 findAndModify()方法新修改的对象，而不是返回修改前的版本。默认为 false

14.2 了解数据库更新运算符

在 MongoDB 中执行对象的更新时，需要确切地指定需要改变什么字段，以及需要如何改变。不像 SQL 那样需要创建冗长的查询字符串来定义更新，在 MongoDB 中可以实现 update 对象与运算符来定义究竟如何更改文档中的数据。

可以在 update 对象中包括任意多个需要的运算符。update 对象的格式如下所示：

```
{
  <operator>: {<field_operation>, <field_operation>, . . .},
  <operator>: {<field_operation>, <field_operation>, . . .}
  . . .
}
```

例如，考虑下面的对象：

```
{
  name: "myName",
  countA: 0,
  countB: 0,
  days: ["Monday", "Wednesday"],
  scores: [ {id:"test1", score:94}, {id:"test2", score:85}, {id:"test3", score:97}]
}
```

如果你想把 countA 字段加 5， countB 加 1，把 name 设置为"New Name"，将 Friday 添加到 days 数组并按照 score 字段对 scores 数组排序，则可以使用下面的 update 对象：

```
{
  $inc:{countA:5, countB:1},
  $set:{name:"New Name"},
  $push{days:"Friday"},
  $sort:{score:1}
}
```

更新文档时，可以在 update 对象中使用的运算符如表 14.2 所示。

表 14.2 进行更新操作时可以在 **update** 对象中指定的运算符

运 算 符	说 明
$inc	按指定量递增字段的值。操作格式：field:inc_value
$rename	重命名字段。操作格式：field:new_name
$setOnInsert	设置当在更新操作中创建一个新的文档时，其字段的值。操作格式：field:value
$set	设置现有文档中一个字段的值。操作格式：field:new_value
$unset	从现有的文档删除指定的字段。操作格式：field:""
$	用作占位符，以更新符合一个更新中的查询条件的第一个元素
$addToSet	往现有数组添加元素，仅当它们在该集合中不存在时才插入。操作格式：array_field:new_value
$pop	删除数组的第一个或最后一个条目。如果 pop_value 是-1 时，则第一个元素件被删除。如果 pop_value 为 1 时，则最后一个元素被删除。操作格式：array_field:pop_value
$pullAll	删除数组中的多个值。这些值作为数组传递到字段名。操作格式：array_field:[value1, value2, ...]
$pull	删除与查询语句匹配的数组项。query（查询）语句是带有要匹配的字段名和值的基本查询对象。操作格式：array_field:[<query>]
$push	将条目添加到数组 简单的数组格式：array_field:new_value 对象数组格式：array_field: {field:value}
$each	修改$push 和$addToSet 运算符来追加多个条目用于数组更新。操作格式：array_field:{$each:[value1, ...]}
$slice	修改$push 运算符，以限制更新的数组的大小。操作格式：array_field:{$slice:<num> }
$sort	修改$push运算符来对存储在数组中的文档重新排列 [1]
$bit	对整数值执行按位 AND 和 OR 更新。操作格式：integer_field:{and:<integer>}和 integer_field:{or:<integer> }

14.3 将文档添加到集合

用 MongoDB 的数据库进行交互时的另一个常见任务是往集合中插入文档。要插入一个文档，首先创建一个 JavaScript 对象来表示要存储的文档。因为 MongoDB 使用的 BSON 的格式是基于 JavaScript 符号的，所以你在此创建一个 JavaScript 对象。

一旦你有了新文档的 JavaScript 的版本，就可以在连接到数据库的 Collection 对象的实例上使用 insert()方法，把它存储在 MongoDB 数据库中。insert()方法的语法如下所示：

```
insert(docs, [options], callback)
```

[1] 原文例子应是$slice 的，本译文中已移到上一行。——译者注

docs 参数可以是单个文档对象或文档对象数组。options 参数指定前面在表 14.1 中描述的数据库更改选项。如果你正在 options 中实现写入关注，则 callback 函数是必需的。callback 函数的第一个参数是一个 error，而第二个参数是插入集合中的文档的一个数组。

清单 14.1 显示了插入文档的一个基本例子。第 2～9 行显示一个接受 Collection 对象和要插入的对象的函数。其中 insert() 方法被调用，而得到的被插入的对象的数组（在这个例子中一次一个）被显示在控制台上。第 10～13 行打开到 MongoDB 服务器的连接，清除 nebulae（星云）集合，然后再重新创建它来提供一个干净的名单。之后第 14～19 行对一系列描述星云的 JavaScript 对象调用 addObject()。

清单 14.1 doc_insert.js：把文档插入集合

```
01 var MongoClient = require('mongodb').MongoClient;
02 function addObject(collection, object){
03   collection.insert(object, function(err, result){
04     if(!err){
05       console.log("Inserted : ");
06       console.log(result);
07     }
08   });
09 }
10 MongoClient.connect("mongodb://localhost/", function(err, db) {
11   var myDB = db.db("astro");
12   myDB.dropCollection("nebulae");
13   myDB.createCollection("nebulae", function(err, nebulae){
14     addObject(nebulae, {ngc:"NGC 7293", name:"Helix",
15       type:"planetary",location:"Aquila"});
16     addObject(nebulae, {ngc:"NGC 6543", name:"Cat's Eye",
17       type:"planetary",location:"Draco"});
18     addObject(nebulae, {ngc:"NGC 1952", name: "Crab",
19       type:"supernova",location:"Taurus"});
20   });
21 });
```

清单 14.1 的输出 doc_insert.js：把文档插入集合

```
Inserted :
{ result: { ok: 1, n: 1 },
  ops:
   [ { ngc: 'NGC 7293',
       name: 'Helix',
       type: 'planetary',
       location: 'Aquila',
       _id: 598e04b98e397c0f8464bb99 } ],
```

```
  insertedCount: 1,
  insertedIds: [ 598e04b98e397c0f8464bb99 ] }
Inserted :
{ result: { ok: 1, n: 1 },
  ops:
   [ { ngc: 'NGC 6543',
       name: 'Cat\'s Eye',
       type: 'planetary',
       location: 'Draco',
       _id: 598e04b98e397c0f8464bb9a } ],
  insertedCount: 1,
  insertedIds: [ 598e04b98e397c0f8464bb9a ] }
Inserted :
{ result: { ok: 1, n: 1 },
  ops:
   [ { ngc: 'NGC 1952',
       name: 'Crab',
       type: 'supernova',
       location: 'Taurus',
       _id: 598e04b98e397c0f8464bb9b } ],
  insertedCount: 1,
  insertedIds: [ 598e04b98e397c0f8464bb9b ] }
```

14.4 从集合获取文档

对存储在MongoDB中的数据，要执行的一项常见任务是检索一个或多个文档。例如，考虑商业网站上的产品信息。该信息被存储一次但检索多次。

数据的检索听起来简单，但它也可以变得相当复杂，因为要对结果进行筛选、排序、限制和汇总。事实上，第15章是专门用来介绍复杂的数据检索的。

本节介绍 Collection 对象的 find()方法和 findOne()方法的简单基础知识，以使你更容易理解本章中的代码示例。find()和 findOne()方法的语法如下所示：

```
find(query, [options], callback)
findOne(query, [options], callback)
```

find()和 findOne()这两个方法都接受 query 对象作为第一个参数。query 对象包含了与文档的字段匹配的属性。与 query 匹配的文档包含在列表中。options 参数是一个对象，它指定有关查找文档的其他一切东西，如限制、排序和返回值。

find()和 findOne()的不同之处是 callback 回调函数。find()方法返回一个可在要检索的文档上迭代的 Cursor 对象。而 findOne()方法返回单个对象。

清单 14.2 说明了处理 find()和 findOne()结果的基本用法。第 5～10 行代码实现了 find()方法。请注意，结果是一个 Cursor 对象。要显示结果，调用 toArray()方法遍历 Cursor 对象，并建立对象的基本 JavaScript 数组。这可以让你像对一组正常的 JavaScript 对象那样处理文档。

第 11～18 行也使用 find()方法，但用 each()方法来逐个文档地遍历 Cursor 对象。对于每次迭代，单个文档从 MongoDB 中被检索出来并作为 callback 函数的第二个参数被传递。

第 19～22 行实现了 findOne()方法。请注意在 type 字段上的简单查询。callback 函数接收对象，并将其输出到屏幕上。

清单 14.2 doc_find.js：在 MongoDB 集合中查找文档

```
01 var MongoClient = require('mongodb').MongoClient;
02 MongoClient.connect("mongodb://localhost/", function(err, db) {
03  var myDB = db.db("astro");
04  myDB.collection("nebulae", function(err, nebulae){
05    nebulae.find(function(err, items){
06      items.toArray(function(err, itemArr){
07        console.log("Document Array: ");
08        console.log(itemArr);
09      });
10    });
11    nebulae.find(function(err, items){
12      items.each(function(err, item){
13        if(item){
14          console.log("Singular Document: ");
15          console.log(item);
16        }
17      });
18    });
19    nebulae.findOne({type:'planetary'}, function(err, item){
20      console.log("Found One: ");
21      console.log(item);
22    });
23  });
24 });
```

清单 14.2 的输出 doc_find.js：在 MongoDB 集合中查找文档

```
Document Array:
[ { _id: 598e04b98e397c0f8464bb99,
    ngc: 'NGC 7293',
    name: 'Helix',
```

```
    type: 'planetary',
    location: 'Aquila' },
  { _id: 598e04b98e397c0f8464bb9b,
    ngc: 'NGC 1952',
    name: 'Crab',
    type: 'supernova',
    location: 'Taurus' },
  { _id: 598e04b98e397c0f8464bb9a,
    ngc: 'NGC 6543',
    name: 'Cat\'s Eye',
    type: 'planetary',
    location: 'Draco' } ]
Singular Document:
{ _id: 598e04b98e397c0f8464bb99,
  ngc: 'NGC 7293',
  name: 'Helix',
  type: 'planetary',
  location: 'Aquila' }
Singular Document:
{ _id: 598e04b98e397c0f8464bb9b,
  ngc: 'NGC 1952',
  name: 'Crab',
  type: 'supernova',
  location: 'Taurus' }
Singular Document:
{ _id: 598e04b98e397c0f8464bb9a,
  ngc: 'NGC 6543',
  name: 'Cat\'s Eye',
  type: 'planetary',
  location: 'Draco' }
Found One:
{ _id: 598e04b98e397c0f8464bb99,
  ngc: 'NGC 7293',
  name: 'Helix',
  type: 'planetary',
  location: 'Aquila' }
```

14.5 更新集合中的文档

一旦对象被插入集合，随着数据的变化，经常需要不时地更新它们。MongoDB Node.js 驱动程序提供更新文档的几种方法。最常用的是 update() 方法，它是用途广泛的，但容易实现。update() 方法的语法如下所示：

```
update(query, update, [options], [callback])
```

query 参数是一个文档，它用来识别你想要更改的文档。该请求将 query 的属性和值与对象的字段和值相匹配，只有那些与查询匹配的对象才被更新。update 参数是一个对象，它指定对与查询匹配的文档所做的修改。表 14.2 列出了可以使用的运算符。

options 参数指定在表 14.1 中描述的数据库更改选项。如果你正在 options（选项）中实现写入关注，则 callback 函数是必需的。callback 函数的第一个参数是一个 error，而第二个参数是插入集合中的文档的一个数组。

当你用 update () 调用更新多个文档时，可以在 query（查询）中使用$isolate:1 来隔离写入，以防止对文档进行其他写入。这并不能提供一个全有或全无的原子写，而只是禁止其他写进程，使之不能更新你正在写入的同一个对象。例如：

```
update({type:"Planetary", $isolated:1}, {updated:true}, {multi:true})
```

清单 14.3 显示了使用 update() 方法来更新多个对象。第 9～19 行实现了 update() 方法和回调来把 planetary（行星）类型变为 Planetary，并添加一个名为 updated 的新字段。注意，$set 运算符是用来设定值的。还要注意，upsert 是 false，这样新的文档将不会被创建；multi 是 true，将使得多个文档得到更新；w 是 1，这样，请求将在返回之前等待写入操作。

清单 14.3 doc_update.js：更新数据库中的多个文档

```
01 var MongoClient = require('mongodb').MongoClient;
02 MongoClient.connect("mongodb://localhost/", function(err, db) {
03   var myDB = db.db("astro");
04   myDB.collection("nebulae", function(err, nebulae){
05     nebulae.find({type:"planetary"}, function(err, items){
06       items.toArray(function(err, itemArr){
07         console.log("Before Update: ");
08         console.log(itemArr);
09         nebulae.update({type:"planetary", $isolated:1},
10                        {$set:{type:"Planetary", updated:true}},
11                        {upsert:false, multi:true, w:1},
12                        function(err, results){
13           nebulae.find({type:"Planetary"}, function(err, items){
14             items.toArray(function(err, itemArr){
15               console.log("After Update: ");
16               console.log(itemArr);
17               db.close();
18             });
19           });
20         });
21       });
22     });
23   });
24 });
```

清单 14.3 的输出 doc_update.js：更新数据库中的多个文档

```
Before Update:
[ { _id: 598e04b98e397c0f8464bb99,
    ngc: 'NGC 7293',
    name: 'Helix',
    type: 'planetary',
    location: 'Aquila' },
  { _id: 598e04b98e397c0f8464bb9a,
    ngc: 'NGC 6543',
    name: 'Cat\'s Eye',
    type: 'planetary',
    location: 'Draco' } ]
After Update:
[ { _id: 598e04b98e397c0f8464bb99,
    ngc: 'NGC 7293',
    name: 'Helix',
    type: 'Planetary',
    location: 'Aquila',
    updated: true },
  { _id: 598e04b98e397c0f8464bb9a,
    ngc: 'NGC 6543',
    name: 'Cat\'s Eye',
    type: 'Planetary',
    location: 'Draco',
    updated: true } ]
```

14.6 原子地修改文档的集合

Collection 对象提供了 findAndModify()函数，它在一个集合的单个文档上执行原子写操作。如果你需要确保没有其他进程可以在同一时间写入自己的文档，这是非常有用的。findAndModify()方法的语法如下所示：

```
findAndModify(query, sort, update, [options], callback)
```

query 参数是一个文档，它用来识别你要修改的文档。该请求将 query 的属性和值与对象的字段和值相匹配，只有那些与 query 匹配的对象才被修改。

sort 参数是[field, sort_order]对的数组，它指定找到要修改的条目时要进行排序的字段。sort_order 值为 1 表示升序，为-1 表示降序。update 参数是一个对象，它指定了对与查询匹配的文档做出的修改。表 14.2 列出了可以使用的运算符。

options 参数指定前面在表 14.1 中描述的数据库更改选项。如果你正在 options

（选项）中实现写入关注，则 callback 函数是必需的。callback 函数的第一个参数是一个 error，而第二个参数是被修改的对象。如果在 options 中 new 设置为 true，则返回新修改的对象。如果 new 设置为 false，则返回修改前的对象。如果需要验证更改，或把原始值存储在别的地方，那么取回修改前的对象会是有用的。

清单 14.4 显示了对 MongoDB 数据库中的单个对象执行原子写操作。第 9～15 行实现了 findAndModify()操作。请注意，sort 值是[['name', 1]]，这表明，按 name 升序排序。还要注意，w 为 1 表示启用写入关注；而 new 设置为 true，这样，在 callback 函数中返回修改过的对象，并在控制台上把它们显示出来。

清单 14.4　doc_modify.js：使用 findAndModify()原子地修改文档

```
01 var MongoClient = require('mongodb').MongoClient;
02 MongoClient.connect("mongodb://localhost/", function(err, db) {
03   var myDB = db.db("astro");
04   myDB.collection("nebulae", function(err, nebulae){
05     nebulae.find({type:"supernova"}, function(err, items){
06       items.toArray(function(err, itemArr){
07         console.log("Before Modify: ");
08         console.log(itemArr);
09         nebulae.findAndModify({type:"supernova"}, [['name', 1]],
10             {$set: {type:"Super Nova", "updated":true}},
11             {w:1, new:true}, function(err, doc){
12           console.log("After Modify: ");
13           console.log(doc);
14           db.close();
15         });
16       });
17     });
18   });
19 });
```

清单 14.4 的输出　doc_modify.js：使用 findAndModify()原子地修改文档

```
Before Modify:
[ { _id: 598e04b98e397c0f8464bb9b,
    ngc: 'NGC 1952',
    name: 'Crab',
    type: 'supernova',
    location: 'Taurus' } ]
After Modify:
{ lastErrorObject: { updatedExisting: true, n: 1 },
  value:
   { _id: 598e04b98e397c0f8464bb9b,
     ngc: 'NGC 1952',
```

```
    name: 'Crab',
    type: 'Super Nova',
    location: 'Taurus',
    updated: true },
  ok: 1 }
```

14.7 保存集合中的文档

Collection 对象的 save()方法是一种有趣的方法。可以用它来插入或更新数据库中的文档。虽然 save()方法的效率不如 insert()或 update()高，但在某些情况下它更容易实现。例如，当你正在对从 MongoDB 中检索出的对象做临时的变更时，就可以使用 save()方法，而无须实现 update()方法的 query 对象和 update 对象。

save()方法的语法如下所示：

```
save(doc, [options], [callback])
```

doc 参数是要保存到集合中的文档对象。options 参数指定前面表 14.1 中描述的数据库的更改选项。如果你正在 options 中实现写入关注，则 callback 函数是必需的。callback 函数的第一个参数是一个 error，而第二个参数是刚刚保存到集合中的对象。

通常情况下，当使用 save()时，document 对象要么是你要添加到集合的一个全新的 JavaScript 对象；要么是你已经从集合取回并修改的一个对象，并要把这些更改存回到数据库中。

清单 14.5 显示了从数据库中检索对象，修改它，并使用 save()方法将其保存到数据库中。第 9～15 行实现 save()方法和 callback。请注意，使用 save()方法要比 update()和 findAndModify()方法简单得多。还要注意，savedItem 被返回到回调函数并在控制台上显示。

清单 14.5 doc_save.js：使用 save()更新和保存现有的文档

```
01 var MongoClient = require('mongodb').MongoClient;
02 MongoClient.connect("mongodb://localhost/", function(err, db) {
03  var myDB = db.db("astro");
04  myDB.collection("nebulae", function(err, nebulae){
05    nebulae.findOne({type:"supernova"}, function(err, item){
06      console.log("Before Save: ");
07      console.log(item);
08      item.info = "Some New Info";
09      nebulae.save(item, {w:1}, function(err, results){
10        nebulae.findOne({_id:item._id}, function(err, savedItem){
11          console.log("After Save: ");
```

```
12         console.log(savedItem);
13         db.close();
14       });
15     });
16   });
17 });
18 });
```

清单 14.5 的输出　doc_save.js：使用 save()更新和保存现有的文档

```
Before Save:
{ _id: 598e06c4efe25f1c0cf4932e,
  ngc: 'NGC 1952',
  name: 'Crab',
  type: 'supernova',
  location: 'Taurus' }
After Save:
{ _id: 598e06c4efe25f1c0cf4932e,
  ngc: 'NGC 1952',
  name: 'Crab',
  type: 'supernova',
  location: 'Taurus',
  info: 'Some New Info' }
```

14.8　使用 upsert 往集合中插入文档

对文档另一类型的更新是 upsert，它是如果存在一个对象则将它更新，如果不存在就将它插入的组合。正常的更新不会自动插入对象，因为它们在确定该对象是否存在时会产生开销。如果知道一个对象确实存在，那么一个常规的 update()方法就有效率得多；如果知道某个文档不存在，则用 insert()。

要实现 upsert，只要在 update()方法的 options 对象中包括 upsert:true 选项。这告诉请求，如果指定的对象存在，则尝试更新该对象；否则，则插入它。

清单 14.6 显示了用 update()方法来使用 upsert。第 9～12 行的 update()创建对象，因为它不存在。然后第 18 行检索所插入的文档的_id 值，并在第 19～22 行的 update()查询中用它来确保现有的文档将被发现和更新。请注意，最初没有与描述符匹配的文档，然后在第一次更新后，该文档被插入，之后在第二次更新后被修改。

清单 14.6　doc_upsert.js：使用 upsert 插入新文档或更新现有的文档

```
01 var MongoClient = require('mongodb').MongoClient;
02 MongoClient.connect("mongodb://localhost/", function(err, db) {
```

```
03  var myDB = db.db("astro");
04  myDB.collection("nebulae", function(err, nebulae){
05    nebulae.find({type:"diffuse"}, function(err, items){
06      items.toArray(function(err, itemArr){
07        console.log("Before Upsert: ");
08        console.log(itemArr);
09        nebulae.update({type:"diffuse"},
10            {$set: {ngc:"NGC 3372", name:"Carina",
11                     type:"diffuse",location:"Carina"}},
12            {upsert:true, w:1,forceServerObjectId:false},
13            function(err, results){
14          nebulae.find({type:"diffuse"}, function(err, items){
15            items.toArray(function(err, itemArr){
16              console.log("After Upsert 1: ");
17              console.log(itemArr);
18              var itemID = itemArr[0]._id;
19              nebulae.update({_id:itemID},
20                  {$set: {ngc:"NGC 3372", name:"Carina",
21                           type:"Diffuse",location:"Carina"}},
22                  {upsert:true, w:1}, function(err, results){
23                nebulae.findOne({_id:itemID}, function(err, item){
24                  console.log("After Upsert 2: ");
25                  console.log(item);
26                  db.close();
27                });
28              });
29            });
30          });
31        });
32      });
33    });
34  });
35 });
```

清单 14.6 的输出 doc_upsert.js：使用 upsert 插入新文档或更新现有的文档

```
Before Upsert:
[]
After Upsert 1:
[ { _id: 598e070aac7bf01c2a209601,
    type: 'diffuse',
    ngc: 'NGC 3372',
    name: 'Carina',
    location: 'Carina' } ]
After Upsert 2:
{ _id: 598e070aac7bf01c2a209601,
  type: 'Diffuse',
  ngc: 'NGC 3372',
```

```
    name: 'Carina',
    location: 'Carina' }
```

14.9　从集合中删除文档

有时，需要从 MongoDB 的集合中删除文档，以降低空间消耗，提高性能，并保持事情的干净。Collection 对象的 remove()方法可以简单地从集合中删除文档。remove()方法的语法如下所示：

```
remove([query], [options], [callback])
```

query 参数是一个文档，它用来识别要删除的文档。该请求将 query 的属性和值与对象的字段和值相匹配，只有那些与 query 匹配的对象才被删除。如果没有提供 query 参数，则该集合中的所有文档都被删除。

options 参数指定在表 14.1 中描述的数据库更改选项。如果你正在 options 中实现写入关注，则 callback 函数是必需的。callback 函数的第一个参数是一个 error，第二个参数是被删除的文档的数量。

清单 14.7 显示了使用 remove()方法从集合中删除对象。在第 9～18 行实现的 remove()和 callback 在集合中查询类型为 planetary（行星）的文档，并从集合中删除这些文档。请注意，callback 的 results 参数是被删除的文档数量。清单 14.7 的输出显示了该代码的输出，包括集合删除文档前后的内容。

清单 14.7　doc_delete.js：从集合删除文档

```
01 var MongoClient = require('mongodb').MongoClient;
02 MongoClient.connect("mongodb://localhost/", function(err, db) {
03  var myDB = db.db("astro");
04  myDB.collection("nebulae", function(err, nebulae){
05    nebulae.find(function(err, items){
06      items.toArray(function(err, itemArr){
07        console.log("Before Delete: ");
08        console.log(itemArr);
09        nebulae.remove({type:"planetary"}, function(err, results){
10          console.log("Deleted " + results + " documents.");
11          nebulae.find(function(err, items){
12            items.toArray(function(err, itemArr){
13              console.log("After Delete: ");
14              console.log(itemArr);
15              db.close();
16            });
17          });
```

```
18          });
19        });
20      });
21    });
22 });
```

清单 14.7 的输出 doc_delete.js：从集合删除文档

```
Before Delete:
[ { _id: 598e06c4efe25f1c0cf4932c,
    ngc: 'NGC 7293',
    name: 'Helix',
    type: 'planetary',
    location: 'Aquila' },
  { _id: 598e06c4efe25f1c0cf4932d,
    ngc: 'NGC 6543',
    name: 'Cat\'s Eye',
    type: 'planetary',
    location: 'Draco' },
  { _id: 598e06c4efe25f1c0cf4932e,
    ngc: 'NGC 1952',
    name: 'Crab',
    type: 'supernova',
    location: 'Taurus',
    info: 'Some New Info' },
  { _id: 598e070aac7bf01c2a209601,
    type: 'Diffuse',
    ngc: 'NGC 3372',
    name: 'Carina',
    location: 'Carina' } ]
Delete:
 {"n":0,"ok":1}
After Delete:
[ { _id: 598e06c4efe25f1c0cf4932c,
    ngc: 'NGC 7293',
    name: 'Helix',
    type: 'planetary',
    location: 'Aquila' },
  { _id: 598e06c4efe25f1c0cf4932d,
    ngc: 'NGC 6543',
    name: 'Cat\'s Eye',
    type: 'planetary',
    location: 'Draco' },
  { _id: 598e06c4efe25f1c0cf4932e,
    ngc: 'NGC 1952',
    name: 'Crab',
    type: 'supernova',
    location: 'Taurus',
```

```
  info: 'Some New Info' },
{ _id: 598e070aac7bf01c2a209601,
  type: 'Diffuse',
  ngc: 'NGC 3372',
  name: 'Carina',
  location: 'Carina' } ]
```

14.10　从集合中删除单个文档

可以利用 findAndRemove()方法删除数据库中的文档。它的语法和应用与 findAndModify()方法是非常相似的。findAndRemove()方法的语法如下所示：

```
findAndRemove(query, sort, [options], callback)
```

query 参数是一个文档，它用于识别要删除的文档。请求将 query 的属性和值与对象的字段和值相匹配，只有那些符合 query 的对象才被删除。

sort 参数是[field, sort_order]对的数组，它指定查找要删除的项目时进行排序的字段。sort_order 值为 1 表示升序，而-1 表示降序。options 参数指定在前面表 14.1 中描述的数据库更改选项。callback 函数的第一个参数是一个 error，第二个参数是文档删除的结果。

清单 14.8 显示了使用 findAndRemove()方法来删除文档。第 9～18 行实现 findAndRemove()方法和 callback。这段代码搜索类型为 planetary 的条目。排序顺序[['name', 1]]指定按 name 升序对条目进行排序。在清单 14.8 的输出显示的结果中，Cat's Eye 条目被删除，但因为排列顺序的原因，Helix 条目没有被删除。

清单 14.8　doc_delete_one.js：使用 findAndRemove()删除单个文档

```
01 var MongoClient = require('mongodb').MongoClient;
02 MongoClient.connect("mongodb://localhost/", function(err, db) {
03   var myDB = db.db("astro");
04   myDB.collection("nebulae", function(err, nebulae){
05     nebulae.find(function(err, items){
06       items.toArray(function(err, itemArr){
07         console.log("Before Delete: ");
08         console.log(itemArr);
09         nebulae.findAndRemove({type:"Planetary"}, [['name', 1]],
10                               {w:1}, function(err, results){
11           console.log("Deleted:\n " + results+ " documents.");
12           nebulae.find(function(err, items){
13             items.toArray(function(err, itemArr){
14               console.log("After Delete: ");
15               console.log(itemArr);
```

```
16              db.close();
17            });
18          });
19        });
20      });
21    });
22  });
23 });
```

清单 14.8 的输出 doc_delete_one.js：使用 findAndRemove()删除单个文档

```
Before Delete:
[ { _id: 598e06c4efe25f1c0cf4932c,
    ngc: 'NGC 7293',
    name: 'Helix',
    type: 'planetary',
    location: 'Aquila' },
  { _id: 598e06c4efe25f1c0cf4932d,
    ngc: 'NGC 6543',
    name: 'Cat\'s Eye',
    type: 'planetary',
    location: 'Draco' },
  { _id: 598e06c4efe25f1c0cf4932e,
    ngc: 'NGC 1952',
    name: 'Crab',
    type: 'supernova',
    location: 'Taurus',
    info: 'Some New Info' },
  { _id: 598e070aac7bf01c2a209601,
    type: 'Diffuse',
    ngc: 'NGC 3372',
    name: 'Carina',
    location: 'Carina' } ]
Deleted [object Object] documents.
After Delete:
[ { _id: 598e06c4efe25f1c0cf4932c,
    ngc: 'NGC 7293',
    name: 'Helix',
    type: 'planetary',
    location: 'Aquila' },
  { _id: 598e06c4efe25f1c0cf4932e,
    ngc: 'NGC 1952',
    name: 'Crab',
    type: 'supernova',
    location: 'Taurus',
    info: 'Some New Info' },
  { _id: 598e070aac7bf01c2a209601,
    type: 'Diffuse',
```

```
    ngc: 'NGC 3372',
    name: 'Carina',
    location: 'Carina' } ]
```

14.11 小结

MongoDB Node.js 驱动程序提供了多种方法向集合中插入文档，以及从集合中访问、修改并删除文档。可以使用 insert()、save()，甚至带有 upsert 的 update()把文档插入数据库。可以使用 update()、save()和 findAndModify()来更新现有的文档。可以使用 remove()和 findAndRemove()方法来删除文档。

用于对数据库中的文档更新的方法包括各种选项，如定义写入关注、使用日志，并使用其他设置来控制写请求和响应的行为。此外，MongoDB 用来更新文档的更新结构是很容易实现的，并且比你可能见过的用 SQL 编写的冗长而复杂的查询字符串更容易维护。

14.12 下一章

第 15 章将扩展查找数据库中对象的概念。本章介绍了 find()和 findOne()的使用，但第 15 章将包括在集合中查找对象时如何对返回结果进行过滤、排序和限制的更复杂的例子。

第 15 章
从 Node.js 访问 MongoDB

在 14 章中，你学会了如何创建和操作文档，并初步学习了利用 `find()`方法找到它们。本章将深入探讨在 MongoDB 集合中使用 MongoDB Node.js 驱动模块访问文档。

访问文档不只是返回集合中的全部文档，它还有很多要求。本章将介绍使用 `query` 对象来限制返回的文档和用来限制查询结果中的字段和文档数量的方法。你也会看到怎么清点匹配查询条件的文档数量，而不用实际从服务器检索它们。本章还将介绍一些先进的聚合技术来对结果分组，甚至产生新的完全聚合的文档集。

15.1 介绍数据集

为了介绍访问数据的各种方法，本章例子中所使用的所有数据都来自相同的数据集。该数据集是一个包含约 5000 个单词的各种信息的集合。这为实现必要的例子提供了一个足够大的数据集。

这个数据集的对象结构如下所示，这应该是相当直观的（这就是选择它来举例的原因）。此文档结构包括字符串、整数、数组、子文档和子文档数组字段。

```
{
  word: <word>,
  first: <first_letter>,
  last: <last_letter>,
  size: <character_count>,
  letters: [<array_of_characters_in_word_no_repeats>],
  stats: {
    vowels:<vowel_count>, consonants:<consonant_count>},
  charsets: [
    {
      "type": <consonants_vowels_other>,
      "chars": [<array_of_characters_of_type_in_word>]},
    . . .
  ],
}
```

15.2 了解 query 对象

在本章中，各种方法都使用某种形式的 query 对象来定义从 MongoDB 的集合检索哪些文档。query 对象是一个标准的 JavaScript 对象，它带有被 MongoDB Node.js 驱动程序理解的特殊属性名。这些属性名与在 MongoDB 的客户端内执行的原生查询密切匹配，使之可以便利地来回传输。

query 对象的属性被称为运算符（operator），因为它们对数据进行运算，以确定文档是否应当包括在结果集中。这些运算符用于匹配针对具体标准的文档的字段值。

例如，要找到一个计数值大于 10 且名称值等于 test 的所有文档，可以使用下面这个 query 对象：

```
{count:{$gt:10}, name:'test'}
```

运算符$gt 指定文档的 count 字段大于 10，标准冒号语法 name:'test'也是一个运算符，它指定 name 字段必须等于 test。请注意，此 query 对象有多个运算符。可以在同一个查询中包括几个不同的运算符。

当在 query 对象中指定字段名时，可以用句点符号来指定子文档字段。例如，考虑下面的对象格式：

```
{
  name:"test",
  stats: { height:74, eyes:'blue'}
}
```

可以使用下面的 query 对象查询哪些用户有蓝色（blue）的眼睛（eyes）：

```
{stats.eyes:'blue'}
```

表 15.1 列出了更多常用的运算符。

表 15.1 定义了 MongoDB 请求返回结果集的 **query** 对象运算符

运算符	说明
$eq	匹配有一个字段值等于指定值的文档
$gt	匹配大于在查询中指定值的值。例如：{size:{$gt:5}}
$gte	匹配等于或大于在查询中指定值的值。例如：{size:{$gte:5}}
$in	匹配任何在查询中指定的数组中存在的值。例如：{name:{$in:['item1', 'item2']}}
$lt	匹配小于在查询中指定值的值。例如：{size:{$lt:5}}
$lte	匹配小于或等于在查询中指定值的值。例如：{size:{$lte:5}}
$ne	匹配所有不等于在查询中指定值的值。例如：{name:{$ne:"badName"}}

（续表）

运 算 符	说 明
$nin	匹配没有在查询中指定的数组中存在的值。例如：{name:{$in:['item1', 'item2']}}
$or	将查询子句用逻辑 OR 连接起来，并返回匹配任何子句的条件的所有文档。例如：{$or:[{size:{$lt:5}},{size:{$gt:10}}]}
$and	将查询子句用逻辑 AND 连接起来，并返回同时匹配所有子句条件的所有文档。例如：{$and:[{size:{$lt:5}},{size:{$gt:10}}]}
$not	反转查询表达式的效果，并返回与查询表达式不匹配的文档。例如：{$not:{size:{$lt:5}}}}
$nor	将查询子句用逻辑 NOR 连接起来，并返回与两个子句都不匹配的所有文档。例如：{$nor:{size:{$lt:5}},{name:"myName"}}}
$exists	匹配具有指定字段的文档。例如：{specialField:{$exists:true}}
$type	选择一个字段是指定的 BSON 类型号的文档。表 11.1 列出了不同的 BSON 类型号。例如：{specialField:{$type:<BSONtype>}}
$mod	对某个字段的值执行取模运算，并选择匹配指定结果的文档。取模运算的值被指定为数组，第一个数是除数，第二个是余数。例如：{number:{$mod:[2,0]}}
$regex	选择值与指定正则表达式匹配的文档。例如：{myString:{$regex:'some.*exp'}}
$all	匹配包含在查询中指定的所有元素的数组。例如：{myArr:{$all:['one','two','three]}}
$elemMatch	选取子文档的数组中的元素匹配所有指定$elemMatch 条件的字段的文档。例如：{myArr:{$elemMatch:{value:{$gt:5},size:{$lt:3}}}}
$size	选择数组字段是指定大小的文档。例如：{myArr:{$size:5}}

15.3 了解查询 options 对象

除了 query 对象，大多数使用 MongoDB Node.js 驱动程序来检索文档的方法，还包括一个 options 对象。该 options 对象允许你在检索文档时定义请求的行为。这些选项允许你限制结果集，在创建结果集时对条目排序，以及进行更多其他操作。

表 15.2 列出了可以对检索 MongoDB 服务器文档的方法进行设置的选项。在每次请求中，不是所有这些方法都可以用。例如，对符合查询的条目进行计数的时候，指定对结果的限制是没有任何意义的。

表 15.2 在查询文档时，可以在 options 对象中指定的选项

选 项	说 明
limit	指定返回的文档的最大数量
sort	用[field, <sort_order>]元素数组来指定文档的排列顺序，这里 sort_order 为 1 表示升序，为-1 表示降序。例如：sort:[['name':1],['value':-1]]

（续表）

选　项	说　明
fields	指定一个对象，其字段匹配应包括或排除在返回文档中的字段。值为 1 表示包括，而 0 表示排除。你只能包含或排除，而不能同时使用两者。例如：fields:{name:1,value:1}
skip	指定返回一个文档之前从查询结果中跳过的文档数量。通常在对结果集分页的情况下使用
hint	迫使查询构建结果集时使用特定的索引。例如：hint:{'_id':1}
explain	返回在服务器上执行查询时会发生什么的解释，而不是实际运行查询。当你试图调试/优化复杂的查询时，这是必不可少的
snapshot	一个布尔值，如果为 true，则创建一个快照查询
timeout	一个布尔值，如果为 true，则表示游标允许超时
maxScan	指定执行查询返回前扫描文档的最大数量。如果你的集合拥有数百万个对象，而你不想让查询永远运行下去时，这是有用的
comment	指定将在 MongoDB 日志中输出的字符串。这可以在诊断问题时帮助你更容易地识别查询
readPreference	指定是从主服务器、辅助复制服务器，还是只在复制服务器集中最近的 MongoDB 服务器读取来执行查询
numberOfRetries	指定查询执行失败之前超时重试的次数。默认值：5
partial	一个布尔值，如果为 true，则表示对在分片系统间共享的数据进行查询时，游标会返回部分结果

15.4　查找特定文档集合

在第 14 章中，你了解了 Collection 对象的 find() 方法。此方法把一个 Cursor 对象返回给回调函数，用它来提供对文档的访问。如果没有指定查询，则返回所有文档（这通常不会发生）。相反，通常需要的是与一组标准相匹配的文档子集。

为了限制 find() 方法包含的文档结果，需要应用一个 query 对象来限制在 Cursor 对象中返回的文档。清单 15.1 显示了在 find 方法中使用 query 对象。

清单 15.1 对本章前面介绍的 words（单词）集合执行了一堆不同的查询。你应该已经认识所有的连接代码，以及在 displayWords() 中使用的代码，它遍历游标并只显示文档中的单词名称。

在第 20 行，以下查询用于查找以 a、b 或 c 开头的单词：

```
{first:{$in: ['a', 'b', 'c']}}
```

在第 23 行，以下查询用于查找长度超过 12 个字符的单词：

```
{size:{$gt: 12}}
```

在第 26 行，以下查询用于查找有偶数个字母的单词：

```
{size:{$mod: [2,0]}}
```

在第 29 行，以下查询用于查找正好是 12 个字母的单词：

```
{letters:{$size: 12}}
```

在第 32 行和第 33 行，以下查询用于查找以元音开始并以元音结尾的单词：

```
{$and: [{first:{$in: ['a', 'e', 'i', 'o', 'u']}},
       {last:{$in: ['a', 'e', 'i', 'o', 'u']}}]}
```

在第 37 行，以下查询用于查找包含 6 个以上元音的单词：

```
{"stats.vowels":{$gt:6}}
```

在第 40 行，以下查询用于查找包含所有元音的单词：

```
{letters:{$all: ['a','e','i','o','u']}}
```

在 44 行，以下查询用于查找带有非字母字符的单词：

```
{otherChars: {$exists:true}}
```

在 47 行使用的查询是有点难度的。它使用$elemMatch 运算符来匹配 charsets（字符集）子文档。$and 运算符强制 type 字段等于 other，并且 chars（字符）数组字段只有 2 个：

```
{charsets:{$elemMatch:{$and:[{type:'other'},{chars:{$size:2}}]}}}
```

清单 15.1 doc_query.js：在 MongoDB 集合中查找一组特定的文档

```
01 var MongoClient = require('mongodb').MongoClient;
02 MongoClient.connect("mongodb://localhost/", function(err, db) {
03   var myDB = db.db("words");
04   myDB.collection("word_stats", findItems);
05   setTimeout(function(){
06     db.close();
07   }, 3000);
08 });
09 function displayWords(msg, cursor, pretty){
10   cursor.toArray(function(err, itemArr){
11     console.log("\n"+msg);
12     var wordList = [];
13     for(var i=0; i<itemArr.length; i++){
14       wordList.push(itemArr[i].word);
15     }
16     console.log(JSON.stringify(wordList, null, pretty));
17   });
18 }
```

```
19 function findItems(err, words){
20   words.find({first:{$in: ['a', 'b', 'c']}}, function(err, cursor){
21     displayWords("Words starting with a, b or c: ", cursor);
22   });
23   words.find({size:{$gt: 12}}, function(err, cursor){
24     displayWords("Words longer than 12 characters: ", cursor);
25   });
26   words.find({size:{$mod: [2,0]}}, function(err, cursor){
27     displayWords("Words with even Lengths: ", cursor);
28   });
29   words.find({letters:{$size: 12}}, function(err, cursor){
30     displayWords("Words with 12 Distinct characters: ", cursor);
31   });
32   words.find({$and: [{first:{$in: ['a', 'e', 'i', 'o', 'u']}},
33                      {last:{$in: ['a', 'e', 'i', 'o', 'u']}}]},
34              function(err, cursor){
35     displayWords("Words that start and end with a vowel: ", cursor);
36   });
37   words.find({"stats.vowels":{$gt:6}}, function(err, cursor){
38     displayWords("Words containing 7 or more vowels: ", cursor);
39   });
40   words.find({letters:{$all: ['a','e','i','o','u']}},
41              function(err, cursor){
42     displayWords("Words with all 5 vowels: ", cursor);
43   });
44   words.find({otherChars: {$exists:true}}, function(err, cursor){
45     displayWords("Words with non-alphabet characters: ", cursor);
46   });
47   words.find({charsets:{$elemMatch:{$and:[{type:'other'},
48                                    {chars:{$size:2}}]}}},
49              function(err, cursor){
50     displayWords("Words with 2 non-alphabet characters: ", cursor);
51   });
52 }
```

清单 15.1 的输出 doc_query.js：在 MongoDB 集合中查找一组特定的文档

```
Words longer than 12 characters:
["international","administration","environmental","responsibility","investigation",
"communication","understanding","significantly","representative"…]
Words with 12 Distinct characters:
["uncomfortable","accomplishment","considerably"]
Words with non-alphabet characters:
["don't","won't","can't","shouldn't","e-mail","long-term","so-called","mm-hmm",
"t-shirt","and/or","health-care","full-time","o'clock","self-esteem"…]
Words starting with a, b or c:
["and","a","at","as","all","about","also","any","after","ask","another","american",
```

```
"against","again","always","area","around","away","among"…]
Words containing 7 or more vowels:
["identification","questionnaire","organizational","rehabilitation"]
Words that start and end with a vowel:
["a","also","area","ago","able","age","agree","available","anyone","article","argue",
"arrive","above","audience","assume","alone","achieve","attitude"…]
Words with all 5 vowels:
["education","educational","regulation","evaluation","reputation","communicate",
"dialogue","questionnaire","simultaneously","equation","automobile"…]
Words with 2 non-alphabet characters:
["two-third's","middle-class'"]
Words with even Lengths:
["be","of","in","to","have","it","that","he","with","on","do","this","they","at","we",
"from","by","or","as","what","go","if","my","make","know","will","up"…]
```

15.5 清点文档数量

在 MongoDB 中访问文档集时，你可能希望先得到一个计数，然后再决定是否要检索一组文档。对特定的文档集进行计数有几个原因。在 MongoDB 端执行计数比使用 find() 和其他方法获取文档的开销要少得多，因为那些方法会导致服务器不得不创建并维护暂时性的对象，如游标。

而且，在对 find() 方法所得到的文档集进行操作时，你应该知道自己将要处理多少文档，特别是在大型环境中更是如此。有时候，你想要的是一个计数。举例来说，如果你需要知道在自己的应用程序中配置了多少用户，则可以只清点 users 集合中的文档数量。

Collection 对象的 count() 方法可以让你获得与 query 对象标准相匹配的文档的简单计数。count() 方法的格式化方式与 find() 方法完全相同，如下所示，并且它以完全相同的方式执行 query 和 options 参数：

```
count([query], [options], callback)
```

如果没有指定 query 的值，则 count() 将返回数据库中所有文档的计数。callback 函数应当接受一个 error 作为第一个参数和一个整数的 count 作为第二个参数。

清单 15.2 说明了利用在清单 15.1 中的带 find() 的查询来使用 count() 方法。清单 15.2 的输出显示，它返回一个简单的整数而不是一个 Cursor。

清单 15.2 doc_count.js：在 MongoDB 集合中清点几组特定的文档

```
01 var MongoClient = require('mongodb').MongoClient;
02 MongoClient.connect("mongodb://localhost/", function(err, db) {
```

```
03   var myDB = db.db("words");
04   myDB.collection("word_stats", countItems);
05   setTimeout(function(){
06     db.close();
07   }, 3000);
08 });
09 function countItems(err, words){
10   words.count({first:{$in: ['a', 'b', 'c']}}, function(err, count){
11     console.log("Words starting with a, b or c: " + count);
12   });
13   words.count({size:{$gt: 12}}, function(err, count){
14     console.log("Words longer than 12 characters: " + count);
15   });
16   words.count({size:{$mod: [2,0]}}, function(err, count){
17     console.log("Words with even Lengths: " + count);
18   });
19   words.count({letters:{$size: 12}}, function(err, count){
20     console.log("Words with 12 Distinct characters: " + count);
21   });
22   words.count({$and: [{first:{$in: ['a', 'e', 'i', 'o', 'u']}},
23                       {last:{$in: ['a', 'e', 'i', 'o', 'u']}}]},
24                function(err, count){
25     console.log("Words that start and end with a vowel: " + count);
26   });
27   words.count({"stats.vowels":{$gt:6}}, function(err, count){
28     console.log("Words containing 7 or more vowels: " + count);
29   });
30   words.count({letters:{$all: ['a','e','i','o','u']}},
31                  function(err, count){
32     console.log("Words with all 5 vowels: " + count);
33   });
34   words.count({otherChars: {$exists:true}}, function(err, count){
35     console.log("Words with non-alphabet characters: " + count);
36   });
37   words.count({charsets:{$elemMatch:{$and:[{type:'other'},
38                {chars:{$size:2}}]}}},
39                function(err, count){
40     console.log("Words with 2 non-alphabet characters: " + count);
41   });
42 }
```

清单 15.2 的输出 doc_count.js：在 MongoDB 集合中清点几组特定的文档

```
Words starting with a, b or c: 964
Words longer than 12 characters: 64
Words that start and end with a vowel: 227
```

```
Words with even Lengths: 2233
Words with 12 Distinct characters: 3
Words containing 7 or more vowels: 4
Words with non-alphabet characters: 24
Words with all 5 vowels: 16
Words with 2 non-alphabet characters: 2
```

15.6 对结果集进行限制

当在大型系统中查找复杂文档时，经常想要限制返回什么来减少对服务器和客户端内存与网络等的影响。用来限制匹配一个特定查询结果集的方式有 3 种：简单地只接受有限数量的文档；限制返回的字段；或者对结果进行分页，并按块获取它们。

15.6.1 按大小限制结果

最简单的限制在一个 find()或其他查询请求返回的数据量的方法是，在执行请求时使用 options 参数中的 limit 选项。limit 参数（如下所示），允许用 Cursor 对象只返回固定数量的条目。这可以防止意外获取超出应用程序处理能力的更多对象：

```
limit:<返回的文档最大数量>
```

清单 15.3 显示了如何通过在 options 对象中使用 limit:5 选项限制 find()请求的结果。清单 15.3 的输出显示，当使用 limit:5 时，只有 5 个单词被检索出来。

清单 15.3 doc_limit.js：在 MongoDB 集合中限制一组特定的文档

```
01 var MongoClient = require('mongodb').MongoClient;
02 MongoClient.connect("mongodb://localhost/", function(err, db) {
03   var myDB = db.db("words");
04   myDB.collection("word_stats", limitFind);
05   setTimeout(function(){
06     db.close();
07   }, 3000);
08 });
09 function displayWords(msg, cursor, pretty){
10   cursor.toArray(function(err, itemArr){
11     console.log("\n"+msg);
12     var wordList = [];
13     for(var i=0; i<itemArr.length; i++){
14       wordList.push(itemArr[i].word);
15     }
16     console.log(JSON.stringify(wordList, null, pretty));
17   });
```

```
18 }
19 function limitFind(err, words){
20   words.count({first:'p'}, function(err, count){
21     console.log("Count of words starting with p : " + count);
22   });
23   words.find({first:'p'}, function(err, cursor){
24     displayWords("Words starting with p : ", cursor);
25   });
26   words.find({first:'p'}, {limit:5}, function(err, cursor){
27     displayWords("Limiting words starting with p : ", cursor);
28   });
29 }
```

清单 15.3 的输出　doc_limit.js：在 MongoDB 集合中限制一组特定的文档

```
Count of words starting with p : 353

Limiting words starting with p :
["people","put","problem","part","place"]
Words starting with p :
["people","put","problem","part","place","program","play","point","provide","power",
"political","pay"…]
```

15.6.2　限制对象返回的字段

限制检索文档时所获得数据的另一种有效方法是限制被返回的字段。文档可能有很多不同的字段，它们在一些情况下是有用的，但在其他情况下却没有用。从 MongoDB 服务器检索文档时，应该考虑哪些字段应该被包括在内，只请求必要的字段。

为了限制从服务器返回的字段，使用 options 对象中的 fields 选项。fields 选项可通过设置 document 字段的值让你包含或排除字段，设置为 0 表示排除，而 1 表示包括。不能在同一个表达式中混合包含和排除。

例如，要在返回一个文档时排除 stats、value 和 comments 字段，可以使用以下 fields 选项：

```
{fields:{stats:0, value:0, comments:0}}
```

只包含几个字段往往更加容易。例如，如果你想只包括文档的 name 和 value 值，就可以使用下列选项：

```
{fields:{name:1, value:1}}
```

清单 15.4 显示了使用 fields 选项来排除字段或指定要包含的特定字段，从而减少从服务器返回的数据量。

清单 15.4 doc_fields.js：限制一组文档返回的字段

```
01 var MongoClient = require('mongodb').MongoClient;
02 MongoClient.connect("mongodb://localhost/", function(err, db) {
03   var myDB = db.db("words");
04   myDB.collection("word_stats", limitFields);
05   setTimeout(function(){
06     db.close();
07   }, 3000);
08 });
09 function limitFields(err, words){
10   words.findOne({word:'the'}, {fields:{charsets:0}},
11                  function(err, item){
12     console.log("Excluding fields object: ");
13     console.log(JSON.stringify(item, null, 2));
14   });
15   words.findOne({word:'the'}, {fields:{word:1,size:1,stats:1}},
16                  function(err, item){
17     console.log("Including fields object: ");
18     console.log(JSON.stringify(item, null, 2));
19   });
20 }
```

清单 15.4 的输出 doc_fields.js：限制一组文档返回的字段

```
Excluding fields object:
{
  "_id": "58f04c8c6ec5050becd012c5",
  "word": "the",
  "first": "t",
  "last": "e",
  "size": 3,
  "letters": [
    "t",
    "h",
    "e"
  ],
  "stats": {
    "vowels": 1,
    "consonants": 2
  }
}
Including fields object:
{
  "_id": "58f04c8c6ec5050becd012c5",
  "word": "the",
```

```
  "size": 3,
  "stats": {
    "vowels": 1,
    "consonants": 2
  }
}
```

15.6.3　对结果进行分页

分页是减少返回文档数量的一个常用方法。分页包括指定匹配的集合中跳过的文档数量以及对返回的文档数量的限制。然后每次返回之前，跳过值按上次返回的数量递增。

要对一组文档实现分页，需要实现 options 对象的 limit 和 skip 选项。skip 选项指定返回文档之前跳过的文档数量。通过每次移动 skip 值，得到另一组文档，从而可以有效地对数据集分页。此外，在对数据分页时，应该总是包括 sort 选项，以确保顺序是永远不变的。例如，下列语句找到文档 1～10，接着是文档 11～20，然后是文档 21～30：

```
collection.find({},{sort:[['_id':1]], skip:0, limit:10},
                function(err, cursor){});
collection.find({},{sort:[['_id':1]], skip:10, limit:10}, function(err, cursor){});
collection.find({},{sort:[['_id':1]], skip:20, limit:10}, function(err, cursor){});
```

清单 15.5 显示了使用 limit 和 skip 对一组特定的文档进行分页。每次执行新的 find() 请求，这更加近似地模仿从网页处理分页请求时发生的情况。清单 15.5 的输出显示了此代码的输出。注意，每次检索 10 个单词。

> **警告**
> 如果系统的数据以会影响查询结果的方式发生变化，那么跳过可能会错过一些条目或在后续页面请求中再次包括出现过的条目。

清单 15.5　doc_paging.js：对来自 MongoDB 集合中的一组特定文档的结果进行分页

```
01 var util = require('util');
02 var MongoClient = require('mongodb').MongoClient;
03 MongoClient.connect("mongodb://localhost/", function(err, db) {
04   var myDB = db.db("words");
05   myDB.collection("word_stats", function(err, collection){
06     pagedResults(err, collection, 0, 10);
07   });
08 });
09 function displayWords(msg, cursor, pretty){
10   cursor.toArray(function(err, itemArr){
```

```
11     console.log("\n"+msg);
12     var wordList = [];
13     for(var i=0; i<itemArr.length; i++){
14       wordList.push(itemArr[i].word);
15     }
16     console.log(JSON.stringify(wordList, null, pretty));
17   });
18 }
19 function pagedResults(err, words, startIndex, pageSize){
20   words.find({first:'v'},
21              {limit:pageSize, skip:startIndex, sort:[['word',1]]},
22              function(err, cursor){
23     cursor.count(true, function(err, cursorCount){
24       displayWords("Page Starting at " + startIndex, cursor);
25       if (cursorCount === pageSize){
26         pagedResults(err, words, startIndex+pageSize, pageSize);
27       } else {
28         cursor.db.close();
29       }
30     });
31   });
32 }
```

清单 15.5 的输出 doc_paging.js：对来自 MongoDB 集合中的一组特定文档的结果进行分页

```
Page Starting at 0
["vacation","vaccine","vacuum","valid","validity","valley","valuable","value",
"van","vanish"]

Page Starting at 10
["variable","variation","variety","various","vary","vast","vegetable","vehicle",
"vendor","venture"]

Page Starting at 20
["verbal","verdict","version","versus","vertical","very","vessel","veteran","via",
"victim"]

Page Starting at 30
["victory","video","view","viewer","village","violate","violation","violence",
"violent","virtual"]

Page Starting at 40
["virtually","virtue","virus","visible","vision","visit","visitor","visual",
"vital","vitamin"]

Page Starting at 50
["vocal","voice","volume","voluntary","volunteer","vote","voter","voting","vs",
"vulnerable"]
```

```
Page Starting at 60
[]
```

15.7　对结果集进行排序

从 MongoDB 数据库检索文档的一个重要方面是，能够以已排序的格式得到它。如果你只检索一定的数量，如前 10 名，或者如果你执行分页请求，则排序是特别有益的。options 对象提供 sort 选项，它允许你指定一个文档的一个或多个字段的排序顺序和方向。

可以通过使用[field,<sort_order>]对的数组指定 sort 选项，其中 sort_order 为 1 表示升序，为-1 表示降序。例如，要先对 name 字段降序排序，然后对 value 字段进行升序排序，你可以使用如下语句：

```
sort:[['name':1]['value':-1]]
```

清单 15.6 显示了使用 sort 选项来以不同的方式对单词清单进行查找和排序。请注意，第 29 行先按单词长度，然后再按单词的最后一个字母排序；而第 33 行先按最后一个字母再按长度排序。这两种不同的排序顺序返回不同的单词清单。

清单 15.6　doc_sort.js：对 MongoDB 集合的一组文档的一个 find()请求的结果进行排序

```
01 var MongoClient = require('mongodb').MongoClient;
02 MongoClient.connect("mongodb://localhost/", function(err, db) {
03   var myDB = db.db("words");
04   myDB.collection("word_stats", sortItems);
05   setTimeout(function(){
06     db.close();
07   }, 3000);
08 });
09 function displayWords(msg, cursor, pretty){
10   cursor.toArray(function(err, itemArr){
11     console.log("\n"+msg);
12     var wordList = [];
13     for(var i=0; i<itemArr.length; i++){
14       wordList.push(itemArr[i].word);
15     }
16     console.log(JSON.stringify(wordList, null, pretty));
17   });
18 }
19 function sortItems(err, words){
20   words.find({last:'w'}, function(err, cursor){
21     displayWords("Words ending in w: ", cursor);
```

```
22  });
23  words.find({last:'w'}, {sort:{word:1}}, function(err, cursor){
24    displayWords("Words ending in w sorted ascending: ", cursor);
25  });
26  words.find({last:'w'}, {sort:{word:-1}}, function(err, cursor){
27    displayWords("Words ending in w sorted, descending: ", cursor);
28  });
29  words.find({first:'b'}, {sort:[['size',-1],['last',1]]},
30              function(err, cursor){
31    displayWords("B words sorted by size then by last letter: ", cursor);
32  });
33  words.find({first:'b'}, {sort:[['last',1],['size',-1]]},
34              function(err, cursor){
35    displayWords("B words sorted by last letter then by size: ", cursor);
36  });
37 }
```

清单 15.6 的输出 `doc_sort.js`：对 MongoDB 集合的一组文档的一个 `find()` 请求的结果进行排序

```
Words ending in w:
["know","now","how","new","show","few","law","follow","allow","grow","low","view",
"draw","window","throw","interview","tomorrow"…
Words ending in w sorted ascending:
["allow","arrow","below","blow","borrow","bow","chew","cow","crew","draw","elbow",
"eyebrow","fellow","few","flow"…
Words ending in w sorted, descending:
["yellow","wow","withdraw","window","widow","view","tomorrow","throw","swallow",
"straw","somehow","snow"…
B words sorted by size then by last letter:
["businessman","background","basketball","biological","behavioral","boyfriend",
"beginning"…
B words sorted by last letter then by size:
["bacteria","banana","bomb","bulb","basic","background","boyfriend","backyard",
"balanced","behind","beyond"…
```

15.8 查找不同的字段值

针对 MongoDB 集合的一个非常有用的查询是，获得一组文档的单个字段的不同值的清单。不同意味着，即使有数以千计的文档，你也只想知道存在的唯一值。

`Collection` 对象的 `distinct()` 方法可以让你找到特定字段的不同值清单。`distinct()` 方法的语法如下所示：

```
distinct(key,[query],[options],callback)
```

key 参数是你想得到的值的字段名的字符串值。你可以通过使用句点语法，如 stats.count 来指定子文档。query 参数是一个对象，它带有如表 15.1 定义的标准 query 的选项。options 参数是一个 options 对象，它允许你定义表 15.2 中定义的 readPreference 选项。callback 函数接受一个 error 作为第一个参数；然后是 results 参数，该参数是在 key 参数中指定的字段的不同值的数组。

清单 15.7 显示了在 words 集合中查找不同的值。请注意，在第 14 行的查询限制了这些单词以 u 开头，第 18 行使用句点语法来访问 stats.vowels 字段。

清单 15.7　doc_distinct.js：在 MongoDB 集合的一组特定的文档中查找不同的字段值

```
01 var MongoClient = require('mongodb').MongoClient;
02 MongoClient.connect("mongodb://localhost/", function(err, db) {
03   var myDB = db.db("words");
04   myDB.collection("word_stats", distinctValues);
05   setTimeout(function(){
06     db.close();
07   }, 3000);
08 });
09 function distinctValues(err, words){
10   words.distinct('size', function(err, values){
11     console.log("\nSizes of words: ");
12     console.log(values);
13   });
14   words.distinct('first', {last:'u'}, function(err, values){
15     console.log("\nFirst letters of words ending in u: ");
16     console.log(values);
17   });
18   words.distinct('stats.vowels', function(err, values){
19     console.log("\nNumbers of vowels in words: ");
20     console.log(values);
21   });
22 }
```

清单 15.7 的输出　doc_distinct.js：在 MongoDB 集合的一组特定的文档中查找不同的字段值

```
Sizes of words:
[ 3, 2, 1, 4, 5, 9, 6, 7, 8, 10, 11, 12, 13, 14 ]

First letters of words ending in u:
[ 'y', 'm', 'b' ]

Numbers of vowels contained in words:
[ 1, 2, 0, 3, 4, 5, 6, 7 ]
```

15.9 对结果进行分组

当对大型数据集执行操作时，基于一个文档中的一个或多个字段的不同值对结果进行分组常常是很有用的。虽然可以在检索出文档后编写代码做到这一点，但更有效的却是让 MongoDB 把它作为已经遍历文档的单个请求的组成部分来为你做这件事。

要对查询的结果进行分组，可以使用 Collection 对象上的 group()方法。group()请求首先收集所有符合 query 的文档，然后添加一个 group 对象的数组，基于一组 keys 的不同值，对 group 对象进行操作，并返回 group 对象的数组。group()方法的语法如下所示：

```
group(keys, query, initial, reduce, finalize, command, [options], callback)
```

group()方法的参数如下所示。

- **keys**：这可以是一个表达分组依据（GROUP BY）的键的对象、数组或者函数。最简单的方法是在一个对象中指定键，如{field1:true, field2:true}；或在一个数组中指定，如['first', 'last']。
- **query**：query 对象定义了初始集中包括的文档。请参阅表 15.1 中 query 的选项列表。
- **initial**：指定汇总数据时，执行分组使用的初始 group 对象。要为每组不同的键都创建一个初始 group 对象。最常用的是一个用于跟踪与键匹配的项数的计数器。例如：{"count":0}
- **reduce**：这是一个有两个参数 obj 和 prev 的函数。这个函数在每个与查询匹配的文档上执行。obj 参数是当前文档，prev 参数是由 initial 参数创建的对象。然后，你可以使用 obj 对象，以新值更新 prev 对象，如 count（数量）或 sum（汇总数额）。例如，要递增 count 值，可以使用：

  ```
  function(obj, prev) { prev.count++; }
  ```

- **finalize**：这是一个接受一个参数 obj 的函数，它是从 initial 参数得到的最终对象，其内容在 reduce 函数中作为 prev 更新。在响应中返回数组之前，对每个不同的键生成的对象都调用此函数。
- **command**：一个布尔值，如果为 true，则指定该命令使用内部 group（分组）命令运行，而不是 eval()。默认值为 true。
- **options**：此对象允许你定义 readPreference 选项。

- **callback**：接受一个 error 作为第一个参数和 results 对象的数组作为第二个参数。

清单 15.8 显示了实现基于各种键集对单词分组。第 10～18 行通过第一个和最后一个字母实现单词的基本分组。在第 11 行的查询把单词限制为那些以 o 开头并以一个元音结尾的。每个初始目标只有一个 count 属性，它在第 13 行的函数中针对每一个匹配的文档进行更新。

第 19～28 行对文档的元音总数进行加总，并在 23 行通过用 obj.stats.vowels 值递增 prev.totalVowels 将它们分组在一起。然后第 29～40 行使用 finalize 函数，它增加了一个新的 obj.total 属性到 group 对象，它是对象的 obj.vowels 和 obj.consonants 属性的和。

清单 15.8　doc_group.js：在 MongoDB 集合中对一组文档按照特定字段进行分组

```
01 var MongoClient = require('mongodb').MongoClient;
02 MongoClient.connect("mongodb://localhost/", function(err, db) {
03   var myDB = db.db("words");
04   myDB.collection("word_stats", groupItems);
05   setTimeout(function(){
06     db.close();
07   }, 3000);
08 });
09 function groupItems(err, words){
10   words.group(['first','last'],
11               {first:'o',last:{$in:['a','e','i','o','u']}},
12               {"count":0},
13               function (obj, prev) { prev.count++; }, true,
14               function(err, results){
15         console.log("\n'O' words grouped by first and last" +
16                     " letter that end with a vowel: ");
17         console.log(results);
18   });
19   words.group(['first'],
20               {size:{$gt:13}},
21               {"count":0, "totalVowels":0},
22               function (obj, prev) {
23                  prev.count++; prev.totalVowels += obj.stats.vowels;
24               }, {}, true,
25               function(err, results){
26     console.log("\nWords grouped by first letter larger than 13: ");
27     console.log(results);
28   });
29   words.group(['first'],{}, {"count":0, "vowels":0, "consonants":0},
30               function (obj, prev) {
31                 prev.count++;
```

```
32                  prev.vowels += obj.stats.vowels;
33                  prev.consonants += obj.stats.consonants;
34                },function(obj){
35                  obj.total = obj.vowels + obj.consonants;
36                }, true,
37                function(err, results){
38         console.log("\nWords grouped by first letter with totals: ");
39         console.log(results);
40    });
41 }
```

清单 15.8 的输出 `doc_group.js`：在 MongoDB 集合中对一组文档按照特定字段进行分组

```
'O' words grouped by first and last letter that end with a vowel:
[ { first: 'o', last: 'e', count: 21 },
  { first: 'o', last: 'o', count: 1 },
  { first: 'o', last: 'a', count: 1 } ]

Words grouped by first letter larger than 13:
[ { first: 'a', count: 4, totalVowels: 22 },
  { first: 'r', count: 5, totalVowels: 30 },
  { first: 'c', count: 2, totalVowels: 11 },
  { first: 't', count: 2, totalVowels: 10 },
  { first: 'i', count: 4, totalVowels: 24 },
  { first: 'd', count: 2, totalVowels: 11 },
  { first: 's', count: 1, totalVowels: 6 },
  { first: 'o', count: 1, totalVowels: 7 } ]

Words grouped by first letter with totals:
[ { first: 't',
    count: 250,
    vowels: 545,
    consonants: 1017,
    total: 1562 },
  { first: 'b',
    count: 218,
    vowels: 417,
    consonants: 769,
    total: 1186 },
  { first: 'a',
    count: 295,
    vowels: 913,
    consonants: 1194,
    total: 2107 },
  { first: 'o',
    count: 118,
    vowels: 356,
    consonants: 435,
```

```
  total: 791 },
{ first: 'i',
  count: 189,
  vowels: 655,
  consonants: 902,
  total: 1557 },
{ first: 'h',
  count: 139,
  vowels: 289,
  consonants: 511,
  total: 800 },
{ first: 'f',
  count: 203,
  vowels: 439,
  consonants: 774,
  total: 1213 },
{ first: 'y', count: 16, vowels: 31, consonants: 50, total: 81 },
{ first: 'w',
  count: 132,
  vowels: 255,
  consonants: 480,
  total: 735 },
{ first: 'd',
  count: 257,
  vowels: 675,
  consonants: 1102,
  total: 1777 },
{ first: 'c',
  count: 451,
  vowels: 1237,
  consonants: 2108,
  total: 3345 },
{ first: 's',
  count: 509,
  vowels: 1109,
  consonants: 2129,
  total: 3238 },
{ first: 'n', count: 82, vowels: 205, consonants: 314, total: 519 },
{ first: 'g',
  count: 112,
  vowels: 236,
  consonants: 414,
  total: 650 },
{ first: 'm',
  count: 200,
  vowels: 488,
  consonants: 778,
  total: 1266 },
```

```
{ first: 'k', count: 21, vowels: 33, consonants: 70, total: 103 },
{ first: 'u', count: 58, vowels: 173, consonants: 233, total: 406 },
{ first: 'p',
  count: 353,
  vowels: 902,
  consonants: 1575,
  total: 2477 },
{ first: 'j', count: 33, vowels: 72, consonants: 114, total: 186 },
{ first: 'l',
  count: 142,
  vowels: 307,
  consonants: 503,
  total: 810 },
{ first: 'v', count: 60, vowels: 163, consonants: 218, total: 381 },
{ first: 'e',
  count: 239,
  vowels: 788,
  consonants: 1009,
  total: 1797 },
{ first: 'r',
  count: 254,
  vowels: 716,
  consonants: 1011,
  total: 1727 },
{ first: 'q', count: 16, vowels: 50, consonants: 59, total: 109 },
{ first: 'z', count: 1, vowels: 2, consonants: 2, total: 4 } ]
```

15.10 通过聚合结果来应用 MapReduce

MongoDB 的一个好处是能够使用 MapReduce 来把数据库查询的结果简化成一个与原来的集合完全不同的结构。MapReduce 过程把一个数据库查询的值映射为一个完全不同的形式，然后简化结果，使它们的可用性更好。

MongoDB 有一个 MapReduce 框架，它还增加了一个框架来简化把一个 MapReduce 操作传输到另一个 MapReduce 操作的一系列过程，用数据生成一些不平凡的业绩。聚合的概念是指，在把 MongoDB 服务器上的文档汇编为一个结果集时，对它们执行一系列的操作。这比在 Node.js 应用程序中检索它们和处理它们更高效，因为 MongoDB 的服务器可以在本地操作数据块。

15.10.1 了解 aggregate() 方法

Collection 对象提供了 aggregate() 方法来对数据进行聚合操作。aggregate()

方法的语法如下所示：

```
aggregate(operators, [options], callback)
```

operators 参数是如表 15.3 所示的聚合运算符的数组，它允许你定义对数据执行什么汇总操作。options 参数是允许你设置 readPreference 属性的对象，它定义了从哪里读取数据。callback 参数应当是可以接受 error 作为第一个参数和 results 数组作为第二个参数的函数。results 数组是由聚合操作返回的完全聚合的对象集。

15.10.2　使用聚合框架运算符

MongoDB 提供的聚合框架很强大，它可以让你多次把一个聚合运算符的结果传输到另一个聚合运算符。为了说明这一点，请观察下列数据集：

```
{o_id:"A", value:50, type:"X"}
{o_id:"A", value:75, type:"X"}
{o_id:"B", value:80, type:"X"}
{o_id:"C", value:45, type:"Y"}
```

下面的聚合运算符集将把$match 的结果传输到$group 运算符，然后在回调函数的 results 参数中返回分组后的集合。请注意，引用文档中字段的值时，字段名用一个美元符号来做前缀，例如，$o_id 和$value。这个语法告诉聚合框架，把它作为一个字段值，而不是字符串。

```
aggregate([{$match:{type:"X"}},
           {$group:{set_id:"$o_id", total: {$sum: "$value"}}},
           function(err, results){});
```

$match 操作完成后，将被应用到的$group 会是如下文档：

```
{o_id:"A", value:50, type:"X"}
{o_id:"A", value:75, type:"X"}
{o_id:"B", value:80, type:"X"}
```

然后在$group 运算符被应用之后，带有 set_id 和 total 字段的对象的一个新数组被发送到回调函数，如下所示：

```
{set_id:"A", total:"125"}
{set_id:"B", total:"80"}
```

表 15.3 定义了可以包含在 aggregate()方法的 operators 参数中的聚合命令类型。

表 15.3 可以在 **aggregate()** 方法上使用的聚合运算符

运 算 符	说 明

`$project`	通过重命名、添加或删除字段重塑文档。你也可以重新计算值，并添加子文档。例如，下面的例子包括 title 并排除 name：
	`{$project:{title:1, name:0}}`
	以下是把 name 重命名为 title 的例子：
	`{$project{title:"$name"}}`
	下面是添加一个新的 total 字段，并用 price 和 tax 字段计算它的值的例子：
	`{$project{total:{$add:["$price", "$tax"]}}`

`$match`	通过使用表 15.1 中定义的 query 对象运算符来过滤文档集。例如： `{$match:{value:{$gt:50}}}`
`$limit`	限定可以传递到聚合操作的下一个管道中的文档数量。例如：`{$limit:5}`
`$skip`	指定处理聚合操作的下一个管道前跳过的一些文档。例如：`{$skip:10}`
`$unwind`	指定一个数组字段用于分割，对每个值创建一个单独的文档。例如：`{$unwind:"$myArr"}`
`$group`	把文档分组成一组新的文档用于在管道中的下一级。新对象的字段必须在$group 对象中定义。你还可以把表 15.4 中列出的分组表达式运算符应用到该组的多个文档中。例如，使用下面的语句汇总 value 字段：`{$group:{set_id:"$o_id", total: {$sum: "$value"}}}`
`$sort`	在把文档传递给处理聚合操作的下一个管道前对它们排序。排序指定一个带有 field:<sort_order>属性的对象，其中<sort_order>为 1 表示升序，而-1 表示降序。例如：`{$sort:{name:1, age:-1}}`
`$collStatus`	返回集合或视图的统计信息
`$redact`	根据文档中存储的值限制流中的每个文档。可以实现字段级别的编辑。每一个输入文档输出一个或零个文档
`$sample`	从其输入中选择特定数量的随机文档
`$geoNear`	根据文档距地理空间上某地的距离返回有序的文档流。输出文档中可以包含附加距离字段和位置标识符字段
`$lookup`	用于在输入文档中的字段与连接集合中的字段文档之间执行相等匹配
`$out`	将聚合管道的结果文档写入集合。$out 阶段必须在流水线的最后阶段使用
`$indexStats`	返回集合中每个索引使用情况的统计信息
`$facet`	在同一个输入文档中的单个阶段处理多个聚合流水线。允许创建可在一个阶段中描述跨多个维度或方面数据的多方面的聚合
`$bucket`	根据特定表达式和存储桶边界，将传入文档分组到称为存储桶的组中
`$bucketAuto`	根据特定的表达式将传入文档分类到特定数量的被称为桶的组中。桶边界自动确定，以便将文档均匀分配到指定数量的桶中
`$sortByCount`	通过指定表达式的值对传入文档进行排序，然后确定每个特定组中的文档数量
`$addFields`	将新的字段添加到文档
`$replaceRoot`	用指定的嵌入式文档替换文档，替换输入文档中的所有字段
`$count`	返回聚合管道中此时所有文档的计数
`$graphLookup`	搜索一个集合并在每个输出文档上添加一个新的数组字段，该字段包含对该文档的搜索的遍历结果

15.10.3 实现聚合表达式运算符

当你实现聚合运算符时，你实际上是在建立将传递到聚合操作流水线的下一级的新文档。MongoDB 的聚合框架提供了许多表达式运算符，它们有助于对新字段计算值或对文档中的现有字段进行比较。

当在$group 聚合管道上操作时，多个文档与创建的新文档中定义的字段匹配。MongoDB 提供了一组你可以应用到这些文档的运算符，并用它来在原有文档集的字段值的基础上计算新组文档中的字段值。表 15.4 列出了$group 表达式运算符。

表 15.4 聚合$group 表达式运算符

运 算 符	说 明
$addToSet	返回一组文档中所有文档所选字段的全部唯一值的数组。例如：colors: {$addToSet: "$color"}
$first	返回一组文档中一个字段的第一个值。例如：firstValue:{$first: "$value"}
$last	返回一组文档中一个字段的最后一个值。例如：lastValue:{$last: "$value"}
$max	返回一组文档中一个字段的最大值。例如：maxValue:{$max: "$value"}
$min	返回一组文档中一个字段的最小值。例如：minValue:{$min: "$value"}
$avg	返回一组文档中一个字段的全部值的平均值。例如：avgValue:{$avg: "$value"}
$push	返回一组文档中所有文档所选字段的全部值的数组。例如：username:{$push: "$username"}
$sum	返回一组文档中一个字段的全部值的总和。例如：total:{$sum: "$value"}

计算新的字段值时，可以应用一些字符串和算术运算符。表 15.5 列出了在聚合运算符中计算新字段值时可以应用的较常见的一些运算符。

表 15.5 可用在聚合表达式的字符串和算术运算符

运 算 符	说 明
$add	计算数值数组的总和。例如：valuePlus5:{$add:["$value", 5]}
$divide	给定两个数值，用第一个数除以第二个数。例如：valueDividedBy5:{$divide:["$value", 5]}
$mod	给定两个数值，计算用第一个数除以第二个数的模。例如：valueMod5:{$mod:["$value", 5]}
$multiply	计算数值数组的乘积。例如：valueTimes5:{$multiply:["$value", 5]}
$subtract	给定两个数值，用第一个数减去第二个数。例如：valueMinus5:{$subtract:["$value", 5]}
$concat	连接两个字符串。例如：title:{$concat:["$title", " ", "$name"]}
$strcasecmp	比较两个字符串并返回一个整数来反映比较结果。例如：isTest:{$strcasecmp:["$value", "test"]}
$substr	返回字符串的一部分。例如：hasTest:{$substr:["$value", "test"]}
$toLower	将字符串转换为小写。例如：titleLower:{$toLower:"$title"}
$toUpper	将字符串转换为大写。例如：titleUpper:{$toUpper:"$title"}

15.10.4 聚合的例子

清单 15.9 显示了实现对单词集合的聚合的 3 个例子。

第一个例子，在第 10～20 行，实现了一个$match 来取得以元音开头的单词，然后实现了一个$group 来计算最大和最小长度。之后它使用$sort 对结果进行排序，如清单 15.9 的输出所示。

第二个例子，在第 21～27 行，使用$match 来限制单词长度为 4 个字母。然后，$limit 用于指定仅处理$project 运算符中的 5 个文档。

第三个例子，在第 28～34 行，使用$group 得到每组单词的平均长度，并设置每组单词的_id 值。之后将其按平均值降序排列，如清单 15.9 的输出所示。

清单 15.9 doc_aggregate.js：按照特定字段对 MongoDB 集合中的一组文档进行分组

```
01 var MongoClient = require('mongodb').MongoClient;
02 MongoClient.connect("mongodb://localhost/", function(err, db) {
03  var myDB = db.db("words");
04  myDB.collection("word_stats", aggregateItems);
05  setTimeout(function(){
06    db.close();
07  }, 3000);
08 });
09 function aggregateItems(err, words){
10  words.aggregate([{$match: {first:{$in:['a','e','i','o','u']}}},
11                   {$group: {_id:"$first",
12                             largest:{$max:"$size"},
13                             smallest:{$min:"$size"},
14                             total:{$sum:1}}},
15                   {$sort: {_id:1}}],
16               function(err, results){
17    console.log("Largest and smallest word sizes for " +
18                "words beginning with a vowel: ");
19    console.log(results);
20  });
21  words.aggregate([{$match: {size:4}},
22                   {$limit: 5},
23                   {$project: {_id:"$word", stats:1}}],
24               function(err, results){
25    console.log("Stats for 5 four letter words: ");
26    console.log(results);
27  });
28  words.aggregate([{$group: {_id:"$first", average:{$avg:"$size"}}},
29                   {$sort: {average:-1}},
30                   {$limit: 5}],
31               function(err, results){
```

```
32    console.log("Letters with largest average word size: ");
33    console.log(results);
34  });
35 }
```

清单 15.9 的输出　doc_aggregate.js：按照特定字段对 MongoDB 集合中的一组文档进行分组

```
Stats for 5 four letter words:
[ { stats: { vowels: 2, consonants: 2 }, _id: 'have' },
  { stats: { vowels: 1, consonants: 3 }, _id: 'that' },
  { stats: { vowels: 1, consonants: 3 }, _id: 'with' },
  { stats: { vowels: 1, consonants: 3 }, _id: 'this' },
  { stats: { vowels: 1, consonants: 3 }, _id: 'they' } ]
Largest and smallest word sizes for words beginning with a vowel:
[ { _id: 'a', largest: 14, smallest: 1, total: 295 },
  { _id: 'e', largest: 13, smallest: 3, total: 239 },
  { _id: 'i', largest: 14, smallest: 1, total: 189 },
  { _id: 'o', largest: 14, smallest: 2, total: 118 },
  { _id: 'u', largest: 13, smallest: 2, total: 58 } ]
Letters with largest average word size:
[ { _id: 'i', average: 8.238095238095237 },
  { _id: 'e', average: 7.523012552301255 },
  { _id: 'c', average: 7.419068736141907 },
  { _id: 'a', average: 7.145762711864407 },
  { _id: 'p', average: 7.01699716713881 } ]
```

15.11　小结

在本章中，你学到了在数据库中 Collection 方法用于访问文档的 query 和 options 对象。query 对象，允许你限制哪些文档被操作。options 对象允许你控制请求的交互来限制返回的文档数量，从哪个文档开始，以及应当返回哪些字段。

distinct()、group()和 aggregate()方法允许你基于字段值对文档分组。MongoDB 的聚合框架是一个强大的框架，它允许你把文档返回给客户端之前在服务器上处理它们。聚合框架可以让你把文档从一个聚合操作传输到下一个聚合操作，每一次都映射并简化为一个更明确的数据集。

15.12　下一章

在下一章中，你会使用 mongoose 模块来实现文档对象模型（ODM），这提供了在 Node.js 中对数据建模的一种更结构化的方法。

第 16 章 利用 Mongoose 来使用结构化模式与验证

现在你了解了原生驱动程序，转去使用 Mongoose 就不会很难。Mongoose 是一个文档对象模型（ODM）库，它为 MongoDB Node.js 原生驱动程序提供了更多功能。在大多数情况下，它被用作把结构化的模式应用到一个 MongoDB 的集合的方法，这提供了验证和类型转换的好处。

Mongoose 通过实现构建器对象，让你把其他命令灌入查找、更新、保存、删除、聚合和其他数据库操作，这试图简化构造数据库调用的一些复杂性，并可以使代码更容易实现。

本章将讨论 `mongoose` 模块，以及如何使用它来在你的集合上实现结构化模式和验证。你会学到新的对象和在 Node.js 应用程序中实现 MongoDB 的新途径。Mongoose 不会取代 MongoDB Node.js 原生驱动程序，而是用附加功能增强它。

16.1 了解 Mongoose

Mongoose 是一种对象文档模型（ODM）库，它包在 MongoDB Node.js 驱动程序外面。其主要用途是提供一种基于模式的解决方案，以对存储在 MongoDB 数据库中的数据进行建模。

使用 Mongoose 的主要好处如下：

- 你可以为文档创建一个模式结构。
- 可以对模型中的对象/文档进行验证。
- 应用程序数据可以通过类型强制转换被转换成对象模型。
- 可以使用中间件来应用业务逻辑挂钩。

- 在某些方面，Mongoose 比 MongoDB Node.js 原生驱动程序的使用更容易一点。

不过，使用 Mongoose 也有一些缺点，例如：

- 你需要提供一个模式，在 MongoDB 并不需要它的时候，这并不总是最好的选择。
- 在特定的操作上，如数据存储，它不如原生驱动程序执行得那样好。

其他对象

Mongoose 位于 MongoDB Node.js 原生驱动程序之上，并用几个不同的方法扩展了其功能。它增加了一些新的对象——Schema、Model 和 Document，它们提供必需的功能来实现 ODM 和验证。

可以使用 Schema 对象来定义结构化的模式集合中的文档。它允许你定义包括的字段和类型、唯一性、索引和验证。Model 对象作为集合中所有文档的表示。Document 对象作为集合中单个文档的表示。

Mongoose 还把用于实现查询和聚合参数的标准函数包装到新的对象 Query 和 Aggregate 中，它们让你能够在一系列方法的调用中应用这些数据库操作的参数，最后才执行这些函数。这可以使实现代码及复用这些对象的实例来执行多个数据库操作更容易。

16.2　利用 Mongoose 连接到 MongoDB 数据库

使用 Mongoose 连接到 MongoDB 数据库的方法与在第 13 章中讨论的使用连接字符串的方法是相似的。它使用的连接字符串的格式和选项语法如下所示：

```
connect(uri, options, [callback])
```

connect() 方法在 mongoose 模块的根级别下导出。例如，下面的代码连接到 localhost 上的 words 数据库：

```
var mongoose = require('mongoose');
mongoose.connect('mongodb://localhost/words');
```

该连接可以使用 mongoose 模块的 disconnect() 方法来关闭。例如：

```
mongoose.disconnect();
```

一旦创建，底层 Connection 对象就可以在 mongoose 模块的 collection 属性中访问。Connection 对象提供了对连接、底层的 Db 对象和表示集合的 Model 对象的访问。这使你可以访问所有在第 13 章中描述的 Db 对象的功能。例如，要列出在数据库中的集合，你可以使用下面的代码：

```
mongoose.connection.db.collectionNames(function(err, names){
  console.log(names);
});
```

Connection 对象发出 open 事件，可以用它来在试图访问数据库之前等待连接打开。为了说明一个通过 Mongoose 进行的 MongoDB 连接的基本生命周期，清单 16.1 导入了 mongoose 模块，连接到 MongoDB 数据库，等待 open 事件，显示在数据库中的集合，并断开连接。

清单 16.1 mongoose_connect.js：使用 Mongoose 连接到 MongoDB 数据库

```
1 var mongoose = require('mongoose');
2 mongoose.connect('mongodb://localhost/words');
3 mongoose.connection.on('open', function(){
4   console.log(mongoose.connection.collection);
5   mongoose.connection.db.collectionNames(function(err, names){
6     console.log(names);
7     mongoose.disconnect();
8   });
9 });
```

清单 16.1 的输出 mongoose_connect.js：使用 Mongoose 连接到 MongoDB 数据库

```
[Function]
[ Collection {
    s:
     { pkFactory: [Object],
       db: [Object],
       topology: [Object],
       dbName: 'words',
       options: [Object],
       namespace: 'words.word_stats',
       readPreference: null,
       slaveOk: false,
       serializeFunctions: undefined,
       raw: undefined,
       promoteLongs: undefined,
       promoteValues: undefined,
       promoteBuffers: undefined,
       internalHint: null,
       collectionHint: null,
       name: 'word_stats',
       promiseLibrary: [Function: Promise],
       readConcern: undefined } } ]
```

16.3 定义模式

使用 Mongoose 的基础需求之一是实现模式。模式为集合中的文档定义字段和字段类型。如果你的数据是用支持模式的方式被结构化的，这就是非常有用的，因为你可以对对象进行验证并进行类型转换以符合模式的要求。

对于在模式中的每个字段，你都需要定义一个特定的类型。受支持的类型如下：

- String（字符串）。
- Number（数值）。
- Boolean 或 Bool（布尔）。
- Array（数组）。
- Buffer（缓冲区）。
- Date（日期）。
- ObjectId 或 Oid。
- Mixed（混合）。

必须为你计划使用的每个不同的文档类型都定义一个模式。此外，你应该在每个集合中只存储一个文档类型。

16.3.1 了解路径

Mongoose 使用术语 path 定义访问主文档和子文档字段的路径。例如，如果文档中有一个名为 name 的字段，它是一个具有 title、first 和 last 属性的子文档，下面是所有路径：

```
name
name.title
name.first
name.last
```

16.3.2 创建一个模式定义

要为模型定义一个模式，你需要创建一个 Schema 对象的新实例。Schema 对象接受一个描述模式的 definition 对象作为第一个参数和 options 对象作为第二个参数：

```
new Schema(definition, options)
```

options 对象定义与 MongoDB 服务器上的集合的交互。表 16.1 列出了可指定的最常用选项。

表 16.1 在定义一个 **Schema** 对象时可以指定的选项

选　项	说　明
autoIndex	一个布尔值，如果为 true，则表示对集合的 autoIndex（自动索引）功能已开启。默认值为 true
bufferCommands	一个布尔值，如果为 true，则表示由于连接问题而无法完成的命令被缓存。默认值为 true
capped	指定在封顶集合中支持的最大文件数
collection	指定用于此 Schema 模型的集合名称。Mongoose 编译模式模型时，会自动连接到该集合
id	一个布尔值，如果为 true，则使模型中的文档有对应于该对象的_id 值的 id 获取器。默认值是 true
_id	一个布尔值，如果为 true，则将导致 Mongoose 自动为你的文档分配_id 字段。默认值为 true
read	指定副本的读取首选项。值可以是 primary、primaryPreferred、secondary、secondaryPreferred 或 nearest
safe	一个布尔值，如果为 true，则将导致 Mongoose 应用一个写入关注到更新数据库的请求。默认值为 true
strict	一个布尔值，如果为 true，则表示没有出现在定义的模式中的对象传入属性不会被保存到数据库中。默认值为 true

例如，要为一个被称为 students 的集合创建模式，它有一个 String 类型的 name 字段、一个 Number 类型的 average 字段以及一个类型为 Number 数组的 scores 字段，你可以使用下面的语句：

```
var schema = new Schema({
  name: String,
  average: Number,
  scores: [Number]
}, {collection:'students'});
```

16.3.3 把索引添加到一个模式

你可能要给自己经常使用来查找文档的特定字段分配索引。你可以在定义模式时或使用 index(fields) 命令把索引应用到模式对象。例如，下面两种命令都能把索引添加到 name 字段，并按升序排列：

```
var schema = new Schema({
  name: {type: String, index: 1}
};
//或
var schema = new Schema({name: String)};
schema.index({name:1});
```

你可以利用 indexes() 方法获得一个模式对象的索引字段列表。例如：

```
schema.indexes()
```

16.3.4　实现字段的唯一性

你还可以指定一个字段的值必须在一个集合中唯一，这意味着没有其他的文档可以有相同的该字段值。可以通过在 Schema 对象定义中添加 unique 属性实现这一点。例如，要为 name 字段添加一个 index（索引），并使它在集合中唯一，可以使用下面的语句：

```
var schema = new Schema({
  name: {type: String, index: 1, unique: true}
};
```

16.3.5　强制字段的必需性

当为模型创建 Document 对象的一个新实例时，还可以指定某个字段必须被包括在内。默认情况下，如果你创建一个 Document 实例时不指定字段，则创建的对象就没有字段。对于必须存在于模型中的字段，需要在定义模式时添加所需的属性。例如，要为 name 字段添加一个索引，确保唯一性，并迫使在集合中包含它，就可以使用下面的语句：

```
var schema = new Schema({
  name: {type: String, index: 1, unique: true, required: true}
};
```

你可以利用 requiredPaths() 方法来获得一个 Schema 对象必需的字段列表。例如：

```
schema.requiredPaths()
```

16.3.6　往 Schema 模型添加方法

Mongoose 模式使你能够在模型的 Schema 对象中添加在文档对象中自动可用的方法。这使你可以利用 Document 对象调用这些方法。

可以通过指定一个函数到 Schema.methods 属性来把方法添加到 Schema 对象。该函数只是一个分配到 Document 对象的标准 JavaScript 函数。

Document 对象可利用 this 关键字来访问。例如，下面的语句在一个模型中分配一个名为 fullName 的函数，它返回 first 和 last 名字的组合：

```
var schema = new Schema({
  first: String,
  last: String
});
schema.methods.fullName = function(){
```

```
  return this.first + " " + this.last;
};
```

16.3.7 在 words 数据库上实现模式

清单 16.2 在第 15 章中定义的 word_stats 集合上实现了一个模式，该模式被用在本章其他的例子中，所以它在清单 16.2 的最后一行代码中被导出。请注意，word 和 first 字段都分配了索引，并且 word 字段既是 unique（唯一的），又是 required（必需的）。

对于 stats 子文档，该文档被定义为正常，但具有在第 9～11 行指定的类型。还要注意到，对于 charsets 字段，这是子文档的数组，其语法为模型定义了一个数组，并定义了单个子文档类型。第 13～15 行实现了 startsWith() 方法，该方法可在模型中的 Document 对象上使用。清单 16.2 的输出显示出了所要求的路径和索引。

清单 16.2 word_schema.js：为 word_stats 集合定义模式

```
01 var mongoose = require('mongoose');
02 var Schema = mongoose.Schema;
03 var wordSchema = new Schema({
04   word: {type: String, index: 1, required:true, unique: true},
05   first: {type: String, index: 1},
06   last: String,
07   size: Number,
08   letters: [String],
09   stats: {
10     vowels:Number, consonants:Number},
11   charsets: [Schema.Types.Mixed]
12 }, {collection: 'word_stats'});
13 wordSchema.methods.startsWith = function(letter){
14   return this.first === letter;
15 };
16 exports.wordSchema = wordSchema;
17 console.log("Required Paths: ");
18 console.log(wordSchema.requiredPaths());
19 console.log("Indexes: ");
20 console.log(wordSchema.indexes());
```

清单 16.2 的输出 word_schema.js：为 word_stats 集合定义模式

```
Required Paths:
['word']
Indexes:
[ [ { word: 1 }, { background: true } ],
[ { first: 1 }, {background: true } ] ]
```

16.4 编译模型

一旦你为模型定义了Schema对象，就需要把它编译成一个Model对象。当Mongoose编译模型时，它使用由mongoose.connect()建立的到MongoDB的连接，以确保在应用更改时，集合已创建并具有适当的索引，且设置了必需性和唯一性。

编译后的Model对象的行为方式与在第13章中定义的Collection对象大致相同，它提供了在模型中并随后在MongoDB集合中访问、更新和移除对象的功能。

要编译模型，应使用mongoose模块中的model()方法。model()方法的语法如下：

```
model(name, [schema], [collection], [skipInit])
```

name参数是以后用model(name)发现该模型时可以使用的字符串。schema参数是在16.3节中所讨论的Schema对象。collection参数是要连接的集合名（如果Schema对象中没有指定一个集合）。skipInit选项是一个布尔值，默认为false。如果为true，则初始化过程被跳过，并创建了没有连接到数据库的一个简单Model对象。

以下显示为清单16.2中定义的Schema对象编译模型的一个实例：

```
var Words = mongoose.model('Words', wordSchema);
```

然后，你就可以在任何时间通过以下语句访问编译后的Model对象了：

```
mongoose.model('Words')
```

16.5 了解Query对象

一旦把一个Schema对象编译成一个Model对象，你就完全准备好开始在模型中访问、添加、更新和删除文档了，这使得对底层的MongoDB数据库执行修改。然而，在你转到这方面之前，需要了解Mongoose提供的Query对象的性质。

许多在Model对象中的方法，与在第13章中定义的Collection对象的方法匹配。例如，有find()、remove()、update()、count()、distinct()和aggregate()方法。这些方法的参数，在大多数情况下，与Collection对象的参数完全相同，但有一个主要的区别：callback参数。

使用Mongoose Model对象时，你既可以传入callback回调函数，也可以在方法的参数中忽略它。如果传入callback函数，该方法的行为会与你的期望一致。将请求发送到MongoDB，并且在callback函数中返回结果。

但是，如果你没有传入一个 callback 函数，MongoDB 请求不会发送；相反，会返回一个 Query 对象，允许你在执行它之前添加额外的功能要求。然后，当你准备好执行数据库调用时，可以在 Query 对象上使用 exec(callback) 方法。

解释这一点的最简单方法是查看一个 find() 请求的例子。它使用了与原生驱动程序相同的语法，这种语法可被 Mongoose 完美地接受：

```
model.find({value:{$gt:5}},{sort:{[['value',-1]]}, fields:{name:1, title:1,
          value:1}}}, function(err, results){});
```

不过，使用 Mongoose 时，可以使用下面的代码单独定义所有的查询选项：

```
var query = model.find({});
query.where('value').lt(5);
query.sort('-value');
query.select('name title value');
query.exec(function(err, results){});
```

该 model.find() 调用返回一个 Query 对象，而不是执行 find() 方法，因为没有指定回调函数。请注意，query 属性和 options 属性被分解到随后在 query 对象上的方法调用中。然后，一旦 query 对象被完全建立，则 exec() 方法被调用，且 callback 函数被传递进去。

还可以把 query 对象的方法串在一起，如下面的例子所示：

```
model.find({}).where('value').lt(5).sort('-value').select('name title value')
.exec(function(err, results){});
```

当 exec() 被调用时，Mongoose 库建立必要的 query 和 options 参数，然后对 MongoDB 执行原生调用。结果在回调函数中返回。

16.5.1 设置查询数据库操作

每个 Query 对象都必须有一个与之关联的数据库操作。对数据库的操作决定了连接到数据库时采取的行动——从发现文档到存放文档。有两种方法可以将数据库操作分配给一个查询对象。其中一种是从 Model 对象调用操作，而不指定一个回调函数。返回的 query 对象拥有分配给它的操作。例如：

```
var query =  model.find();
```

一旦你已经有了一个 Query 对象，就可以通过调用 Query 对象上的方法更改应用的操作。例如，下面的代码创建了一个带有 count() 操作的 Query 对象，然后切换到 find() 操作：

```
var query =  model.count();
query.where('value').lt(5);
query.exec(function(){});
query.find();
query.exec(function(){});
```

这使你可以动态地重用相同的 Query 查询对象执行多个数据库操作。表 16.2 列出了可以在 Query 对象上调用的操作方法。也可以在编译后的 Model 对象上使用这些方法，这可以通过省略回调函数来返回一个 Query 对象。请记住，如果你对任一方法传递一个回调函数，操作都会被执行并在完成时调用回调函数。

表 16.2　可以在 **Query** 和 **Model** 对象上设置数据库操作的方法

方　法	说　明
create(objects, [callback])	把 objects 参数中指定的对象插入 MongoDB 数据库。objects 参数可以是一个 JavaScript 对象或 JavaScript 对象数组。为每个对象都创建一个针对模型的 Document 对象实例。回调函数接收一个错误对象作为第一个参数，而被保存的文档作为其他对象。例如：function(err, doc1, doc2, doc3, ...)
count([query], [callback])	设置操作为 count。当回调函数被执行时，返回的结果是匹配 query 的项数
distinct([query], [field], [callback])	设置操作为 distinct，这将结果限制为执行回调函数时指定字段的不同值的数组
find([query], [options], [callback])	设置操作为 find，这将返回匹配 query 的 Document 对象的数组
findOne([query], [options], [callback])	设置操作为 findOne，这将返回匹配 query 的第一个 Document 对象
findOneAndRemove([query], [options], [callback])	设置操作为 findAndRemove，这将删除集合中第一个匹配 query 的文档
findOneAndUpdate([query], [update], [options], [callback])	设置操作为 findAndUpdate，这将更新集合中第一个匹配 query 的文档。update 操作在 update 参数中被指定。可以使用的 update 运算符参见表 14.2
remove([query], [options], [callback])	设置操作为 remove，这将删除集合中匹配 query 的所有文档
update([query], [update], [options], [callback])	设置操作为 update，这将更新集合中匹配 query 的所有文档。update 操作在 update 参数中被指定。可以使用的 update 运算符参见表 14.2
aggregate(operators, [callback])	对集合应用一个或多个聚合 operators。回调函数接受一个错误作为第一个参数和表示聚合结果的 JavaScript 对象数组作为第二个参数

16.5.2　设置查询数据库操作选项

有些 Query 对象的方法也允许你设置选项，如定义请求如何在服务器上进行处理的

limit、skip 和 select。这些选项可以在表 16.2 列出的方法的 options 参数中设置，或通过调用表 16.3 列出的 Query 对象的方法来设置。

表 16.3 可以在 **Query** 和 **Mode** 对象上设置数据库的操作选项的方法

方　法	说　明
setOptions(options)	设置执行数据库请求时，用于与 MongoDB 交互的选项。请参阅表 15.2 中可以设置的选项的说明
limit(number)	设置在结果中包含的文档的最大数量

select(fields)	指定应包含在结果集的每个文档中的字段。这些字段的参数可以是一个空格分隔的字符串或对象。当使用字符串方法时，在字段名的开头添加一个+强制列入该字段，即使它在文档中不存在；添加一个-来排除该字段。例如：
	select('name +title -value');
	select({name:1, title:1, value:0);

sort(fields)	以字符串形式或对象形式指定进行排序的字段。例如： sort('name -value'); sort({name:1, value:-1})
skip(number)	指定要在结果集的开头跳过的文档的数量
read(preference)	允许你设置读取首选项为 primary、primaryPreferred、secondary、secondaryPreferred 或 nearest
snapshot(Boolean)	为 true 时把查询设置为快照查询
safe(Boolean)	设置为 true 时，数据库请求对更新操作使用写入关注
hint(hints)	指定查找文档时要使用或排除的索引。使用 1 表示包含，使用-1 表示排除。例如： hint(name:1, title:-1);
comment(string)	将 string 连同查询添加到 MongoDB 的日志中。这对于识别在日志文件中的查询是有用的

16.5.3 设置查询运算符

Query 对象还允许你设置用于查找你想要应用数据库操作的文档的运算符和值。这些运算符把这定义为类似“字段值超过特定的数量”。所有运算符都工作于字段的路径；可以利用 where()方法或将其包括在运算符方法中来指定这个路径。如果没有指定运算符方法，则使用最后被传递到 where()方法的路径。

例如，gt()运算符对 value 字段进行比较：

```
query.where('value').gt(5)
```

然而，在下面的语句中，lt()运算符对 score 字段进行比较：

```
query.where('value').gt(5).lt('score', 10);
```

表 16.4 列出了可应用到 Query 对象的最常用方法。

表 16.4　可在 **Query** 对象中定义查询运算符的方法

方　法	说　明
where(path,[value])	为运算符设置当前字段路径。如果 value 也包括在内，那么只有其中该字段值等于 value 的文档才包括在内。例如：where('name', "myName")
gt([path], value)	匹配大于在查询中指定的设定 value 的值。例如： gt('value', 5) gt(5)
gte([path], value)	匹配等于或大于在查询中指定的设定 value 的值
lt([path], value)	匹配小于在查询中指定的设定 value 的值
lte([path], value)	匹配小于或等于在查询中指定的设定 value 的值
ne([path], value)	匹配所有不等于在查询中指定的设定 value 的值
in([path], array)	匹配在查询中指定的 array 中存在的任何一个值。例如： in('name', ['item1', 'item2']) in(['item1', 'item2'])
nin([path], array)	匹配在查询中指定的一个 array 中不存在的值
or(conditions)	用逻辑 OR 连接查询子句，并返回匹配任何子句的设定 conditions 的所有文档。例如： or([{size:{$lt:5}},{size:{$gt:10}}])
and(conditions)	用逻辑 AND 连接查询子句，并返回同时匹配两个子句的设定条件的所有文档。例如： and([{size:{$lt:10}},{size:{$gt:5}}])
nor(conditions)	用逻辑 NOR 连接查询子句，并返回与两个子句的设定条件都不匹配的所有文档。例如： nor([{size:{$lt:5}},{name:"myName"}])
exists([path], Boolean)	匹配具有指定字段的文档。例如，下面的例子会查找有 name 字段的文档和没有 title 字段的文档： exists('name', true) exists('title', false)
mod([path], value, remainder)	对某个字段的值执行除数为 value 的取模运算，并选择余数与 remainder 匹配的文档。例如：mod('size', 2,0)
regex([path], expression)	选择其值匹配指定正则表达式的文档。例如：regex('myField', 'some.*exp')
all([path], array)	匹配包含在 array 参数中指定的所有元素的数组字段。例如：all('myArr', ['one','two','three'])

elemMatch([path], criteria)	如果子文档的数组中的元素具有匹配所有指定的$elemMatch 标准的字段，选择此文档。criteria 可以是对象或函数。例如：
	elemMatch('item', {value:5},size:{$lt:3}})
	elemMatch('item', function(elem){
	 elem.where('value', 5);
	 elem.where('size').gt(3);
	})

size([path], value)	选择数组字段为指定大小的文档。例如：size('myArr', 5)

16.6 了解 Document 对象

当你使用Model对象来检索数据库中的文档时，这些文档都在回调函数中以Mongoose Document对象来表示。Document对象继承自Model类，代表一个集合中的实际文档。Document对象允许你通过提供一些支持验证和修改的方法及额外属性，与从你的模式模型的角度看到的一个文档交互。

表16.5列出了Document对象上最有用的方法和属性。

表 16.5 可以在 Document 对象上使用的方法和属性

方法/属性	说　明
equals(doc)	如果这个Document对象与doc参数指定的文档相匹配，则返回true
id	包含文档的_id值
get(path, [type])	返回指定路径的值。type参数可以让你强制转换返回值的类型
set(path, value, [type])	设置指定路径的字段值。type参数可以让你强制转换设置的值的类型
update(update, [options], [callback])	更新MongoDB数据库中的文档。update参数指定应用到该文档的update运算符。可以使用的update运算符参见表14.2
save([callback])	把已对Document对象做出的更改保存到MongoDB的数据库。回调函数接受一个错误对象作为唯一的参数
remove([callback])	删除MongoDB数据库中的Document对象。回调函数接受一个错误对象作为唯一的参数
isNew	一个布尔值，如果为true，则表示一个还没有被存储在MongoDB中的模型的新对象
isInit(path)	如果在这个路径的字段已经被初始化，则返回true
isSelected(path)	如果在这个路径的字段是从MongoDB返回的结果集中选择的，则返回true
isModified(path)	如果在这个路径的字段已被修改但尚未被保存到MongoDB，则返回true
markModified(path)	把路径标记为正在被修改，使得它会被保存/更新到MongoDB
modifiedPaths()	返回已被修改的对象中路径的数组
toJSON()	返回Document对象的JSON字符串表示形式
toObject()	返回一个普通的JavaScript对象，它无Document对象额外的属性和方法
toString()	返回Document对象的字符串表示形式
validate(callback)	在文档上执行验证。回调函数只接受一个error（错误）参数
invalidate(path, msg, value)	将路径标识为无效，从而导致验证失败。msg和value参数指定错误信息和value（值）
errors	包含在文档中的错误列表
schema	链接到定义了Document对象的模型的Schema对象

16.7 利用 Mongoose 查找文档

利用 mongoose 模块查找文档在某些方面类似于使用 MongoDB Node.js 原生驱动程序，但在另一些方面却有所不同。逻辑运算符，以及 limit、skip 和 distinct 的概念是完全一样的；然而，这里有两个很大的区别。

第一个主要区别是，使用 Mongoose 的时候，用来建立请求的语句可以通过管道连接在一起和重用，因为这是在本章前面讨论的 Query 对象的功能。这使得 Mongoose 的代码在定义返回哪些文档，以及如何返回它们的时候更加动态和灵活。

例如，这 3 个查询是相同的，只是构建的方法不同：

```
var query1 = model.find({name:'test'}, {limit:10, skip:5, fields:{name:1,value:1}});
var query2 = model.find().where('name','test').limit(10).skip(5).select({name:1,value:1});
var query3 = model.find();
query3.where('name','test');
query3.limit(10).skip(5);
query3.select({name:1,value:1});
```

用 Mongoose 建立一个查询对象时要遵循的一个好的规则是，只添加你需要在代码中用到的东西。

第二个主要区别在于 MongoDB 的运算符，如 find()和 findOne()返回的是 Document 对象，而不是 JavaScript 对象。具体而言，find()返回 Document 对象的数组，而不是一个 Cursor 对象，而 findOne()返回一个 Document 对象。Document 对象允许你执行表 16.5 列出的操作。

清单 16.3 展示了几个实现从数据库中检索对象的 Mongoose 方法的例子。在第 9～14 行清点以元音开始和结尾的单词的数目。然后在第 15 行中，相同的查询对象被改变为一个 find()操作，并在第 16 行执行之前，添加 limit()和 sort()。

在第 22～32 行使用 mod()找到长度是偶数并超过 6 个字符的单词。而且，输出被限制为 10 个文档，每个文档只返回 word 和 size 字段。

清单 16.3　mongoose_find.js：利用 Mongoose 在集合中查找文档

```
01 var mongoose = require('mongoose');
02 var db = mongoose.connect('mongodb://localhost/words');
03 var wordSchema = require('./word_schema.js').wordSchema;
04 var Words = mongoose.model('Words', wordSchema);
05 setTimeout(function(){
06   mongoose.disconnect();
07 }, 3000);
```

```
08 mongoose.connection.once('open', function(){
09   var query = Words.count().where('first').in(['a', 'e', 'i', 'o', 'u']);
10   query.where('last').in(['a', 'e', 'i', 'o', 'u']);
11   query.exec(function(err, count){
12     console.log("\nThere are " + count +
13                 " words that start and end with a vowel");
14   });
15   query.find().limit(5).sort({size:-1});
16   query.exec(function(err, docs){
17     console.log("\nLongest 5 words that start and end with a vowel: ");
18     for (var i in docs){
19       console.log(docs[i].word);
20     }
21   });
22   query = Words.find();
23   query.mod('size',2,0);
24   query.where('size').gt(6);
25   query.limit(10);
26   query.select({word:1, size:1});
27   query.exec(function(err, docs){
28     console.log("\nWords with even lengths and longer than 5 letters: ");
29     for (var i in docs){
30       console.log(JSON.stringify(docs[i]));
31     }
32   });
33 });
```

清单 16.3 的输出 mongoose_find.js：利用 Mongoose 在集合中查找文档

```
There are 5 words that start and end with a vowel

Words with even lengths and longer than 5 letters:
{"_id":"598e0ebd0850b51290642f8e","word":"american","size":8}
{"_id":"598e0ebd0850b51290642f9e","word":"question","size":8}
{"_id":"598e0ebd0850b51290642fa1","word":"government","size":10}
{"_id":"598e0ebd0850b51290642fbe","word":"national","size":8}
{"_id":"598e0ebd0850b51290642fcc","word":"business","size":8}
{"_id":"598e0ebd0850b51290642ff9","word":"continue","size":8}
{"_id":"598e0ebd0850b51290643012","word":"understand","size":10}
{"_id":"598e0ebd0850b51290643015","word":"together","size":8}
{"_id":"598e0ebd0850b5129064301a","word":"anything","size":8}
{"_id":"598e0ebd0850b51290643037","word":"research","size":8}

Longest 5 words that start and end with a vowel:
administrative
```

```
infrastructure
intelligence
independence
architecture
```

16.8　利用 Mongoose 添加文档

可以利用 Model 对象的 create()方法或新创建的 Document 对象的 save()方法把文档添加到 MongoDB 库。create()方法接受 JavaScript 对象的数组，并为每个 JavaScript 对象创建一个 Document 实例，这对其应用验证和中间件框架。然后将 Document 对象保存到数据库中。

create()方法的语法如下所示：

```
create(objects, [callback])
```

create 方法的 callback 函数，如果发生错误，它就接受一个 error 作为第一个参数，然后是附加的参数，每个文档都用一个附加参数表示和保存。清单 16.4 的第 27～32 行说明使用 create()方法和处理被保存的返回文档。请注意，在 Model 对象 Words 上调用 create()方法并且对参数进行迭代以显示创建的文档，如清单 16.4 的输出所示。

save()方法在已创建的 Document 对象上被调用。即使文档尚未在 MongoDB 数据库中创建，它也能被调用，在这种情况下，新的文档被插入。save()方法的语法如下所示：

```
save([callback])
```

清单 16.4 也显示了利用 Mongoose 用 save()方法在集合中添加文件。请注意，在第 6～11 行创建新的 Document 实例，而 save()方法在那个 Document 实例上被调用。

清单 16.4　mongoose_create.js：利用 Mongoose 在集合中创建一个新文档

```
01 var mongoose = require('mongoose');
02 var db = mongoose.connect('mongodb://localhost/words');
03 var wordSchema = require('./word_schema.js').wordSchema;
04 var Words = mongoose.model('Words', wordSchema);
05 mongoose.connection.once('open', function(){
06   var newWord1 = new Words({
07     word:'gratifaction',
08     first:'g', last:'n', size:12,
09     letters: ['g','r','a','t','i','f','c','o','n'],
10     stats: {vowels:5, consonants:7}
11   });
12   console.log("Is Document New? " + newWord1.isNew);
13   newWord1.save(function(err, doc){
```

```
14     console.log("\nSaved document: " + doc);
15   });
16   var newWord2 = { word:'googled',
17     first:'g', last:'d', size:7,
18     letters: ['g','o','l','e','d'],
19     stats: {vowels:3, consonants:4}
20   };
21   var newWord3 = {
22     word:'selfie',
23     first:'s', last:'e', size:6,
24     letters: ['s','e','l','f','i'],
25     stats: {vowels:3, consonants:3}
26   };
27   Words.create([newWord2, newWord3], function(err){
28     for(var i=1; i<arguments.length; i++){
29       console.log("\nCreated document: " + arguments[i]);
30     }
31     mongoose.disconnect();
32   });
33 });
```

清单 16.4 的输出 `mongoose_create.js`：利用 Mongoose 在集合中创建一个新文档

```
Is Document New? True
Saved document: { __v: 0,
  word: 'gratifaction',
  first: 'g',
  last: 'n',
  size: 12,
  _id: 598e10192e335a163443ec13,
  charsets: [],
  stats: { vowels: 5, consonants: 7 },
  letters: [ 'g', 'r', 'a', 't', 'i', 'f', 'c', 'o', 'n' ] }

Created document: { __v: 0,
  word: 'googled',
  first: 'g',
  last: 'd',
  size: 7,
  _id: 598e10192e335a163443ec14,
  charsets: [],
  stats: { vowels: 3, consonants: 4 },
  letters: [ 'g', 'o', 'l', 'e', 'd' ] },{ __v: 0,
  word: 'selfie',
  first: 's',
  last: 'e',
  size: 6,
  _id: 598e10192e335a163443ec15,
```

```
  charsets: [],
  stats: { vowels: 3, consonants: 3 },
  letters: [ 's', 'e', 'l', 'f', 'i' ] }
```

16.9　利用 Mongoose 更新文档

使用 Mongoose 更新文档有几种方法。使用哪一种方法取决于你的应用程序的性质。一种方法是简单地调用前面描述的 save()函数。可以在数据库中已创建的对象上调用 save()方法。

另一种办法是使用 update()方法，它可以在 Document 对象上执行单个更新，或在 Model 对象上更新模型中的多个文档。update()方法的优点是，它可以被应用到多个对象，并且它提供了稍好的性能。以下各节介绍这些方法。

16.9.1　保存文档更改

你已经看到了如何使用 save()方法把一个新的文档添加到数据库中。你也可以用它来更新现有的对象。通常情况下，在处理 MongoDB 时，使用 save()方法是最方便的，因为你已经有 Document 对象的一个实例。

save()方法检测一个对象是否是新的，确定哪些字段发生了变化，然后生成一个更新数据库中的这些字段的数据库请求。清单 16.5 显示了实现一个 save()请求。从数据库检索单词 book，并把第一个字母改成大写，更改 word 和 first 字段。

请注意，第 8 行的 doc.isNew 报告，该文档不是新的。此外，第 14 行利用 doc.modifiedPaths()把修改后的字段报告到控制台。这些是要更新的字段。

清单 16.5　mongoose_save.js：利用 Mongoose 在集合中保存文档

```
01 var mongoose = require('mongoose');
02 var db = mongoose.connect('mongodb://localhost/words');
03 var wordSchema = require('./word_schema.js').wordSchema;
04 var Words = mongoose.model('Words', wordSchema);
05 mongoose.connection.once('open', function(){
06   var query = Words.findOne().where('word', 'book');
07   query.exec(function(err, doc){
08     console.log("Is Document New? " + doc.isNew);
09     console.log("\nBefore Save: ");
10     console.log(doc.toJSON());
11     doc.set('word','Book');
12     doc.set('first','B');
13     console.log("\nModified Fields: ");
```

```
14     console.log(doc.modifiedPaths());
15     doc.save(function(err){
16       Words.findOne({word:'Book'}, function(err, doc){
17         console.log("\nAfter Save: ");
18         console.log(doc.toJSON());
19         mongoose.disconnect();
20       });
21     });
22   });
23 });
```

清单 16.5 的输出 mongoose_save.js：利用 Mongoose 保存集合中的文档

```
Is Document New? false

Before Save:
{ _id: 598e0ebd0850b51290642fc7,
  word: 'book',
  first: 'b',
  last: 'k',
  size: 4,
  charsets:
   [ { chars: [Object], type: 'consonants' },
     { chars: [Object], type: 'vowels' } ],
  stats: { vowels: 2, consonants: 2 },
  letters: [ 'b', 'o', 'k' ] }

Modified Fields:
[ 'word', 'first' ]

After Save:
{ _id: 598e0ebd0850b51290642fc7,
  word: 'Book',
  first: 'B',
  last: 'k',
  size: 4,
  charsets:
   [ { chars: [Object], type: 'consonants' },
     { chars: [Object], type: 'vowels' } ],
  stats: { vowels: 2, consonants: 2 },
  letters: [ 'b', 'o', 'k' ] }
```

16.9.2 更新单个文档

Document 对象还提供了 update() 方法，允许你利用表 14.2 中描述的 update 运算符来更新一个文档。Document 对象的 update() 方法的语法如下所示：

```
update(update, [options], [callback])
```

update 参数是定义对文档执行的更新操作的对象。options 参数指定写入的首选项，而 callback 函数接受一个错误作为第一个参数和被更新的文档的数量作为第二个参数。

清单 16.6 显示了使用 update()方法通过用$set 运算符设置 word、size 和 last 字段，以及利用$push 运算符在 letters(字母)结尾推送字母 s 把单词 gratifaction 更新为 gratifactions 的例子。

清单 16.6　mongoose_update_one.js：利用 Mongoose 更新集合中的一个文档

```
01 var mongoose = require('mongoose');
02 var db = mongoose.connect('mongodb://localhost/words');
03 var wordSchema = require('./word_schema.js').wordSchema;
04 var Words = mongoose.model('Words', wordSchema);
05 mongoose.connection.once('open', function(){
06   var query = Words.findOne().where('word', 'gratifaction');
07   query.exec(function(err, doc){
08     console.log("Before Update: ");
09     console.log(doc.toString());
10     var query = doc.update({$set:{word:'gratifactions',
11                                   size:13, last:'s'},
12                             $push:{letters:'s'}});
13     query.exec(function(err, results){
14       console.log("\n%d Documents updated", results);
15       Words.findOne({word:'gratifactions'}, function(err, doc){
16         console.log("\nAfter Update: ");
17         console.log(doc.toString());
18         mongoose.disconnect();
19       });
20     });
21   });
22 });
```

清单 16.6 的输出　mongoose_update_one.js：利用 Mongoose 更新集合中的一个文档

```
Before Update:
{ _id: 598e10192e335a163443ec13,
  word: 'gratifaction',
  first: 'g',
  last: 'n',
  size: 12,
  __v: 0,
  charsets: [],
  stats: { vowels: 5, consonants: 7 },
```

```
  letters: [ 'g', 'r', 'a', 't', 'i', 'f', 'c', 'o', 'n' ] }

NaN Documents updated

After Update:
{ _id: 598e10192e335a163443ec13,
  word: 'gratifactions',
  first: 'g',
  last: 's',
  size: 13,
  __v: 0,
  charsets: [],
  stats: { vowels: 5, consonants: 7 },
  letters: [ 'g', 'r', 'a', 't', 'i', 'f', 'c', 'o', 'n', 's' ] }
```

16.9.3 更新多个文档

Model 对象也提供了一个 update()方法，它允许你利用表 14.2 中描述的 update 运算符来更新集合中的多个文档。Model 对象的 update()方法的语法略有不同，如下所示：

```
update(query, update, [options], [callback])
```

query 参数定义用于识别哪个对象需要更新的查询。update 参数是一个对象，它定义了在文档上执行的更新操作。options 参数指定写入的首选项，而 callback 函数接受一个错误作为第一个参数和被更新的文档的数量作为第二个参数。

在模型（Model）级更新的一个优点是，你可以使用 Query 对象来定义哪些对象应该被更新。清单 16.7 显示了使用 update()方法把与正则表达式/grati.*/相匹配的单词的 size 字段更新为 0 的一个例子。注意，第 11 行定义了一个 update 对象，但在第 14 行执行它之前，多个查询选项被添加到 Query 对象。然后发出另一个 find()请求，这次使用正则表达式/grat.*/来表明，只有那些匹配更新查询的文档实际上被更改了。

清单 16.7 mongoose_update_many.js：利用 Mongoose 更新集合中的多个文档

```
01 var mongoose = require('mongoose');
02 var db = mongoose.connect('mongodb://localhost/words');
03 var wordSchema = require('./word_schema.js').wordSchema;
04 var Words = mongoose.model('Words', wordSchema);
05 mongoose.connection.once('open', function(){
06   Words.find({word:/grati.*/}, function(err, docs){
07     console.log("Before update: ");
08     for (var i in docs){
09       console.log(docs[i].word + " : " + docs[i].size);
10     }
```

```
11      var query = Words.update({}, {$set: {size: 0}});
12      query.setOptions({multi: true});
13      query.where('word').regex(/grati.*/);
14      query.exec(function(err, results){
15        Words.find({word:/grat.*/}, function(err, docs){
16          console.log("\nAfter update: ");
17          for (var i in docs){
18            console.log(docs[i].word + " : " + docs[i].size);
19          }
20          mongoose.disconnect();
21        });
22      });
23    });
24 });
```

清单 16.7 的输出 `mongoose_update_many.js`：利用 Mongoose 更新集合中的多个文档

```
Before update:
gratifactions : 13
immigration : 11
integration : 11
migration : 9

After update:
grateful : 8
gratifactions : 0
immigration : 0
integrate : 9
integrated : 10
integration : 0
migration : 0
```

16.10 利用 Mongoose 删除文档

利用 Mongoose 在集合中删除对象有两个主要方法。你可以使用 `remove()` 方法，无论是在 `Document` 对象上执行单个删除还是在 `Model` 对象上删除模型中的多个文档。如果你已经有了一个 `Document` 实例，则删除单个对象是很方便的。但是，在模型级同时删除多个文档通常是更有效的。以下各节介绍这些方法。

16.10.1 删除单个文档

`Document` 对象提供 `remove()` 方法，它允许你删除模型中的单个文档。`Document` 对象上的 `remove()` 方法的语法如下所示：

```
remove( [callback])
```

如果发生错误，callback 函数接受一个 error 作为唯一的参数；如果删除成功，就用已删除的文档作为第二个参数。

清单 16.8 显示了使用 remove() 方法删除单词 unhappy 的例子。

清单 16.8 mongoose_remove_one.js：利用 Mongoose 从集合中删除一个文档

```
01 var mongoose = require('mongoose');
02 var db = mongoose.connect('mongodb://localhost/words');
03 var wordSchema = require('./word_schema.js').wordSchema;
04 var Words = mongoose.model('Words', wordSchema);
05 mongoose.connection.once('open', function(){
06   var query = Words.findOne().where('word', 'unhappy');
07   query.exec(function(err, doc){
08     console.log("Before Delete: ");
09     console.log(doc);
10     doc.remove(function(err, deletedDoc){
11       Words.findOne({word:'unhappy'}, function(err, doc){
12         console.log("\nAfter Delete: ");
13         console.log(doc);
14         mongoose.disconnect();
15       });
16     });
17   });
18 });
```

清单 16.8 的输出 mongoose_remove_one.js：利用 Mongoose 从集合中删除一个文档

```
Before Delete:
{ _id: 598e0ebd0850b51290643f21,
  word: 'unhappy',
  first: 'u',
  last: 'y',
  size: 7,
  charsets:
   [ { chars: [Object], type: 'consonants' },
     { chars: [Object], type: 'vowels' } ],
  stats: { vowels: 2, consonants: 5 },
  letters: [ 'u', 'n', 'h', 'a', 'p', 'y' ] }

After Delete:
null
```

16.10.2　删除多个文档

Model 对象还提供了 remove() 方法，允许你使用对数据库的单个调用来删除一个集合中的多个文档。在 Model 对象上的 remove() 方法的语法略有不同，如下所示：

```
remove(query, [options], [callback])
```

query 参数定义用于标识要删除哪些对象的查询。options 参数指定写入的首选项，而 callback 函数接受一个 error 作为第一个参数和被删除的文档的数量作为第二个参数。

在模型级删除的一个优点是，你在同一个操作中删除多个文档，从而节约了多个请求的开销。此外，你还可以使用 Query 对象来定义应当对哪些对象进行更新。

清单 16.9 显示了使用 remove() 方法来删除与正则表达式/grati.*/匹配的单词的例子。请注意，之前的代码把多个查询选项用管道传输到 Query 对象，然后在第 13 行执行它。接下来显示被删除文档的数目，之后再发出另一个 find() 请求，这次使用正则表达式/grat.*/表明只有那些与删除查询匹配的单词实际上被删除。

清单 16.9　mongoose_remove_many.js：利用 Mongoose 删除集合中的多个文档

```
01 var mongoose = require('mongoose');
02 var db = mongoose.connect('mongodb://localhost/words');
03 var wordSchema = require('./word_schema.js').wordSchema;
04 var Words = mongoose.model('Words', wordSchema);
05 mongoose.connection.once('open', function(){
06   Words.find({word:/grat.*/}, function(err, docs){
07     console.log("Before delete: ");
08     for (var i in docs){
09       console.log(docs[i].word);
10     }
11     var query = Words.remove();
12     query.where('word').regex(/grati.*/);
13     query.exec(function(err, results){
14       console.log("\n%d Documents Deleted.", results);
15       Words.find({word:/grat.*/}, function(err, docs){
16         console.log("\nAfter delete: ");
17         for (var i in docs){
18           console.log(docs[i].word);
19         }
20         mongoose.disconnect();
21       });
22     });
23   });
24 });
```

清单 16.9 的输出 mongoose_remove_many.js：利用 Mongoose 删除集合中的多个文档

```
Before delete:
grateful
gratifactions
immigration
integrate
integrated
integration
migration

NaN Documents Deleted.

After delete:
grateful
integrate
integrated
```

16.11 利用 Mongoose 聚合文档

Model 对象提供了 aggregate() 方法，可以让你实现在第 15 章中讨论的 MongoDB 聚合管道。如果你尚未阅读第 15 章有关聚合的相关章节，就应该在阅读本节之前先阅读它。聚合在 Mongoose 中的工作方式类似于它在 MongoDB Node.js 原生驱动程序中的工作方式。事实上，如果你愿意，就可以使用完全相同的语法。你也可以选择使用 Mongoose Aggregate 对象生成并执行聚合管道。

在如下方面，Aggregate 对象的工作原理类似于 Query 对象，即如果你传入一个回调函数，则 aggregate() 被立即执行；如果没有传入一个回调函数，则返回一个 Aggregate 对象，并且你可以应用管道的方法。

例如，下面的代码将立即调用 aggregate() 方法：

```
model.aggregate([{$match:{value:15}}, {$group:{_id:"$name"}}],
                function(err, results) {});
```

还可以利用 Aggregate 对象的一个实例来管道化聚合操作。例如：

```
var aggregate = model.aggregate();
aggregate.match({value:15});
aggregate.group({_id:"$name"});
aggregate.exec();
```

表 16.6 描述了可以在 Aggregate 对象上调用的方法。

表 16.6　在 Mongoose 中 **Aggregate** 对象的管道方法

方　法	说　明
exec(callback)	按照它们的添加顺序执行 Aggregate 对象的管道条目。回调函数接收一个错误作为第一个参数和一个 JavaScript 的数组对象作为第二个参数（表示聚合结果）
append(operations)	在 Aggregate 对象的管道中追加额外的操作。你可以应用多个操作，如下例所示： append({match:{size:1}}, {$group{_id:"$title"}}, {$limit:2})
group(operators)	追加 operators 运算符定义的 group 操作。例如： group({_id:"$title", largest:{$max:"$size"}})
limit(number)	追加把汇总结果限制到特定数量的 limit 操作
match(operators)	追加 operators 参数定义的 match 操作。例如： match({value:{$gt:7, $lt:14}}, title:"new"})
project(operators)	追加 operators 参数定义的投影操作。例如： project({_id:"$name", value:"$score", largest:{$max:"$size"}})
read(preference)	指定用于聚合的副本读取首选项。该值可以是 primary、primaryPreferred、secondary、secondaryPreferred，或 nearest
skip(number)	追加 skip 操作，指定在聚合管道中执行下一个操作时会跳过前面指定数量的文档
sort(fields)	追加 sort 操作到聚合管道。字段在对象中指定，其中值为 1 表示包括，而值为-1 是排除。例如： sort({name:1, value:-1})
unwind(arrFields)	追加一个 unwind 操作到聚合管道，它通过为数组中的每个值在聚合集中建立一个新的文档解除其 arrFields 参数。例如： unwind("arrField1", "arrField2", . "arrField3")

清单 16.10 用 3 个例子说明了在 Mongoose 中实现聚合。第一个例子，在第 9～19 行，实现了用原生驱动程序的方式，但利用 Model 对象来聚合。聚合的结果集是以元音为开头的单词的最大和最小的单词长度。

下一个例子，在第 20～27 行，通过创建一个 Aggregate 对象并使用 match()、append()和 limit()方法对它追加操作来实现聚合。结果为 5 个四字母的单词的统计。

最后一个例子，在第 28～35 行，使用 group()、sort()和 limit()方法来构建聚合管道，结果是具有最大的平均单词长度的前 5 个字母。

清单 16.10　**mongoose_aggregate.js**：利用 Mongoose 对集合中的文档聚合数据

```
01 var mongoose = require('mongoose');
02 var db = mongoose.connect('mongodb://localhost/words');
03 var wordSchema = require('./word_schema.js').wordSchema;
04 var Words = mongoose.model('Words', wordSchema);
05 setTimeout(function(){
```

```
06   mongoose.disconnect();
07 }, 3000);
08 mongoose.connection.once('open', function(){
09   Words.aggregate([{$match: {first:{$in:['a','e','i','o','u']}}},
10                         {$group: {_id:"$first",
11                           largest:{$max:"$size"},
12                           smallest:{$min:"$size"},
13                           total:{$sum:1}}},
14                    {$sort: {_id:1}}],
15               function(err, results){
16     console.log("\nLargest and smallest word sizes for " +
17                 "words beginning with a vowel: ");
18     console.log(results);
19   });
20   var aggregate = Words.aggregate();
21   aggregate.match({size:4});
22   aggregate.limit(5);
23   aggregate.append({$project: {_id:"$word", stats:1}});
24   aggregate.exec(function(err, results){
25     console.log("\nStats for 5 four letter words: ");
26     console.log(results);
27   });
28   var aggregate = Words.aggregate();
29   aggregate.group({_id:"$first", average:{$avg:"$size"}});
30   aggregate.sort('-average');
31   aggregate.limit(5);
32   aggregate.exec( function(err, results){
33     console.log("\nLetters with largest average word size: ");
34     console.log(results);
35   });
36 });
```

清单 16.10 的输出 mongoose_aggregate.js：利用 Mongoose 对集合中的文档聚合数据

```
Stats for 5 four letter words:
[ { stats: { vowels: 2, consonants: 2 }, _id: 'have' },
  { stats: { vowels: 1, consonants: 3 }, _id: 'that' },
  { stats: { vowels: 1, consonants: 3 }, _id: 'with' },
  { stats: { vowels: 1, consonants: 3 }, _id: 'this' },
  { stats: { vowels: 1, consonants: 3 }, _id: 'they' } ]

Largest and smallest word sizes for words beginning with a vowel:
[ { _id: 'a', largest: 14, smallest: 1, total: 295 },
  { _id: 'e', largest: 13, smallest: 3, total: 239 },
  { _id: 'i', largest: 14, smallest: 1, total: 187 },
  { _id: 'o', largest: 14, smallest: 2, total: 118 },
  { _id: 'u', largest: 13, smallest: 2, total: 57 } ]
```

```
Letters with largest average word size:
[ { _id: 'i', average: 8.20855614973262 },
  { _id: 'e', average: 7.523012552301255 },
  { _id: 'c', average: 7.419068736141907 },
  { _id: 'a', average: 7.145762711864407 },
  { _id: 'p', average: 7.01699716713881 } ]
```

16.12　使用验证框架

mongoose 模块的最重要的一个方面是对已定义的模型执行验证。Mongoose 提供了一个内置的验证框架，你只需要定义在需要验证的特定字段执行的验证函数。当你尝试创建一个文档的新实例，从数据库中读取文件或保存文件的时候，验证框架就会调用自定义的验证方法，如果验证失败则返回错误。

验证框架其实很容易实现。你在想要应用验证的 Model 对象的具体路径上调用 validate() 方法，并传入验证函数即可。验证函数应当接受该字段的值，然后使用该值返回 true 或 false，这取决于该值是否有效。validate() 方法的第二个参数是，如果验证失败，就被应用到错误对象的 error 字符串。例如：

```
Words.schema.path('word').validate(function(value){
  return value.length < 20;
}, "Word is Too Big");
```

验证抛出的错误对象具有以下字段。

- **error.errors.<field>.message**：在加入验证函数时定义的字符串。
- **error.errors.<field>.type**：验证错误类型。
- **error.errors.<field>.path**：验证失败的对象路径。
- **error.errors.<field>.value**：验证失败的值。
- **error.name**：错误类型名称。
- **err.message**：错误消息。

清单 16.11 显示了一个简单的例子，它在 word 模型中添加单词长度为 0 或大于 20 则无效的验证。请注意，当 newWord 在第 18 行被保存时，一个错误被传递到 save() 函数。在第 12～26 行的输出表示错误的不同部分的不同值，如清单 16.11 的输出所示。你可以使用这些值来决定如何在代码中处理验证失败。

清单 16.11 **mongoose_validation.js**：利用 Mongoose 在模型中实现文档的验证

```
01 var mongoose = require('mongoose');
02 var db = mongoose.connect('mongodb://localhost/words');
03 var wordSchema = require('./word_schema.js').wordSchema;
04 var Words = mongoose.model('Words', wordSchema);
05 Words.schema.path('word').validate(function(value){
06   return value.length < 0;
07 }, "Word is Too Small");
08 Words.schema.path('word').validate(function(value){
09   return value.length > 20;
10 }, "Word is Too Big");
11 mongoose.connection.once('open', function(){
12   var newWord = new Words({
13     word:'supercalifragilisticexpialidocious',
14     first:'s',
15     last:'s',
16     size:'supercalifragilisticexpialidocious'.length,
17   });
18   newWord.save(function (err) {
19     console.log(err.errors.word.message);
20     console.log(String(err.errors.word));
21     console.log(err.errors.word.type);
22     console.log(err.errors.word.path);
23     console.log(err.errors.word.value);
24     console.log(err.name);
25     console.log(err.message);
26     mongoose.disconnect();
27   });
28 });
```

清单 16.11 的输出 mongoose_validation.js：利用 Mongoose 在模型中实现文档的验证

```
Word is Too Small
Word is Too Small
undefined
word
supercalifragilisticexpialidocious
ValidationError
Words validation failed
```

16.13　实现中间件函数

Mongoose 提供了一个中间件框架，它在 Document 对象的 init()、validate()、save()和 remove()方法前后调用 pre 和 post 函数。中间件框架可以让你实现应该在某个过程的特定步骤之前或之后应用的函数。例如，在使用本章前面定义的模型创建 word 文档时，你可能需要自动把 size 设置成 word 字段的长度，如以下 pre() save()中间件函数所示：

```
Words.schema.pre('save', function (next) {
  console.log('%s is about to be saved', this.word);
  console.log('Setting size to %d', this.word.length);
  this.size = this.word.length;
  next();
});
```

有两种类型的中间件函数——pre 和 post 函数，并且它们的处理方式有点不同。pre 函数接收一个 next 参数，这是要执行的下一个中间件函数。pre 函数可以被异步或同步地调用。在异步方法的情况下，一个额外的 done 参数被传递到 pre 函数，以便可以通知异步框架你已完成操作。如果你应用的操作应按其在中间件的顺序来完成，则使用同步的方法。

要同步应用中间件，只需在中间件函数中调用 next()。例如：

```
schema.pre('save', function(next)){
  next();
});
```

要异步地应用中间件，则需要把一个 true 参数添加到 pre()方法来表示异步行为，然后在中间件函数内部调用 doAsyn(done)。例如：

```
schema.pre('save', true, function(next, done)){
  next();
  doAsync(done);
});
```

post 中间件函数在 init、validate、save 或 remove 操作已处理后被调用。这允许你在应用操作的时候做任何必要的清理工作。例如，下面的代码实现了一个简单的 post save 方法来记录已经保存的对象：

```
schema.post('save', function(doc){
  console.log("Document Saved: " + doc.toString());
});
```

清单 16.12 说明了为文档中生命周期的各个阶段实现中间件的过程。请注意，在保存文档时执行 validate 和 save 中间件函数。在使用 findOne()从 MongoDB 中检索文档的时候，执行 init 中间件函数。在使用 remove()方法来删除 MongoDB 的文档时执行 remove 中间件函数。

另外要注意，除了 pre init 外，还可以在所有中间件函数中使用 this 关键字来访问 Document 对象。在 pre init 的情况下，我们还没有该数据库中的文档可用。

清单 16.12 mongoose_middleware.js：利用 Mongoose 对模型应用中间件框架

```
01 var mongoose = require('mongoose');
02 var db = mongoose.connect('mongodb://localhost/words');
03 var wordSchema = require('./word_schema.js').wordSchema;
04 var Words = mongoose.model('Words', wordSchema);
05 Words.schema.pre('init', function (next) {
06  console.log('a new word is about to be initialized from the db');
07  next();
08 });
09 Words.schema.pre('validate', function (next) {
10  console.log('%s is about to be validated', this.word);
11  next();
12 });
13 Words.schema.pre('save', function (next) {
14  console.log('%s is about to be saved', this.word);
15  console.log('Setting size to %d', this.word.length);
16  this.size = this.word.length;
17  next();
18 });
19 Words.schema.pre('remove', function (next) {
20  console.log('%s is about to be removed', this.word);
21  next();
22 });
23 Words.schema.post('init', function (doc) {
24  console.log('%s has been initialized from the db', doc.word);
25 });
26 Words.schema.post('validate', function (doc) {
27  console.log('%s has been validated', doc.word);
28 });
29 Words.schema.post('save', function (doc) {
30  console.log('%s has been saved', doc.word);
31 });
32 Words.schema.post('remove', function (doc) {
33  console.log('%s has been removed', doc.word);
34 });
35 mongoose.connection.once('open', function(){
```

```
36  var newWord = new Words({
37    word:'newword',
38    first:'t',
39    last:'d',
40    size:'newword'.length,
41  });
42  console.log("\nSaving: ");
43  newWord.save(function (err){
44    console.log("\nFinding: ");
45    Words.findOne({word:'newword'}, function(err, doc){
46      console.log("\nRemoving: ");
47      newWord.remove(function(err){
48        mongoose.disconnect();
49      });
50    });
51  });
52 });
```

清单 16.12 的输出　`mongoose_middleware.js`：利用 Mongoose 对模型应用中间件框架

```
Saving:
newword is about to be validated
newword has been validated
newword is about to be saved
Setting size to 7
newword has been saved

Finding:
a new word is about to be initialized from the db
newword has been initialized from the db

Removing:
newword is about to be removed
newword has been removed
```

16.14　小结

本章介绍了 Mongoose，它为 MongoDB 集合提供了一种结构化的模式，提供了验证和类型转换的好处。你了解了新的 `Schema`、`Model`、`Query` 和 `Aggregation` 对象，以及如何使用它们来实现 ODM。你还有机会使用有时更友好的 Mongoose 方法在执行数据库命令之前建立一个 `Query` 对象。

你也了解了验证框架和中间件框架。验证框架可以让你尝试将模型中的具体字段保存到数据库之前验证它们。中间件框架可以让你实现在每个初始化、验证、保存或删除操作之前和/或之后执行的功能。

16.15　下一章

在接下来的一章，我们将深入探讨一些更高级的 MongoDB 的主题，如索引、复制和分片。

第 17 章 高级 MongoDB 概念

MongoDB 还有本书涵盖不了的许多知识。本章将介绍正常的数据库创建、访问和删除操作以外的一些基本知识。设计和实现索引可以让你提高数据库的性能。此外，实现副本集和分片提供了额外的性能提升和高可用性。

17.1 添加索引

MongoDB 允许你对集合中的字段建立索引，以便更快地找到文档。当在 MongoDB 中添加一个索引时，后台创建了一个特殊的数据结构，其中存储集合的一小部分数据并优化此数据结构，以便能够更快地找到特定的文档。

例如，对一个_id 进行索引实际上是建立_id 值的排序的数组。一旦该索引已经创建，你将获得以下好处：

- 当按照_id 查找对象时，可以对有序索引执行优化的搜索，找到上述对象。
- 假定你要让对象按_id 排序。因为已经对索引进行了排序，所以不需要再次对对象进行排序。MongoDB 只需要按照_id 在索引中出现的顺序读取文档即可。
- 如果要将文档 10-20 按照_id 进行排序，这个操作只是切片，它从索引拿出一块，以获得_id 值，用以查找对象。
- 如果你需要的是有序的_id 值的列表，MongoDB 甚至根本不需要读入文档，它可以只从索引中直接返回值。

但是要记住，获得这些好处必须付出代价。下面是一些与索引相关的成本：

- 索引占用磁盘和内存中的空间。
- 当你插入和更新文档时，索引要占用处理的时间。这意味着，数据库写入具有大量索引的集合可能遭受性能损失。
- 集合越大，在资源和性能方面的成本就越大。对于极其大的集合，应用一些索引可能是不实际的。

有几种不同类型的索引可以被应用到集合的字段上，以支持不同的设计要求。表 17.1 列出了不同的索引类型。

表 17.1 MongoDB 支持的索引类型

索 引	说 明
默认值_id	所有的 MongoDB 集合在默认情况下对_id 进行索引。如果应用程序没有指定_id 值，驱动程序或 mongod 将创建一个带有 ObjectID 值的_id 字段。该_id 索引是唯一的，它可以防止客户端插入_id 值相同的两个文档
单字段	最基本的索引类型是在单字段上的索引。这类似于_id 索引，但它能在你需要的任何字段上建立。这种索引可以按升序或降序排序。其中字段的值并不一定需要具有唯一性。例如：{name: 1}
复合	你可以指定在多个字段上的索引。该索引先按第一个字段的值进行排序，然后按第二个字段的值进行排序，等等。你也可以对排序方向进行混合，例如，你可以对一个字段按升序排序，对另一个字段按降序排序。例如：{name: 1, value: -1}
多键	如果添加存储条目数组的字段，对数组中的每个元素的单独索引也将被创建。这使你可以使用包含在索引中的值来更快速地查找文件。例如，考虑名为 myObjs 的对象，其中每个对象都有一个 score 字段的数组：{myObjs.score: 1}
地理空间的	MongoDB 允许你根据 2D 或 2sphere 坐标创建一个地理空间索引。这使你可以更有效地存储和检索引用地理空间位置的数据。例如：{"locs":"2d"}
文本	MongoDB 支持添加文本索引，以便更快地查找在索引内部按照单词包含的字符串元素。该索引不存储类似 *the*、*a*、*and* 等单词。例如：{comment: "text"}
散列	当使用基于散列的分片时，MongoDB 允许你使用散列索引，它只对与存储在特定服务器的值匹配的散列值进行索引。这减少了保持其他服务器上条目的散列值的开销。例如：{key: "hashed"}

索引可以具有特定的属性来定义 MongoDB 如何处理索引。这些属性如下所示。

- **unique**：此属性强制索引只包含每个字段值的一个实例，因此 MongoDB 会拒绝加入与已经在索引中的值重复的文档。
- **sparse**：此属性确保索引只包含具有索引字段的文档条目。该索引会跳过未包含被索引的字段的文档。
- **TTL**：TTL 指生存期，索引应用这个概念来允许文档仅在索引中存在一定量的时间（例如，一定量的时间后应清理的日志条目或事件数据）。该索引跟踪插入的时间，并删除已经过期的最早条目。

可以结合使用 unique 和 sparse，以拒绝对索引字段有重复值的文档进行索引，并拒绝所有不包含被索引字段的文档。

可以从 MongoDB shell、MongoDB Node.js 原生客户端或 Mongoose 创建索引。若要从 MongoDB shell 创建索引，应该使用 ensureIndex(index, properties)方法。例如：

```
db.myCollection.ensureIndex({name:1}, {background:true, unique:true, sparse: true})
```

background 选项指定所创建的索引应该发生在 shell 的前台还是后台。在前台运行完成的速度更快，但占用更多的系统资源。所以在生产系统的高峰时期，在前台运行不是一个好主意。

若要从 MongoDB Node.js 原生驱动程序创建索引，你可以在 db 对象的一个实例上调用 ensureIndex(collection, index, options, callback)方法。例如：

```
var MongoClient = require('mongodb').MongoClient;
MongoClient.connect("mongodb://localhost/", function(err, db) {
  db.ensureIndex('myCollection', {name: 1},
                 {background: true, unique: true, sparse: true},
                 function(err){
    if(!err) console.log("Index Created");
  });
});
```

要使用 Mongoose 中的 Schema 对象创建索引，可以对在该模式中的字段设置 index 选项。例如：

```
var s = new Schema({ name: { type: String, index: true, unique: true, sparse: true}});
```

你也可以在以后使用 index()方法为模式对象添加索引。例如：

```
s.schema.path.('some.path').index({unique: true, sparse: true});
```

17.2 使用封顶集合

封顶集合（capped collection）是固定大小的集合，其中文档的插入、检索和删除都是基于插入顺序的。这使封顶集合可以支持高吞吐量的业务。封顶集合的工作方式类似于循环缓冲区，一旦集合填充其分配的空间，它通过覆盖集合中最旧的文档来为新文档腾出空间。

封顶集合也可以根据文档的最大数量进行限制。这对于减少在收集存储大量文档时可能出现的索引的开销是有用的。

封顶集合对滚动的事件日志或缓存数据非常有用；因为你不必担心花费开销，也不用在你的应用程序实现代码来执行清理集合的工作。

要从 MongoDB shell 创建封顶集合，应使用 db 对象上的 createCollection()方法，指定 capped 属性，设置以字节为单位的大小，以及可选的最大文档数量。例如：

```
db.createCollection("log", { capped : true, size : 5242880, max : 5000 } )
```

在 MongoDB Node.js 本地驱动程序，你还可以在 db.createCollection() 方法中指定封顶集合，如第 13 章所描述的那样。例如：

```
db.createCollection("newCollection", { capped : true, size : 5242880, max : 5000 }
                    function(err, collection){ });
```

在 Mongoose 中，你可以在 Schema 对象选项中把集合定义为封顶的。例如：

```
var s = new Schema({ name:String, value:Number},
                   { capped : true, size : 5242880, max : 5000});
```

17.3　应用复制

复制是高性能的数据库中最关键的方面之一。复制（replication）是定义多个具有相同数据的 MongoDB 服务器的过程。在副本集中的 MongoDB 服务器将是以下 3 种类型中的一种，如图 17.1 所示。

- **主（primary）服务器：**主服务器是副本集中唯一可以写入的服务器，并保证在写操作期间的数据的完整性。一个复制集只能有一个主服务器。
- **辅助（secondary）服务器：**辅助服务器包含主服务器上的数据的一个副本。为了保证该数据是精确的，副本服务器应用来自主服务器的操作日志或 oplog，确保每个在主服务器上的写操作也以相同的顺序发生在辅助服务器上。客户端可以从辅助服务器读取而不能往其中写入。
- **仲裁（arbiter）服务器：**仲裁服务器是一种有趣的服务器。它不包含数据的副本，但如果主服务器遇到问题，它可用于选举新的主服务器。利用主服务器、辅助服务器和仲裁服务器之间的信号检测协议，当主服务器出现故障时，故障被检测到，并在副本集中的其他服务器中选出新的主服务器。图 17.2 显示了一个使用仲裁服务器的配置示例。

复制有两个好处：高性能和高可用性。副本集提供更高的性能；因为尽管客户端无法写入辅助服务器，但可以从辅助服务器读取，这允许你的应用程序有多个读取源。

副本集提供了高可用性，因为如果主服务器发生故障，具有数据副本的其他服务器可以接管。副本集使用信号检测协议在服务器之间进行通信，并确定主服务器是否已经失败。如果失败，则在此时选举一个新的主服务器。

在一个副本集中应该至少有 3 台服务器。此外，还要具备奇数台服务器，使得这些服务器更容易选举出主服务器。这是仲裁服务器的用武之地。它们需要的资源很少，却可以节省选出一个新的主服务器的时间。图 17.2 显示了有一个仲裁服务器的副本集的配置。请注意，仲裁服务器不具有（数据的）副本，它只参加信号检测协议。

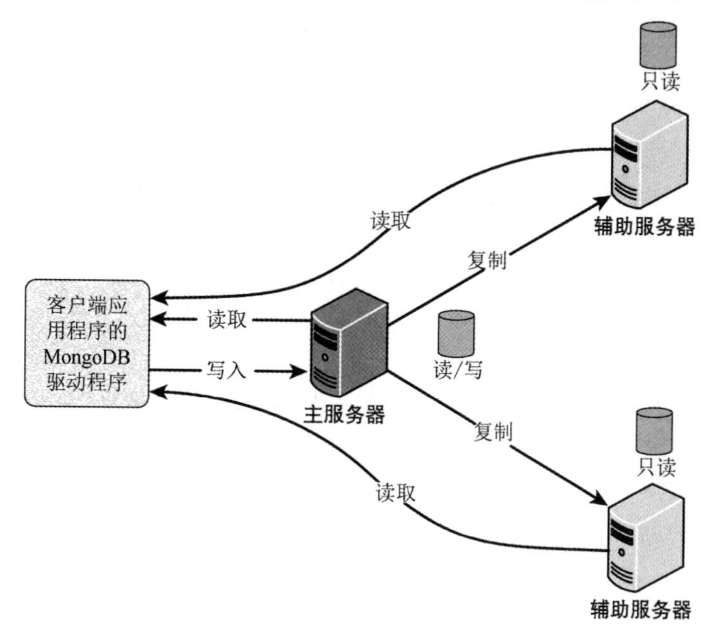

图 17.1　在 MongoDB 中实现一个副本集

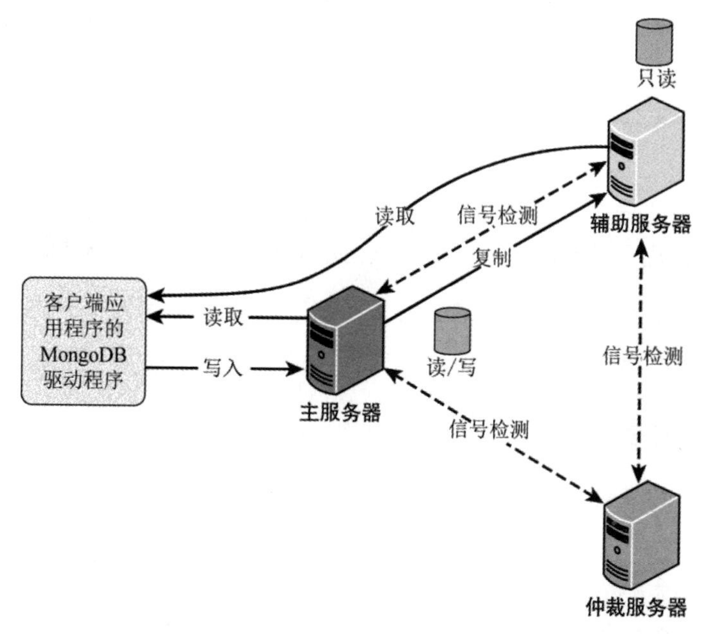

图 17.2　在 MongoDB 的副本集中实现仲裁服务器，以保证有奇数台服务器

17.3.1　复制策略

当你决定如何部署 MongoDB 副本集时，需要应用几个概念。以下各节讨论在你实现 MongoDB 副本集之前，应该考虑的一些不同因素。

服务器数量

你需要考虑的第一个问题是在副本集中应当包括多少台服务器。这取决于从用户端执行的数据交互的性质。如果来自客户端的数据主要是写操作，那么你不会从大量的服务器得到很大的好处。但是，如果你的数据主要是静态的，而你有大量的读请求，那么有多个辅助服务器肯定会有所作为。

副本集数

你还应该考虑数据。在某些情况下，把数据划分成分别包含数据不同段的多个副本集，这样更有意义。这使你可以微调每个副本集中的服务器，以满足数据和性能需求。只有在数据之间没有相关性，从而用户很少需要同时连接到这两个副本集进行数据访问的情况下，你才应该考虑这种划分。

容错

容错对你的应用程序有多重要？主服务器宕机很可能是罕见的。如果这并没有真正对你的应用程序造成太多影响，数据可以很容易地重建，那么你可能不需要复制。但是，如果你答应自己的客户 7 个 9（99.99999%）的可用性，那么任何中断都是恶性的，长时间断电是不可接受的。在那种情况下，将更多的服务器添加到副本集，以确保可用性就会更有意义。

也可以考虑在另一个数据中心放置其中一台辅助服务器，以应对整个数据中心出现故障的情况。但是，出于性能的缘故，你应该在主数据中心保持大多数辅助服务器。

如果担心容错，那么你也应该启用日志功能（如第 12 章所述）。启用日志功能时，即使在数据中心发生电源故障时，事务也可重演。

17.3.2　部署一个副本集

在 MongoDB 中实现一个副本集非常简单。下面的步骤引导你完成预备和部署副本集的过程。

1. 首先确保副本集的每个成员都可以使用 DNS 或主机名访问对方。为副本服务器增加一个虚拟专用网络进行通信会提高系统的性能，因为复制过程不会受到网络上其他业务的影响。如果服务器没有放在一个防火墙后面来保证数据通信的安全，那么你也应该为服务器配置 auth 和 kwFile，以进行安全的通信。

2. 配置 replSet 值，这是为副本集在 mongodb.conf 文件或对副本集的每个服务器用命令行设置的一个唯一名称。例如：

```
mongod --port 27017 --dbpath /srv/mongodb/db0 --replSet rs0
```

3. 使用 mongo 命令启动 MongoDB 客户端，并在副本集的每台服务器上执行以下命令来启动副本集操作：

```
rs.initiate()
```

4. 使用 MongoDB shell 连接到充当主服务器的 MongoDB 机器，并为每个辅助主机执行以下命令：

```
rs.add(<secondary_host_name_or_dns>)
```

5. 使用下面的命令查看每台服务器上的配置：

```
rs.conf()
```

6. 在你的应用程序中，为从副本集中读取数据定义读取首选项。前面的章节已经介绍过如何通过把首选项设置为 primary、primaryPreferred、secondary、secondaryPreferred 或 nearest 来完成这些工作。

17.4 实施分片

很多大型应用程序遇到的一个严重问题是，存储在 MongoDB 中的数据如此巨大，以致它会严重影响性能。当一个数据的集合变得太大时，索引可能会导致严重的性能损失，在磁盘上的数据量可能会导致系统性能下降，而从客户端发出的请求数量能迅速压垮服务器。该应用程序读取和写入数据库的速度将以加速度变得越来越慢。

MongoDB 通过分片来解决这个问题。分片（sharding）是跨越在不同机器上运行的多个 MongoDB 服务器存储文档的过程。这使得 MongoDB 数据库能够进行水平伸缩。添加越多的 MongoDB 服务器，应用程序就可以支持越大的文档数量。图 17.3 说明了分片的概念。从应用程序的角度来看，有单个的集合，但实际上有 4 个 MongoDB 分片服务器，每台服务器都包含集合中文档的一部分。

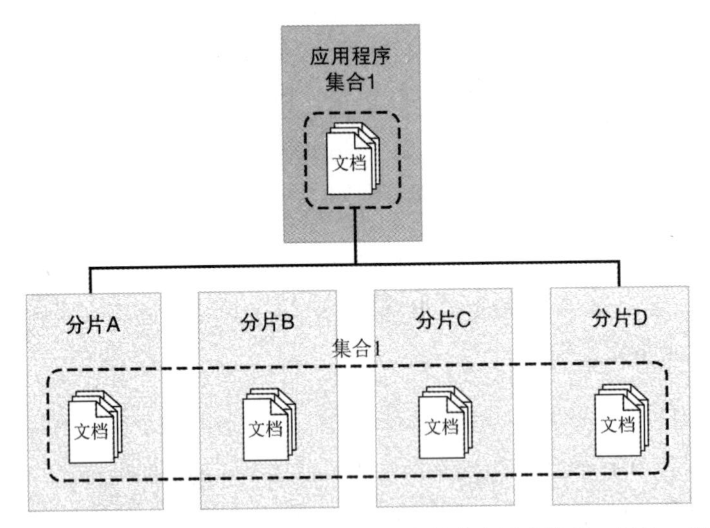

图 17.3 从应用程序的角度来看，只有单个的集合用来访问。但是，集合中的文档被分布在多个 MongoDB 分片服务器上

17.4.1 分片服务器类型

3 种类型的 MongoDB 服务器都参与了数据分片。所有这些服务器在向应用程序呈现一个统一的视图上扮演了特定的角色。下面列出每种服务器类型，图 17.4 显示了不同类型分片服务器之间的交互。

- **分片**：分片服务器实际存储组成集合的文档。分片服务器可以是一台单独的服务器；但在生产中，为了提供高可用性和数据一致性，考虑使用副本集，这提供了分片服务器的主副本和辅助副本。
- **查询路由器**：查询路由器运行 `mongos` 实例。查询路由器为客户端应用程序提供与集合的交互，并模糊了数据实际上是在分片服务器上这一事实。查询路由器处理一个请求，对分片服务器发送有针对性的操作，然后将分片服务器的响应合并成单个的响应发送到客户端。一个分片服务器集群可以包含多个查询路由器，这是一个用来负载均衡大量客户端请求的上佳方式。
- **配置服务器**：配置服务器存储分片服务器集群的相关元数据，它包含集群的数据集与分片服务器的映射。查询路由器在把操作指派到特定分片服务器时使用该元数据。一个生产用的分片服务器集群应该正好有 3 台配置服务器。

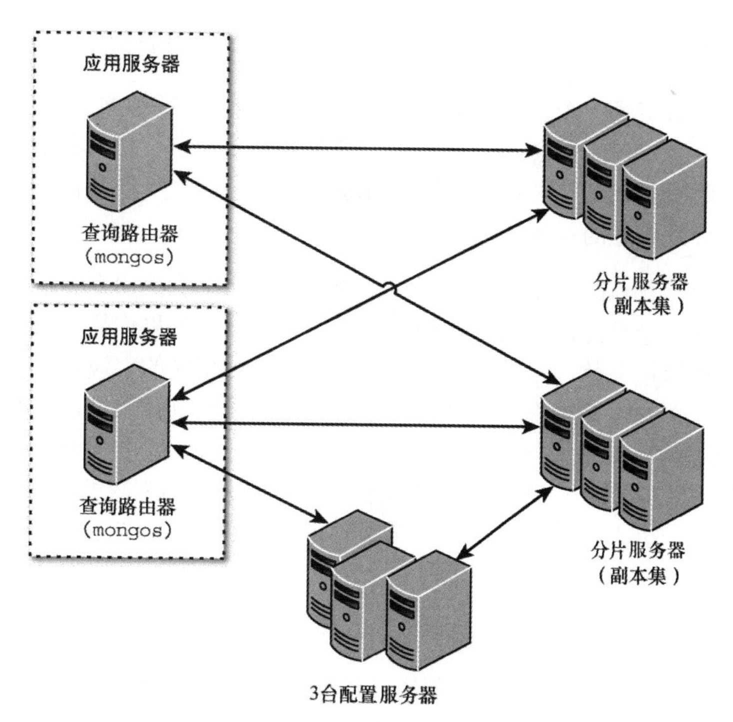

图 17.4 路由器服务器接受来自 MongoDB 客户端的请求，
然后与单独的分片服务器通信，以读取或写入数据

17.4.2 选择一个分片键

对大集合进行分片的第一个步骤是确定分片键，它将被用于确定哪些文档应被存储在哪个分片上。分片键是必须包含在集合每个文档中的一个索引字段或复合索引字段。MongoDB 使用分片键的值来把集合拆分到集群的分片服务器中。

选择一个好的分片键对于实现你要求的 MongoDB 性能是至关重要的。一个糟糕的键会严重影响系统的性能；而一个良好的键可以提高性能，并确保未来的可伸缩性。如果在你的文档中不存在一个良好的键，就可能要考虑增加一个字段专门用作分片键。

在选择一个分片键时，应该牢记以下注意事项。

- **易于分割**：分片键需要容易划分成块。
- **随机性**：当使用基于范围的分片时，随机的键可确保文档的分布更为均匀，以使任何一台服务器都不过载。
- **复合键**：最好使用单个字段来分片。但是，如果不存在一个良好的单字段键，比起一个糟糕的单字段键，有良好的复合字段键仍然可以使你得到更好的性能。

- **基数**：基数定义一个字段的值的唯一性。如果某个字段是唯一的（例如，对于一个拥有百万人口的社会安全号码），那么它具有高基数。如果某个字段一般不是唯一的（例如上百万人眼睛的颜色），那么它具有低基数。通常情况下具有高基数的字段是分片更好的选择。
- **查询定位**：花点时间来看看需要在你的应用程序中执行的查询。如果数据可以从集群中的一个分片被收集，查询将有更好的性能。如果你能安排分片键使之匹配最常见的查询参数，则只要所有查询不会都针对相同的字段值，你就会获得更好的性能（例如，如果你的查询均基于通过邮政编码查找用户，那么可以根据用户的邮政编码来安排文档，因为具有一个给定的邮政编码的所有用户都会存在于相同的分片服务器上）。如果你的查询都跨越相当分散的邮政编码，那么用邮政编码作为键是一个不错的想法。然而，如果你的大多数查询都针对少数几个邮政编码，那么用邮政编码作为键实际上是一个糟糕的想法。

为了说明各种分片键，最好查看一下如下的键。

- **`{"zipcode":1}`**：此分片键利用 `zipcode` 字段的值来分布文档。这意味着，基于特定 `zipcode` 的所有查询都会去往同一台分片服务器。
- **`{"zipcode":1,"city":1}`**：此分片键首先通过 `zipcode` 字段的值来分布文档。如果一些文档有相同的 `zipcode` 值，则可以根据 `city` 字段值将它们分离到其他分片中。这意味着你将不再保证对一个 `zipcode` 的查询只命中一个分片。然而，根据 `zipcode` 和 `city` 做出的查询会命中同一个分片。
- **`{"_id":"hashed"}`**：此分片键基于 `_id` 字段值的散列值来分布文档。这确保了文档更均匀地分布在集群的所有分片中。然而，这么做就不可能对查询进行定位，让它们只命中一台分片服务器。

17.4.3 选择一种分区方法

对大集合分片的下一个步骤是决定如何基于分片键对文档分区。你可以用两种方法，基于分片键值将文档分配到不同的分片上。具体使用哪种方法取决于你选择的分片键类型。

- **基于范围的分片**：基于分片键的值将数据集划分成特定的范围。这种方法适用于数值型分片键。举例来说，如果你有一个产品的集合，每个产品都被赋予一个 1～1 000 000 的特定产品编号，那么可以把产品分片为 1～250 000、250 001～500 000 范围等。

- **基于散列的分片**：使用散列函数计算一个字段值来创建块。散列函数确保值接近的分片键最终分在不同的分片中，以确保良好的分布。

你选择的分片键和分配方法将文档尽可能均匀地分布在全部分片服务器中是非常重要的；否则，就会产生一台服务器过载而另一台服务器相对闲置的情况。

以范围为基础的分片的优点是，它常常很容易定义和实现。另外，如果你的查询也往往是基于范围的，那么它比基于散列的分片有更好的性能。然而，以范围为基础的分片非常难以得到均匀的分布（除非你提前拥有所有的数据且分片键值在将来不会改变）。

基于散列的分片方法需要更多地了解数据，但其通常能提供最佳的总体分片思路（因为它确保了更均匀的间隔分布）。

在对集合启用分片时使用的索引确定了使用哪个分区方法。如果你有一个基于值的索引，MongoDB 就使用基于范围的分片。例如，下面的代码对文档的 `zip` 和 `name` 字段实现了基于范围的分片：

```
db.myDB.myCollection.ensureIndex({"zip": 1, "name":1})
```

要使用基于散列的方法进行分片，则需要使用 hash 方法来定义索引，例如：

```
db.myDB.myCollection.ensureIndex({"name":"hash"})
```

17.4.4 部署一个分片的 MongoDB 集群

部署一个分片的 MongoDB 集群的过程包括几个步骤：首先设置服务器的不同类型，然后配置数据库和集合。要部署一个分片的 MongoDB 集群，你需要遵循以下基本步骤：

1. 创建配置服务器的数据库实例。
2. 启动查询路由器的服务器。
3. 将分片添加到集群。
4. 在数据库上启用分片。
5. 在集合上启用分片。

以下各节将更详细地介绍每一个步骤。

> **警告**
>
> 分片集群的所有成员必须都能够连接到分片集群中的所有其他成员，包括所有分片和所有配置服务器。确保网络和安全系统，包括所有接口和防火墙，允许这些连接。

创建配置服务器数据库实例

配置服务器进程是只存储集群的元数据，而不存储集合的 mongod 实例。每个配置服务器都存储集群的元数据的完整副本。在生产部署中，必须正好部署 3 个配置服务器实例，每个实例分别在不同的服务器上运行，以确保高可用性和数据完整性。

为了实现配置服务器，需要在每台配置服务器上执行下列步骤。

1. 创建一个数据目录来存储配置数据库。
2. 通过传入步骤 1 中创建的数据目录路径并用--configsvr 选项来表示这是一个配置服务器，以启动配置服务器实例。例如：

```
mongod --configsvr --dbpath <path> --port <port>
```

3. 一旦 mongod 实例启动，配置服务器就已准备就绪。

> **注意**
> 配置服务器的默认端口为 27019。

启动查询路由器服务器（mongos）

查询路由器服务器不需要数据库的目录，因为配置被存储在配置服务器上，并且数据被存储在分片服务器上。mongos 服务器较为轻巧，因此，在运行应用程序服务器的同一个系统上运行 mongos 实例是可以接受的。

你可以创建 mongos 服务器的多个实例，以将请求路由到分片的集群。然而，为了确保高可用性，这些实例不应当在同一个系统上运行。

要启动 mongos 服务器的实例，你需要把为集群使用的配置服务器的 DNS 名称/主机名的列表传入--configdb 参数。例如：

```
mongos --configdb c1.test.net:27019,c2.test.net:27019,c3.test.net:27019
```

默认情况下，mongos 实例在端口 27017 上运行。不过，你也可以使用--port<port>命令行选项来配置不同的端口地址。

> **提示**
> 为了避免停机时间，为每个配置服务器提供一个逻辑 DNS 名称（该名称是与服务器的物理或虚拟主机名无关的）。如果没有合乎逻辑的 DNS 名称，移动或重命名一个配置服务器需要在分片集群关闭每一个 mongod 和 mongos 实例。

把分片添加到集群

在集群中的分片服务器只是标准 MongoDB 服务器。它们可以是独立的服务器或副本集。把 MongoDB 服务器作为集群中的分片添加，所有你需要做的工作就是通过 MongoDB shell 访问 mongos 服务器，并使用 sh.addShard() 命令。

sh.addShard() 命令的语法如下所示：

```
sh.addShard(<replica_set_or_server_address>)
```

例如，要把服务器 mgo1.test.net 上的副本集 rs1 作为集群服务器中的分片来添加，可以在 mongos 服务器的 MongoDB shell 上执行以下命令：

```
sh.addShard( "rs1/mgo1.test.net:27017" )
```

例如，要把服务器 mgo1.test.net 作为集群服务器中的一个分片来添加，可以在 mongos 服务器的 MongoDB shell 上执行以下命令：

```
sh.addShard( "mgo1.test.net:27017" )
```

一旦你把所有分片都添加到了副本集，集群将进行通信并对数据进行分片。然而，对于预定义的数据，要将这些块完全分布还需要一定的时间。

对数据库启用分片

在对集合进行分片之前，你需要在它所驻留的数据库上启用分片。启用分片不会自动重新分布数据；而只是分配一个主分片数据库并进行其他的配置调整，使得能够对集合分片。

为了使数据库启用分片，你需要使用 MongoDB shell 连接到 mongos 实例，并发出 sh.enableSharding(database) 命令。例如，要启用一个名为 bigWords 的数据库，你可以使用如下命令：

```
sh.enableSharding("bigWords");
```

对集合启用分片

一旦数据库已启用分片，你就可以在集合级别启用分片。你并不需要对数据库中的所有集合启用分片，而只要对一个有意义的集合分片。

使用下列步骤，可以对集合实现分片。

1. 确定哪些字段将用于分片键，如上所述。

2. 使用 ensureIndex() 在键字段上建立唯一索引，如本章前面所述：

```
db.myDB.myCollection.ensureIndex( { _id : "hashed" } )
```

3. 使用 sh.shardCollection(<database>.<collection>, shard_key) 启用对集合的分片。shard_key 是用于创建索引的模式。例如：

```
sh.shardCollection("myDB.myCollection", { "_id": "hashed" } )
```

设置分片标记范围

一旦对集合启用了分片，你就可能需要添加标签来指定分片键值的具体范围。这方面的一个非常好的例子是按照邮政编码分片的集合。为了提高性能，可以为具体的城市代码，如纽约（NYC）和旧金山（SFO），添加标签并指定这些城市的邮政编码范围。这将确保一个特定城市的文档会被保存在集群的一个分片中，这样可以提高按照同一城市的多个邮政编码查询的性能。

要建立分片标签，你只需要使用 sh.addShardTag(shard_server, tag_name) 命令把标签添加到分片中。例如：

```
sh.addShardTag("shard0001", "NYC")
sh.addShardTag("shard0002", "SFO")
```

然后你为特定的标签指定一个范围。在这个例子中，在 mongos 实例中使用 sh.addTagRange (collection_path, startValue, endValue, tag_name) 命令为每个城市的标签加上邮政编码范围。例如：

```
sh.addTagRange("records.users", { zipcode: "10001" }, { zipcode: "10281" }, "NYC")
sh.addTagRange("records.users", { zipcode: "11201" }, { zipcode: "11240" }, "NYC")
sh.addTagRange("records.users", { zipcode: "94102" }, { zipcode: "94135" }, "SFO")
```

请注意，这里为 NYC 添加了多个范围。这使你可以指定把在同一标签内的多个范围分配到一个单独的分片。

如果你以后需要删除一个分片标签，就可以通过使用 sh.removeShardTag (shard_server, tag_name)方法完成这个工作。例如：

```
sh.removeShardTag("shard0002", "SFO")
```

17.5 修复 MongoDB 数据库

对 MongoDB 数据库执行修复有几个理由：例如，如果系统崩溃，或者如果在应用程序中出现数据完整性问题，甚至只是想要回收一些未使用的磁盘空间。

你可以从 MongoDB shell 或从 mongod 命令行启动对 MongoDB 数据库的修复。要在命令行执行修复，可使用--repair 和--repairpath <repair_path>语法。其中<repair_path>指定存放临时修复文件的位置。例如：

```
mongod --repair --repairpath /tmp/mongdb/data
```

要在 MongoDB 客户端执行修复，可使用 db.repairDatabase(options)命令，例如：

```
db.repairDatabase({ repairDatabase: 1,
  preserveClonedFilesOnFailure: <boolean>,
  backupOriginalFiles: <boolean> })
```

当启动修复时，数据库中的所有集合都会被压缩，以减少它们在磁盘上的大小。此外，数据库中任何无效的记录都会被删除。因此，从备份中恢复，而不是运行修复可能会更好。

运行修复需要的时间取决于数据的大小。修复影响系统的性能，所以应在非高峰时段运行。

> **警告**
> 如果你试图修复一个副本集的成员，并且可以在另一个副本服务器上访问你的数据的一个完整副本，则应该从完整的副本中恢复。因为 repairDatabase 将删除损坏的数据，并且这些数据将丢失。

17.6 备份 MongoDB

在 MongoDB 中最佳的备份策略是使用副本集实现高可用性。这保证了数据尽可能最新，并确保它始终是可用的。不过，如果你的数据是关键的和不可替代的，你也应该考虑以下情况。

- **如果数据中心出现故障怎么办？**在这种情况下，你可以定期备份数据，并将其存储在异地；也可以在异地某个地方添加副本。
- **如果某个东西碰巧破坏了被复制的实际应用程序数据怎么办？**这始终是一个问题。在这种情况下，唯一的选择就是拥有从以前某个时点得到的备份。

如果你决定需要实现数据的定期备份，则也应该考虑备份将对系统造成的影响，并决定采取一种备份策略。如下所示。

- **对生产的影响：**备份通常消耗密集的资源，需要在它们会对你的环境产生最小的影响时进行。

- **要求**：如果你打算实现类似于块级快照的某种东西来备份数据库，就需要确保系统的基础设施支持它。
- **分片**：如果你对数据分片，那么所有的分片都必须一致；你不能只备份一个分片而不备份其他所有分片。此外，你必须停止对集群的写入以生成即时备份。
- **相关数据**：你还可以通过只备份对系统关键的数据，以减轻备份对系统带来的影响。例如，如果某个数据库是不会改变的，那么只需要备份一次；或者如果数据库中的数据可以很容易地再生，但却是非常大的，那么接受再生的成本而不是做频繁的备份，这样可能是值得的。

备份 MongoDB 有两种主要的方法。第一种方法是使用 `mongodump` 命令进行数据的二进制转储。二进制数据可以离线存储供以后使用。例如，要把主机 `mg1.test.net` 上名为 `rset1` 的副本集及 `mg2.test.net` 上一个独立系统的数据库转储到一个名为 `/opt/backup/current` 的文件夹中，你可以使用下面的命令：

```
mongodump --host rset1/mg1.test.net:27018,mg2.test.net --out /opt/backup/current
```

用于备份 MongoDB 数据库的第二种方法是使用一个文件系统快照。这些快照能非常快地完成，但它们也庞大得多，并且你需要启用日志，还要求系统必须支持块级备份。

17.7 小结

本章讲解了一些更高级的概念以结束对 MongoDB 的介绍。你学习了如何定义不同类型的索引来提高查询速度；还学习了如何部署 MongoDB 副本集，以确保高可用性并提高读取性能。副本集具有读/写主服务器和只读的副本服务器。

本章介绍了把庞大的集合数据分区为存在于不同分区上的分片的概念，从而让你实现水平伸缩。你也浏览了不同的备份策略和选项，以在 MongoDB 数据库中保护最关键的数据。

17.8 下一章

在下一章中，你将会回到 Node.js 世界学习 `express` 模块。`express` 模块可以让你更轻松地通过支持路由等功能，实现在 Node.js 上运行的 Web 服务器。

第 4 部分

使用 Express 使生活更轻松

第18章

在 Node.js 中实现 Express

Express 是一个轻量级模块，它把 Node.js 的 `http` 模块功能封装在一个简单易用的接口中。Express 也扩展了 `http` 模块的功能，使你轻松处理服务器的路由、响应、cookie 和 HTTP 请求的状态。本章介绍如何在 Node.js 应用程序中实现 Express 充当 Web 服务器。你会学到如何配置 Express 服务器，设计路由，并使用 `Request` 和 `Response` 对象发送和接收 HTTP 请求。你也会了解如何在 Express 中实现模板引擎。

18.1 Express 入门

在 Node.js 的项目中开始使用 Express 是非常简单的。所有你需要做的就是在项目的根目录下使用下面的命令来添加 `express` 模块：

```
npm install express
```

你还可以添加 `express` 到你的 `package.json` 模块，以确保当你部署应用程序时，已安装 `express`。

一旦你安装了 `express`，就需要为 Node.js 应用程序创建一个 `express` 类的实例作为 HTTP 服务器。下面的代码行导入 `express` 模块，并创建你可以使用的 `express` 实例：

```
var express = require('express');
var app = express();
```

18.1.1 配置 Express 设置

Express 提供了控制 Express 服务器的行为的一些应用程序设置。这些设置定义了环境以及 Express 如何处理 JSON 解析、路由和视图。表 18.1 列出了可以在 `express` 对象中定义的不同设置。

`express` 对象提供 `set(setting, value)`、`enable(setting)` 和 `disable(setting)` 方法为应用程序的设置来设定值。例如，下列代码启用信任代理设置，并设

置视图引擎（view engine）为 pug：

```
app.enable('trust proxy');
app.disable('strict routing');
app.set('view engine', 'pug');
```

为了得到一个设定的值，可以使用 get(setting)、enabled(setting)和 disabled (setting)方法。例如：

```
app.enabled('trust proxy');  \\true
app.disabled('strict routing'); \\true
app.get('view engine'); \\pug
```

表 18.1　Express 应用程序的设置

设　置	说　明
env	定义环境模式字符串，如 development（开发）、testing（测试）和 production（生产）。默认值是 process.env.NODE_ENV
trust proxy	启用/禁用反向代理的支持。默认设置为 disabled（禁用）
jsonp callback name	定义 JSONP 请求的默认回调名称。默认值是?callback=
json replacer	定义 JSON replacer 回调函数。默认为 null
json spaces	指定当格式化 JSON 响应时使用的空格数量。默认值在开发中是 2，在生产中是 0
case sensitive routing	启用/禁用区分大小写。例如，/home 与/Home 是不一样的。默认设置为 disabled
strict routing	启用/禁用严格的路由。例如，/home 与/home/是不一样的。默认设置为 disabled
view cache	启用/禁用视图模板编译缓存，这保留编译模板的缓存版本。默认设置为 enabled（启用）
view engine	指定呈现模板时，如果从视图中省略了文件扩展名，应该使用的默认模板引擎扩展
views	指定模板引擎用来查找视图模板的路径。默认值是./views

18.1.2　启动 Express 服务器

为了把 Express 实现为 Node.js 应用程序的 HTTP 服务器，你需要创建一个实例，并开始监听一个端口。下面的 3 行代码就启动了一个基本的监听端口 8080 的 Express 服务器：

```
var express = require('express');
var app = express();
app.listen(8080);
```

该 app.listen(port)调用把底层的 HTTP 连接绑定到 port（端口）上，并开始监听它。底层的 HTTP 连接使用的是利用在 http 库中创建的 Server 对象上的 listen()方法产生的相同连接。本书前面的章节讨论过这个 http 库。

事实上，express()返回的值实际是一个回调函数，它映射了传入http.createServer()和https.createServer()方法的回调函数。

为了说明这一点，清单18.1显示了使用Node.js实现一个基本的HTTP和HTTPS服务器。请注意，这表示从express()返回的app变量被传递到createServer()方法中。另外请注意，这里还定义了一个options对象来设置用于创建HTTPS服务器的host（主机）、key（密钥）和cert（证书）。第13～15行实现了处理/路径的简单get路由。

清单18.1 express_http_https.js：用Express实现HTTP和HTTPS服务器

```
01 var express = require('express');
02 var https = require('https');
03 var http = require('http');
04 var fs = require('fs');
05 var app = express();
06 var options = {
07     host: '127.0.0.1',
08     key: fs.readFileSync('ssl/server.key'),
09     cert: fs.readFileSync('ssl/server.crt')
10   };
11 http.createServer(app).listen(80);
12 https.createServer(options, app).listen(443);
13 app.get('/', function(req, res){
14   res.send('Hello from Express');
15 });
```

18.2 配置路由

18.1节讨论了如何启动Express HTTP服务器。然而，在服务器可以开始接受请求前，你需要先定义路由。**路由**（route）是一个简单的定义，它描述了如何处理针对Express服务器的HTTP请求的URI路径部分。

18.2.1 实现路由

路由定义包括两部分。第一部分是HTTP请求方法（通常是GET或POST）。这些方法常常需要进行完全不同的处理。第二部分是在URL中指定的路径，例如，/用于一个网站的根目录，/login用于登录页面，而/cart用于显示购物车。

express模块提供了一系列的函数，可让你在Express服务器中实现路由。这些函数都使用以下语法：

```
app.<method>(path, [callback . . .], callback)
```

语法的<method>部分其实指的是 HTTP 请求方法，如 GET 或 POST。例如：

```
app.get(path, [middleware, ...], callback)
app.post(path, [middleware, ...], callback)
```

path 指的是要通过 callback 函数来处理的 URL 的路径部分。middleware 参数是 callback 函数执行前要应用的 0 个或多个中间件函数。callback 函数是处理该请求并把响应发回客户端的请求处理程序。callback 函数接受 Request 对象作为第一个参数并接受 Response 对象作为第二个参数。

例如，下面的代码实现了一些基本的 GET 和 POST 路由：

```
app.get('/', function(req, res){
  res.send("Server Root");
});
app.get('/login', function(req, res){
  res.send("Login Page");
});
app.post('/save', function(req, res){
  res.send("Save Page");
});
```

当 Express 服务器接收到一个 HTTP 请求时，它会查找已经为适当的 HTTP 方法和路径定义的路由。如果找到一个路由，那么 Request 和 Response 对象被创建来管理请求，并被传递给路由的回调函数。

Express 还提供了 app.all()方法，它的工作效果与 app.post()和 app.get()方法完全一样。唯一的区别在于，回调函数 app.all()调用用于指定路径的每个请求，而不管是否为 HTTP 方法。此外，app.all()方法可以接受*字符作为路径的通配符。这对于实现记录请求日志或其他特殊的功能来处理请求是一个很棒的特性。例如：

```
app.all('*', function(req, res){
  // 全部路径的全局处理程序
});
app.all('/user/*', function(req, res){
  // /user路径的全局处理程序
});
```

18.2.2　在路由中应用参数

当你开始实现路由时，很快就会看到，对于复杂系统，路由数量会多得不可收拾。为了减少路由的数量，可以在 URL 中实现参数。参数使你可以通过为不同的请求提供唯一值来定义应用程序如何处理请求并生成响应，从而为类似的请求使用相同的路由。

例如，你绝对不会对系统中的每个用户或产品拥有不同的路由。相反，你会把一个用户 ID 或产品 ID 作为参数传递到一个路由，而服务器代码将使用该 ID 来确定要使用哪个用户或产品。实现路由参数主要有 4 种方法。

- **查询字符串**：可以在 URL 的路径后面使用标准的?key=value&key=value... HTTP 查询字符串，这是用于实现参数的最常用方法，但这些 URL 会变得冗长和费解。
- **POST 参数**：当实现一个 Web 表单或其他 POST 请求时，可以在请求正文中传递参数。
- **正则**：可以定义一个正则表达式作为路由的路径部分。Express 使用正则表达式来解析 URL 并把与表达式匹配的路径作为参数数组存储。
- **定义的参数**：可以在路由的路径部分使用:<parm_name>按名称定义一个参数。当解析路径时，Express 自动为该参数分配一个名称。

以下各节讨论除 POST 参数外的这些方法。POST 参数将在第 19 章中介绍。

使用查询字符串应用路由参数

将参数添加到路径的最简单方法是使用普通的 HTTP 查询字符串格式?key=value&key=value...来传递它们，然后可以使用本书前面介绍的 url.parse()方法来解析 Request 对象的 url 属性来获得参数。

下面的代码实现到/find?author=<author>&title=<title>的基本 GET 路由，它接受 author（作者）和 title（标题）参数。当要真正获得作者和标题的值时，用 url.parse()方法创建一个查询对象：

```
app.get('/find', function(req, res){
  var url_parts = url.parse(req.url, true);
  var query = url_parts.query;
  res.send('Finding Book: Author: ' + query.author +
           'Title: ' + query.title);
});
```

例如，考虑下面的 URL：

```
/find?author=Brad&title=Node
```

res.send()方法返回：

```
Finding Book: Author: Brad Title: Node
```

使用正则表达式应用路由参数

在路由中实现参数的一种方法是使用正则表达式来匹配模式。这可以让你为路径实现不遵循标准/格式的模式。

下面的代码实现了一个正则表达式解析器，它为位于 URL：/book/<chapter>:<page>的 GET 请求生成路由参数，请注意，参数的值未被命名。相反，req.params 是与 URL 路径中的条目匹配的数组。

```
app.get(/^\/book\/(\w+)\:(\w+)?$/, function(req, res){
  res.send('Get Book: Chapter: ' + req.params[0] +
           ' Page: ' + req.params[1]);
});
```

例如，考虑下面的 URL：

```
/book/12:15
```

res.send()方法返回：

```
Get Book: Chapter: 12 Page: 15
```

使用已定义的参数来应用路由参数

如果你有更加结构化的数据，那么使用已定义的参数比使用正则表达式更好。使用已定义的参数，可以在路由的路径中按名称定义参数。可使用<param_name>定义路由的路径参数。当使用定义的参数时，req.param 是一个函数，而不是一个数组，它调用 req.param(param_name)返回参数的值。

下面的代码实现了一个基本的:userid 参数，这需要一个格式为/user/<user_id>的 URL：

```
app.get('/user/:userid', function (req, res) {
  res.send("Get User: " + req.param("userid"));
});
```

例如，考虑下面的 URL：

```
/user/4983
```

res.send()方法返回：

```
Get User: 4983
```

为已定义的参数应用回调函数

使用已定义的参数的一个主要好处是，如果定义的参数在 URL 中，你可以指定被执行的回调函数。当解析 URL 时，如果 Express 发现某个参数有注册的回调函数，它就在调用路由处理程序之前调用参数的回调函数。你可以为一个路由注册多个回调函数。

要注册一个回调函数，可以使用 app.param()方法。app.param()方法接受已定义的参数作为第一个参数，然后是一个接收 Request、Response、next 和 value 参数的回调函数：

```
app.param(param, function(req, res, next, value){} );
```

Request 和 Response 对象与传递给路由回调函数的是相同的。next 参数是一个用于已注册的下一个 app.param()回调的回调函数（如果有的话）。你必须在回调函数中的某处调用 next()，否则回调链将被破坏。value 参数是从 URL 路径解析的参数的值。

例如，下面的代码对接收到的每个具有在路由中指定的 userid 参数的请求进行记录。注意在离开回调函数前调用 next()：

```
app.param('userid', function(req, res, next, value){
  console.log("Request with userid: " + value);
  next();
});
```

要查看上述代码是如何工作的，请考虑以下 URL：

```
/user/4983
```

userid 4983 是从 URL 解析得到的，并且 console.log()语句显示：

```
Request with userid: 4983
```

应用路由参数示例

为了说明本例，清单 18.2 为 Express 路由实现了查询字符串、正则表达式，以及已定义的参数。POST 参数将在第 19 章中介绍。第 8～16 行实现查询字符串的方法。第 17～23 行实现正则表达式的方法。第 24～33 行实现已定义的参数以及每当请求参数中指定 userid 参数时执行的回调函数。图 18.1 显示了清单 18.2 的控制台输出。

清单 18.2 express_routes.js：在 Express 实现路由参数

```
01 var express = require('express');
02 var url = require('url');
03 var app = express();
04 app.listen(80);
05 app.get('/', function (req, res) {
06   res.send("Get Index");
07 });
08 app.get('/find', function(req, res){
```

```
09   var url_parts = url.parse(req.url, true);
10   var query = url_parts.query;
11   var response = 'Finding Book: Author: ' + query.author +
12                  ' Title: ' + query.title;
13   console.log('\nQuery URL: ' + req.originalUrl);
14   console.log(response);
15   res.send(response);
16 });
17 app.get(/^\/book\/(\w+)\:(\w+)?$/, function(req, res){
18   var response = 'Get Book: Chapter: ' + req.params[0] +
19                ' Page: ' + req.params[1];
20   console.log('\nRegex URL: ' + req.originalUrl);
21   console.log(response);
22   res.send(response);
23 });
24 app.get('/user/:userid', function (req, res) {
25   var response = 'Get User: ' + req.param('userid');
26   console.log('\nParam URL: ' + req.originalUrl);
27   console.log(response);
28   res.send(response);
29 });
30 app.param('userid', function(req, res, next, value){
31   console.log("\nRequest received with userid: " + value);
32   next();
33 });
```

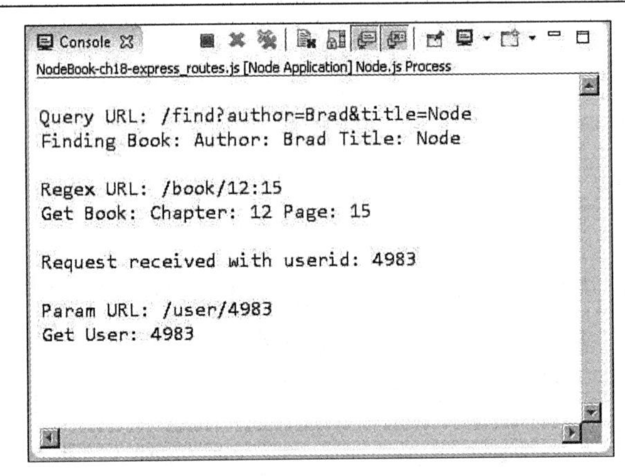

图 18.1 实现使用查询字符串、正则表达式及已定义的参数的路由参数

18.3 使用 Request 对象

一个 Request 对象作为第一个参数传递到路由处理程序。Request 对象提供请求的数据和元数据，包括 URL、标头、查询字符串，等等。它可以让你在代码中正确地处

理请求。

表 18.2 列出了 Request 对象中最常用的一些属性和方法。

表 18.2 HTTP **Request** 对象的属性和方法

属性或方法	说 明
originalUrl	请求的原始 URL 字符串
protocol	协议的字符串，例如 http 或 https
ip	请求的 IP 地址
path	请求 URL 的路径部分
hostname	请求的主机名
method	HTTP 方法：GET、POST 等
query	请求的 URL 的查询字符串部分
fresh	一个布尔值，当最后修改与当前匹配时为 true
stale	一个布尔值，当最后修改与当前匹配时为 false
secure	一个布尔值，当建立 TLS 连接时为 true
acceptsCharset(charset)	一个方法，如果由 charset 指定的字符集受支持，则返回 true
get(header)	返回 header 的值的方法

清单 18.3 显示了访问 Request 对象的各个部分。图 18.2 的输出显示了与 GET 请求相关联的实际值。

清单 18.3 **express_request.js**：在 Express 中访问 **Request** 对象的属性

```
01 var express = require('express');
02 var app = express();
03 app.listen(80);
04 app.get('/user/:userid', function (req, res) {
05   console.log("URL:\t   " + req.originalUrl);
06   console.log("Protocol:  " + req.protocol);
07   console.log("IP:\t   " + req.ip);
08   console.log("Path:\t   " + req.path);
09   console.log("Host:\t   " + req.host);
10   console.log("Method:\t   " + req.method);
11   console.log("Query:\t   " + JSON.stringify(req.query));
12   console.log("Fresh:\t   " + req.fresh);
13   console.log("Stale:\t   " + req.stale);
14   console.log("Secure:\t   " + req.secure);
15   console.log("UTF8:\t   " + req.acceptsCharset('utf8'));
16   console.log("Connection: " + req.get('connection'));
17   console.log("Headers: " + JSON.stringify(req.headers,null,2));
```

```
18   res.send("User Request");
19 });
```

```
Console
NodeBook-ch18-express_request.js [Node Application] Node.js Process
URL:        /user/4983?name=Brad
Protocol:   http
IP:         127.0.0.1
Path:       /user/4983
Host:       localhost
Method:     GET
Query:      {"name":"Brad"}
Fresh:      false
Stale:      true
Secure:     false
UTF8:       true
Connection: keep-alive
Headers: {
  "host": "localhost",
  "connection": "keep-alive",
  "accept": "text/html,application/xhtml+xml,application/x
  "user-agent": "Mozilla/5.0 (Windows NT 6.1; WOW64) Apple
  "accept-encoding": "gzip,deflate,sdch",
  "accept-language": "en-US,en;q=0.8",
  "if-none-match": "\"-1050218291\""
}
```

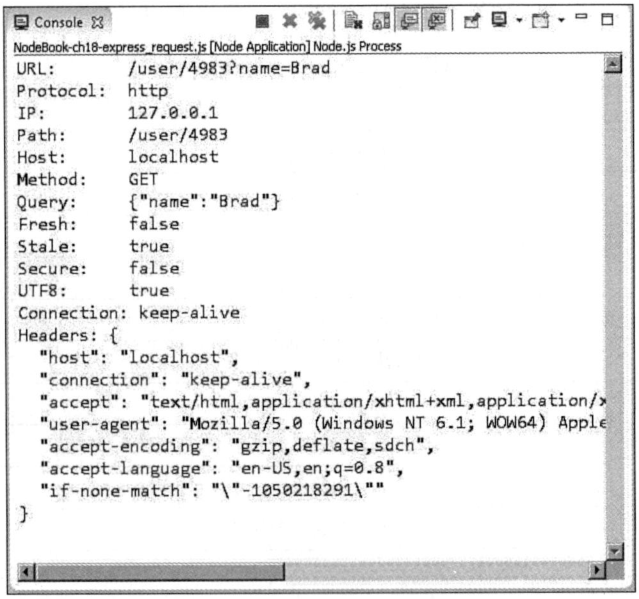

图 18.2　访问 Request 对象的属性

18.4　使用 Response 对象

传递到路由处理程序的 Response 对象提供了必要的功能来建立和发送适当的 HTTP 响应。以下各节讨论如何使用 Response 对象来设置标头、设置状态，并将数据发送回客户端。

18.4.1　设置标头

设置标头是制定适当的 HTTP 响应的一个重要组成部分。例如，设置 Content-Type 标头确定浏览器如何处理响应。Response 对象提供了几个辅助方法来获取和设置所发送的 HTTP 响应的标头值。

最常用的方法是 get(header) 和 set(header, value)，它们分别获取和设置任何标头值。例如，下面的代码首先获取 Content-Type 标头，然后进行设置：

```
var oldType = res.get('Content-Type');
res.set('Content-Type', 'text/plain');
```

表 18.3 说明了获取和设置标头值的辅助方法。

表 18.3 在 **Response** 对象上获取和设置标头值的方法

方　法	说　明
get(header)	返回所指定的 header 参数的值
set(header, value)	设置 header 参数的值
set(headerObj)	接受一个对象，它包含多个'header':'value'属性。每个在 headerObj 参数中的标头都在 Response 对象中被设置
location(path)	把 location 标头设置为指定的 path 参数。该路径可以是 URL 路径，例如/login；完整的 URL，如 http://server.net/；相对路径，如../users；或者一个浏览器行为，如 back
type(type_string)	根据 type_string 参数设置 Content-Type 标头。该 type_string 参数可以是一个正常的内容类型，如 application/json；部分类型，如 png；或文件扩展名，如 html
attachment([filepath])	把 Content-Disposition 标头设置为 attachment，并且如果指定 filepath，则 Content-Type 头是基于文件扩展名设置的

18.4.2 设置状态

如果响应的 HTTP 状态是 200 以外的值，那么你还需要设置它。发送正确的状态响应，从而使浏览器或其他应用程序可以正确地处理 HTTP 响应是很重要的。要设置状态响应，应使用 status(number)方法，其中 number 参数是在 HTTP 规范中定义的 HTTP 响应状态。

例如，下面的行设置不同的状态：

```
res.status(200); // OK（正确）
res.status(300); // Redirection（重定向）
res.status(400); // Bad Request（错误的请求）
res.status(401); // Unauthorized（未经许可）
res.status(403); // Forbidden（禁止）
res.status(500); // Server Error（服务器错误）
```

18.4.3 发送响应

在本章前面一些发送简单响应的例子中，你看到了 send()方法的实际用法。send()方法可以使用下列格式，其中 status 是 HTTP 状态代码而 body 是一个 String 或 Buffer 对象：

```
res.send(status, [body])
res.send([body])
```

如果指定 Buffer 对象，则内容类型被自动设置为 application/octet-stream（应用程序/八位字节流）；除非你明确地将其设置为别的东西。例如：

```
res.set('Content-Type', 'text/html');
res.send(new Buffer('<html><body>HTML String</body></html>'));
```

只要你为响应设置适当的标头和状态，send()方法就可以真正处理所有的必要响应。一旦 send()方法完成，它就设置 res.finished 和 res.headerSent 属性值。你可以使用这些来验证该响应是否被发送、传输了多少数据。以下是 res.headerSent 属性值的一个示例：

```
HTTP/1.1 200 OK
X-Powered-By: Express
Content-Type: text/html
Content-Length: 92
Date: Tue, 17 Dec 2013 18:52:23 GMT
Connection: keep-alive
```

清单 18.4 说明了一些设置状态和标头，以及发送响应的基础知识。注意，在 18～21 行/error 的路由在发送响应之前把状态设置为 400。图 18.3 显示了 Express 服务器的控制台输出的 res.headerSent 数据。

清单 18.4 express_send.js：使用 Response 对象发送状态、标头和响应数据

```
01 var express = require('express');
02 var url = require('url');
03 var app = express();
04 app.listen(80);
05 app.get('/', function (req, res) {
06   var response = '<html><head><title>Simple Send</title></head>' +
07                  '<body><h1>Hello from Express</h1></body></html>';
08   res.status(200);
09   res.set({
10     'Content-Type': 'text/html',
11     'Content-Length': response.length
12   });
13   res.send(response);
14   console.log('Response Finished? ' + res.finished);
15   console.log('\nHeaders Sent: ');
16   console.log(res.headerSent);
17 });
18 app.get('/error', function (req, res) {
19   res.status(400);
20   res.send("This is a bad request.");
21 });
```

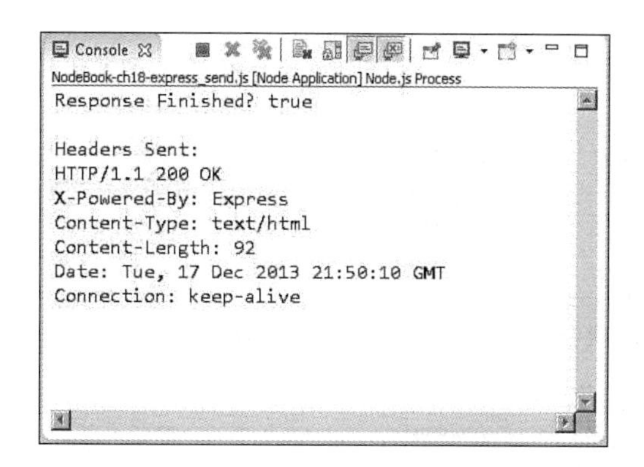

图 18.3 响应已发送后，res.headerSent 的输出

18.4.4 发送 JSON 响应

使用 JSON 数据从服务器传输信息到客户端，然后让客户端动态填充页面上的 HTML 元素，而不是让服务器构建 HTML 文件或 HTML 文件的一部分，并把 HTML 发送到客户端，这是一个日益增长的趋势。Express 在 Response 对象上提供了 json()和 jsonp()方法，它们可以方便地发送 JSON。这些方法都采用类似于 send()的语法，但正文是一个可 JSON 字符串化的 JavaScript 对象：

```
res.json(status, [object])
res.json([body])
res.jsonp(status, [object])
res.jsonp([object])
```

JavaScript 对象被转换为 JSON 字符串，并发送回客户端。在 jsonp()的情况下，请求对象的 URL 包括?callback=<method>参数；而 JSON 字符串被包装在与方法同名的函数中，它可以在浏览器客户端被调用来支持 JSONP 设计。

清单 18.5 同时实现了 json()和 jsonp()来说明发回 JSON 数据到服务器。请注意，在第 6 行的 JSON spaces 应用程序设定被设置为 4，而一个基本的 JavaScript 对象在第 7 行被传递到 json()调用。第 12 行在响应中设置错误代码，而响应对象是一个 JSON 对象。

第 14～19 行实现了 jsonp()方法。请注意，jsonp callback name 在第 15 行被设置为 cb，这意味着客户端需要在 URL 中传递的不是?callback=<function>，而是?cb=<function>。图 18.4 显示了每个调用在浏览器中的输出。

清单 18.5 express_json.js：从 Express 的响应中发送 JSON 和 JSONP 数据

```
01 var express = require('express');
02 var url = require('url');
03 var app = express();
```

```
04 app.listen(80);
05 app.get('/json', function (req, res) {
06   app.set('json spaces', 4);
07   res.json({name:"Smithsonian", built:'1846', items:'137M',
08             centers: ['art', 'astrophysics', 'natural history',
09                       'planetary', 'biology', 'space', 'zoo']});
10 });
11 app.get('/error', function (req, res) {
12   res.json(500, {status:false, message:"Internal Server Error"});
13 });
14 app.get('/jsonp', function (req, res) {
15   app.set('jsonp callback name', 'cb');
16   res.jsonp({name:"Smithsonian", built:'1846', items:'137M',
17             centers: ['art', 'astrophysics', 'natural history',
18                       'planetary', 'biology', 'space', 'zoo']});
19 });
```

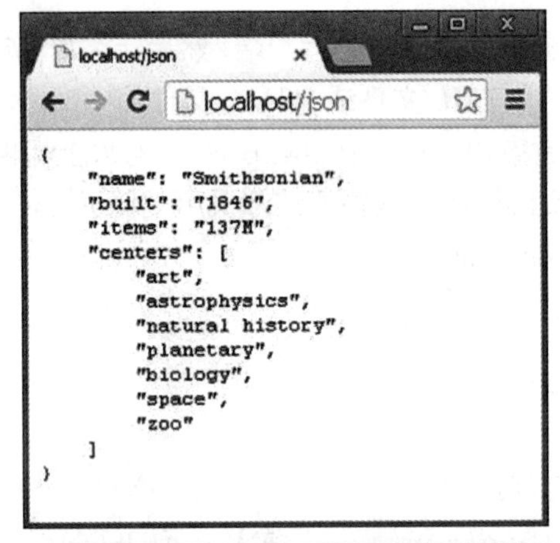

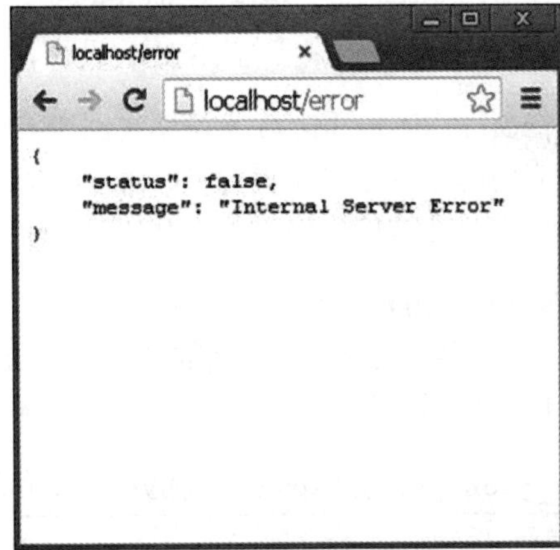

图 18.4　发送 JSON 和 JSONP 数据到浏览器

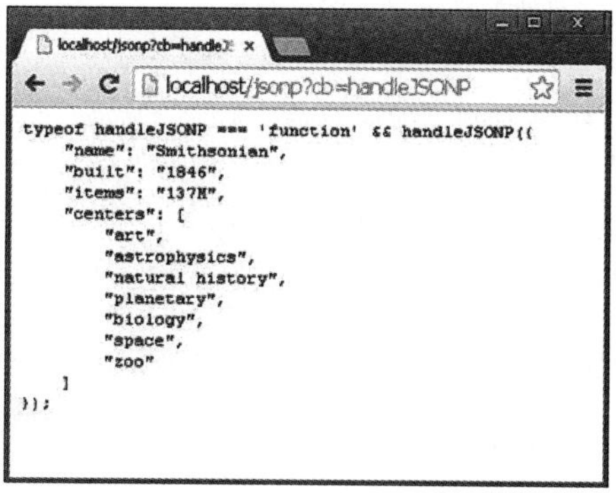
localhost/jsonp?cb=handleJS
localhost/jsonp?cb=handleJSONP
typeof handleJSONP === 'function' && handleJSONP({
"name": "Smithsonian",
"built": "1846",
"items": "137M",
"centers": [
"art",
"astrophysics",
"natural history",
"planetary",
"biology",
"space",
"zoo"
]
});

图 18.4 发送 JSON 和 JSONP 数据到浏览器（续）

18.4.5 发送文件

在 Express 中有一个出色的辅助方法，即 Response 对象上的 sendfile(filepath) 方法。sendfile()方法使用单个函数调用来完成将文件发送到客户端需要做的全部事情。具体来说，sendfile()方法执行以下操作：

- 基于文件扩展名设置 Content-Type 标头的类型。
- 设置其他相应的标头，如 Content-Length（内容长度）。
- 设置响应的状态。
- 使用 Response 对象内部的连接，把文件的内容发送到客户端。

sendfile()方法使用以下语法：

```
res.sendfile(path, [options], [callback])
```

path 应指向你要发送给客户端的文件。options 参数是一个对象，它包含了一个 maxAge 属性定义的最长期限的内容和 root 属性（它是一个用来支持 path 参数相对路径的根路径）。当文件传输完成时，callback 函数被调用，并应该接受一个 error 对象作为唯一的参数。

清单 18.6 显示了使用 sendfile()命令发送一个文件的内容是多么容易。请注意，在第 8 行中指定了一个根路径，所以在第 6 行只需要文件名，还要注意，回调函数的代码负责处理错误。图 18.5 显示了在浏览器中显示的图像。

清单 18.6 express_send_file.js：在一个来自 Express 的 HTTP 请求中发送文件

```
01 var express = require('express');
02 var url = require('url');
```

```
03 var app = express();
04 app.listen(80);
05 app.get('/image', function (req, res) {
06   res.sendfile('arch.jpg',
07                { maxAge: 1,//24*60*60*1000,
08                  root: './views/'},
09                function(err){
10     if (err){
11       console.log("Error");
12     } else {
13       console.log("Success");
14     }
15   });
16 });
```

图 18.5　在 HTTP 响应中发送给客户端的图像文件

18.4.6　发送下载响应

Express 还包括 `res.download()` 方法，该方法的工作原理类似于 `res.sendfile()` 方法，两者间只有少数差异。`res.download()` 方法把文件作为 HTTP 响应的附件发送，这意味着 `Content-Disposition`（内容处置）标头会被设置。`res.download()` 方法采用以下语法：

```
res.download(path, [filename], [callback])
```

path 指向发送到客户端的文件。filename 参数可以指定一个应该在 Content-Disposition 标头中发送的不同文件名。callback 函数在文件下载完成后执行。

18.4.7 重定向响应

当实现一个 Web 服务器时，一种常见的需求是能够把来自客户端的请求重定向到同一台服务器上的一个不同位置，或重定向到完全不同的服务器上。res.redirect(path) 方法负责处理重定向到一个新位置的请求。

清单 18.7 说明了你可以使用的各种重定向地址。第 6 行重定向到一个全新的域名地址。第 9 行重定向到同一台服务器上的不同路径，第 15 行重定向到同一台服务器上的相对路径。

清单 18.7 express_redirect.js：一个 Express 服务器上的重定向请求

```
01 var express = require('express');
02 var url = require('url');
03 var app = express();
04 app.listen(80);
05 app.get('/google', function (req, res) {
06   res.redirect('http://google.com');
07 });
08 app.get('/first', function (req, res) {
09   res.redirect('/second');
10 });
11 app.get('/second', function (req, res) {
12   res.send("Response from Second");
13 });
14 app.get('/level/A', function (req, res) {
15   res.redirect("../B");
16 });
17 app.get('/level/B', function (req, res) {
18   res.send("Response from Level B");
19 });
```

18.5 实现一个模板引擎

业界一个日益增长的趋势是，使用模板文件和应用程序数据，借助模板引擎来生成 HTML；而不是努力从头开始构建 HTML 文件或者使用静态文件。模板引擎基于由应用程序提供的值，使用 template 对象创建 HTML。模板引擎提供了如下两个好处。

- **简单**：模板尽量做到容易生成 HTML，要么用速记符号，要么允许把 JavaScript 直接嵌入 HTML 文档中。
- **速度**：模板引擎优化构建 HTML 文档的过程。许多进程编译一个模板并把编译后的版本存储在用于加快 HTML 响应生成速度的缓存中。

以下各节讨论在 Express 中实现模板引擎。有一些可用于 Express 的模板引擎，本节重点介绍其中的两种：Pug（原 Jade）和内嵌的 JavaScript（EJS）。这两种引擎的工作原理有所不同，它们一起使你了解有什么东西可用。Pug 使用 HTML 的速记符号模板，所以它的模板文件看上去并不像 HTML。它的优点是，模板文件较小，易于掌握。它的缺点是，你需要学习另一种语言。

EJS 使用特殊的符号在正常的 HTML 文档中嵌入 JavaScript。这使得它更容易从正常的 HTML 过渡。其不足之处是 HTML 文档比原始文档要复杂得多，不如 Pug 模板整洁。

要运行本节的示例，你需要在应用程序中使用下面的命令同时安装 Pug 和 EJS 模块：

```
npm install Pug
npm install EJS
```

18.5.1 定义引擎

实现模板引擎的第一步是为 Express 应用程序定义一个默认的模板引擎。你可以通过在 `express()`应用程序对象上对 `view engine` 设定进行设置来做到这一点。你还需要把 `views` 设定设置为你的模板文件存放的位置。例如，下面的代码把`./views` 目录设置为模板文件的根并把 `pug` 作为视图引擎：

```
var app = express();
app.set('views', './views');
app.set('view engine', 'pug');
```

然后，你需要为自己希望使用 `app.engine(ext, callback)`方法来处理的模板扩展名注册模板引擎。`ext` 参数是用于模板文件的文件扩展名，`callback` 是支持 Express 的呈现功能的函数。

许多引擎在一个`__express` 函数中提供回调功能。例如：

```
app.engine('pug', require('pug').__express)
```

`__express` 功能往往只能在默认的文件扩展名上工作。在这种情况下，你可以使用一个不同的函数。例如，EJS 提供了 `renderFile` 函数用于这一目的。你可以使用下面的语句为 `ejs` 扩展名注册 EJS：

```
app.engine('ejs', require('ejs').__express)
```

不过，如果你想为 HTML 扩展名注册 EJS，就使用

```
app.engine('html', require('ejs').renderFile)
```

一旦扩展名被注册，引擎回调函数就被调用来呈现具有该扩展名的模板。如果你选择除 Pug 和 EJS 外的不同引擎，则需要弄清楚它们期望如何用 Express 来注册。

18.5.2 加入本地对象

在呈现一个模板时，你经常需要包括动态数据，例如，为刚从数据库中读取的用户数据呈现一个用户页面。在这种情况下，你可以生成一个 `locals` 对象，它包含映射到模板中定义的变量名称的属性。`express()` app 对象提供了 `app.locals` 属性来存储本地变量。

要直接指定本地模板变量，可以使用句点语法。例如，下面的代码定义本地变量 `title` 和 `version`：

```
app.locals.title = 'My App';
app.locals.version = 10;
```

18.5.3 创建模板

你还需要创建模板文件。在创建模板文件时，请记住以下注意事项。

- **可重用性**：尽量让模板可在应用程序的其他部分和其他应用程序中重复使用。大多数模板引擎都通过缓存模板来加速性能。模板越多，就要花费越多的缓存时间。努力组织你的模板，以便它们可以用于多种用途。例如，如果你在应用程序中有显示数据的几个表，就为所有的表制作一个不仅可以动态地添加数据，还能设置列头和表头等的单独模板。
- **规模**：当模板的规模不断增长时，它们往往会变得越来越臃肿。尽量将你的模板根据它们表示的数据类型分门别类。举例来说，一个具有菜单栏、窗体和表格的模板，可以被分割成 3 个独立的模板。
- **层次**：大多数网站和应用程序都按照某种层次建立。例如，`<head>`部分以及横幅和菜单可以在整个站点相同。对出现在多个位置的组件使用一个单独的模板，并在建立最后一页时只包括这些子模板。

清单 18.8 显示了应用一组局部变量在列表中显示用户信息的基本 EJS 模板。这段 EJS 代码是非常基本的，且只使用`<%= variable %>`从 Express 局部变量中提取值。

清单 18.8 **user_ejs.html**：一个简单的 EJS 模板，用于显示用户

```
01 <!DOCTYPE html>
02 <html lang="en">
03 <head>
04 <title>EJS Template</title>
05 </head>
06 <body>
07    <h1>User using EJS Template</h1>
08    <ul>
09        <li>Name: <%= uname %></li>
10        <li>Vehicle: <%= vehicle %></li>
11        <li>Terrain: <%= terrain %></li>
12        <li>Climate: <%= climate %></li>
13        <li>Location: <%= location %></li>
14    </ul>
15 </body>
16 </html>
```

清单 18.9 和清单 18.10 显示了使用 Pug 来实现一个主模板，然后在一个子模板中使用它。清单 18.9 中的主模板是很基本的，只实现了 doctype、html、head 和 title 元素。它还定义了在清单 18.10 中定义的 block content（块内容）元素。

请注意，在清单 18.10 的第 1 行扩展了 main_pug，首先包括上述那些元素，然后添加 h1、ul 和 li 元素，这些都从局部变量获取值。

清单 18.9 **main_pug.pug**：一个简单的 Pug 模板，定义了一个主网页

```
1 doctype html
2 html(lang="en")
3  head
4    title="Pug Template"
5  body
6    block content
```

清单 18.10 **user_pug.pug**：一个简单的 Pug 模板，它包含了 **main_pug.pug** 模板，并增加了用于显示用户的元素

```
1 extends main_pug
2 block content
3  h1 User using Pug Template
4  ul
5    li Name: #{uname}
6    li Vehicle: #{vehicle}
7    li Terrain: #{terrain}
8    li Climate: #{climate}
9    li Location: #{location}
```

18.5.4 在响应中呈现模板

一旦你定义和配置了模板引擎，并创建了模板，就可以使用 Express app 对象或使用 Response 对象发送一个呈现后的模板。要呈现在 Express app 中的模板，你可以使用 app.render()方法：

```
app.render(view, [locals], callback)
```

view 参数指定 views 目录中的视图文件名。如果该文件没有包含扩展名，就尝试默认的扩展名，如.pug 和.ejs。locals 参数允许你传递一个 locals 对象（如果没有在 app.locals 中定义这样一个 locals 对象）。callback 函数在模板被呈现后执行，并接受 error 对象作为第一个参数，并以呈现后的模板的字符串形式作为第二个参数。

要直接把模板呈现为响应，还可以使用 res.render()函数，它的工作原理与 app.render()完全一样，不同之处是不必有回调函数。所呈现的结果在响应中自动发送。

app.render()和 res.render()方法均运行良好。如果你不需要在发送之前对数据做任何处理，res.render()方法可节省用以调用 res.send()来发送数据的额外代码。

清单 18.11 用几个基本的例子把所有的模板呈现概念放在一起说明。第 5～8 行设置 views 目录与 view engine 并注册 pug 和 ejs。然后第 10～13 行在 app.locals 中定义用户信息。

第 14～16 行处理/pug 路由，这用在客户端响应中定义的本地变量来直接呈现来自清单 18.10 的 user_pug.pug 模板。

第 17～21 行处理/ejs 路由，它首先调用 app.render()来把清单 18.8 中定义的 users_ejs.html 模板呈现成字符串 renderedData。然后调用 res.send()命令发送该数据。图 18.6 显示了用这两种功能呈现的网页。

清单 18.11 express_templates.js：在 Express 中实现 Jade 和 EJS 模板

```
01 var express = require('express'),
02     pug = require('pug'),
03     ejs = require('ejs');
04 var app = express();
05 app.set('views', './views');
06 app.set('view engine', 'pug');
07 app.engine('pug', pug.__express);
08 app.engine('html', ejs.renderFile);
09 app.listen(80);
10 app.locals.uname = 'Caleb';
11 app.locals.vehicle = 'TARDIS';
12 app.locals.terrain = 'time and space';
13 app.locals.location = 'anywhere anytime';
14 app.get('/pug', function (req, res) {
15   res.render('user_pug');
```

```
16 });
17 app.get('/ejs', function (req, res) {
18   app.render('user_ejs.html', function(err, renderedData){
19     res.send(renderedData);
20   });
21 });
```

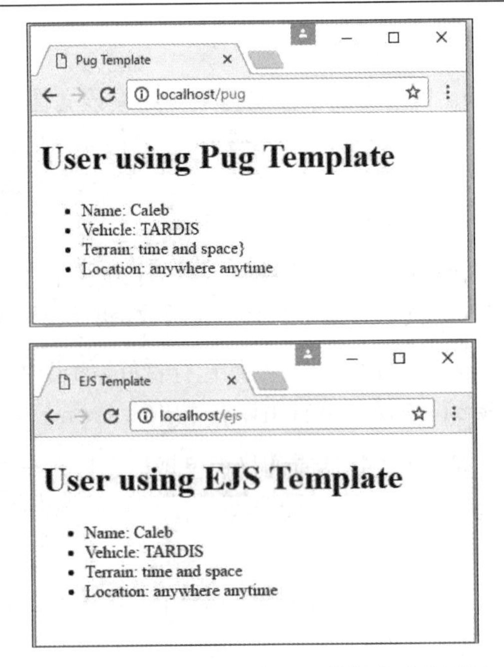

图 18.6　通过呈现 Pug 和 EJS 模板生成的网页

18.6　小结

本章主要介绍了如何为 Node.js 应用程序安装、配置和运行 Express 的基础知识。你学到了如何配置路由来处理 HTTP 请求以及如何使用 Request 对象来获取有关请求的信息。你还学到了如何配置响应的标头和状态，然后发送 HTML 字符串、文件和呈现后的模板。

18.7　下一章

在下一章中，你会实现一些 Express 提供的扩展功能的中间件。中间件使你能够处理 cookie、会话和认证，并对缓存进行控制。

第 19 章 实现 Express 中间件

Express 提供的大部分功能是通过中间件函数完成的，这些中间件函数在 Node.js 收到请求的时点和发送响应的时点之间得到执行。Express 使用 `connect` 模块提供了中间件框架，可让你方便地在全局或路径级别或者为单个路由插入中间件功能。

Express 提供的中间件可以让你快速支持静态文件服务，实现 cookie，支持会话，处理 `POST` 数据，等等。你甚至可以创建自己的自定义中间件函数，用来预处理请求和提供自己的功能。

本章的重点是实现 Express 中间件的基本知识。它也提供了一些例子来说明如何使用中间件来处理 `POST` 请求、提供静态文件服务，并实现会话、cookie 和身份验证。

19.1 了解中间件

Express 提供了一个简单而有效的中间件框架，它允许你在接收到请求的时点及你真正处理请求和发送响应的时点之间提供附加功能。中间件可以应用身份验证、cookie 和会话，并且在请求被传递给一个处理程序之前，以其他方式处理它。

Express 建立在 `connect` NPM 模块之上，它提供了底层中间件支持。下面是一些 Express 包含的内置中间件组件。附加 Express 中间件组件可作为 NPM 获得；只要查询 NPM 存储库即可。你也可以创建自己的自定义中间件。

- **`logger`**：实现一个格式化的请求记录器来跟踪对服务器的请求。
- **`static`**：允许 `Express` 服务器以流式处理静态文件的 `GET` 请求。
- **`favicon`**：提供向浏览器发送收藏夹图标的功能。
- **`basicAuth`**：提供对基本的 HTTP 身份验证的支持。
- **`cookieParser`**：你可以从请求读取 cookie 并在响应中设置 cookie。
- **`cookieSession`**：提供基于 cookie 的会话支持。

- **session**：提供了一个相当强大的会话实现。
- **bodyParser**：把 POST 请求正文数据解析为 req.body 属性。
- **query**：把查询字符串转换成 JavaScript 对象并保存为 req.query。
- **compression**：对发给客户端的大响应提供 Gzip 压缩支持。
- **csrf**：提供跨站点请求伪造保护。

既可以对特定路径下的所有路由全局地应用中间件，也可以对一个特定的路由应用中间件。以下各节介绍这些方法。

19.1.1　在全局范围内把中间件分配给某个路径

要对所有路由指定中间件，可以在 Express application 对象上实现 use()方法。use()方法的语法如下：

```
use([path], middleware)
```

path 变量是可选的，默认为/，这意味着所有的路径。middleware 参数是一个函数，它的语法如下，其中 req 是 Request 对象，res 是 Response 对象，next 是要执行的下一个中间件函数：

```
function(req, res, next)
```

每个内置中间件组件都有一个构造函数，它返回相应的中间件功能。例如，要使用默认参数把 logger 中间件应用于所有路径，可以使用下面的语句：

```
var express = require('express');
var app = express();
app.use('/', bodyParserexpress.logger());
```

19.1.2　把中间件分配到单个路由

你也可以通过把一个单独的路由放在 path 参数后来对其应用 logger 中间件。例如下面的代码，对/loggedRoute 的请求会被记录，但对/otherRoute 的请求不会被记录：

```
app.get('/loggedRoute', express.logger (), function(req, res) {
  res.send('This request was logged.');
});
app.get('/otherRoute', function(req, res) {
  res.send('This request was not logged.');
});
```

19.1.3 添加多个中间件函数

你可以根据需要在全局范围和路由上分配任意多的中间件函数。例如，下面的代码将分配 query、logger、bodyParser 中间件模块：

```
app.use('/', express.logger()).
use('/', express.query()).
use('/', express.bodyParser());
```

请记住，你分配函数的顺序就是它们在请求中被应用的顺序。一些中间件函数需要被添加在别的中间件函数前面。

19.2 使用 query 中间件

最有用和最简单的中间件组件之一是 query 中间件。query 中间件将一个 URL 中的查询字符串转换为 JavaScript 对象，并将其保存为 Request 对象的 query 属性。

下面的代码显示了实现 query 中间件的基本方法：

```
var express = require('express');
var app = express();
app.use('/', express.query());
app.get('/', function(req, res) {
  var id = req.query.id;
  var score = req.query.score;
  console.log(JSON.stringify(req.query));
  res.send("done");
});
```

19.3 提供静态文件服务

static 中间件是很常用的 Express 中间件，它可以让你直接从磁盘对客户端提供静态文件服务。你可以使用 static 中间件支持不会改变的 JavaScript 文件、CSS 文件、图像文件和 HTML 文件之类的东西。static 模块容易实现，它使用以下语法：

```
express.static(path, [options])
```

path 是在请求中引用的静态文件所在的根路径。options 参数允许你设置以下属性。

- **maxAge**：设置浏览器缓存 maxAge（最长保存时间），以毫秒为单位。默认为 0。
- **hidden**：一个布尔值，如果为 true，则表示启用隐藏文件传输功能。默认为 false。

- **redirect**：一个布尔值，如果为 true，表示若请求路径是一个目录，则该请求将被重定向到有一个尾随/的路径。默认为 true。
- **index**：指定根路径的默认文件名。默认为 index.html。

清单 19.1 至清单 19.3 显示了用来实现支持静态 HTML、CSS 和图像文件服务的 static（静态）中间件的 Express 代码、HTML 和 CSS。请注意，这里实现了两个 static 路径：第一个把路由/映射到指定的名为 static 的子目录，第二个把路由/images 映射到一个对等的名为 images 的目录。图 19.1 显示了对 Web 浏览器提供的一个静态的 HTML 文档服务。

清单 19.1　**express_static.js**：实现两条静态路由的 Express 代码

```
1 var express = require('express');
2 var app = express();
3 app.use('/', express.static('./static'), {maxAge:60*60*1000});
4 app.use('/images', express.static( '../images'));
5 app.listen(80);
```

清单 19.2　**./static/index.html**：从服务器请求 CSS 和图像文件的静态 HTML 文件

```
01 <html>
02 <head>
03   <title>Static File</title>
04   <link rel="stylesheet" type="text/css" href="css/static.css">
05 </head>
06 <body>
07     <img src="/images/arch.jpg" height="200px"/>
08   <img src="/images/flower.jpg" height="200px" />
09     <img src="/images/bison.jpg" height="200px" />
10 </body>
11 </html>
```

清单 19.3　**./static/css/static.css**：格式化图像的 CSS 文件

```
1 img
2 {
3     display:inline;
4     margin:3px;
5     border:5px solid #000000;
6 }
```

图 19.1 对浏览器提供的静态 HTML、CSS 和图像文件服务

19.4 处理 POST 正文数据

Express 中间件另一个常见的用途是处理 POST 请求正文中的数据。请求正文内的数据可以是各种格式，如 POST 参数字符串、JSON 字符串，或原始数据。Express 提供的 bodyParser 中间件试图解析请求的正文数据，把它们正确地格式化为 Request 对象的 req.body 属性。

例如，如果 POST 参数或 JSON 数据被接收，它们就被转换为 JavaScript 对象，并存储为 Request 对象的 req.body 属性。清单 19.4 说明了使用 bodyParser 中间件来支持读取发布到服务器上的表单数据。

在第 4～9 行处理 GET 请求并用一个基本的形式来响应。它不是格式良好的 HTML，但它足以说明 bodyParser 中间件的使用。

在第 11～20 行的代码实现了一个 POST 请求的处理程序。请注意，在第 16 行，使用 req.body.first 访问在表单字段中输入的名字以帮助在响应中建立 hello 消息。就这么简单。可以用这种方式处理在正文内的任何类型的表单数据。图 19.2 显示了在浏览器中的 Web 表单用法。

清单 19.4 express_post.js：使用 bodyParser 中间件处理在请求正文中的 POST 参数

```
01 var express = require('express');
02 var app = express();
```

```
03 app.use(express.bodyParser());
04 app.get('/', function (req, res) {
05   var response = '<form method="POST">' +
06         'First: <input type="text" name="first"><br>' +
07         'Last: <input type="text" name="last"><br>' +
08         '<input type="submit" value="Submit"></form>';
09   res.send(response);
10 });
11 app.post('/',function(req, res){
12   var response = '<form method="POST">' +
13         'First: <input type="text" name="first"><br>' +
14         'Last: <input type="text" name="last"><br>' +
15         '<input type="submit" value="Submit"></form>' +
16         '<h1>Hello ' + req.body.first + '</h1>';
17   res.type('html');
18   res.end(response);
19   console.log(req.body);
20 });
21 app.listen(80);
```

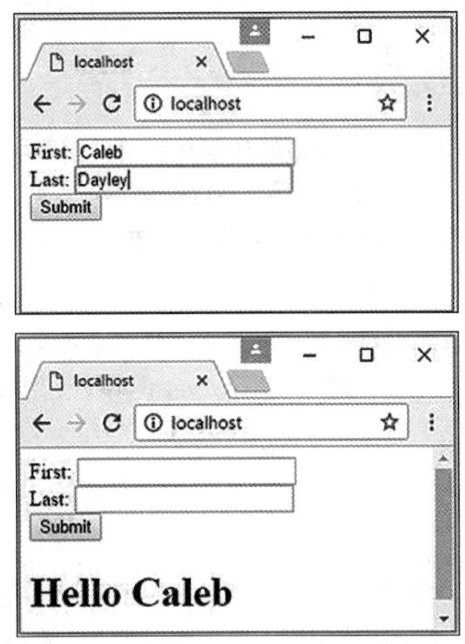

图 19.2　通过 bodyParser 中间件处理在请求正文中的 POST 参数

19.5　发送和接收 cookie

Express 提供的 cookieParser 中间件使得处理 cookie 非常简单。该 cookieParser

中间件从一个请求解析 cookie，并将其作为一个 JavaScript 对象存储在 `req.cookies` 属性中。`cookieParser` 中间件使用以下语法：

```
express.cookieParser([secret])
```

可选的 `secret` 字符串参数利用 `secret` 字符串在 cookie 内部签署来防止 cookie 的篡改。

要在响应中设置 cookie，你可以使用如下所示的 `res.cookie()` 方法：

```
res.cookie(name, value, [options])
```

具有指定的名称和值的一个 cookie 被添加到响应中。`Options` 属性允许你设置 cookie 中的以下属性。

- **`maxAge`**：指定以毫秒为单位的时间量，表示 cookie 过期前的生存时间。
- **`httpOnly`**：这是一个布尔值。如果它为 `true`，则表示这个 cookie 只能由服务器访问，而不能通过客户端 JavaScript 访问。
- **`signed`**：这是一个布尔值。如果它为 `true`，则表示该 cookie 将被签署；你需要使用 `req.signedCookie` 对象而不是 `req.cookie` 对象来访问它。
- **`path`**：指定该 cookie 应用的路径。

例如，下面的语句设置一个 `hasVisited` cookie：

```
res.cookie('hasVisited', '1',
           { maxAge: 60*60*1000,
             httpOnly: true,
             path:'/'});
```

可以从客户端利用 `res.clearCookie()` 方法删除 cookie。例如：

```
res.clearCookie('hasVisited');
```

清单 19.5 显示了一个简单的实现，它从请求得到一个名为 `req.cookies.hasVisited` 的 cookie；并且如果它尚未设置，就设置它。

清单 19.5　`express_cookies.js`：通过 Express 发送和接收 cookie

```
01 var express = require('express');
02 var app = express();
03 app.use(express.cookies());
04 app.get('/', function(req, res) {
05   console.log(req.cookies);
06   if (!req.cookies.hasVisited){
07     res.cookie('hasVisited', '1',
```

```
08              { maxAge: 60*60*1000,
09                httpOnly: true,
10                path:'/'});
11   }
12   res.send("Sending Cookie");
13 });
14 app.listen(80);
```

19.6 实现会话

还可以使用 Express 中间件为应用程序提供会话支持。对于复杂的会话管理，你可能想要自己实现它；但是对于基本的会话支持，cookieSession 中间件的工作效果已经比较好了。

cookieSession 会话中间件在底层利用 cookieParser 中间件，所以你需要在添加 cookieSession 前先添加 cookieParser。下面显示了添加 cookieSession 中间件的语法：

```
res.cookie([options])
```

options 属性允许你设置 cookie 中的以下属性。

- **key**：用于标识会话的 cookie 名称。
- **secret**：用来签署会话 cookie 的字符串。它用来防止 cookie 窃取。
- **cookie**：一个对象，它定义了 cookie 的设置，包括 maxAge、path、httpOnly 和 signed。默认值是{path:'/', httpOnly:true, maxAge:null }。
- **proxy**：一个布尔值，如果为 true，将导致 Express 通过 x-forwarded-proto 设置安全 cookie 时，信任反向代理。

当 cookieSession 被实现时，会话被存储为 req.session 对象。你对 req.session 做的任何更改都会跨越来自同一个浏览器的多个请求流动。

清单 19.6 显示了实现基本的 cookieSession 会话的例子。请注意，首先在第 3 行添加 cookieParser；然后在第 4 行添加 cookieSession，以及一个 secret 字符串。在本例中有两个路由。当访问/restricted 路由时，restrictedCount 值在会话中增加，而响应被重定向到/library。之后在 library 中，如果 restrictedCount 不是 undefined，则显示值；否则，就显示欢迎信息。图 19.3 显示了在 Web 浏览器的不同输出。

清单 19.6 **express_session.js**：使用 Express 实现一个基本的 cookie 会话

```
01 var express = require('express');
02 var app = express();
03 app.use(express.cookieParser());
04 app.use(express.cookieSession({secret: 'MAGICALEXPRESSKEY'}));
05 app.get('/library', function(req, res) {
06   console.log(req.cookies);
07   if(req.session.restricted) {
08     res.send('You have been in the restricted section ' +
09              req.session.restrictedCount + ' times.');
10   }else {
11     res.send('Welcome to the library.');
12   }
13 });
14 app.get('/restricted', function(req, res) {
15   req.session.restricted = true;
16   if(!req.session.restrictedCount){
17     req.session.restrictedCount = 1;
18   } else {
19     req.session.restrictedCount += 1;
20   }
21   res.redirect('/library');
22 });
23 app.listen(80);
```

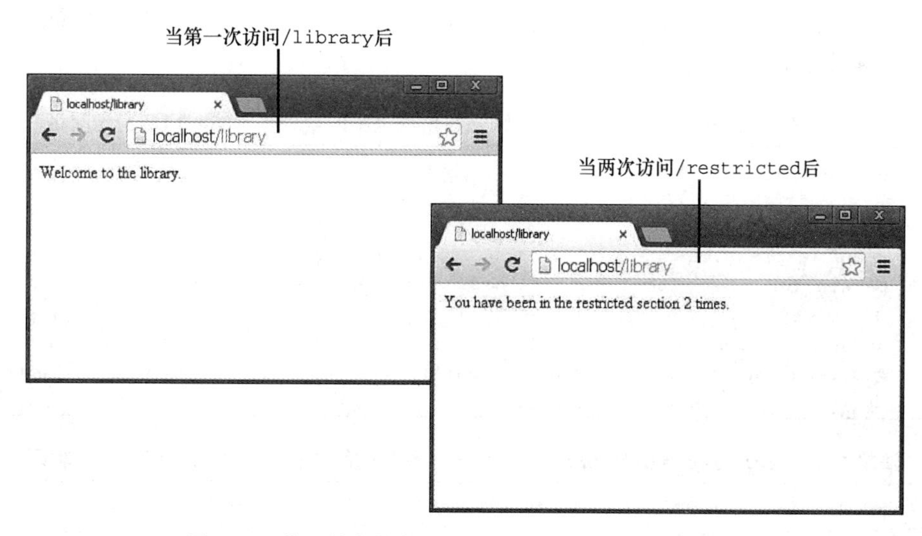

图 19.3 使用基本的会话处理来跟踪对路由的不当访问

19.7　应用基本的 HTTP 身份验证

Express 中间件也常用于应用基本的 HTTP 身份验证。HTTP 身份验证使用 Authorization 标头从浏览器向服务器发送编码后的用户名和密码。如果在浏览器中没有存储 URL 的授权信息，浏览器会启动一个基本的登录对话框，让用户输入用户名和密码。基本的 HTTP 身份验证很适合那些需要最低限度身份验证方法的基本网站，并且容易实现。

Express 的 basicAuth 中间件函数提供对处理基本的 HTTP 身份验证的支持。basicAuth 中间件使用以下语法：

```
express.basicAuth(function(user, pass){})
```

传递到 basicAuth 的函数接受用户名和密码。然后如果它们是正确的，则返回 true；如果错误，则返回 false。例如：

```
app.use(express.basicAuth(function(user, password) {
  return (user === 'testuser' && pass === 'test');
}));
```

通常情况下你在数据库中存储用户名和密码，然后在 authentication 函数中检索要验证的用户对象。

清单 19.7 和清单 19.8 说明了实现 basicAuth 中间件是多么容易。清单 19.7 实现了一个全局性的验证。清单 19.8 对一个路由实现了身份验证。图 19.4 先显示浏览器请求身份验证，然后显示通过了身份验证的网页。

清单 19.7　express_auth.js：为网站在全局范围内实现基本的 HTTP 身份验证

```
1 var express = require('express');
2 var app = express();
3 app.listen(80);
4 app.use(express.basicAuth(function(user, pass) {
5  return (user === 'testuser' && pass === 'test');
6 }));
7 app.get('/', function(req, res) {
8  res.send('Successful Authentication!');
9 });
```

清单 19.8　express_auth_one.js：为一个单独的路由实现基本的 HTTP 身份验证

```
01 var express = require('express');
02 var app = express();
03 var auth = express.basicAuth(function(user, pass) {
04  return (user === 'testuser' && pass === 'test');
05 });
06 app.get('/library', function(req, res) {
```

```
07  res.send('Welcome to the library.');
08 });
09 app.get('/restricted', auth, function(req, res) {
10  res.send('Welcome to the restricted section.');
11 });
12 app.listen(80);
```

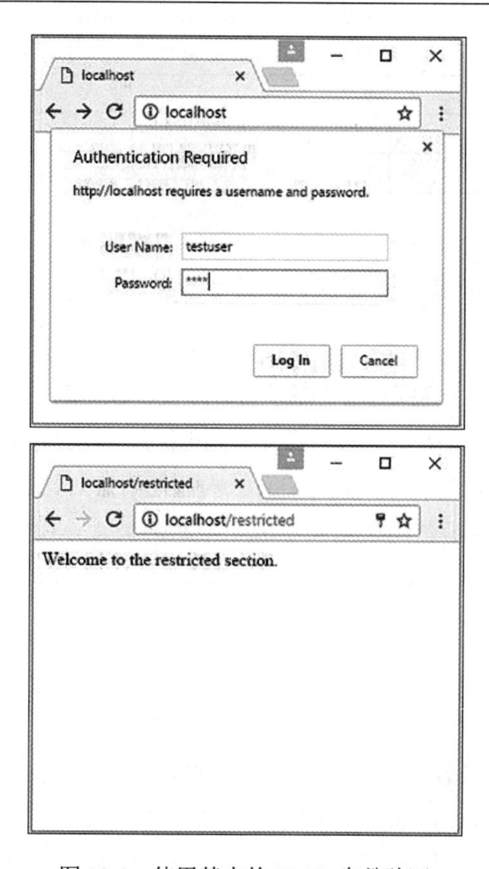

图 19.4 使用基本的 HTTP 身份验证

19.8 实现会话身份验证

基本 HTTP 身份验证的一个主要缺点是，只要证书被存储，登录就一直存在，这不是真的那么安全。一个更好的方法是，实现自己的身份验证机制，并将验证存储在一个你可以随意使之过期的会话中。

Express 内的 session 中间件对于实现会话的验证效果非常好。session 中间件附加一个 Session 对象 req.session 到 Request 对象来提供会话功能。表 19.1 描述了可以在 res.session 对象上调用的方法。

表 19.1　res.session 对象上用来管理会话的方法

方　法	说　明
regenerate([callback])	移除并创建一个新的 req.session 对象，让你重置会话
destroy([callback])	移除 req.session 对象
save([callback])	保存会话数据
touch([callback])	为会话 cookie 重置 maxAge 计数
cookie	指定把会话链接到浏览器的 cookie 对象

清单 19.9 显示了使用 crypto 模块生成安全的密码来实现会话验证。这个例子是非常简陋的，以使其对本书而言保持足够小。但它包含了基本的功能，所以你可以看到如何实现会话验证。

第 3～6 行利用 hashPW()函数来对密码进行加密。请注意，该清单使用 bodyParser、cookieParser 和 session 中间件。第 41 行和第 42 行模拟从数据库中得到一个 user 对象并把存储的密码散列值与请求正文中的密码散列值进行比较。第 45～49 行创建会话。请注意，regenerate()函数用来重新生成一个新的会话，而传递给 regenerate()的 callback 函数设置会话的 session.user 和 session.success 属性。如果验证失败，则只为会话设置 session.error 属性。

在第 26～38 行的/login 路由显示一个基本的登录来获取证书。如果 session.error 被设置，那么它也会显示在登录页面上。在第 11～20 行的/restricted 的路由检查会话，看它是否有一个有效的用户。如果有的话，会显示一条成功消息；否则，session.error 被设置，而响应被重定向到/login。

在第 21～25 行的/logout 路由在会话上调用 destroy()方法来删除身份验证。你也可以有其他的代码基于超时、请求数等破坏会话。图 19.5 展示了强制登录，然后显示成功的浏览器界面。

清单 19.9　express_auth_session.js：在 Express 中实现会话验证

```
01 var express = require('express');
02 var crypto = require('crypto');
03 function hashPW(pwd){
04   return crypto.createHash('sha256').update(pwd).
05          digest('base64').toString();
06 }
```

```
07 var app = express();
08 app.use(express.bodyParser());
09 app.use(express.cookieParser('MAGICString'));
10 app.use(express.session());
11 app.get('/restricted', function(req, res){
12  if (req.session.user) {
13    res.send('<h2>'+ req.session.success + '</h2>' +
14             '<p>You have Entered the restricted section<p><br>' +
15             ' <a href="/logout">logout</a>');
16  } else {
17    req.session.error = 'Access denied!';
18    res.redirect('/login');
19  }
20 });
21 app.get('/logout', function(req, res){
22  req.session.destroy(function(){
23    res.redirect('/login');
24  });
25 });
26 app.get('/login', function(req, res){
27  var response = '<form method="POST">' +
28    'Username: <input type="text" name="username"><br>' +
29    'Password: <input type="password" name="password"><br>' +
30    '<input type="submit" value="Submit"></form>';
31  if(req.session.user){
32    res.redirect('/restricted');
33  }else if(req.session.error){
34    response +='<h2>' + req.session.error + '<h2>';
35  }
36  res.type('html');
37  res.send(response);
38 });
39 app.post('/login', function(req, res){
40  //user should be a lookup of req.body.username in database
41  var user = {name:req.body.username, password:hashPW("myPass")};
42  if (user.password === hashPW(req.body.password.toString())) {
43    req.session.regenerate(function(){
44      req.session.user = user;
45      req.session.success = 'Authenticated as ' + user.name;
46      res.redirect('/restricted');
47    });
48  } else {
49    req.session.regenerate(function(){
50      req.session.error = 'Authentication failed.';
51      res.redirect('/restricted');
52    });
```

```
53     res.redirect('/login');
54   }
55 });
56 app.listen(80);
```

图 19.5　在 Node.js 中使用 Express 会话中间件实现会话验证

19.9　创建自定义中间件

Express 的一项出色功能是，可以创建自己的中间件。你需要做的所有工作就是提供一个接受 Request 对象作为第一个参数，Response 对象作为第二个参数，next 作为第三个参数的函数。next 参数是一个通过中间件框架传递的函数，它指向下一个要执行的中间件函数，所以你必须在退出自定义函数之前调用 next()；否则，处理程序将永远不会被调用。

为了说明在 Express 中实现自己的自定义中间件功能是多么容易，清单 19.10 实现了一个名为 queryRemover() 的中间件函数，这个函数在把查询字符串发送到处理程序之前把该字符串从 URL 中剥离。

请注意，queryRemover()接受 Request 和 Response 对象作为前两个参数，并接受 next 作为第三个参数。next()回调函数将根据需要在离开中间件函数之前执行。图 19.6 显示了控制台输出，说明 URL 的查询字符串部分已被删除。

清单 19.10 express_middleware.js：实现自定义的中间件从 Request 对象删除查询字符串

```
01 var express = require('express');
02 var app = express();
03 function queryRemover(req, res, next){
04   console.log("\nBefore URL: ");
05   console.log(req.url);
06   req.url = req.url.split('?')[0];
07   console.log("\nAfter URL: ");
08   console.log(req.url);
09   next();
10 };
11 app.use(queryRemover);
12 app.get('/no/query', function(req, res) {
13   res.send("test");
14 });
15 app.listen(80);
```

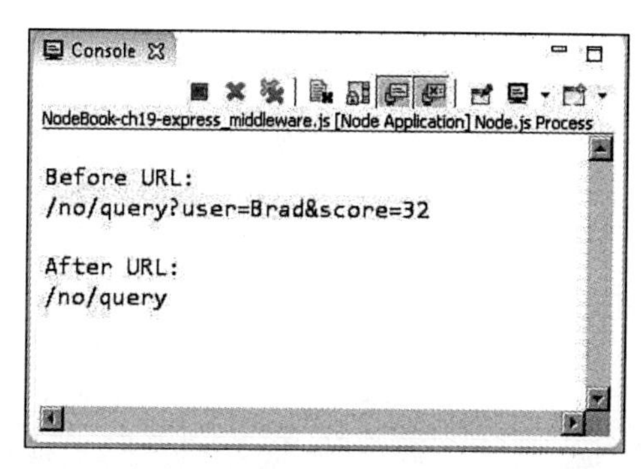

图 19.6 实现自定义的中间件从 Request 对象中删除查询字符串

19.10 小结

本章主要介绍了 Express 中间件环境，以及如何在代码中实现中间件。parseBody 中间件可以让你解析请求正文的 POST 参数或 JSON 数据。static 中间件允许你为诸如 JavaScript、CSS 和图像的静态文件设置路由。cookieParser、cookieSession 和 session 中间件，可以让你实现 cookie 和会话。

你也了解了如何使用中间件架构来实现基本的 HTTP 身份验证和更先进的会话验证。Express 中间件的一个很大的优点是，它使得容易实现自己的中间件功能。

19.11 下一章

在下一章中，你会进入 Angular 环境，并了解 TypeScript 语言来准备构建 Angular 组件。你还将了解在 Node.js 栈中适合使用 Angular 的地方，以及如何开始在你的项目中实现它。

第 5 部分
学习 Angular

第 20 章 TypeScript 入门

Angular 建立在 TypeScript 之上，所以为了使用 Angular，了解 TypeScript 是很重要的。本章将帮助你理解 TypeScript 的基本原理。

本章将使你熟悉 TypeScript 提供给 JavaScript 的附加内容。如果你熟悉 C#和面向对象编程，那么 TypeScript 看起来会比 JavaScript 更为熟悉。本章还将使你熟悉 TypeScript 中的编程基础知识；在此讨论了类型、接口、类，模块、函数和泛型。本章不是一个完整的语言指南；相反，它是帮助你准备使用 Angular 的语言入门资料。

20.1 学习不同的类型

像 JavaScript 一样，TypeScript 也使用数据类型来处理数据，但在语法上存在一些差异。TypeScript 还增加了一种额外的枚举类型。下面将介绍 TypeScript 的类型和变量及其语法。

- **String（字符串）**：此数据类型将字符数据存储为字符串。字符数据由单引号或双引号指定。包含在引号中的所有数据将被分配给字符串变量。考虑这些例子：

```
var myString: string = 'Some Text';
var anotherString: string = "Some More Text";
```

- **Number（数字）**：此数据类型将数据存储为数值。数字在统计、计算和比较中很有用。这里有一些例子：

```
var myInteger: number = 1;
var cost: number = 1.33;
```

- **Boolean（布尔）**：此数据类型存储 `true` 或 `false` 的单独二进制位。布尔经常用于标识。例如，你可以在某些代码的开始处将变量设置为 `false`，然后在完成时检查该代码，以查看代码执行是否到达某个特定的点。以下示例定义了 `true` 和 `false` 变量：

```
var yes: boolean = true;
```

```
var no: boolean = false;
```

- **Array（数组）：** 被索引的数组是一系列独立的不同数据项，全部存储在一个变量名下。数组中的项目可以利用 `array[index]` 按照从 0 开始的索引访问。以下是创建一个简单数组，然后访问索引为 0 的第一个元素的两个示例：

```
var arr:string[] = ["one", "two", "three"];
var firstInArr = arr[0];
var arr2:Array<number> = ["a", "second", "array"];
var firstInArr2 = arr[0];
```

- **Null（空值）：** 有时你没有在一个变量中存储值，不是因为它还未被创建，就是因为你不再使用它。在这个时候，你可以设置一个变量为 `null`。使用 `null` 比赋值为 `0` 或空字符串（`""`）更好，因为这些值都可能是变量的有效值。通过将 `null` 分配给变量，你可以不指定任何值，并在代码中检查 `null`，如下所示：

```
var newVar = null;
```

- **Any（任何）：** 在 TypeScript 中，你可能并不总是知道自己将得到或使用什么类型的变量。在这种情况下，你可以将其变量类型指定为 `any` 类型，以允许将其他类型分配给此变量。以下是将多个类型分配给同一变量的示例：

```
Var anyType: any = "String Assigned";
Var anyType = 404;
Var anyType = True;
```

- **Void（无）：** 当你不想让一个变量有任何类型的时候可使用 `void`。在 TypeScript 中，使用 `void` 将禁止你分配或返回值。在大多数情况下，当你声明一个不想有返回值的函数时，可以使用 `void`。下面的例子是一个 `void` 类型的函数：

```
function empty(): void { document.write("code goes here"); }
```

- **Enum（枚举）：** TypeScript 让我们使用枚举，它允许给枚举值命名。以下是声明 `enum` 的语法：

```
Enum People {Bob, John, Alex}
```

另外，要引用 `enum` 中的值，可以使用以下语法：

```
var x = People.Bob
```

或这样：

```
var y = People[0]
```

通过使用这种语法，你可以将 var x 设置为等于数字 0，将 var y 设置为等于字符串 Bob。

20.2　了解接口

接口是 TypeScript 的一个基本部分。它们允许你为应用程序设置一个结构。它们是功能强大的工具，允许你为对象、函数、数组和类设置结构。可以将接口想象为你希望接口子集遵循的标准。

要在 TypeScript 中定义一个接口，可以使用关键字 interface，接着是希望对象遵循的结构，如下所示：

```
interface Person {
    hairColor: string;
    age: number;
}
```

你还可以将可选项添加到接口中，以便在程序中提供一些灵活性。你可以通过使用语法 attribute?: Boolean;来执行此操作，如下例所示：

```
interface Person {
    hairColor: string;
    age: number;
    alive?: Boolean;
}
```

你可以在 TypeScript 中为函数定义一个接口。这有助于确保功能采用特定类型的参数。以下示例使用接口 AddNums 的实例将 var z 设置为等于变量 x + y：

```
interface AddNums {
   (num1: number, num2: number)
}
var x: number = 5;
var y: number = 10;

var newNum: AddNums;
newNum = function(num1: number, num2: number){
   var result: number = num1 + num2;
   document.write(result)
   return result;
}

var z = newNum(x, y);
```

接口也允许你定义自己想要的数组的样子。给数组规定索引类型来定义对象索引所允许的类型。然后给出索引的返回类型。这里是一个例子：

```
interface Stringy {
    [index: number]: string;
}
var coolArray: Stringy;
coolArray = ["Apples", "Bananas"];
```

最后，接口允许你定义类结构。与函数接口一样，这允许你在每个类中设置所需的变量和方法。要注意的重点是，这只是描述了一个类的公共部分，而不是私有部分。（我们将在下面详细讨论类。）在这个例子中，接口有一个名为 name 的属性和一个名为 feed 的方法：

```
interface PersonInterface {
    name: string;
    feed();
}
```

20.3　实现类

JavaScript 是一种基于原型继承的语言。幸好有了 ECMAScript 6（ES6）和 TypeScript，你可以使用基于类的编程。可以使用基属性来描述自己放入程序的对象，从而来描述类。

要在 TypeScript 中定义一个类，可以使用语法 class ClassName{ code goes here }。以下示例定义了一个简单的类，该类定义了一个带有 feed 函数的 Person 对象：

```
class Person {
   name: string;
   age: number;
   hungry: boolean = true;
   constructor(name: string, age?: number) {
      this.name = name;
      this.age = age;
   }
   feed() {
      this.hungry = false;
      return "Yummy!";
   }
}
var Brendan = new Person("Brendan", 21);
```

请注意，最后一行使用 new 关键字调用构造函数，并使用名称 Brendan 初始化该类的一个新实例。它使用类的构造函数方法，以"Brendan"和 21 为参数来构建一个名为 Brendan 的人。

假设你希望能够使用的类有一个方法 feed。下面是它的用法：

```
Brendan.feed()
```

类继承

类可以被继承，你可以利用方法和属性将功能传递给其他类。这个例子展示了如何创建 Person 名为 SecretAgent 的扩展类，并赋予它 Person 不具有的额外属性：

```
class SecretAgent extends Person {
    licenseToKill: boolean = true;
    weaponLoaded: boolean = true;
    unloadWeapon() {
        this.weaponLoaded = false;
        return "clip empty";
    }
    loadWeapon() {
        this.weaponLoaded = true;
        return "locked 'n' loaded";
    }
}

var doubleOSeven = new SecretAgent("James Bond");
let loadResult = doubleOSeven.loadWeapon();
let unloadResult = doubleOSeven.unloadWeapon();
let feedResult = doubleOSeven.feed();
```

所以，现在你有了一个从 Person 类扩展的类 SecretAgent。这意味着你仍然可以调用 Person 类的原始 feed 方法，但是它可以为你提供 SecretAgent 类的一些额外属性和方法。

20.4 实现模块

TypeScript 中的模块允许你将代码组织到多个文件中。这有助于文件保持更短，更易于维护。模块可以通过往你正在处理的模块中导入所需的功能来完成此操作。如果你 export 所需功能的类，则可以执行此操作。

以下示例将 Person 类分成两个单独的模块：

```
module Person {
    export interface PersonInterface {
```

```
        name: string;
        hungry: boolean;
        feed();
    }
}

/// <reference path="Person.ts" />
module Person {
    export class Person implements PersonInterface {
    name: string;
    age: number;
    hungry: boolean = true;
    constructor(name: string, age?: number) {
        this.name = name;
        this.age = age;
    }
    feed() {
        this.hungry = false;
        return 'Yummy!';
    }
    }
}

var Brendan = newPerson("Brendan", 21);
```

在这个例子中，根模块具有 Person 的接口。子模块首先使用/// <reference path="Person.ts" />指向根模块，以便可以访问 PersonInterface 接口。然后，该示例继续在子模块中构建 Person 类。

20.5　理解函数

TypeScript 中的函数与 JavaScript 中的函数类似，但是它们增加了功能。 TypeScript 函数使你可以为参数，甚至可以为函数返回的内容指定类型。虽然给函数指定一个类型是可选的，但是当你想确保函数不会返回你不想要的东西的时候，它是非常有用的。

TypeScript 允许给函数指定一个返回类型，就像你给变量指定返回类型一样。你首先声明函数名称和参数，然后可以定义函数的类型。另外请记住，你也可以将类型分配给参数。看看下面的例子：

```
function hello(x: string, y: string): string{
    Return x + ' ' + y;
}
```

与接口类似，TypeScript 函数允许创建可选参数。当你知道参数可能无法确定时，这非常有用。可选参数需要在需要的参数后面出现，否则会引发错误。知道这一点很重要。下面的例子显示了一个函数 soldierOfGondor，它接受一个必需的变量 name 和一个可选的变量 prefWeapon：

```
function soldierOfGondor(name: string, prefWeapon?: string){
   Return "Welcome " + name + " to the Gondor infantry."
}
```

使用 TypeScript 函数，你可以创建默认参数。默认参数是可选的，但是如果没有给出，它有一个默认值而不是没有值。通过将其中一个参数设置为所需的默认值，可以创建一个默认参数：

```
function soldierOfGondor(name: string, prefWeapon = "Sword"){
   return "hello " + name + " you can pick up your " + prefWeapon + " at the armory.";
}
```

20.6 小结

了解 TypeScript 对于充分发挥 Angular 的潜力至关重要。本章深入介绍了基本的 TypeScript 属性和方法，以帮助你完成本书的其余部分。你已经了解了 TypeScript 如何使用其不同类型以及如何编写和使用接口、类、模块与函数。

20.7 下一章

在下一章中，你将学习 Angular，并概述其设计和意图。然后，你将学习如何逐步创建自己的 Angular 应用程序，为你进入后续章节的学习做好准备。

第 21 章
Angular 入门

对于大多数 Web 应用程序来说，Angular 是一个完美的客户端框架，因为它提供了一个非常整洁和结构化的方法。使用一个整洁的、结构化的前端，你会发现实现整洁、结构良好的服务器端逻辑要容易得多。

本章向你介绍 Angular 以及 Angular 应用程序中涉及的主要组件。在尝试实现 Angular 应用程序之前，理解这些组件是非常重要的，因为此框架与更传统的 JavaScript Web 应用程序编程不同。

在熟练掌握了 Angular 应用程序的组件之后，你将学习如何逐步构建基本的 Angular 应用程序。这会让你准备好进入后续各章的学习，后续各章会提供更多关于实现 Angular 的细节。

21.1 为什么选择 Angular

JavaScript 是一门功能强大的编程语言，允许开发人员使用 Web 浏览器作为完整的应用程序平台。Angular 提供了一个很好的框架，使得创建客户端 JavaScript 应用程序变得更快、更容易。开发人员使用 Angular 是因为它提供了许多 Web 应用程序的结构，例如数据绑定、依赖注入和 HTTP 通信，否则团队需要自行开发这些结构。

21.2 了解 Angular

Angular 是一个 JavaScript 框架，这意味着它提供了许多 API 和结构，可以帮助你快速轻松地创建复杂的客户端代码。Angular 不仅在提供功能方面做了很多工作，而且还提供了创建客户端应用程序的基本框架和编程模型。下面描述了 Angular 框架最重要的方面，以及它们如何帮助 Angular 成为一个出色的 JavaScript 框架。

21.2.1 模块

一般来说，Angular 应用程序使用模块化设计。虽然不是必需的，但强烈建议使用模块，因为它们允许你将代码分离为单独的文件。这有助于保持代码文件的简洁性和可管理性，同时还允许你访问每个文件的功能。

与 TypeScript 中使用模块的方式不同，使用 Angular 可以在文件顶部导入外部模块，并在文件底部导出所需的功能。你可以使用以下语法，通过使用关键字 `import` 和 `export` 来执行此操作：

```
import {Component} from 'angular2/core';
export class App{}
```

21.2.2 指令

指令是具有定义结构和行为的元数据的 JavaScript 类。指令为 Angular 应用程序提供了大部分 UI 功能。指令有如下 3 种主要类型。

- **组件：**组件是一个指令，它包含一个带有 JavaScript 功能的 HTML 模板，用于创建一个可以作为自定义 HTML 元素添加到 Angular 应用程序中的自包含 UI 元素。组件可能是你在 Angular 中使用得最多的指令。
- **结构：**当你需要操作 DOM 时，可以使用结构指令。结构指令可以创建和销毁视图中的元素和组件。
- **属性：**属性指令通过使用 HTML 属性来改变 HTML 元素的外观和行为。

21.2.3 数据绑定

Angular 最好的功能之一就是内置的*数据绑定*——将组件中的数据与网页中显示的数据链接起来的过程。Angular 提供了一个非常整洁的接口，将模型数据链接到网页中的元素。

在网页上更改数据时，模型会更新，并且在模型中更改数据时，网页也会自动更新。这样，模型始终是向用户呈现数据的唯一来源，而视图仅仅是模型的投影。

21.2.4 依赖注入

依赖注入（dependency injection）是一个组件定义对其他组件的依赖关系的过程。在代码初始化时，可以在组件内访问从属组件。Angular 应用程序大量使用依赖注入。

依赖注入的常见用法是使用服务。例如，如果要定义一个需要通过 HTTP 请求访问 Web 服务器的组件，则可以将 HTTP 服务注入组件中，并且可以在组件代码中使用其功能。另外，一个 Angular 组件通过依赖来使用另一个组件的功能。

21.2.5 服务

服务是 Angular 环境中的主要工具。服务是为 Web 应用程序提供功能的单例类。例如，Web 应用程序的一个常见任务就是对 Web 服务器执行 AJAX 请求。Angular 提供了一个 HTTP 服务，其中包含访问 Web 服务器的所有功能。

服务功能完全独立于上下文或状态，因此可以从应用程序的组件中轻松使用它。Angular 提供了很多基本用途的内置服务组件，如 HTTP 请求、日志记录、解析和动画。你也可以创建自己的服务并在整个代码中重用它们。

21.3 职责分离

设计 Angular 应用程序的一个非常重要的部分是职责分离。你选择结构化框架的全部原因是为了确保代码的实现顺利、易于遵循、可维护且可测试。虽然 Angular 提供了一个非常结构化的框架，但是你仍然需要确保以适当的方式实现 Angular。

以下是实现 Angular 时要遵循的一些规则：

- 视图充当应用程序的官方表示结构。在视图的 HTML 模板中指定任何表示逻辑作为指令。
- 如果你需要执行任何 DOM 操作，请在内置或自定义指令的 JavaScript 代码中执行此操作，而不要在其他任何地方执行此操作。
- 将任何可重用的任务都作为服务实现，并使用依赖注入将其添加到模块中。
- 确保元数据反映模型的当前状态，并且是视图所使用的数据的唯一来源。
- 在模块命名空间内而不是在全局范围中定义控制器，确保你的应用程序可以被轻松打包并避免大量全局命名空间。

21.4 为你的环境添加 Angular

要开始使用 Angular，首先需要设置一些事项来使其可以使用。下列是你需要准备的事项：

- Angular 库，用来制作 Angular 应用程序。
- Web 服务器，用来将文件提供给浏览器。
- 转换器，将你的 TypeScript 代码转换回 JavaScript。
- 观察器，以便转换器知道什么时候文件发生了变化。
- 编辑器，用来编写代码。

> **注意**
> 建议使用 Visual Studio Code；它内置了很好的 TypeScript 和 Angular 支持，并且是一个轻量级的编辑器，包含许多可用的扩展。

幸运的是，Angular 团队在这里为你完成了大部分的工作。所有你需要做的工作就是访问 Angular QuickStart 网站，它会引导你完成整个过程。

> **注意**
> 建议在学习 Angular 时使用 CLI。CLI 为你生成所有的引导程序和配置文件。它还包括一个轻量级的服务器来测试你的代码。

21.5 使用 Angular CLI

Angular 提供了一个强大的 CLI，使得构建 Angular 应用程序变得更加流畅。利用 CLI，你将能够快速生成新的 Angular 应用程序、组件、指令、管道和服务。以下部分将介绍通过 CLI 提供的一些最重要的工具。

使用 CLI 生成内容

CLI 最常见的用途之一是为应用程序生成内容。它自动化创建和引导一个新的 Angular 应用程序的过程，让你直接处理应用程序的核心部分。

从命令行运行命令 `ng new [应用程序名]` 来创建一个新的 Angular 应用程序。如果你切换到新创建的应用程序，则可以访问许多其他有用的命令。表 21.1 列出了 CLI 必须提供的一些最重要的命令。

表 21.1 Angular CLI 命令选项

命　令	别　名	用　途
ng new		创建一个新的 Angular 应用程序
ng serve		构建并运行 Angular 应用程序用于测试
ng eject		使 webpack 配置文件可用于编辑
ng generate component [名称]	ng g c [名称]	创建一个新的组件
ng generate directive [名称]	ng g d [名称]	创建一个新的指令
ng generate module [名称]	ng g m [名称]	创建一个模块
ng generate pipe [名称]	ng g p [名称]	创建一个管道
ng generate service [名称]	ng g s [名称]	创建一个服务
ng generate enum [名称]	ng g e [名称]	创建一个枚举
ng generate guard [名称]	ng g g [名称]	创建一个警卫
ng generate interface [名称]	ng g i [名称]	创建一个接口

虽然深入讲解 CLI 所提供的全部功能超出了本书的范围，但有必要学习使用 CLI。

21.6 创建一个基本的 Angular 应用程序

至此你已经了解了 Angular CLI 的基础知识，现在就可以开始实现 Angular 代码了。本节将向你介绍一个非常基础的 Angular 应用程序，该应用程序使用内联模板、内联样式表和 Component 类来实现 Angular 组件。

对于这个例子，假定你已经开始通过 Angular QuickStart 指南来了解 CLI 的基本知识。首先要做的是创建一个可以放置项目的目录。

当你建立自己的目录时，下一步就是生成第一个 Angular 应用程序。运行以下命令为此示例创建应用程序：

```
ng new first
```

接下来，运行以下命令来启动将呈现应用程序的服务器：

```
ng serve
```

以下部分将介绍实现 Angular 应用程序的重要步骤以及每个步骤中涉及的代码。这些步骤中的每一步都在后面的章节中有更详细的描述，所以这里不要陷入太深。在这个时点上，重要的是要理解实现 HTML、组件、类和引导程序的过程，以及彼此如何交互。

图 21.1 显示了你要创建的 Web 应用程序。它显示了一个由 Angular 组件打印出来的简单信息。

图 21.1　实现一个基本的 Angular Web 应用程序，它使用一个组件将 HTML 模板加载到视图中

21.6.1　创建你的第一个 Angular 应用程序

现在你已经看到了 Angular 是如何工作的，我们来看一个实际的例子。这个例子并没有改变 CLI 所产生的许多变化，但是它会使你熟悉 Angular 应用程序的不同部分。

要开始操作，请切换到你的应用程序目录中的文件 src/app/app.component.ts。它看起来像这样：

```
01 import {Component} from '@angular/core';
02 @Component({
03  selector: 'message',
04  template: `
05    <h1>Hello World!</h1>
06  `,
07 })
08 export class Chap3Component{
09  title = 'My First Angular App';
10 }
```

注意第 1 行导入组件模块。然后定义组件装饰器并给出一个选择器和一个模板。选择器是给此组件起的名，模板是组件将生成的 HTML。对于这个例子，改变模板和选择器以匹配第 3～6 行的模板和选择器，并如第 9 行所示更改标题变量。

在定义了装饰器之后，第 8～10 行创建了 export 类，以使你的组件可供应用程序的其余部分使用，并定义可用于组件模板的变量和函数。

21.6.2 了解和使用 NgModule

现在你已经创建了自己的组件，你需要一些方法来把这告知应用程序的其余部分。你可以通过从 Angular 导入 NgModule 来实现。NgModule 是一个 Angular 装饰器，它允许你将一个特定模块的所有导入、声明和引导文件放在一个位置。这使得在大型应用程序中引导所有文件非常容易。NgModule 有几个元数据选项，允许导入、导出和引导不同的东西。

- providers（提供器）：这是在当前模块的注入器中可用的可注入对象的数组。
- declarations（声明）：这是属于当前模块的指令、管道和/或组件的数组。
- imports（导入项）：这是可用于当前模块中的其他模板的指令、管道和/或组件的数组。
- exports（导出项）：这是可以导入当前模块的任何组件中使用的指令、管道和/或模块的数组。
- entryComponents：这是将被编译的组件数组，当定义当前模块时它将创建一个组件工厂。
- bootstrap：这是当前模块被引导时将被引导的组件数组。
- schemas（模式）：这是一个不是指令或组件的元素和属性的数组。
- id：这是一个简单的字符串，充当识别这个模块的一个唯一 ID。

通常情况下，最简单的学习方法是开始使用 NgModule。切换到你的 app 文件夹中名为 app.module.ts 的文件。 它看起来像这样：

```
01 import { BrowserModule } from '@angular/platform-browser';
02 import { NgModule } from '@angular/core';
03 import { FormsModule } from '@angular/forms';
04 import { HttpModule } from '@angular/http';
05
06 import { Chap3Component } from './app.component';
07
08 @NgModule({
09  declarations: [
```

```
10     Chap3Component
11   ],
12   imports: [
13     BrowserModule,
14     FormsModule,
15     HttpModule
16   ],
17   providers: [],
18   bootstrap: [Chap3Component]
19 })
20 export class AppModule { }
```

首先，你导入 NgModule、BrowserModule 以及应用程序所具有的任何自定义组件、指令和服务等。其次，配置@NgModule 对象来把所有东西都一起运行起来。请注意，导入组件时，引导属性具有组件的导出类名称。最后，导出名为 AppModule 的类。

21.6.3 创建 Angular 引导程序

现在你已经查看了组件和模块，你需要一些方法来把这告知应用程序的其余部分。你可以通过从 Angular 的 platformBrowserDynamic 导入引导程序来完成这件事。

切换到应用程序文件夹中名为 main.ts 的文件，如下所示：

```
01 import { enableProdMode } from '@angular/core';
02 import { platformBrowserDynamic } from '@angular/platform-browser-dynamic';
03
04 import { AppModule } from './app/app.module';
05 import { environment } from './environments/environment';
06
07 if (environment.production) {
08   enableProdMode();
09 }
10
11 platformBrowserDynamic().bootstrapModule(AppModule);
```

导入项是 enableProdMode、platformBrowserDynamic、AppModule 和 environment。enableProdMode 将 Angular 的优化用于产品应用程序。platform-BrowserDynamic 用于利用应用程序模块 AppModule 一起引导应用程序，如以下代码所示：

```
platformBrowserDynamic().bootstrapModule(AppModule);
```

environment 变量确定应用程序的状态——它应该以开发模式还是以生产模式进行部署。

platform 然后被分配来自 platformBrowserDynamic 函数的结果。platform 具有使用模块的方法 bootstrapModule()。请注意，当你导入和引导组件时，所使用的名称与组件的导出类相同。

现在打开命令提示符，切换到根目录，然后运行命令 ng serve。这个命令编译代码并打开一个浏览器窗口。你可能需要将浏览器指向本地主机和端口。该命令可让你知道要切换浏览器的 URL，如以下示例所示：

```
** NG Live Development Server is running on http://localhost:4200 **
```

清单 21.1 显示了加载应用程序的 html index 文件。第 12 行显示 message 组件的应用位置。

清单 21.2 显示了引导组件的 Angular 模块。第 1～4 行显示了每个被导入的 Angular 模块 BrowserModule、NgModule、FormsModule 和 HttpModule。第 6 行显示了被导入的 Angular 组件 Chap3Component。第 9～11 行显示了被声明的组件。第 12～16 行显示了导入项的数组，这些被导入的模块可供应用程序使用。第 18 行引导应用程序的主组件。

> **注意**
> 此应用程序不需要运行 FormsModule 或 HttpModule。但是，加入它们是为了显示将额外模块导入应用程序的语法。

清单 21.3 显示了具有选择器消息的 Angular 组件。此组件在浏览器中显示如下消息：Hello World!

清单 21.1 first.html：加载第一个组件的简单 Angular 模板

```
01 <!doctype html>
02 <html>
03 <head>
04   <meta charset="utf-8">
05   <title>First</title>
06   <base href="/">
07
08   <meta name="viewport" content="width=device-width, initial-scale=1">
09   <link rel="icon" type="image/x-icon" href="favicon.ico">
10 </head>
11 <body>
12   <message>Loading...</message>
13 </body>
14 </html>
```

清单 21.2　**app.module.ts**：引导应用程序的 Angular 模块

```
01 import { BrowserModule } from '@angular/platform-browser';
02 import { NgModule } from '@angular/core';
03 import { FormsModule } from '@angular/forms';
04 import { HttpModule } from '@angular/http';
05
06 import { Chap3Component } from './app.component';
07
08 @NgModule({
09   declarations: [
10     Chap3Component
11   ],
12   imports: [
13     BrowserModule,
14     FormsModule,
15     HttpModule
16   ],
17   providers: [],
18   bootstrap: [Chap3Component]
19 })
20 export class AppModule { }
```

清单 21.3　**first.component.ts**：一个 Angular 组件

```
01 import {Component} from 'angular2/core';
02 @Component({
03   selector: 'message',
04   template: `
05     <h1>Hello World!<h1>
06   `,
07   styles:[`
08     h1 {
09       font-weight: bold;
10     }
11   `]
12 })
13 export class Chap3component{
14   title = 'Chapter 21 Example';
15 }
```

清单 21.4 和清单 21.5 显示了清单 21.2 和清单 21.3 中来自 TypeScript 文件的已编译 JavaScript 代码。

注意

这是本书中我们向你展示已编译的 JavaScript 文件的唯一地方，因为这些文件是在编译和运行应用程序时自动生成的，并有助于保持本书的可读性。

清单 21.4 **app.module.js**：引导应用程序的 Angular 模块的 JavaScript 版本

```
01 "use strict";
02 var __decorate = (this && this.__decorate) ||
03   function (decorators, target, key, desc) {
04    var c = arguments.length, r = c < 3 ? target :
05       desc === null ? desc = Object.getOwnPropertyDescriptor(target, key) : desc, d;
06    if (typeof Reflect === "object" && typeof Reflect.decorate === "function")
07       r = Reflect.decorate(decorators, target, key, desc);
08    else for (var i = decorators.length - 1; i >= 0; i--)
09        if (d = decorators[i]) r = (c < 3 ? d(r) : c > 3 ? d(target, key, r)
10            : d(target, key)) || r;
11    return c > 3 && r && Object.defineProperty(target, key, r), r;
12 };
13 exports.__esModule = true;
14 var platform_browser_1 = require("@angular/platform-browser");
15 var core_1 = require("@angular/core");
16 var forms_1 = require("@angular/forms");
17 var http_1 = require("@angular/http");
18 var app_component_1 = require("./app.component");
19 var AppModule = (function () {
20    function AppModule() {
21    }
22    AppModule = __decorate([
23       core_1.NgModule({
24          declarations: [
25             app_component_1.Chap3Component
26          ],
27          imports: [
28             platform_browser_1.BrowserModule,
29             forms_1.FormsModule,
30             http_1.HttpModule
31          ],
32          providers: [],
33          bootstrap: [app_component_1.Chap3Component]
34       })
35    ], AppModule);
36    return AppModule;
37 }());
38 exports.AppModule = AppModule;
```

清单 21.5 **first.component.js**：Angular 组件文件的 JavaScript 版本

```
01 "use strict";
02 var __decorate = (this && this.__decorate)
03    || function (decorators, target, key, desc) {
```

```
04    var c = arguments.length, r = c < 3
05       ? target : desc === null
06       ? desc = Object.getOwnPropertyDescriptor(target, key) : desc, d;
07    if (typeof Reflect === "object" && typeof Reflect.decorate === "function")
08       r = Reflect.decorate(decorators, target, key, desc);
09    else for (var i = decorators.length - 1; i >= 0; i--)
10       if (d = decorators[i]) r = (c < 3 ? d(r) : c > 3
11          ? d(target, key, r) : d(target, key)) || r;
12    return c > 3 && r && Object.defineProperty(target, key, r), r;
13 };
14 exports.__esModule = true;
15 var core_1 = require("@angular/core");
16 var Chap3Component = (function () {
17    function Chap3Component() {
18       this.title = 'Chapter 21 Example';
19    }
20    Chap3Component = __decorate([
21       core_1.Component({
22          selector: 'message',
23          template: "\n    <h1>Hello World!<h1>\n  "
24       })
25    ], Chap3Component);
26    return Chap3Component;
27 }());
28 exports.Chap3Component = Chap3Component;
```

21.7 小结

Angular 框架为创建网站和 Web 应用程序提供了一个非常结构化的方法。Angular 使用非常整洁的组件化方法来构建一个 Web 应用程序。Angular 使用数据绑定来确保只有一个数据源。它还利用带有扩展 HTML 功能指令的模板，使你能够实现完全自定义的 HTML 组件。

本章介绍了 Angular 应用程序中的不同组件及其彼此交互的方法。在本章的最后，我们看到了如何实现一个基本的 Angular 应用程序的详细例子，它包括一个组件、一个模块和一个引导程序。

21.8 下一章

在下一章中，你将学习 Angular 组件的知识。你将学习如何使用 HTML 和 CSS 构建模板。然后，你将了解如何构建自己的组件。

第 22 章 Angular 组件

Angular 组件是你用来创建 Angular 应用程序的构建块。Angular 组件允许你为应用程序构建独立的 UI 元素。组件允许你通过 TypeScript 代码和 HTML 模板来控制应用程序的外观和功能。本章讨论如何使用定义 UI 元素外观和行为的 TypeScript 类创建 Angular 组件。

22.1 组件配置

一个 Angular 组件由两个主要部分组成：在装饰器部分的定义和定义逻辑的类部分。装饰器部分用于配置组件，包括诸如选择器名称和 HTML 模板之类的东西。类部分使你能够为组件提供其逻辑、数据和事件处理程序，并能将其导出用于其他 TypeScript 文件。

有了这两部分，你就可以创建一个基本组件了。以下示例显示了组件的外观：

```
Import {Component} from '@angular/core';
@Component({
    selector: 'my-app',
    template: '<p>My Component</p>'
})
Export class AppComponent{
   Title = 'Chapter 1 Example';
}
```

要创建组件，需要从 Angular 导入 Component，并将其应用到 TypeScript 类，然后可以使用该类来控制组件的外观和功能。在@Component 装饰器中有几个你需要理解的组件配置选项。以下列表包括一些最重要的选项。

- selector（选择器）：此选项允许你定义通过 HTML 将组件添加到应用程序的 HTML 标签名称。
- template（模板）：此选项允许你添加内联 HTML 来定义组件的外观。这适用于不需要添加很多代码的时候，这对于不想要额外文件的时候也是有帮助的。

- templateUrl：此选项允许你导入外部模板文件而不是内联 HTML。这有助于从组件中分离出大量的 HTML 代码，以帮助实现可维护性。
- styles（样式）：此选项允许你将内联 CSS 添加到自己的组件。当只需要微小的样式更改时使用它。
- stylesUrls：这个选项允许你导入一个外部 CSS 样式表的数组。在导入外部 CSS 文件时，应该使用此选项而不是 styles。
- viewProviders：这是一个依赖注入提供程序的数组。它允许你导入和使用那些提供诸如 HTTP 通信之类的应用程序功能的 Angular 服务。

定义选择器

在组件中，选择器告诉 Angular 在 HTML 中应用此组件的位置。通过给组件添加一个选择器，然后使用选择器名称作为 HTML 文件中的标记名称，可将 Angular 组件应用于 HTML。这使得在 HTML 中可用到 Angular 组件的功能。以下是一个选择器的例子：

```
@Component({
    selector: 'angular-rules'
})
```

然后，可以使用以下语法将选择器添加到 HTML 文件：

```
<angular-rules></angular-rules>
```

> **注意**
> 请注意，在定义选择器名称时，不能有任何空格。例如，你不能把选择器命名为 angular rules，但可以将其命名为 angular-rules 或 angular_rules。

22.2 建立模板

你使用模板来定义 Angular 组件的外观。模板是用 HTML 编写的，但是它们允许你包含 Angular 的魔术来做一些非常酷的事情。Angular 允许内联模板和外部模板文件。

你可以将模板添加到 Angular @component 装饰器。对于单行模板，你可以使用单引号或双引号来包装它。对于多行模板，使用反引号（`）；你一般可在键盘的左上方找到反引号键，它与波浪符号（~）使用相同的键。使用反引号是非常重要的，因为如果它不正确，就会破坏你的代码。下面是一个单行模板与多行模板相比较的示例：

```
@Component({
    selector: 'my-app',
    template: '<h1>Hello World!</h1>'
})
@Component({
    selector: 'my-app',
    template: `
  <h1>Hello World!</h1>
    `
})
```

> **注意**
> 对于模板和样式配置选项，你需要使用反引号（`），它通常位于与波浪符号（~）相同的键上。

你用于模板的原则也适用于 CSS。你可以使用关键字 `styles` 来告诉组件内联样式。唯一的区别是 `styles` 接受一个字符串对象而不仅是一个字符串。以下示例显示了一些内联样式：

```
@Component ({
   selector: 'my-app',
   template: '<p>hello world</p>',
styles: [`
       P {
          color: yellow;
          font-size: 25px;
       }
   `]
})
```

> **注意**
> 你需要为多行样式表使用反引号键。

在 Angular 应用程序中使用内联 CSS 和 HTML

你已经学会了如何在某个 Angular 组件中实现 HTML 和 CSS。本节将基于这些知识构建一个示例。

在本练习中，你将看到 Angular 组件如何使用并包含外部模板和样式表。这个练习的目的是说明这种模板的用法如何使得代码更具可读性和可管理性。

清单22.1中的代码是Angular组件。第1行导入定义此组件所需的组件。第3～18行定义了此组件。此组件有一个非常简单的模板，如第5～7行所示，还有第8～13行中的一些CSS样式。

图22.1显示了呈现完成的Angular组件。

清单22.1　intro.ts：一个用来显示<span>元素的简单Angular模板和样式

```
01 import { Component } from '@angular/core';
02
03 @Component({
04  selector: 'app-root',
05  template: `
06    <span>Hello my name is Brendan</span>
07  `,
08  styles:[`
09    span {
10      font-weight: bold;
11      border: 1px ridge blue;
12      padding: 5px;
13    }
14  `]
15 })
16 export class AppComponent {
17  title = 'Chapter 22 Intro';
18 }
```

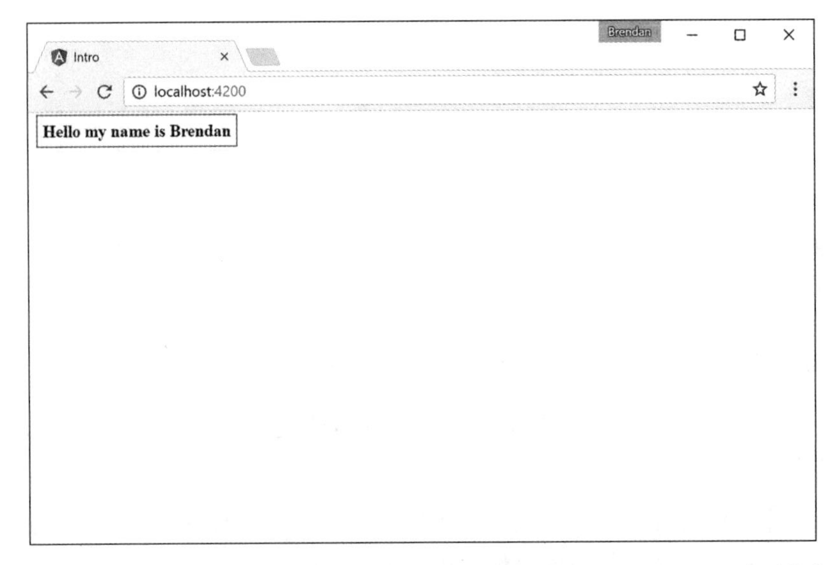

图22.1　实现一个将HTML模板和样式加载到视图的基本Angular Web应用程序

22.3 使用构造函数

在使用 Angular 时，通常需要为组件变量设置默认值和初始设置。Angular 使用构造函数来给它的组件提供默认值。本节将介绍如何创建和实现它们。

构造函数位于 Component 类。其目的是为该类设置变量的默认值和初始配置，以便在组件中使用这些变量时，它们绝对不会是未初始化的。以下是构造函数语法的一个例子：

```
export class constructor {
    name: string;
    constructor(){
        this.name = "Brendan";
    {
}
```

现在你已经知道了构造函数是什么以及它的结构如何，让我们来看一个使用它的例子。这个简单的练习使用构造函数来定义创建组件时的当前日期。

清单 22.2 显示了一个名为 simple-constructor 的选择器和一个简单的模板。请注意，第 6 行中的{{today}}是一种数据绑定形式，在第 24 章中有更详细的讨论。现在，你应该首先关注构造函数的工作原理。

图 22.2 显示了呈现出来的 Angular 组件。

清单 22.2 constructor.component.ts：一个显示日期的简单组件

```
01 import {Component} from '@angular/core';
02
03 @Component({
04  selector: 'simple-constructor',
05  template: `
06    <p>Hello today is {{today}}!</p>
07  `,
08 })
09 export class UsingAConstructor {
10  today: Date;
11  constructor() {
12    this.today = new Date();
13  }
14 }
```

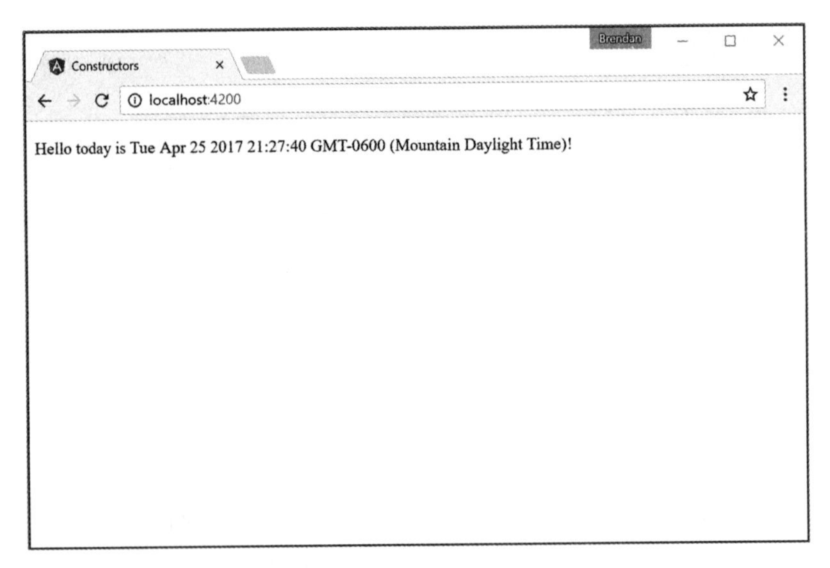

图 22.2　实现一个使用构造函数定义默认变量的基本 Angular Web 应用程序

22.4　使用外部模板

另一种将模板和样式表合并到 Angular 组件的方法是借助一个单独的文件。使用这种方法非常方便，因为它可以帮助你分离文件的功能。它也使组件更易于阅读。在 @Component 装饰器中，可将关键字 templateUrl 后面跟着相对于应用程序根目录的路径，并放置到模板 HTML 文件中。下面是一个例子。

```
@Component ({
    selector: 'my-app',
    templateUrl: "./view.example.html"
})
```

你使用关键字 styleUrls 来告诉组件关于外部样式表的信息。这与外部样式表的不同之处在于你传递了一个或多个样式表的数组。以下示例显示了如何导入外部样式表：

```
@Component ({
   selector: 'my-app',
   templateUrl: "./view.example.html"
styleUrls: ["./styles1.css", "./styles2.css"]
})
```

注意

styleUrls 配置选项需要一个由逗号分隔的字符串数组。

在本章前面，你学习了如何将外部HTML和CSS文件实现到一个Angular组件中。本节中的示例基于这些知识，并介绍一个包含外部 HTML 和 CSS 文件的 Angular 应用程序。

清单 22.3 显示了一个 Angular 组件，它包含名为 external 的选择器，以及 templateUrl 和 styleUrls，它们链接到此应用程序所需的外部文件。

清单 22.4 显示了一个名为 externalTemplate.html 的外部模板。组件使用此文件在浏览器上呈现视图。

清单 22.5 展示了一个名为 external.css 的外部样式表。组件将此文件应用于组件模板文件。

图 22.3 显示了呈现完成的 Angular 组件。

清单 22.3 external.component.ts：一个具有外部文件依赖的 Angular 组件

```
01 import { Component } from '@angular/core';
02
03 @Component({
04  selector: 'app-root',
05  templateUrl: './app.component.html',
06  styleUrls: ['./app.component.css']
07 })
08 export class AppComponent {
09  title = 'Chapter 22 Using External templates and styles';
10 }
```

清单 22.4 externalTemplate.html：组件要拉入和使用的 HTML 模板文件

```
01 <h1>Congratulations</h1>
02 <p>
03  You've successfully loaded an external html file.
04  <span>
05   If I'm red then You managed to get the styles in there as well
06  </span>
07 </p>
```

清单 22.5 external.css：组件用来应用其模板的 CSS 样式表

```
01 span{
02  color: red;
03  border: 2px solid red;
04 }
```

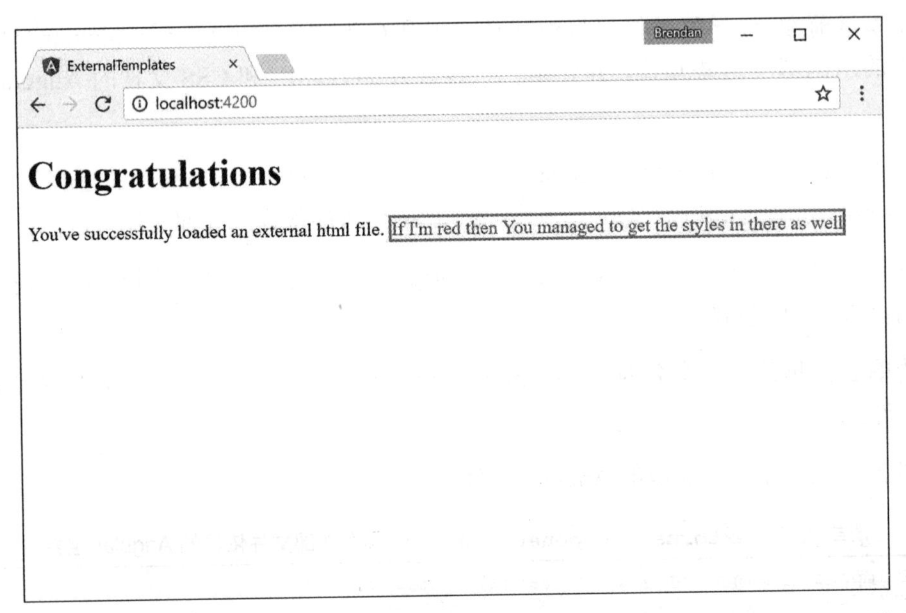

图 22.3 实现一个将外部 HTML 模板和样式表加载到视图的基本 Angular Web 应用程序

22.5 注入指令

依赖注入可能是一个难以完全掌握的概念。不过，它是 Angular 的一个非常重要的部分，当你理解了其基础知识的时候，Angular 的实现就会变得相当清晰。依赖注入是许多服务器端语言中众所周知的设计模式，但直到 Angular 出现之前，它还没有在 JavaScript 框架中被广泛使用。

Angular 依赖注入的思想是定义一个依赖对象并将其动态注入另一个对象，从而使依赖对象提供的所有功能都可用。Angular 通过使用提供器和注入器服务来提供依赖注入。

在 Angular 中，要在另一个指令或组件上使用依赖注入，需要将指令或组件的类名称添加到应用程序模块中的@NgModule 装饰器的 declarations 元数据中，此装饰器把一组指令导入应用程序。以下是 declarations 数组的语法：

```
...
declarations: [ OuterComponent, InnerComponent ],
...
```

22.5.1 使用依赖注入构建嵌套组件

你已经学习了什么是依赖注入，以及如何将它用于组件和指令。本节将展示如何使用你学习的内容创建嵌套组件。本节将介绍一个 Angular 应用程序，该应用程序包含一个内置第二个组件的组件。

清单 22.6 显示了 outer.component.ts 文件，它加载了一个外部模板和样式表。

清单 22.7 显示了 outer.component.ts 文件加载的 outer.html 模板文件。请注意，HTML 标记 nested 是用于加载内部组件的自定义 HTML 标记。你也可以按照与在主 HTML 文件中加载外部组件完全相同的方式对它进行操作。

清单 22.8 显示了 outer.css 文件，此文件给出了外部组件及其子组件的默认样式。这些样式由内部组件继承。

清单 22.9 显示了 inner.component.ts 文件。这是外部组件已注入的内部组件。请注意，此组件的选择器（用于在外部组件中加载此指令）是嵌套的。

图 22.4 显示了在浏览器窗口中完成的应用程序。

清单 22.6 outer.component.ts：应用程序的外部组件

```
01 import { Component } from '@angular/core';
02
03 @Component({
04   selector: 'app-root',
05   templateUrl: './app.component.html',
06   styleUrls: ['./app.component.css']
07 })
08 export class AppComponent {
09   title = 'Nested Example';
10 }
```

清单 22.7 outer.html：组件应用视图的 HTML 模板

```
01 <div>
02   <h1>the below text is a nested component</h1>
03   <nested></nested>
04 </div>
```

清单 22.8 outer.css：外部组件应用于其模板的 CSS 样式表

```
01 div {
02   color: red;
03   border: 3px ridge red;
```

```
04  padding: 20px;
05 }
06 nested {
07  font-size: 2em;
08  font-weight: bolder;
09  border: 3px solid blue;
10 }
```

清单 22.9 **inner.component.ts**：嵌套的组件

```
01 import {Component} from '@angular/core';
02 @Component({
03  selector: 'nested',
04  template: `
05    <span>Congratulations I'm a nested component</span>
06  `,
07  styles: [`
08    span{
09      color: #228b22;
10    }
11  `]
12 })
13 export class InnerComponent {}
```

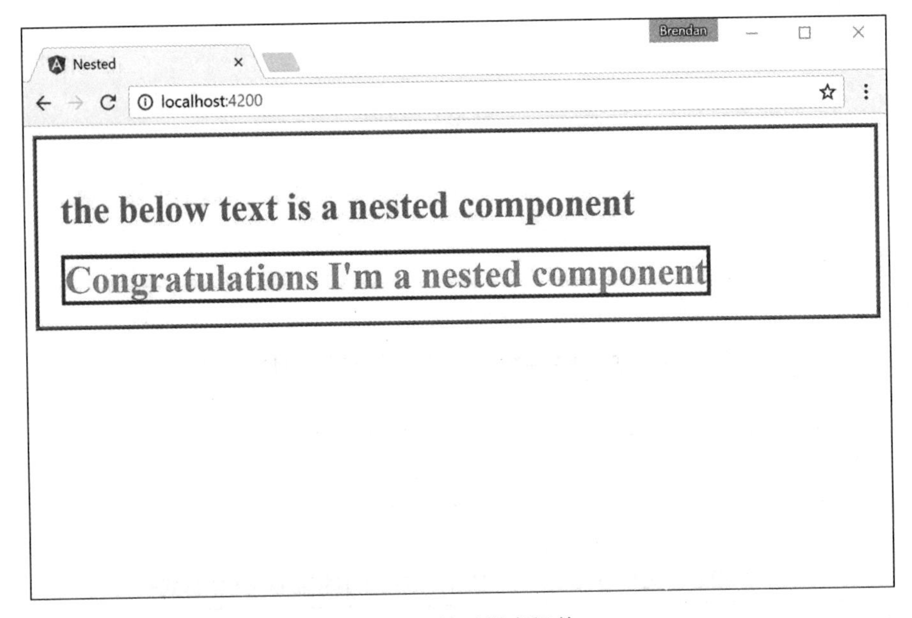

图 22.4 显示嵌套组件

22.5.2 通过依赖注入传递数据

依赖注入是一个强大的工具，允许你构建可重用的指令，将其用于导入该指令的任何应用程序中。有时需要通过应用程序把数据传递到被注入的指令中。这是通过 Angular 输入（Input）实现的。

在 Angular 中，要将数据输入到另一个指令或组件中，你需要从@angular/core 导入输入装饰器。以下代码显示了它的语法：

```
import {Component, Input} from '@angular/core';
```

当 Input 装饰器被导入后，就可以开始定义你想要输入到指令中的数据了。首先定义@input()，它接受一个字符串作为参数。HTML 使用该字符串将数据传递给导入的指令。通过使用以下语法来执行此操作：

```
@Input('name') personName: string;
```

22.5.3 创建使用输入的 Angular 应用程序

现在你已经学会了如何使用依赖注入的输入，现在是时候开始举一个例子了。本节将介绍一个将数据从一个指令传递给另一个指令的 Angular 应用程序。

清单 22.10 显示了 person.component.ts 文件，它是将数据传递到 input.component.ts 文件的应用程序的入口点。

清单 22.11 显示了 input.component.ts 文件。它是接收和处理来自外部指令的输入的组件。

图 22.5 显示了浏览器窗口中完成的应用程序。

清单 22.10 person.component.ts：导入 input.component 并将数据通过选择器传递给它的组件

```
01 import { Component } from '@angular/core';
02 import {myInput} from './input.component';
03 @Component({
04  selector: 'app-root',
05  template: `
06    <myInput name="Brendan" occupation="Student/Author"></myInput>
07    <myInput name="Brad" occupation="Analyst/Author"></myInput>
08    <myInput name="Caleb" occupation="Student/Author"></myInput>
09    <myInput></myInput>
10   `
11 })
12 export class AppComponent {
13  title = 'Using Inputs in Angular';
14 }
```

清单 22.11　**input.component.ts**：一个通过它的选择器来修改通过 HTML 显示的内容的组件

```
01 import {Component, Input} from '@angular/core';
02 @Component ({
03   selector: "myInput",
04   template: `
05     <div>
06       Name: {{personName}}
07       <br />
08       Job: {{occupation}}
09     </div>
10   `,
11   styles: [`
12     div {
13       margin: 10px;
14       padding: 15px;
15       border: 3px solid grey;
16     }
17   `]
18 })
19 export class myInputs {
20   @Input('name') personName: string;
21   @Input('occupation') occupation: string;
22   constructor() {
23     this.personName = "John Doe";
24     this.occupation = "Anonymity"
25   }
26 }
```

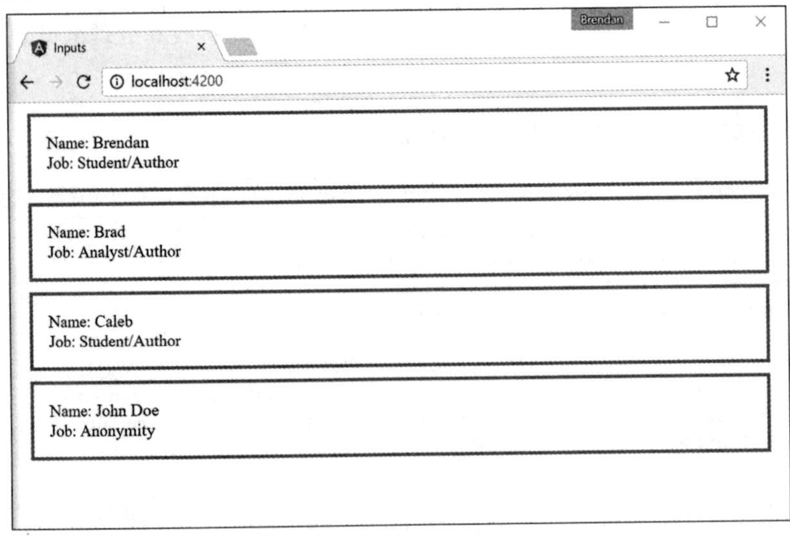

图 22.5　显示通过输入传递的信息

22.6 小结

Angular 组件是 Angular 应用程序的主要构建块。本章介绍了如何从装饰器到类来构建一个组件。本章还介绍了包含模板和样式表的不同方式，以及如何使用依赖注入将外部指令或组件合并到一起。

22.7 下一章

在下一章中，你将学习表达式，以及 Angular 如何计算它们并将它们动态地添加到网页中。然后，你将了解有关管道及其使用方法的内容。之后，你将学习如何构建自己的自定义管道。

第23章 表达式

Angular 的一大特点是可以在 HTML 模板中添加类似于 JavaScript 的表达式。Angular 对表达式求值，然后可以动态地将结果添加到网页中。表达式被链接到一个组件，并且你可以有一个使用组件中的值的表达式，它的值可以随着模型的改变而改变。

23.1 使用表达式

使用表达式是在 Angular 视图中表示组件的数据的最简单方法。表达式是被封装在括号内的代码块，如下所示：

```
{{表达式}}
```

Angular 编译器将表达式编译为 HTML 元素，以便显示表达式的结果。例如，查看下面的表达式：

```
{{1+5}}
{{'One' + 'Two'}}
```

基于这些表达式，网页显示以下值：

```
6
OneTwo
```

表达式是绑定到数据模型的，这提供了两个巨大的好处。首先，你可以在表达式中使用组件中定义的属性名和函数。其次，由于表达式被绑定到组件，当组件中的数据发生变化时，表达式也发生变化。例如，假定一个组件包含以下值：

```
name: string='Brad';
score: number=95;
```

你可以直接引用模板表达式中的名称和分数值，如下所示：

```
Name: {{name}}
Score: {{score}}
Adjusted: {{score+5}}
```

Angular 表达式在几个方面类似于 TypeScript/JavaScript 表达式，但是它们在如下这些方面有所不同。

- **属性求值：**属性名对组件模型，而不是针对全局 JavaScript 的命名空间进行求值。
- **更宽容：**表达式遇到未定义或空变量类型时不抛出异常；相反，它们把这些当作没有值。
- **无流控制：**表达式不允许以下内容。
  - 赋值（例如，=，+=，-=）；
  - new 运算符；
  - 条件语句；
  - 循环；
  - 递增和递减运算符（++和--）；
  - 另外，你不能在表达式中抛出一个错误。

Angular 将表达式用作定义指令值的字符串。这意味着你可以在定义中包含表达式类型语法。例如，当你在模板中设置 ng-click 指令的值时，可以指定一个表达式。在该表达式内部，可以引用组件变量并使用其他表达式语法，如下所示：

```
<span ng-click="myFunction()"></span>
<span ng-click="myFunction(var, 'stringParameter')"></span>
<span ng-click="myFunction(5*var)"></span>
```

由于 Angular 模板表达式可以访问组件，因此你还可以对 Angular 表达式中的组件进行更改。例如，这个(click)指令改变了组件模型中 msg 的值：

```
<span (click)="msg='clicked'"></span>
```

以下各节将介绍在 Angular 中使用表达式功能的一些示例。

23.1.1　使用基本表达式

在本节中，你将有机会了解 Angular 表达式如何处理字符串和数字的呈现。这个例子说明了 Angular 如何计算包含字符串和数字的表达式以及基本的数学运算符。

清单 23.1 显示了一个 Angular 组件。 此组件具有一个模板，其中包含几个包含在双括号（{{}}）中的表达式类型。有些表达式只是数字或字符串；有些表达式则包括 + 运算符，以组合字符串和/或数字；其中一个表达式用===运算符来比较两个数字。

图 23.1 显示了呈现的网页。请注意，数字和字符串直接呈现给最终视图。把字符串和数字一起添加使你能够构建呈现给视图的文本字符串。另外请注意，使用比较运算符会将 `true` 或 `false` 单词呈现到视图中。

清单 23.1 `basicExpressions.component.ts`：在一个 Angular 的模板中使用基本字符串、数字和简单数学运算

```
01 import { Component } from '@angular/core';
02
03 @Component({
04  selector: 'app-root',
05  template: `
06    <h1>Expressions</h1>
07    Number:<br>
08    {{5}}<hr>
09    String:<br>
10    {{'My String'}}<hr>
11    Adding two strings together:<br>
12    {{'String1' + ' ' + 'String2'}}<hr>
13    Adding two numbers together:<br>
14    {{5+5}}<hr>
15    Adding strings and numbers together:<br>
16    {{5 + '+' + 5 + '='}}{{5+5}}<hr>
17    Comparing two numbers with each other:<br>
18    {{5===5}}<hr>
19  `,
20 })
21 export class AppComponent {}
```

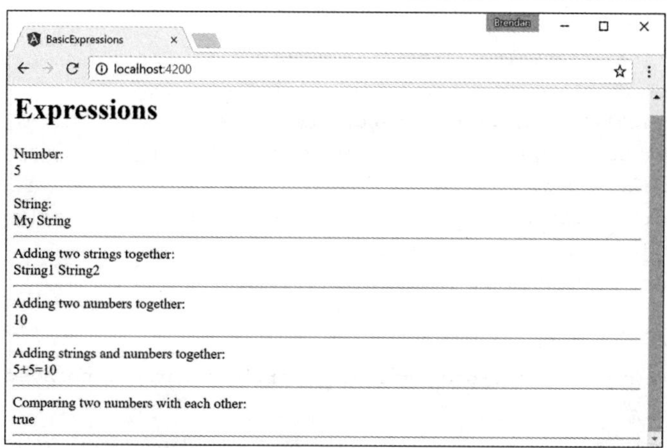

图 23.1 使用包含字符串、数字和基本数学运算的 Angular 表达式

23.1.2　在表达式中与 Component 类交互

现在你已经看到了一些基本的 Angular 表达式，下面我们来看看如何与 Angular 表达式中的 Component 类进行交互。在前面的例子中，表达式的所有输入都来自显式字符串或数字。本节将说明与模型交互的 Angular 表达式的真正威力。

清单 23.2 显示了一个 Angular 组件文件，它应用了 Angular 表达式，这些表达式使用来自 Component 类的值来将文本呈现给屏幕，并作为函数的参数。请注意，Component 类中的变量名可以直接在表达式中使用。例如，第 9 行中的表达式将根据 speed 和 vehicle 变量的值创建一个字符串。

图 23.2 显示了根据此表达式呈现的网页。请注意，当点击页面的链接时，所产生的函数调用会调整 Component 类变量，这会改变之前讨论的表达式的呈现方式。

清单 23.2　classExpressions.component.ts：使用表达式与 Component 类中的数据交互的 Angular 应用程序

```
01 import { Component } from '@angular/core';
02
03 @Component({
04  selector: 'app-root',
05  template: `
06   Directly accessing variables in the component:<br>
07    {{speed}} {{vehicle}}<hr>
08   Adding variables in the component:<br>
09    {{speed + ' ' + vehicle}}<hr>
10   Calling function in the component:<br>
11    {{lower(speed)}} {{upper('Jeep')}}<hr>
12   <a (click)="setValues('Fast', newVehicle)">
13    Click to change to Fast {{newVehicle}}</a><hr>
14   <a (click)="setValues(newSpeed, 'Rocket')">
15    Click to change to {{newSpeed}} Rocket</a><hr>
16   <a (click)="vehicle='Car'">
17    Click to change the vehicle to a Car</a><hr>
18   <a (click)="vehicle='Enhanced ' + vehicle">
19    Click to Enhance Vehicle</a><hr>
20  `,
21  styles:[`
22   a{color: blue; text-decoration: underline; cursor: pointer}
23  `]
24 })
25 export class AppComponent {
```

```
26  speed = 'Slow';
27  vehicle = 'Train';
28  newSpeed = 'Hypersonic';
29  newVehicle = 'Plane';
30  upper = function(str: any){
31    str = str.toUpperCase();
32    return str;
33  }
34  lower = function(str: any){
35    return str.toLowerCase();
36  }
37  setValues = function(speed: any, vehicle: any){
38    this.speed = speed;
39    this.vehicle = vehicle;
40  }
41 }
```

23.1.3 在 Angular 表达式中使用 TypeScript

本节将介绍 Component 类中一些额外的 TypeScript 交互。如前所述，Angular 表达式支持许多 TypeScript 功能。为了更好地说明这一点，这个例子展示了一些数组操作，并在表达式中使用了 TypeScript Math 对象。

清单 23.3 实现了一个使用 Angular 表达式的 Angular 组件，该表达式利用 push() 和 shift() 来显示数组，显示数组的长度和操作数组元素。请注意，将 Math 添加到 Component 类中，可以直接在第 12 行和第 21 行的表达式中使用 TypeScript Math 运算。

图 23.3 显示了呈现的 Angular 网页。请注意，点击链接后，数组将被调整并重新计算表达式。

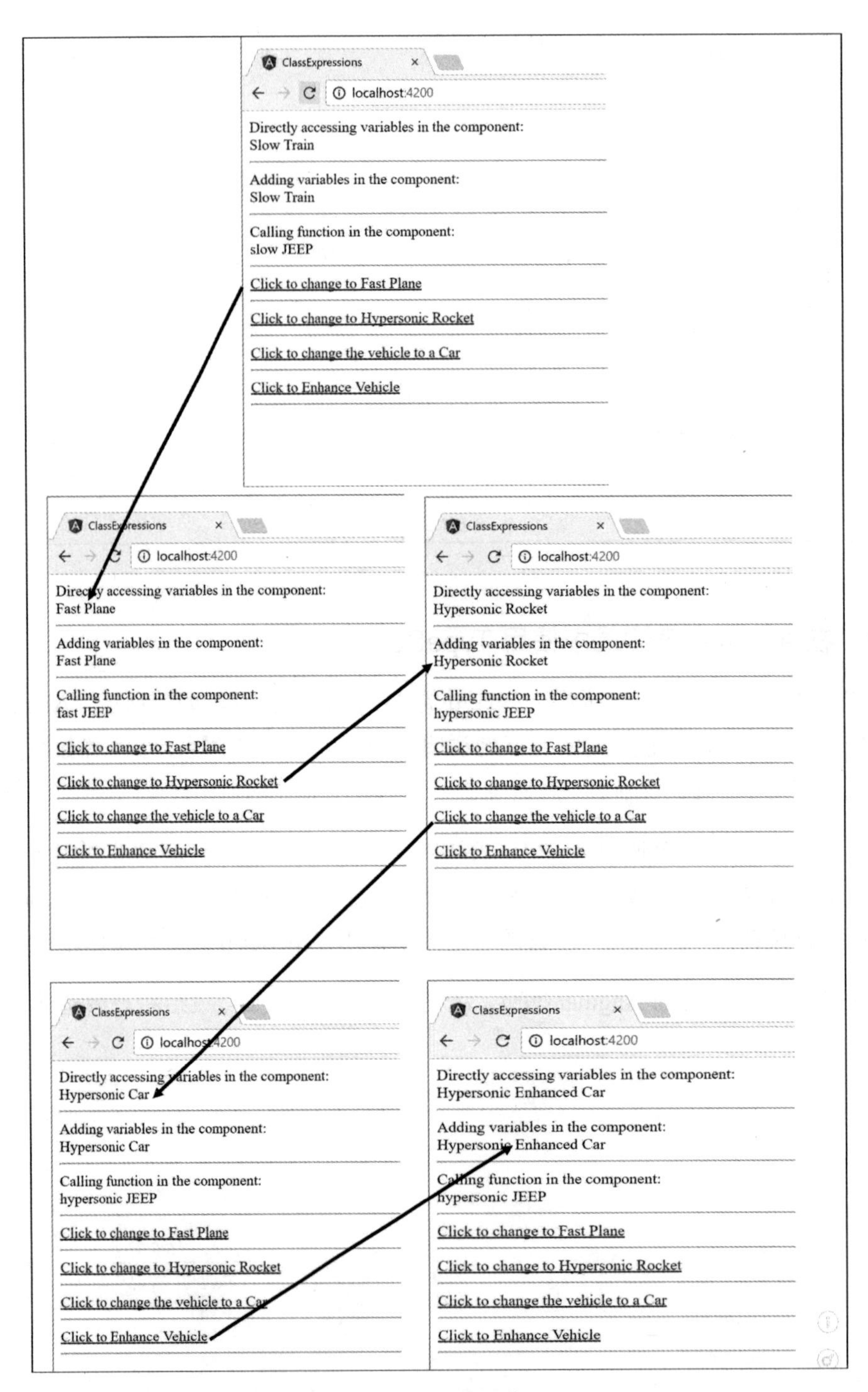

图 23.2 使用 Angular 表达式在 Angular 视图中表示和使用 `Component` 类的数据

清单 23.3 **typescriptExpressions.component.ts**：
使用包含数组和 **Math** 表达式的 Angular 组件

```
01 import { Component } from '@angular/core';
02
03 @Component({
04   selector: 'app-root',
05   template: `
06     <h1>Expressions</h1>
07     Array:<br>
08       {{myArr.join(', ')}}<br/>
09       <hr>
10     Elements removed from array:<br>
11       {{removedArr.join(', ')}}<hr>
12     <a (click)="myArr.push(myMath.floor(myMath.random()*100+1))">
13       Click to append a value to the array
14     </a><hr>
15     <a (click)="removedArr.push(myArr.shift())">
16       Click to remove the first value from the array
17     </a><hr>
18     Size of Array:<br>
19       {{myArr.length}}<hr>
20     Max number removed from the array:<br>
21       {{myMath.max.apply(myMath, removedArr)}}<hr>
22   `,
23   styles: [`
24     a {
25       color: blue;
26       cursor: pointer;
27     }
28   `],
29 })
30 export class AppComponent {
31   myMath = Math;
32   myArr: number[] = [1];
33   removedArr: number[] = [0];
34 }
```

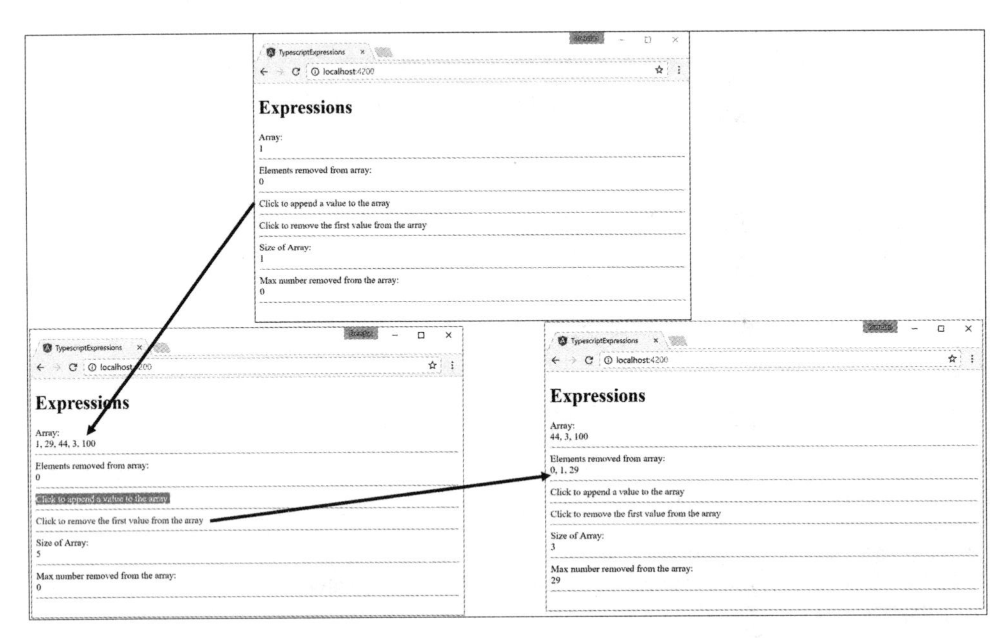

图 23.3　使用应用了 TypeScript 数组和 `Math` 运算的 Angular 表达式与作用域数据进行交互

23.2　使用管道

Angular 的一大特点是能够实现管道。管道（pipe）是一种操作符，它钩入表达式解析器并修改表达式的结果以便在视图中显示——例如，格式化时间或货币值。

你可以使用以下语法在表达式中实现管道：

```
{{表达式|管道}}
```

如果将多个管道链接在一起，则按照你指定的顺序执行它们：

```
{{表达式|管道|管道}}
```

一些管道允许你以函数参数的形式提供输入。你可以使用以下语法添加这些参数：

```
{{表达式|管道：参数1：参数2}}
```

Angular 提供了多种类型的管道，使你能够轻松地在组件模板中格式化字符串、对象和数组。表 23.1 列出了 Angular 提供的内置管道。

表 23.1 修改 Angular 组件模板中的表达式的管道

<table>
<tr><th>过 滤 器</th><th>说 明</th></tr>
<tr><td>currency[
:currencyCode?[
:symbolDisplay?[
:digits?]]]</td><td>根据所提供的 currencyCode 值把数字格式设置为货币。如果没有提供 currencyCode 值，则使用为该区域默认的符号。例如：
{{123.46 | currency:"USD" }}</td></tr>
<tr><td>json</td><td>把一个 TypeScript 对象格式化成 JSON 字符串。例如：
{{ {'name':'Brad'} | json }}</td></tr>
<tr><td>slice:start:end</td><td>由索引的数量限制在表达式中所表示的数据。如果表达式是一个字符串，那么它由字符数限制。如果该表达式的结果是一个数组，则其由元素的数量限制。例如：
{{ "Fuzzy Wuzzy" | slice:1:9 }}
{{ ['a','b','c','d'] | limitTo:2 }}</td></tr>
<tr><td>lowercase</td><td>输出把表达式转为小写的结果</td></tr>
<tr><td>uppercase</td><td>输出把表达式转为大写的结果</td></tr>
<tr><td>number[:pre.post-postEnd]</td><td>把数值格式化为文本。如果指定了pre参数，那么该大小限制整数的位数。如果指定了post-postEnd参数，那么由该范围或大小限制所显示的小数的位数。[1]例如：
{{ 123.4567 | number:1.2-3 }}
{{ 123.4567 | number:1.3 }}</td></tr>
<tr><td>date[:format]</td><td>使用 format 参数格式化 TypeScript Date 对象、时间戳或日期 ISO 8601 的日期字符串。例如：
{{1389323623006 | date:'yyyy-MM-dd HH:mm:ss Z'}}
format 参数使用下面的日期格式字符。
■ yyyy：4 位数年份
■ yy：2000 年以来的两位数年份
■ MMMM：年中的月份，January～December（1 月至 12 月）
■ MMM：年中的 3 个字母缩写月份，Jan～Dec（1 月至 12 月）
■ MM：年中的两位数月份，前面填充 0，01～12
■ M：年中的数字月份，1～12
■ dd：月中的两位数日期，前面填充 0，01～31
■ d：月中的日，1～31
■ EEEE：一周中的星期几，Sunday～Saturday（星期日至星期六）
■ EEE：一周中的 3 个字母缩写星期几，Sun～Sat（星期日至星期六）
■ HH：一天中的两位小时数，前面填充 0，00～23
■ H：一天中的小时数，0～23
■ hh 或 jj：a.m./p.m.中的小时，前面填充 0，01～12（上午/下午）
■ h 或 j：a.m./p.m.中的小时，1～12</td></tr>
</table>

[1] pre：整数位的最小值，默认为 1。post：小数位的最小值，默认为 0。postEnd：小数位的最大值，默认为 3。
——译者注

（续表）

过 滤 器	说　明
date[:format]	■ **mm**：小时中的两位数分钟，前面填充 0，00～59 ■ **m**：小时中的分钟数，0～59 ■ **ss**：分钟中的两位秒数，前面填充 0，00～59 ■ **s**：分钟中的秒数，0～59 ■ **.sss** 或 **sss**：秒中的 3 位毫秒数，前面填充 0，000～999 ■ **a**：a.m./p.m.标志 ■ **z**：4 位数时区偏移量，-1200～+1200 日期的 *format* 字符串也可以是下列预定义的名字之一。 ■ **medium**：等于'yMMMdHms' ■ **short**：等于'yMdhm' ■ **fullDate**：等于'yMMMMEEEEd' ■ **longdate**：等于'yMMMMd' ■ **mediumDate**：等于'yMMMd' ■ **shortDate**：等于'yMd' ■ **mediumTime**：等于'hms' ■ **shortTime**：等于'hm' 这里的格式显示为 en_US，但将始终匹配 Angular 应用程序的区域设置
async	异步等待 promise 并返回收到的最新值。 然后它更新视图

使用内置管道

本节展示内置的 Angular 管道如何处理 Angular 表达式中的数据转换。这个例子的目的是显示管道如何转换提供的数据。

清单 23.4 显示了带有一个模板的 Angular 组件，该模板包含了几个封装在{{}}括号中的内置管道的例子。Component 类包含一些管道要使用的数据。

图 23.4 显示了带有转换后的数据的呈现应用程序。

清单 23.4　builtInPipes.component.ts：一个包含内置管道示例的 Angular 组件

```
01 import { Component } from '@angular/core';
02
03 @Component({
04  selector: 'app-root',
05  template: `
06    Uppercase: {{"Brendan" | uppercase }}<br>
07    Lowercase: {{"HELLO WORLD" | lowercase}}<br>
08    Date: {{ today | date:'yMMMMEEEEhmsz'}}<br>
09    Date: {{today | date:'mediumDate'}}<br>
10    Date: {{today | date: 'shortTime'}}<br>
```

```
11     Number: {{3.1415927 | number:'2.1-5'}}<br>
12     Number: {{28 | number:'2.3'}}<br>
13     Currency: {{125.257 | currency:'USD':true: '1.2-2'}}<br>
14     Currency: {{2158.925 | currency}}<br>
15     Json: {{jsonObject | json}}<br>
16     PercentPipe: {{.8888 | percent: '2.2'}}<br>
17     SlicePipe: {{"hello world" | slice:0:8}}<br>
18     SlicePipe: {{days | slice:1:6}}<br>
19     legen...  {{wait | async}} {{dairy | async}}
20   `
21 })
22 export class AppComponent {
23   today = Date.now();
24   jsonObject = [{title: "mytitle"}, {title: "Programmer"}];
25   days=['Sunday', 'Monday', 'Tuesday', 'Wednesday',
26         'Thursday', 'Friday', 'Saturday'];
27   wait = new Promise<string>((res, err) => {
28     setTimeout(function () {
29       res('wait for it...');
30     },1000);
31   });
32   dairy = new Promise<string>((res, err) => {
33     setTimeout(function() {
34       res('dairy');
35     },2000)
36   })
37 }
```

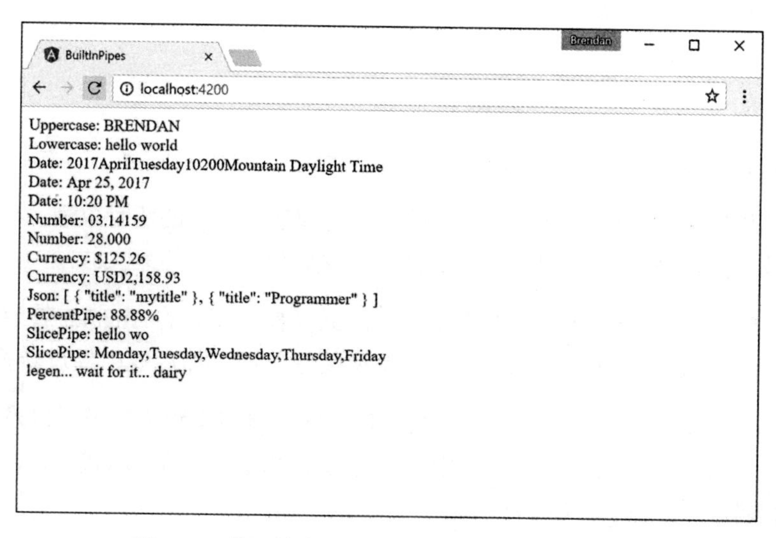

图 23.4　使用转换表达式中的数据的 Angular 管道

23.3　建立一个自定义管道

Angular 允许你创建自己的自定义管道，然后在表达式和服务中使用它们，就好像它们是内置管道一样。Angular 提供了@pipe 装饰器来创建一个管道并将其注册到依赖注入器服务器。

@pipe 装饰器接受元数据，就像一个 Angular 组件一样。元数据选项是 name 和 pure。name 元数据的工作方式类似于组件的选择器：它告诉 Angular 你想要使用管道的位置。pure 元数据告诉管道如何处理变更检测。当输入值或对象引用发生更改时，纯（pure）管道就会更新。一旦有事件发生，例如按键、鼠标点击或鼠标移动，不纯的（impure）管道就会更新。以下示例演示了一个示例管道及其语法：

```
@Pipe({
    name: 'example',
    Pure: true
})
```

pipe 类与 Component 类非常相似，因为它是放置管道的逻辑代码的地方。但是，逻辑需要放在 Transform 方法中，该方法告诉管道如何变换管道符号（|）左侧的内容。查看下面的例子：

```
Export class customPipe{
    Transform(parameter1:string, parameter2:number) : string {
        myStr = "logic goes in here";
        return myStr;
    }
}
```

创建一个自定义管道

本节介绍如何构建一个自定义管道，用于过滤掉字符串中的所有单词。本示例的目的是向你展示如何创建和应用可以转换数据的自定义管道。

清单 23.5 显示了一个 name 元数据为 censor（检查器）的 Angular 管道。导出类包含 Transform 方法，它使用不同的字符串替换某些单词，然后返回经过转换的字符串。

清单 23.6 显示了一个 Angular 组件，其中包含使用自定义管道的模板以及用于导入管道的 pipe 元数据。请注意，在第 6 行中，包含用于实现管道的表达式。此管道接受一个字符串作为参数，并用它替换单词。

图 23.5 显示了使用自定义管道的呈现应用程序。

清单 23.5 **custom.pipe.ts**：替换字符串中某些单词的 Angular 管道

```
01 import {Pipe} from '@angular/core';
02
03 @Pipe({name: 'censor'})
04 export class censorPipe{
05   transform(input:string, replacement:string) : string {
06     var cWords = ["bad", "rotten", "terrible"];
07     var out = input;
08     for(var i=0; i<cWords.length; i++){
09       out = out.replace(cWords[i], replacement);
10     }
11     return out
12   }
13 }
```

清单 23.6 **customPipes.component.ts**：一个导入和使用自定义管道的 Angular 组件

```
01 import { Component } from '@angular/core';
02
03 @Component({
04   selector: 'app-root',
05   template: `
06     {{phrase | censor:"*****"}}
07   `
08 })
09 export class AppComponent {
10   phrase:string="This bad phrase is rotten ";
11 }
```

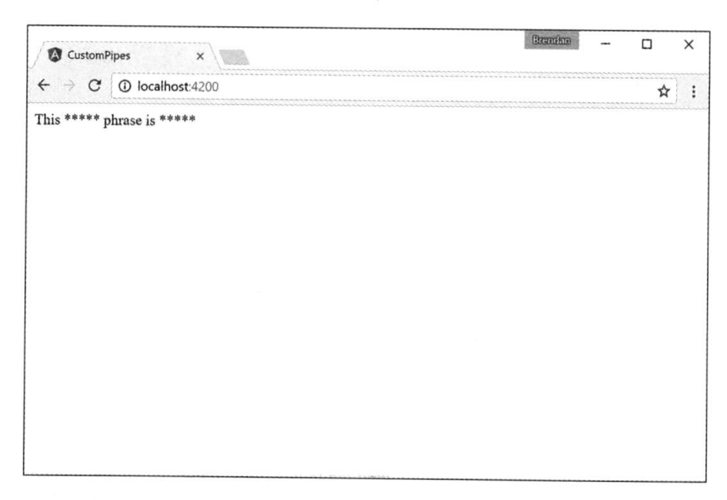

图 23.5 使用转换表达式中的数据的自定义 Angular 管道

23.4 小结

Angular 带有强大的内置表达式和管道，并提供了创建自定义管道的选项。本章讨论了可用的内置表达式和管道以及如何实现它们，还讨论了如何构建和实现自定义管道。表达式是{{}}中包含的 TypeScript 代码，管道可以操纵这些表达式。表达式可以访问 Component 类中的信息，并可以将类变量呈现给视图。

23.5 下一章

在下一章中，你将学习数据绑定。你将学习如何将数据链接在一起，并扩展许多不同类型的数据绑定。

第 24 章
数据绑定

内置数据绑定是 Angular 的最好功能之一。数据绑定是将组件中的数据与网页中显示的内容链接起来的过程。当组件中的数据发生变化时，呈现给用户的 UI 将自动更新。Angular 提供了一个非常整洁的接口来将模型数据链接到网页中的元素。

24.1 了解数据绑定

数据绑定意味着将应用程序中的数据与呈现给用户的 UI 元素链接起来。数据在模型中被更改时，网页会自动更新。这样，模型始终是向用户呈现数据的唯一来源，而视图仅仅是模型的投影。将视图和模型放在一起的黏合剂是数据绑定。

Angular 中有很多使用数据绑定来使应用程序以不同方式进行查看和操作的方法。以下列出的是本章讨论的可用于 Angular 的数据绑定类型。

- **插值：**可以使用双花括号（`{{}}`）直接从 `Component` 类中获取值。
- **性质（Property）绑定：**可以使用这种类型的绑定来设置 HTML 元素的性质。
- **事件绑定：**可以使用这种类型的绑定来处理用户输入。
- **属性（Attribute）绑定：**这种类型的绑定允许将属性设置为 HTML 元素。
- **类绑定：**可以使用这种类型的绑定来为元素设置 CSS 类的名字。
- **样式绑定：**可以使用这种类型的绑定为元素创建内嵌 CSS 样式。
- **与 `ngModel` 的双向绑定：**可以使用这种类型的绑定与数据输入表单来接收和显示数据。

24.1.1 插值

插值涉及使用`{{}}`双花括号来计算模板表达式。这既可以是硬编码形式，也可以引用 `Component` 类的属性。

插值的语法与第 23 章中的语法应该很相似。但是，还可以使用插值为 HTML 标签属性赋予一个值（例如，img 标签）。以下是执行此操作的语法示例：

```
<img src="{{imgUrl}}"/>
```

现在让我们来看一个例子，它展示了使用插值绑定可以做的一些奇妙的事情。

清单 24.1 显示了一个 Angular 组件。该组件具有一个模板，其中包含{{}}括号中包含的插值和表达式的类型。Component 类提供要在{{}}括号内使用的值。（请确保将 imageSrc 变量更改为适当的图像名称。）

图 24.1 显示了呈现的网页。如你所见，插值可以使用 Component 类中的字符串来填充模板。

清单 24.1　interpolation.component.ts：用字符串和函数来插值

```
01 import { Component } from '@angular/core';
02
03 @Component({
04   selector: 'app-root',
05   template: `
06     {{str1 + ' ' + name}}
07     <br>
08     <img src="{{imageSrc}}" />
09     <br>
10     <p>{{str2 + getLikes(likes)}}</p>
11   `,
12   styles: [`
13     img{
14       width: 300px;
15       height: auto;
16     }
17     p{
18       font-size: 35px;
19       color: darkBlue;
20     }
21   `]
22 })
23 export class AppComponent {
24   str1: string = "Hello my name is"
25   name: string = "Brendan"
26   str2: string = "I like to"
27   likes: string[] = ['hike', "rappel", "Jeep"]
28   getLikes = function(arr: any){
29     var arrString = arr.join(", ");
30     return " " + arrString
31   }
```

```
32   imageSrc: string = "../assets/images/angelsLanding.jpg"
33 }
```

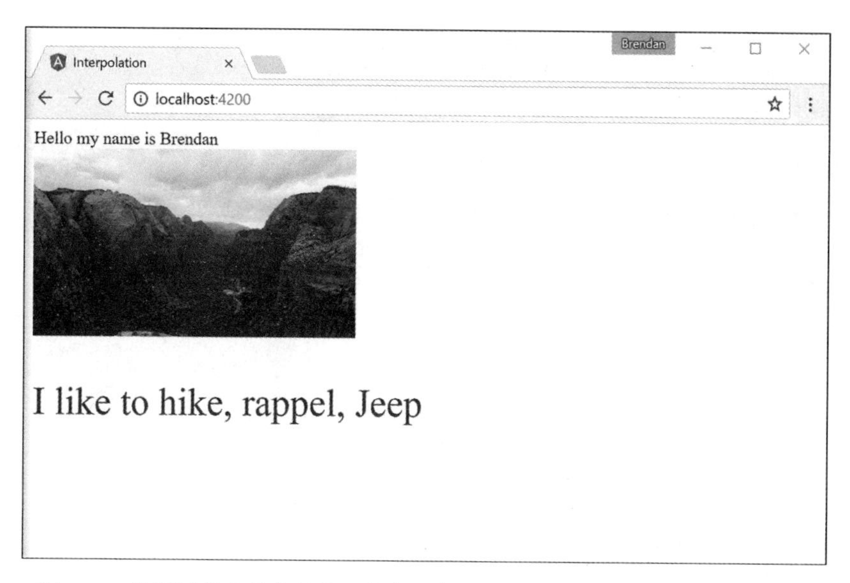

图 24.1 使用插值合并字符串，定义一个 imageSrc URL，并运行一个函数

24.1.2 性质绑定

当你需要设置 HTML 元素的性质时，可以使用性质绑定。你可以在 Component 类中定义你想要的值。然后使用以下语法将该值绑定到组件模板：

```
<img [src]="myValue">
```

> **注意**
> *在许多情况下，可以使用插值来实现与性质绑定相同的结果。*

现在我们来看一个性质绑定的示例。清单 24.2 显示了一个 Angular 组件。此组件具有包含性质绑定类型的模板。它还对性质绑定和插值进行了比较。

图 24.2 显示了呈现的网页。如你所见，插值可以使用 Component 类中的字符串来填充模板。

清单 24.2 property.component.ts：使用逻辑和类名的性质绑定

```
01 import { Component } from '@angular/core';
02
03 @Component({
```

```
04   selector: 'app-root',
05   template: `
06     <img [src]="myPic"/>
07     <br>
08     <button [disabled]="isEnabled">Click me</button><hr>
09     <button disabled="{!isEnabled}">Click me</button><br>
10     <p [ngClass]="className">This is cool stuff</p>
11   `,
12   styles: [`
13     img {
14       height: 100px;
15       width auto;
16     }
17     .myClass {
18       color: red;
19       font-size: 24px;
20     }
21   `]
22 })
23 export class AppComponent {
24   myPic: string = "../assets/images/sunset.JPG";
25   isEnabled: boolean = false;
26   className: string = "myClass";
27 }
```

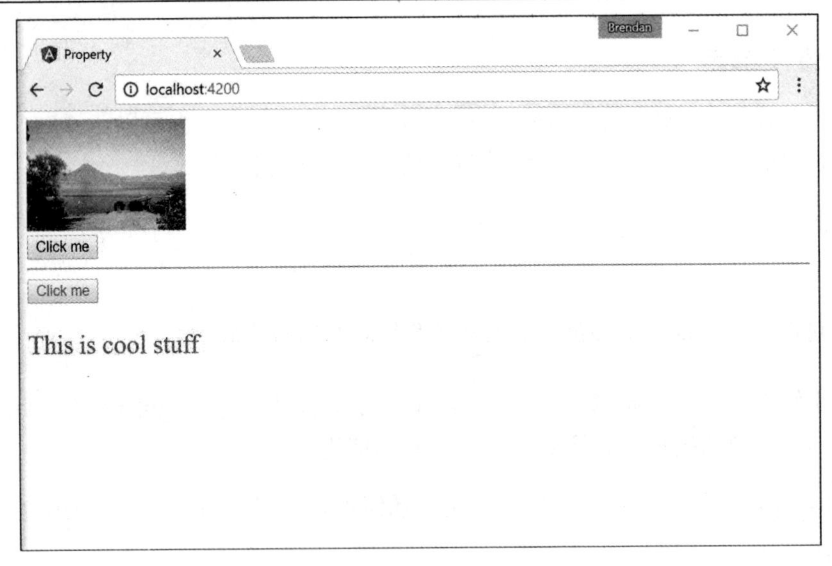

图 24.2 使用性质绑定定义一个 imageSrc URL，将一个按钮设置为禁用模式，并指定一个类名

24.1.3 属性绑定

属性绑定类似于性质绑定，但它绑定到 HTML 属性而不是 DOM 性质。你不可能经常使用属性绑定，但必须知道它是什么以及如何使用它。通常只对不具有相应 DOM 性质（例如，aria、svg 和 table span 属性）的属性使用属性绑定。你可以使用以下语法来定义一个属性绑定：

```
<div [attr.aria-label] = "labelName"></div>
```

> **注意**
> 因为属性绑定和性质绑定的功能几乎是一样的，所以本书不提供属性绑定的例子。

24.1.4 类绑定

你使用类绑定将 CSS 样式标签绑定到 HTML 元素。它根据表达式的结果为 true 或 false 来分配类。如果结果是 true，则类被分配。以下是语法的一个例子：

```
<div [class.nameHere] = "true"></div>
<div [class.anotherName] = "false"></div>
```

现在我们来看一个类绑定的例子。清单 24.3 显示了一个具有模板的 Angular 组件。这个模板包含了类绑定的类型，它们显示了如何使用两种不同的方法来应用类名。

图 24.3 显示了呈现的网页。正如你所看到的那样，这个类名生效，并允许 CSS 样式改变 HTML。

清单 24.3 class.component.ts：使用逻辑和类名的类绑定

```
01 import { Component } from '@angular/core';
02
03 @Component({
04   selector: 'app-root',
05   template: `
06     <div [class]="myCustomClass"></div>
07     <span [class.redText]="isTrue">Hello my blue friend</span>
08   `,
09   styles: [`
10     .blueBox {
11       height: 150px;
12       width: 150px;
13       background-color: blue;
14     }
15     .redText{
16       color: red;
```

```
17        font-size: 24px;
18      }
19    `]
20 })
21 export class AppComponent {
22   myCustomClass: string = 'blueBox';
23   isTrue = true;
24 }
```

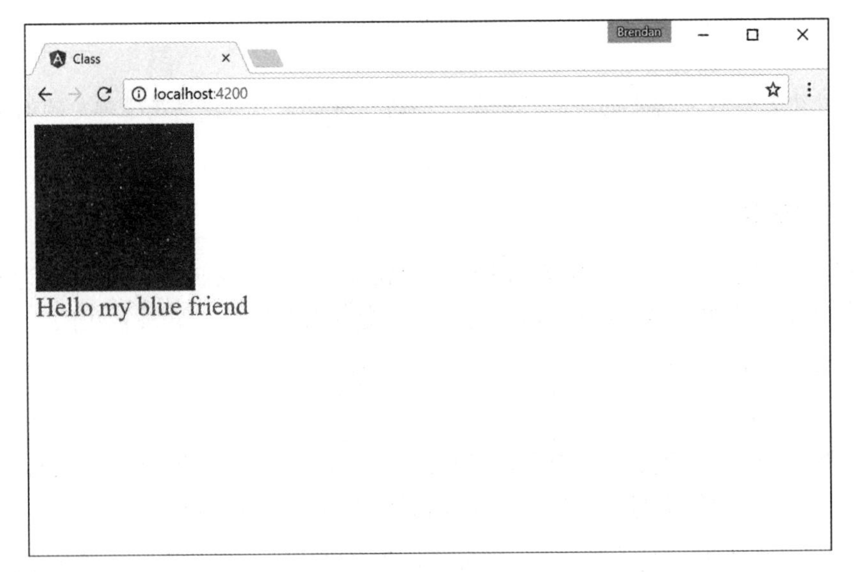

图 24.3　一个 Angular 应用程序，它应用类绑定将自定义类添加到 HTML 元素

24.1.5　样式绑定

使用样式绑定将内联样式分配给 HTML 元素。样式绑定的工作方式是在括号中定义 CSS 样式属性，其中赋值表达式在引号中。其语法看起来几乎与类绑定相同，但是使用 style 而不是 class 作为前缀：

```
<p [style.styleProperty] = "assignment"></p>
<div [style.backgroundColor] = "'green'"></div>
```

现在我们来看一个样式绑定的例子。清单 24.4 显示了一个包含模板的 Angular 组件。此模板包含说明如何将自定义内联样式应用于应用程序的样式绑定类型。

图 24.4 显示了呈现的网页。正如你所看到的那样，样式生效，CSS 样式相应地更改 HTML。

清单 24.4 **style.component.ts**：用来改变 HTML 外观的样式绑定

```
01 import { Component } from '@angular/core';
02
03 @Component({
04   selector: 'app-root',
05   template: `
06     <span [style.border]="myBorder">Hey there</span>
07     <div [style.color]="twoColors ? 'blue' : 'forestgreen'">
08       what color am I
09     </div>
10     <button (click)="changeColor()">click me</button>
11   `
12 })
13 export class AppComponent {
14   twoColors: boolean = true;
15   changeColor = function(){
16     this.twoColors = !this.twoColors;
17   }
18   myBorder = "1px solid black";
19 }
```

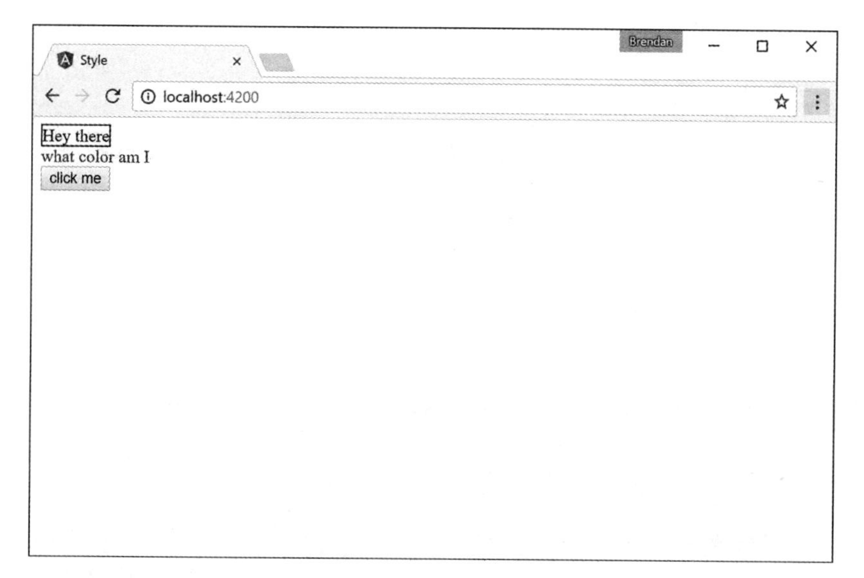

图 24.4 通过按钮运行一个函数调整 `twoColors` 变量值来应用自定义样式所呈现的网页

24.1.6 事件绑定

使用事件绑定来处理用户输入，如点击、击键和鼠标移动。Angular 事件绑定类似于 HTML 事件属性；其主要区别在于从绑定中删除前缀“on”，而事件被括号（()）包围。

例如，在 HTML 中的 onkeyup 在 Angular 中看起来像(keyup)。

事件绑定的一个常见用途是从组件运行函数。以下是点击事件绑定的语法：

```
<button (click)="myFunction()">button</button>
```

我们来看一个事件绑定的例子。清单 24.5 显示了一个 Angular 组件。这个组件具有事件绑定，一旦点击，它调用一个函数来改变图像的 URL。

图 24.5 显示了呈现的网页。你可以看到最初的网页和点击按钮来触发事件的结果。

清单 24.5　event.component.ts：用来更改网页上显示的图像 URL 的事件绑定

```
01 import { Component } from '@angular/core';
02
03 @Component({
04  selector: 'app-root',
05  template: `
06    <div (mousemove)="move($event)">
07      <img [src]="imageUrl"
08        (mouseenter)="mouseGoesIn()"
09        (mouseleave)="mouseLeft()"
10        (dblclick)="changeImg()" /><br>
11        double click the picture to change it<br>
12        The Mouse has {{mouse}}<hr>
13      <button (click)="changeImg()">Change Picture</button><hr>
14      <input (keyup)="onKeyup($event)"
15        (keydown)="onKeydown($event)"
16        (keypress)="keypress($event)"
17        (blur)="underTheScope($event)"
18        (focus)="underTheScope($event)">
19        {{view}}
20      <p>On key up: {{upValues}}</p>
21      <p>on key down: {{downValues}}</p>
22      <p>on key press: {{keypressValue}}</p>
23      <p (mousemove)="move($event)">
24        x coordinates: {{x}}
25        <br> y coordinates: {{y}}
26      </p>
27    </div>
28  `,
29  styles: [`
30    img {
31      width: auto;
32      height: 300px;
```

```
33     }
34   `]
35 })
36 export class AppComponent {
37   counter = 0;
38   mouse: string;
39   upValues: string = '';
40   downValues: string = '';
41   keypressValue: string = "";
42   x: string = "";
43   y: string = '';
44   view: string = '';
45 
46   mouseGoesIn = function(){
47     this.mouse = "entered";
48   };
49   mouseLeft = function(){
50     this.mouse = "left";
51   }
52   imageArray: string[] = [
53     "../assets/images/flower.jpg",
54     "../assets/images/lake.jpg", //extensions are case sensitive
55     "../assets/images/bison.jpg",
56   ]
57   imageUrl: string = this.imageArray[this.counter];
58   changeImg = function(){
59     if(this.counter < this.imageArray.length - 1){
60       this.counter++;
61     }else{
62       this.counter = 0;
63     }
64     this.imageUrl=this.imageArray[this.counter];
65   }
66   onKeyup(event:any){
67     this.upValues = event.key;
68     //this.upValues += event.target.value + ' | ';
69   }
70   onKeydown(event:any){
71     this.downValues = event.key;
72     //this.downValues += event.target.value + " | ";
73   }
74   keypress(event:any){
75     this.keypressValue = event.key;
76     //this.keypressValue += event.target.value + " | ";
```

```
77    }
78    move(event:any){
79      this.x = event.clientX;
80      this.y = event.clientY;
81    }
82    underTheScope(event:any){
83      if(event.type == "focus"){
84        this.view = "the text box is focused";
85      }
86      else if(event.type == "blur"){
87        this.view = "the input box is blurred";
88      }
89      console.log(event);
90    }
91 }
```

图 24.5　网页加载的原始结果和事件触发的结果

24.1.7　双向绑定

双向绑定允许数据同时显示和更新。这可以很容易地反映用户对 DOM 的任何更改。Angular 利用 ngModel 来监视更改并更新值。其语法如下：

```
<input [(ngModel)] = "myValue">
```

现在我们来看一个双向绑定的例子。清单 24.6 显示了一个包含模板的 Angular 组件。该模板显示了完成双向数据绑定的不同方法。

图 24.6 显示了呈现的网页。它显示样式生效，CSS 样式相应地更改 HTML。

清单 24.6 `twoWay.component.ts`：实现双向数据绑定的不同方法

```
01 import { Component } from '@angular/core';
02 @Component({
03  selector: 'app-root',
04  template: `
05   <input [(ngModel)]="text"><br>
06   <input bindon-ngModel="text"><br>
07   <input [value]="text" (input)="text=$event.target.value">
08   <h1>{{text}}</h1>
09  `
10 })
11 export class AppComponent {
12  text: string = "some text here";
13 }
```

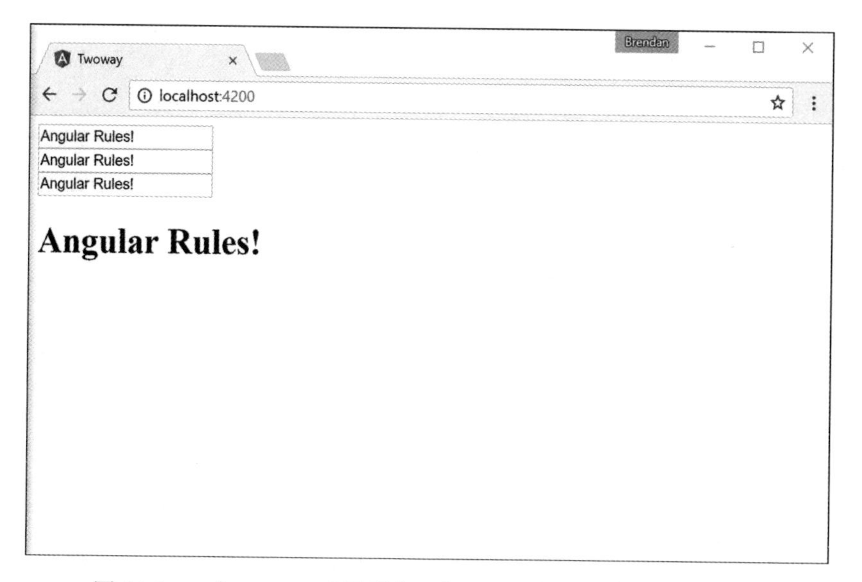

图 24.6 一个 Angular 应用程序，它显示了完成双向数据绑定的多种方式。每当输入字段发生变化时，变量和视图都会更新

24.2　小结

Angular 具有强大且非常有用的数据绑定类型。正如你在本章中看到的，可以将应用程序模型中的数据绑定到呈现给用户的 UI 元素。本章介绍了可用的数据绑定类型及实现它们的方法。数据绑定允许以简单和有效的方式将数据显示给用户并由用户更新。

24.3　下一章

下一章将讨论内置指令。你将了解到它们各是什么，以及如何在你的 Angular 模板中实现它们。

第 25 章 内置指令

指令是 Angular 提供的最强大的功能之一。指令（directive）扩展了 HTML 的行为，使你可以使用特定于某个应用程序的功能来创建自定义 HTML 元素、属性和类。Angular 提供了许多内置指令，这些指令提供了与表单元素进行交互、将组件中的数据绑定到视图以及与浏览器事件交互的功能。

本章讨论内置指令以及如何在 Angular 模板中实现它们。你将学习如何在 Angular 模板中应用这些指令，并在后端控制器中支持这些指令以快速将呈现的视图转换为交互式应用程序。

25.1 了解指令

指令是 Angular 模板标记和支持 TypeScript 代码的组合。Angular 指令标记可以是 HTML 属性、元素名称或 CSS 类。TypeScript 指令代码定义了 HTML 元素的模板数据和行为。

Angular 编译器遍历模板 DOM 并编译所有的指令。然后通过将指令与作用域相结合来产生新的实时视图以合并指令。实时视图包含 DOM 元素和指令中定义的功能。

25.2 使用内置指令

你需要在 HTML 元素中实现的大部分 Angular 功能都是通过内置指令提供的。这些指令为 Angular 应用程序提供了广泛的支持。以下各节描述了大部分 Angular 指令，这些指令分为以下三类。

- **组件：** 带有模板的指令。
- **结构：** 操纵 DOM 中元素的指令。
- **属性：** 操纵 DOM 元素的外观和行为的指令。

以下各节介绍这 3 种类型的指令。你不需要马上理解所有的指令。以下各节提供表格供你参考。另外，下面的章节提供了许多使用这些指令的示例代码。

25.2.1　组件指令

Angular 组件是利用模板的结构指令的一种形式。组件创建一个用作 HTML 标签的选择器，以动态地将 HTML、CSS 和 Angular 逻辑添加到 DOM。组件是 Angular 的核心。

25.2.2　结构指令

多个指令动态更新、创建和删除 DOM 中的元素。这些指令创建应用程序的布局、外观和感觉。表 25.1 列出了这些指令，并描述了每个指令的行为和用法。

表 25.1　结构指令

指　令	说　明
ngFor	此指令用于为可迭代对象中的每个项目创建模板的副本。这里是一个例子： <div *ngFor="let person of people"></div>
ngIf	当此指令存在于某元素中时，如果返回值为 true，则将该元素添加到 DOM。如果返回值为 false，则该元素将从 DOM 中删除，从而阻止该元素使用资源。这里是一个例子： <div *ngIf="person"></div>
ngSwitch	此指令根据传入的值显示一个模板。与 ngIf 一样，如果值与 case 选项不匹配，则不会创建该元素。这里是一个例子： <div [ngSwitch]="timeOfDay"> <span [ngSwitchCase]="'morning'">Morning</span> <span [ngSwitchCase]="'afternoon'">Afternoon</span> <span [ngSwitchDefault]="'daytime'">Evening</span> ngSwitch 指令依赖于另外两个指令：ngSwitchCase 和 ngSwitchDefault。这些指令将随后解释
ngSwitchCase	该指令将传递给 ngSwitch 的值与它求出的存储值比较，并确定是否应该创建它附加的 HTML 模板
ngSwitchDefault	如果上面的所有 ngSwitchCase 表达式计算结果都为 false，则此指令将创建 HTML 模板。这确保了无论如何都会生成一些 HTML

表 25.1 中的指令可在代码的各个部分以各种不同的方式使用。它们允许根据传递给它们的数据对 DOM 进行动态操作。结构指令通过使用表达式或值动态操作 DOM。最常见的两个结构指令是 ngIf 和 ngSwitch。

如果值或表达式返回 true，则 ngIf 显示 HTML 的一部分。ngIf 使用*符号让 Angular 知道它在那里。以下是 ngIf 的语法示例：

```
<div *ngIf="myFunction(val)" >...</div>
<div *ngIf="myValue" >{{myValue}}</div>
```

> **注意**
>
> ngFor 是另一个使用*符号作为前缀让 Angular 知道它在那里的指令的例子。

ngSwitch 使用 ngSwitchCase，如果一个值或一个表达式返回 true，它将显示一段 HTML。ngSwitch 被[]包围，作为单向数据绑定的形式，将数据传递给每个 ngSwitchCase 进行求值。以下是 ngSwitch 的语法示例：

```
<div [ngSwitch]="time">
     <span *ngSwitchCase="'night'">It's night time </span>
     <span *ngSwitchDefault>It's day time </span>
```

清单 25.1 显示了一个 Angular 组件，它有一个包含内置结构指令的模板。ngIf 指令动态地添加和删除 DOM 中的 HTML。ngSwitch 与 ngIf 做同样的事情，但它允许更多的选项，如果所有的情况都返回 false，那么还有一个默认的选项。

清单 25.1 中的第 6 行和第 7 行使用 ngIf 来确定是否显示 HTML。

第 10 行显示了 ngFor 的扩展形式，以根据传递给它的数据量动态地添加 HTML。（这个例子简单地显示了使用 ngFor 指令的另一种方法，但本书的其余部分将使用较短的形式*ngFor。）

第 15 行使用 ngFor 指令的简写形式来显示数据。本书的其余部分将使用这种方法。

第 20 行到第 26 行使用 ngSwitchCase 来确定应该显示哪一段 HTML。

图 25.1 显示了呈现的网页。如你所见，插值可以使用 Component 类中的字符串来填充模板。

清单 25.1 structural.component.ts：内置结构函数

```
01 import { Component } from '@angular/core';
02
03 @Component({
04  selector: 'app-root',
05  template: `
06    <div *ngIf="condition">condition met</div>
07    <div *ngIf="!condition">condition not met</div>
08    <button (click)="changeCondition()">Change Condition</button>
09    <hr>
10    <template ngFor let-person [ngForOf]="people">
```

```
11      <div>name: {{person}}</div>
12    </template>
13    <hr>
14    <h3>Monsters and where they live</h3>
15    <ul *ngFor="let monster of monsters">
16        {{monster.name}}:
17        {{monster.location}}
18    </ul>
19    <hr>
20    <div [ngSwitch]="time">
21      <span *ngSwitchCase="'night'">It's night time
22      <button (click)="changeDay()">change to day</button>
23      </span>
24      <span *ngSwitchDefault>It's day time
25      <button (click)="changeNight()">change to night</button></span>
26    </div>
27  `
28 })
29 export class AppComponent {
30   condition: boolean = true;
31   changeCondition = function(){
32     this.condition = !this.condition;
33   }
34   changeDay = function(){
35     this.time = 'day';
36   }
37   changeNight = function(){
38     this.time = 'night'
39   }
40   people: string[] = [
41     "Andrew", "Dillon", "Philipe", "Susan"
42   ]
43   monsters = [
44     { name: "Nessie",
45       location: "Loch Ness, Scotland" },
46     { name: "Bigfoot",
47       location: "Pacific Northwest, USA" },
48     { name: "Godzilla",
49       location: "Tokyo, sometimes New York" }
50   ]
51   time: string = 'night';
52 }
```

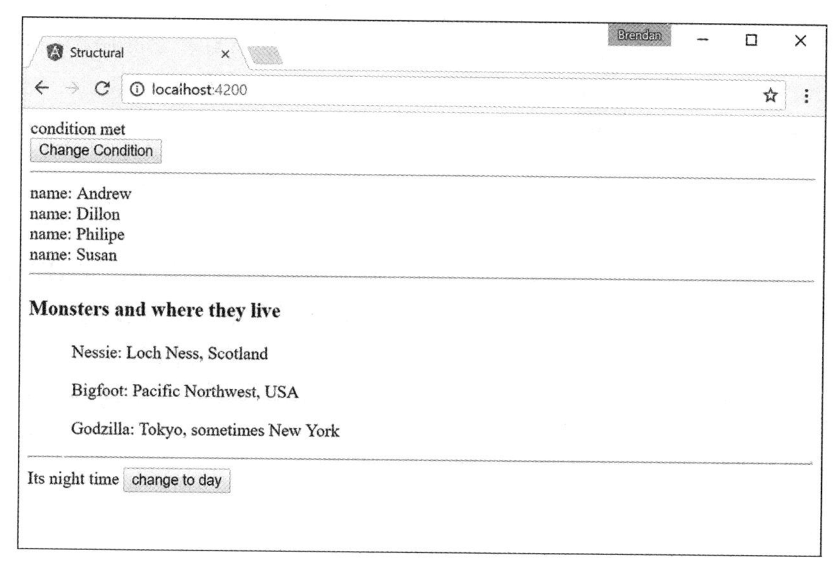

图 25.1 使用内置结构指令

25.2.3 属性指令

Angular 属性指令修改 HTML 元素的外观和行为。它们被直接注入 HTML 中，并动态地修改用户与 HTML 段的交互方式。属性指令之所以如此命名，是因为它们通常看起来像普通的 HTML 属性。在本书中一直使用的一个属性指令的例子是 `ngModel`，它通过改变显示值来修改元素。

表 25.2 列出了属性指令，并描述了每个属性的行为和用法。

表 25.2 属性指令

指　令	说　明
ngModel	该指令监视一个变量的变化，然后根据这些变化更新显示值。考虑如下例子： `<input [(ngModel)]="text"> ` `<h1>{{text}}</h1>`
ngForm	该指令创建一个表单组，并允许它跟踪该表单组中的值并进行验证。通过使用 ngSubmit，你可以将表单数据作为对象传递给提交事件。下面是一个例子： `<form #formName="ngForm" (ngSubmit)="onSubmit(formName)"> </form>`
ngStyle	这个指令更新 HTML 元素的样式。

表 25.2 中的指令在代码的各个部分以各种不同的方式使用。它们可以操纵应用程序的行为。以下示例显示如何使用某些内置属性指令来构建将数据提交到模拟数据库的表单。

清单 25.2 显示了一个 Angular 组件。第 9 行到第 14 行设置整个应用程序中使用的变量的默认值。第 15 行到第 17 行定义了 enabler 方法，该方法将布尔 isDisabled 设置为与其原值相反的值。第 18 行到第 30 行定义了 addClass 方法，它将事件目标中的值推送到 selectedClass 数组。

清单 25.3 显示了一个 Angular 模板文件，它使用 ngModel、ngClass、ngStyle 和 ngForm 来修改 HTML 模板的外观和行为。第 7 到第 12 行创建了一个 HTML 选择元素，为属性组件上的 color 变量分配一个颜色。第 14 行到第 18 行创建了一个 HTML 选择元素，它使用 change 事件来调用 addClass 方法并传入事件对象。第 16 行到第 21 行显示组件变量的输出，使用 ngClass 和 ngStyle 指令来动态地修改元素的外观。

清单 25.4 中的代码是供应用程序设置样式的组件的 CSS。

图 25.2 显示了呈现的网页。它显示插值可以使用 Component 类中的字符串来填充模板。

清单 25.2　attribute.component.ts：构建和管理 Angular 表单的组件

```
01 import { Component } from '@angular/core';
02
03 @Component({
04  selector: 'app-root',
05  templateUrl: './attribute.component.html',
06  styleUrls: ['./attribute.component.css']
07 })
08 export class AppComponent {
09  colors: string[] = ["red", "blue", "green", "yellow"];
10  name: string;
11  color: string = 'color';
12  isDisabled: boolean = true;
13  classes:string[] = ['bold', 'italic', 'highlight'];
14  selectedClass:string[] = [];
15  enabler(){
16    this.isDisabled = !this.isDisabled;
17  }
18  addClass(event: any){
19    this.selectedClass = [];
20    var values = event.target.options;
21    var opt: any;
22
23    for (var i=0, iLen = values.length; i<iLen; i++){
24      opt = values[i];
25
26      if (opt.selected){
27        this.selectedClass.push(opt.text);
```

```
28        }
29      }
30    }
31 }
```

清单 25.3 **attribute.component.html**：用于属性组件的一个 Angular 模板

```
01 <form>
02   <span>name: </span>
03   <input name="name" [(ngModel)]="name">
04   <br>
05   <span>color:</span>
06   <input type="checkbox" (click)="enabler()">
07   <select #optionColor [(ngModel)]="color" name="color"
08           [disabled]="isDisabled">
09     <option *ngFor="let color of colors" [value]="color">
10       {{color}}
11     </option>
12   </select><hr>
13   <span>Change Class</span><br>
14   <select #classOption multiple name="styles" (change)="addClass($event)">
15     <option *ngFor="let class of classes" [value]="class" >
16       {{class}}
17     </option>
18   </select><br>
19   <span>
20     press and hold control/command
21     <br>
22     to select multiple options
23   </span>
24 </form>
25 <hr>
26 <span>Name: {{name}}</span><br>
27 <span [ngClass]="selectedClass"
28     [ngStyle]="{'color': optionColor.value}">
29 color: {{optionColor.value}}
30 </span><br>
```

清单 25.4 **attribute.component.css**：一个用于设置应用程序样式的 CSS 文件

```
01 .bold {
02   font-weight: bold;
03 }
04 .italic {
05   font-style: italic;
06 }
07 .highlight {
```

```
08  background-color: lightblue;
09 }
```

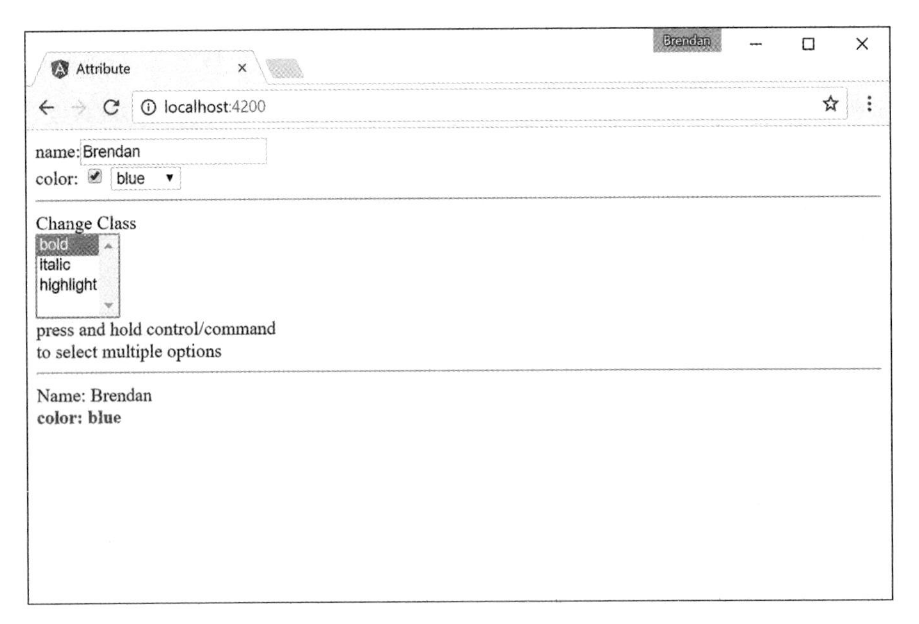

图 25.2　一个 Angular 应用程序，展示了应用属性指令以修改 DOM 行为的多种方法

25.3　小结

Angular 提供了许多内置指令，提供了操作应用程序的外观、感觉和行为的功能，而不需要你编写大量的代码。本章介绍了一些可用的内置指令，并提供了如何使用 Angular 内置指令的示例。

25.4　下一章

在本章中，你了解了内置指令。在下一章中，你将了解自定义指令以及如何制作自己的可以在 Angular 中实现的指令。

第 6 部分
高级 Angular

第 26 章 自定义指令

与 Angular 许多其他的功能一样，你可以通过创建自定义指令来扩展功能。自定义指令允许你通过自己实现元素的行为来扩展 HTML 的功能。如果你的代码需要操作 DOM，则应该在自定义指令中完成。

你可以通过调用`@directive`类来实现自定义指令，这与你定义组件的方法大致相同。`@directive`类元数据应该包含要在 HTML 中使用的指令的选择器。`Directive`导出类是指令的逻辑代码所在的位置。例如，下面是一个指令的基本定义：

```
import { Directive } from '@angular/core';
@Directive({
   selector: '[myDirective]'
})
export class myDirective { }
```

26.1 创建自定义属性指令

你可以定义无限数量的自定义指令类型，这使得 Angular 具有令人难以置信的可扩展性。自定义指令是解释 Angular 最复杂的部分。入门的最好方法是展示一个自定义指令的例子，让你感觉如何实现和彼此交互。

本节介绍如何实现自定义属性指令。在这个例子中创建的缩放（zoom）指令被设计为将自定义功能添加到应用到的任何图像上。应用此指令后，你可以使用鼠标滚轮滚动图像以使元素的大小放大或缩小。

清单 26.1 显示了缩放组件，它显示了一系列图像。这些图像应用了缩放指令，允许鼠标滚动事件放大或减少每个图像的大小。

清单 26.2 显示了 zoom 指令。该指令具有选择器 `zoom`。该指令从`@angular/core`导入 `Directive`、`ElementRef`、`HostListener`、`Input` 和 `Renderer`，以提供此指令所需的功能。

清单 26.2 中的第 10 行到第 12 行监视进入元素的鼠标光标，当它执行时，会使用 border()函数给元素应用边框，以使用户知道此指令是活动的。

当光标离开元素时，第 14 行到第 16 行将删除边框，以告诉用户此指令不再处于活动状态。

第17行到第26行监听鼠标滚轮是否被激活。根据滚轮的滚动方向，使用changeSize()函数调整元素的大小。

第 27 行到第 31 行定义了 border()函数。该函数接受 3 个参数，然后应用这些参数来设置宿主元素的样式。

第 32 行到第 36 行定义了 changeSize()函数，它改变宿主元素的大小。

清单 26.3 显示了 zoom.component.ts 的 HTML 文件。它会创建一排图像并将缩放指令应用于这些图像。

清单26.4显示了zoom.component.ts的样式。这里最初将图像的高度设置为200px，所以如果它们具有高分辨率，就不会呈现得很大。

清单 26.1 到清单 26.4 产生的网页如图 26.1 所示。

清单 26.1　zoom.component.ts：结构指令

```
01 import { Component } from '@angular/core';
02
03 @Component({
04  selector: 'app-root',
05  templateUrl: './app.component.html',
06  styleUrls: ['./app.component.css']
07 })
08 export class AppComponent {
09  images: string[] = [
10    '../assets/images/jump.jpg',
11    '../assets/images/flower2.jpg',
12    '../assets/images/cliff.jpg'
13  ]
14 }
```

清单 26.2　zoom.directive.ts：一个自定义属性指令

```
01 import { Directive, ElementRef, HostListener, Input, Renderer }
02  from '@angular/core';
03 @Directive({
04    selector: '[zoom]'
```

```
05 })
06
07 export class ZoomDirective {
08    constructor(private el: ElementRef, private renderer: Renderer) { }
09
10    @HostListener('mouseenter') onMouseEnter() {
11       this.border('lime', 'solid', '5px');
12    }
13
14    @HostListener('mouseleave') onMouseLeave() {
15       this.border();
16    }
17    @HostListener('wheel', ['$event']) onWheel(event: any) {
18       event.preventDefault();
19       if(event.deltaY > 0){
20          this.changeSize(-25);
21       }
22       if(event.deltaY < 0){
23          this.changeSize(25);
24       }
25    }
26    private border(
27      color: string = null,
28      type: string = null,
29      width: string = null
30      ){
31       this.renderer.setElementStyle(
32          this.el.nativeElement, 'border-color', color);
33       this.renderer.setElementStyle(
34          this.el.nativeElement, 'border-style', type);
35       this.renderer.setElementStyle(
36          this.el.nativeElement, 'border-width', width);
37    }
38    private changeSize(sizechange: any){
39       let height: any = this.el.nativeElement.offsetHeight;
40       let newHeight: any = height + sizechange;
41       this.renderer.setElementStyle(
42          this.el.nativeElement, 'height', newHeight + 'px');
43    }
44 }
```

清单 26.3 **app.component.html**：一个使用缩放指令的 HTML 文件

```
01 <h1>
02   Attribute Directive
03 </h1>
```

```
04 <span *ngFor="let image of images">
05   <img zoom src="{{image}}" />
06 </span>
```

清单 26.4　**app.component.css**：设置图像高度的 CSS 文件

```
01 img {
02   height: 200px;
03 }
```

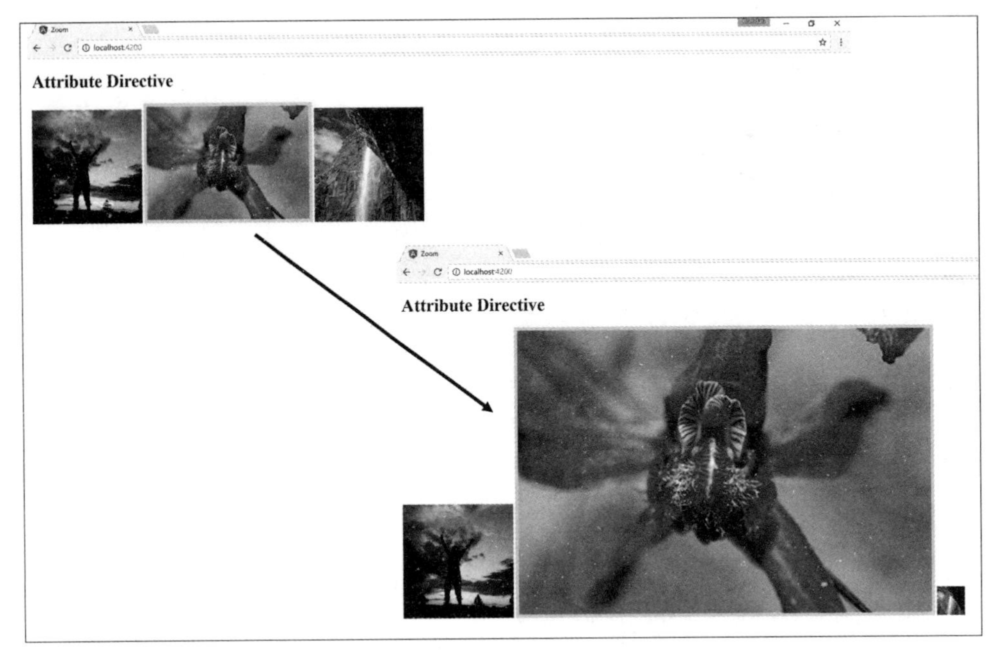

图 26.1　应用自定义属性指令

26.2　使用组件创建自定义指令

Angular 组件也是一种指令。组件与指令的区别在于组件使用 HTML 模板来生成视图。但是因为下面的组件只是一个指令，所以它可以应用于 HTML 元素，以一些非常奇妙的方式添加自定义功能。

Angular 提供了一个名 ng-content 的内置指令。该指令允许 Angular 从两个使用某指令的元素标签中取出现有的 HTML，并在组件模板中使用该 HTML。ng-content 的语法如下所示：

```
<ng-content></ng-content>
```

本节中的示例显示如何把组件用作自定义指令来更改包含模板的元素的外观。

此示例实现了一个自定义指令容器，用于将包围的“容器”HTML 模板添加到正在应用的元素。这个指令有两个输入标题和描述，可以用来给宿主元素一个描述和标题。

清单 26.5 显示了根组件，它显示了各种 HTML 元素。这些元素应用了容器指令，该指令添加了一个可选标题的页眉、一个可选描述的页脚，以及每个元素的边界。

清单 26.5 app.component.ts：根组件

```
01 import { Component } from '@angular/core';
02
03 @Component({
04  selector: 'app-root',
05  templateUrl: './app.component.html',
06  styleUrls: ['./app.component.css'],
07 })
08 export class AppComponent {
09
10  images: any = [
11    {
12      src: "../assets/images/angelsLanding.jpg",
13      title: "Angels Landing",
14      description: "A natural wonder in Zion National Park Utah, USA"
15    },
16    {
17      src: "../assets/images/pyramid.JPG",
18      title: "Tikal",
19      description: "Mayan Ruins, Tikal Guatemala"
20    },
21    {
22      src: "../assets/images/sunset.JPG"
23    },
24  ]
25 }
```

清单 26.6 显示了根组件的 HTML。该代码创建了多个不同类型的元素，如 image、div 和 p，并将容器指令应用于它们。

清单 26.6 app.component.html：根组件的 HTML

```
01 <span *ngFor="let image of images" container title="{{image.title}}"
02  description="{{image.description}}">
03  <img src="{{image.src}}" />
04 </span>
```

```
05 <span container>
06   <p>Lorem ipsum dolor sit amet, consectetur adipiscing elit,
07     sed do eiusmod tempor incididunt ut labore </p>
08 </span>
09 <span container>
10   <div class="diver">
11   </div>
12 </span>
```

清单 26.7 显示了根组件的 CSS。它设置最大的图像高度，以保持图像的尺寸更小。它还为类 diver 设置了一些默认样式，以便用户可以看到。

清单 26.7 app.component.css：根组件的 CSS

```
01 img{ height: 300px; }
02 p{ color: red }
03 .diver{
04   background-color: forestgreen;
05   height: 300px;
06   width: 300px;
07 }
```

清单 26.8 显示了容器指令。该指令具有选择器容器（container）和输入 title 和 description。此指令从@angular/core 导入 Directive、Input 和 Output，以提供此指令所需的功能。

清单 26.8 container.component.ts：定义容器的组件

```
01 import { Component, Input, Output } from '@angular/core';
02
03 @Component({
04   selector: '[container]',
05   templateUrl: './container.component.html',
06   styleUrls: ['./container.component.css']
07 })
08 export class ContainerComponent {
09   @Input() title: string;
10   @Input() description: string;
11 }
```

清单 26.9 显示了容器指令的 HTML。第 2 行到第 4 行为容器创建标题栏。第 5 行到第 7 行应用内容属性指令。ng-content 充当占位符，将被替换为清单 26.8 所示的容器组件中的模板。第 8 行到第 10 行为容器组件创建描述栏。

清单 26.9 **container.component.html**：容器组件的 HTML

```
01 <div class="sticky">
02    <div class="title" >
03       {{ title }}
04    </div>
05    <div class="content">
06       <ng-content></ng-content>
07    </div>
08    <div class="description">
09       {{ description }}
10    </div>
11 </div>
```

清单 26.10 显示了用于容器组件的 CSS。该文件将设置 CSS，为容器组件提供边框、标题栏和说明栏。

清单 26.10 **container.component.css**：容器组件的 CSS

```
01 .title {
02    color: white;
03    background-color: dimgrey;
04    padding: 10px;
05 }
06 .content {
07    text-align: center;
08    margin: 0px;
09 }
10 .description {
11    color: red;
12    background-color: lightgray;
13    margin-top: -4px;
14    padding: 10px;
15 }
16 .sticky {
17    display: inline-block;
18    padding: 0px;
19    margin: 15px;
20    border-left: dimgrey 3px solid;
21    border-right: dimgrey 3px solid;
22 }
```

清单 26.5 至清单 26.10 产生的网页如图 26.2 所示。

图 26.2 自定义组件指令

26.3 小结

Angular 指令扩展了 HTML 的行为。指令可以作为 HTML 元素、属性和类应用于 Angular 模板。指令的功能是在`@directive` 类中定义的。Angular 提供了几个与表单元素交互、绑定数据以及与浏览器事件交互的内置指令。例如，`ngModel` 将表单元素的值直接绑定到组件。当组件的值发生变化时，元素显示的值也会发生变化，反之亦然。

Angular 最强大的功能之一是能够创建自己的自定义指令。在代码中实现自定义指令很简单，可使用`@directive`。然而，指令也可以是非常复杂的，因为实现它们的方式可以有很多。

26.4 下一章

在下一章中，你将学习如何使用事件和可观察对象来处理 Angular 组件中的变更检测。你还将学习如何创建、发出和处理自己的自定义事件。

第 27 章 事件和变更检测

Angular 拥有强大的浏览器事件，通过使用 Angular 数据绑定来处理响应，从而扩展了 HTML 事件。一些内置的 Angular 事件已在 24.1.6 节中讨论过了。本章将介绍 Angular 应用程序的内置事件、自定义事件和事件处理。

27.1 使用浏览器事件

在 Angular 中使用内置事件如同使用数据绑定。通过在 () 中包装一个事件名称，让 Angular 知道你绑定了什么事件。事件之后是一个可以用来操纵数据的语句。以下是内置事件的语法示例：

```
<input type="text" (change)="myEventHandler($event)" />
```

表 27.1 列出了一些 HTML 事件，以及它们的 Angular 对应物和简短说明。

表 27.1 带有 Angular 语法的 HTML 事件和事件说明

HTML 事件	Angular 语法	说　明
onclick	(click)	点击 HTML 元素时触发的事件
onchange	(change)	更改 HTML 元素的值时触发的事件
onfocus	(focus)	选择 HTML 元素时触发的事件
onsubmit	(submit)	提交表单时触发的事件
onkeyup, onkeydown, onkeypress	(keyup), (keydown), (keypress)	按下键盘键时，间断发生的事件
onmouseover	(mouseover)	光标移到 HTML 元素上时触发的事件

其中的一些事件应该是你熟悉的，因为它们在前面的章节中已经被使用过了。请注意，Angular 语法使用单向数据绑定，这涉及在每个事件周围使用 () 将有关事件的信息传递给组件。

27.2 发出自定义事件

组件的一个重要特性是能够在组件层次结构中发出事件。通过事件，你可以将通知发送到应用程序中的不同级别，以指示事件已经发生。事件可以是你选择的任何内容，例如更改的值或达到的阈值。这在很多情况下非常有用，例如让子组件知道父组件中的值已经改变，反之亦然。

27.2.1 将自定义事件发送到父组件层次结构

要从组件发出事件，可使用 EventEmitter 类。这个类有 emit()方法，它通过父组件层次向上发送一个事件。任何已经注册了事件的祖先组件都会被通知到。emit()方法使用以下语法，其中 name 是事件名称，args 是传递给事件处理函数的零个或多个参数：

```
@Output() name: EventEmitter<any> = new EventEmitter();
myFunction(){
  this.name.emit(args);
}
```

27.2.2 使用监听器处理自定义事件

为了处理发出的事件，使用类似于 Angular 所提供的内置事件的语法。事件处理程序方法使用以下语法，其中 name 是要监听的事件的名称，event 是 EventEmitter 传递的值：

```
<div (name)="handlerMethod(event)">
```

27.2.3 在嵌套组件中实现自定义事件

清单 27.1、清单 27.2 和清单 27.3 说明了使用 EventEmitter、Output、emit 和事件处理程序来发送和处理组件层次结构中的事件。

清单 27.1 显示了一个自定义事件组件，它使用来自子组件的自定义事件来将数据传递给父级变量。第 9 行到第 11 行实现了一个自定义事件处理程序，它接受一个事件并将其应用于变量 text。

在清单 27.2 中，第 1 行实现了一个名为 myCustomEvent 的自定义事件，它将事件传递给组件方法 eventHandler。eventHandler 方法接收被发出的值并将该值分配给在第 3 行输出的变量 text。

在清单27.3中，第1行从@angular/core导入要在组件内使用的Output和EventEmitter。第15行使用Output和EventEmitter来创建自定义事件myCustomEvent。第19行和第24行都发出事件并将变量message传递给父组件。

图27.1显示了呈现的网页。

清单 27.1 **customevent.component.ts**：带有事件处理程序的主控组件

```
01 import { Component } from '@angular/core';
02
03 @Component({
04   selector: 'app-root',
05   templateUrl: 'customevent.component.html'
06 })
07 export class AppComponent {
08   text: string = '';
09   eventHandler(event: any){
10     this.text = event;
11   }
12
13 }
```

清单 27.2 **customevent.component.html**：实现自定义事件的 HTML

```
01 <child (myCustomEvent)="eventHandler($event)"></child>
02 <hr *ngIf="text">
03 {{text}}
```

清单 27.3 **child.component.ts**：发出事件的子组件

```
01 import { Component, Output, EventEmitter } from '@angular/core';
02
03 @Component({
04   selector: 'child',
05   template: `
06     <button (click)="clicked()" (mouseleave)="mouseleave()">
07       Click Me
08     </button>
09   `,
10   styleUrls: ['child.component.css']
11 })
12 export class ChildComponent {
13   private message = "";
14
15   @Output() myCustomEvent: EventEmitter<any> = new EventEmitter();
16
17   clicked() {
```

```
18      this.message = "You've made a custom event";
19      this.myCustomEvent.emit(this.message);
20    }
21
22    mouseleave(){
23      this.message = "";
24      this.myCustomEvent.emit(this.message);
25    }
26 }
```

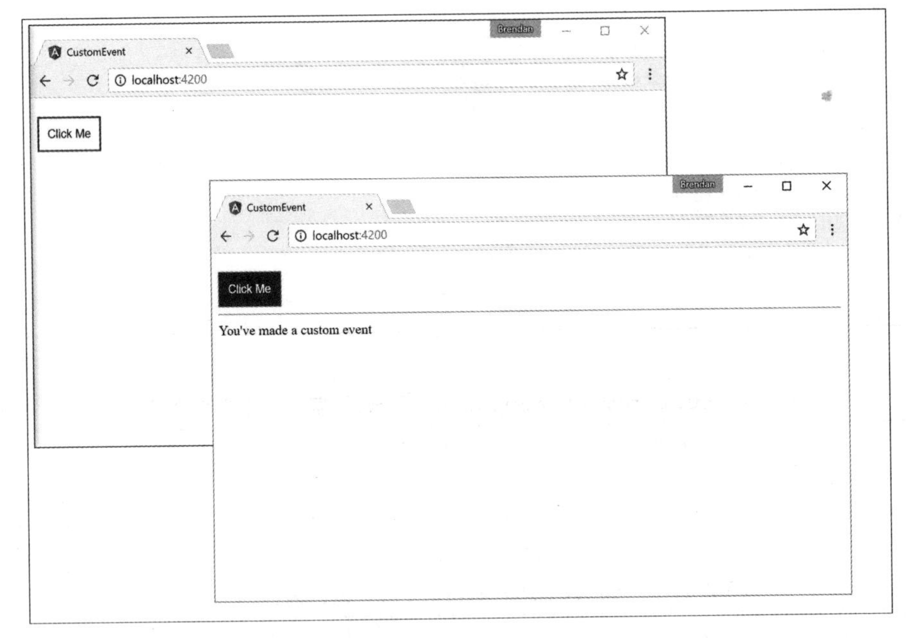

图 27.1　创建自定义事件

27.2.4　从子组件中删除父组件中的数据

清单 27.4 到清单 27.9 说明了使用 `EventEmitter`、`input`、`Output`、`emit` 和事件处理程序来发送和处理组件层次结构中的事件。

清单 27.4 显示了一个组件，它创建了一个可以通过自定义事件操作的字符列表。第 21 行的 `selectCharacter()` 函数是一个事件处理程序，用于更改字符值，然后可以将其传递给详细信息组件。

在清单 27.5 中，第 9 行实现了一个名为 `CharacterDeleted` 的自定义事件，它调用了接收事件的 `deleteChar()` 方法。清单 27.4 中的第 24 行到第 30 行为 `CharacterDeleted`

事件实现了一个处理程序，它从 names 属性中删除了字符名。在清单 27.7 的第 14 行中，子组件通过 emit() 方法发出这个事件。

在清单 27.7 中，第 10 行创建了字符输入，它从父级获取数据。第 11 行创建 CharacterDeleted EventEmitter，用于第 14 行将字符数据传递回父级进行处理。

在清单 27.8 中，第 8 行调用 deleteChar() 方法，然后激活 EventEmitter 以将字符数据发回父组件。

图 27.2 显示了呈现的网页。

清单 27.4 character.component.ts：一个将数据传递给嵌套组件的主控组件

```
01 import { Component } from '@angular/core';
02
03 @Component({
04  selector: 'app-root',
05  templateUrl: './app.component.html',
06  styleUrls: ['./app.component.css']
07 })
08 export class AppComponent {
09  character = null;
10
11  characters = [{name: 'Frodo', weapon: 'Sting',
12                 race: 'Hobbit'},
13               {name: 'Aragorn', weapon: 'Sword',
14                 race: 'Man'},
15               {name: 'Legolas', weapon: 'Bow',
16                 race: 'Elf'},
17               {name: 'Gimli', weapon: 'Axe',
18                 race: 'Dwarf'}
19  ]
20
21  selectCharacter(character){
22   this.character = character;
23  }
24  deleteChar(event){
25   var index = this.characters.indexOf(event);
26   if(index > -1) {
27     this.characters.splice(index, 1);
28   }
29   this.character = null;
30  }
31
32 }
```

清单 27.5 **character.component.html**：实现自定义事件的 HTML

```
01 <h2>Custom Events in Nested Components</h2>
02 <div *ngFor="let character of characters">
03   <div class="char" (click)="selectCharacter(character)">
04     {{character.name}}
05   </div>
06 </div>
07 <app-character
08   [character]="character"
09   (CharacterDeleted)="deleteChar($event)">
10 </app-character>
```

清单 27.6 **character.component.css**：用于字符组件的样式

```
01 .char{
02     padding: 5px;
03     border: 2px solid forestgreen;
04     margin: 5px;
05     border-radius: 10px;
06     cursor: pointer;
07 }
08 .char:hover{
09   background-color: lightgrey;
10 }
11 body{
12   text-align: center;
13 }
```

清单 27.7 **details.component.ts**：一个发出删除事件的详细信息组件

```
01 import { Component, Output, Input, EventEmitter } from '@angular/core';
02
03 @Component({
04   selector: 'app-character',
05   templateUrl: './characters.component.html',
06   styleUrls: ['./characters.component.css']
07 })
08 export class CharacterComponent {
09
10   @Input('character') character: any;
11   @Output() CharacterDeleted  = new EventEmitter<any>();
12
13 deleteChar(){
14   this.CharacterDeleted.emit(this.character);
15 }
16
17 }
```

清单 27.8 details.component.html：触发删除事件的 HTML

```
01 <div>
02   <div *ngIf="character">
03     <h2>Character Details</h2>
04     <div class="cInfo">
05       <b>Name: </b>{{character.name}}<br>
06       <b>Race: </b>{{character.race}}<br>
07       <b>Weapon: </b>{{character.weapon}}<br>
08       <button (click)="deleteChar()">Delete</button>
09     </div>
10   </div>
11 </div>
```

清单 27.9 details.component.css：用于详细信息组件的样式

```
01 div{
02     display: block;
03 }
04 .cInfo{
05     border: 1px solid blue;
06     text-align: center;
07     padding: 10px;
08     border-radius: 10px;
09 }
10 h2{
11   text-align: center;
12 }
13 button{
14   cursor: pointer;
15 }
```

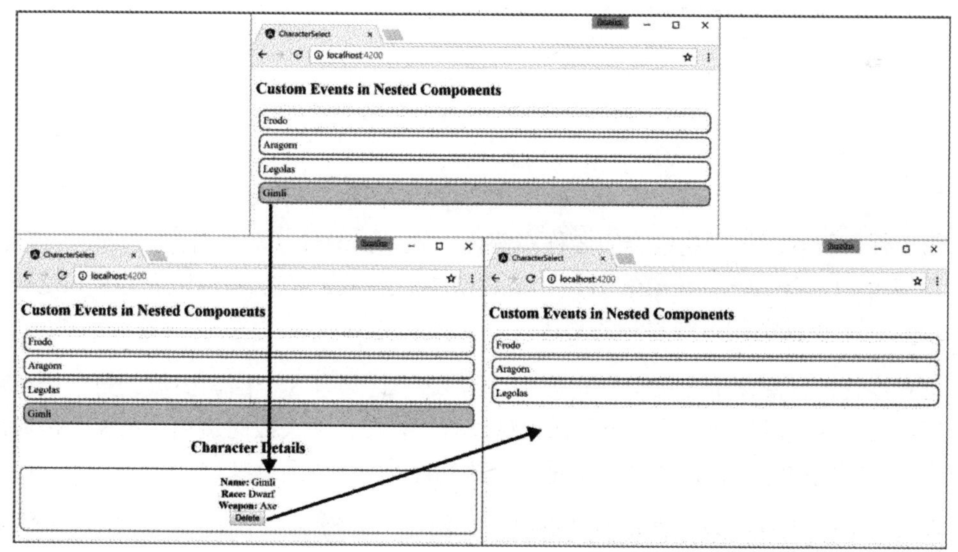

图 27.2 使用事件发送和删除数据

27.3　使用可观察物

可观察物（Observable）为组件提供了一种观察异步更改的数据的方法，例如来自服务器或用户输入的数据。基本上，可观察物可以让你随时观察值的变化。与返回单个值的 JavaScript promise 不同，可观察物能够返回一组值。这个值的数组并不一定要一次性地全部被接收，这使得可观察物更强大。

27.3.1　创建一个可观察物对象

你从 rxjs/observable 导入要在组件中使用的 Observable。一旦导入，你可以使用以下语法创建可观察物对象，其中的 name 是可观察物的名称：

```
private name: Observable<Array<number>>;
```

一旦创建了可观察物对象，就可以订阅该对象，并将可观察数据提供给该组件的其余部分。这个过程分为两部分：实现可观察物和使用 subscribe 方法。以下是一个可观察物的基本例子：

```
01 private name: Observable<Array<number>>;
02 ngOnInit(){
03   this.name = new Observable(observer => {
04     observer.next("my observable")
05     observer.complete();
06   }
07   Let subscribe = this.name.subscribe(
08     data => { console.log(data) },
09     Error => { errorHandler(Error) },
10     () => { final() }
11   );
12   subscribe.unsubscribe();
13 }
```

第 3 行到第 6 行将可观察物的名称实例化为 observer（观察者），使其可被订阅。第 4 行使用 observer 的 next 方法，将数据传递给可观察物。第 5 行使用 observer 的 complete 方法关闭可观察物的连接。

可观察物的订阅发生在第 7 行到第 11 行。这个订阅有 3 个回调函数。第一个在数据被订阅者成功接收时调用。第二个是错误处理程序，在订阅失败时调用。第 3 个是最后一个，它在订阅完成时运行代码（无论是订阅成功还是订阅失败）。

在第 8 行，当订阅者成功接收数据时，数据被传递给 console.log 函数。第 9 行调用函数 errorHandler。第 10 行调用 final()。

27.3.2 利用可观察物观察数据变化

清单 27.10 和清单 27.11 说明了使用 Observable 来观察数据的变化。本节中的示例使用可观察物来观察数据更改，然后使该数据可以显示在 DOM 上。

清单 27.10 显示了应用程序的组件。这个组件创建两个 Observable 对象，即 pass 和 run。这些可观察物有一个函数，可以得到一个 0～30 的随机数，并且随机地将每个数字给予两支球队中的一支，直到两支球队的总和等于或大于 1000。

在清单 27.10 中，第 11 行和第 12 行声明了可观察物 pass 和 run。这些 Observable 对象都是在组件初始化时运行的 ngOnInit 函数中被初始化和订阅的。

可观察物 pass 在第 18 行到第 20 行被初始化，而 run 在第 27 行到第 28 行被初始化。一旦它们被初始化，pass 和 run 都使用第 43 行到第 52 行上的函数 playLoop。playLoop 创建并发送一个对象，它包含一个 0～1 的随机数字用来确定球队，以及一个 0～29 的随机数字表示码数。然后，每个可观察物对球队进行解释，并将码数应用到球队的传球码数或跑垒码数。

第 57 行到第 59 行创建一个随机数生成器，应用程序的其余部分用它来为超时函数、球队和码数创建随机数。

清单 27.11 显示了这个例子的 HTML。这个清单有 3 个主要部分。第 3 行到第 5 行显示了一个虚构的球队距离的数据，以码为单位。第 8 行到第 10 行显示了第二个球队的相同数据。第 11 行显示了两队距离的组合。

图 27.3 显示了呈现的网页。

清单 27.10 observable.component.ts：用于检测数据更改的可观察物

```
01 import { Component, OnInit } from '@angular/core';
02 import { Observable } from 'rxjs/observable';
03 import { Subscription } from 'rxjs/Subscription';
04 @Component({
05   selector: 'app-root',
06   templateUrl: "./observable.component.html",
07   styleUrls: ['./app.component.css']
08 })
09 export class AppComponent implements OnInit {
10   combinedTotal:number = 0;
11   private pass: Observable<any>;
12   private run: Observable<any>;
13   teams = [];
14   ngOnInit(){
```

```
15      this.teams.push({passing:0, running:0, total:0});
16      this.teams.push({passing:0, running:0, total:0});
17      //Passing
18      this.pass = new Observable(observer => {
19        this.playLoop(observer);
20      });
21      this.pass.subscribe(
22        data => {
23          this.teams[data.team].passing += data.yards;
24          this.addTotal(data.team, data.yards);
25      });
26      //Running
27      this.run = new Observable(observer => {
28        this.playLoop(observer);
29      });
30      this.run.subscribe(
31        data => {
32          this.teams[data.team].running += data.yards;
33          this.addTotal(data.team, data.yards);
34      });
35      //Combined
36      this.pass.subscribe(
37        data => { this.combinedTotal += data.yards;
38      });
39      this.run.subscribe(
40        data => { this.combinedTotal += data.yards;
41      });
42    }
43    playLoop(observer){
44      var time = this.getRandom(500, 2000);
45      setTimeout(() => {
46        observer.next(
47          { team: this.getRandom(0,2),
48            yards: this.getRandom(0,30)});
49        if(this.combinedTotal < 1000){
50          this.playLoop(observer);
51        }
52      }, time);
53    }
54    addTotal(team, yards){
55      this.teams[team].total += yards;
56    }
57    getRandom(min, max) {
58      return Math.floor(Math.random() * (max - min)) + min;
59    }
60  }
```

清单 27.11 **observable.component.html**：组件的模板文件

```
01 <div>
02  Team 1 Yards:<br>
03  Passing: {{teams[0].passing}}<br>
04  Running: {{teams[0].running}}<br>
05  Total: {{teams[0].total}}<br>
06  <hr>
07  Team 2 Yards:<br>
08  Passing: {{teams[1].passing}}<br>
09  Running: {{teams[1].running}}<br>
10  Total: {{teams[1].total}}<hr>
11  Combined Total: {{combinedTotal}}
12 </div>
```

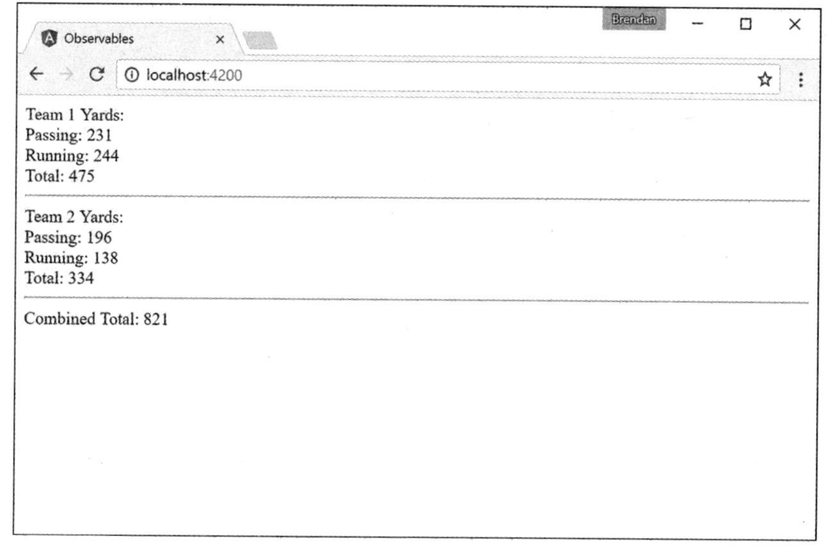

图 27.3 使用可观察物观察数据随时间的变化

27.4 小结

管理事件的能力是大多数 Angular 应用程序中最关键的组件之一。你可以在 Angular 应用程序中使用事件来向用户提供与元素以及应用程序组件之间的互动，以便它们知道何时执行哪些任务。

组件被组织到层次结构中，并且根组件在应用程序级别被定义。在本章中，你学习了如何从组件内发出事件，然后实现监听这些事件的处理程序，并在触发时执行。你还了解了可观察物以及如何实现它们以异步观察值。

27.5　下一章

下一章将向你介绍内置的 Angular 服务。你将有机会看到并实现一些内置服务，例如，用于与后端服务进行通信的 http 和用于在多视图应用程序中管理路由的 router。

第 28 章

在 Web 应用程序中实现 Angular 服务

Angular 功能最基本的组成部分之一就是服务。服务为应用程序提供基于任务的功能。你可以将服务视为可执行一个或多个相关任务的可重用代码块。Angular 提供了几种内置的服务，并允许你创建自己的自定义服务。

本章介绍内置的 Angular 服务。你将有机会看到并实现一些内置服务，例如用于 Web 服务器通信的 `http` 服务，管理和更改应用程序状态的 `router` 以及提供动画功能的 `animate` 服务。

28.1 了解 Angular 服务

服务的目的是提供执行特定任务的简明代码。一个服务的作用既可以像提供一个值定义一样简单，也可以像为 Web 服务器提供完整的 HTTP 通信一样复杂。

服务为 Angular 应用程序提供了可重用功能的容器。服务在 Angular 中定义并注册依赖注入机制。这允许你将服务注入模块、组件和其他服务。

28.2 使用内置的服务

Angular 使用依赖注入提供了包含在 Angular 模块中的几个内置服务。某个服务一旦包含在模块中，就可以在整个应用程序中使用。

表 28.1 介绍了一些最常见的内置服务，以便你了解可用的功能。以下部分将更详细地介绍 `http` 和 `router` 服务。

表28.1　内置到Angular的公共服务

服　务	说　明
animate	提供动画钩子以链接到基于CSS和JavaScript的动画
http	提供了一种简单易用的功能，可将HTTP请求发送到Web服务器或其他服务
router	在视图之间和视图的部分之间提供跳转
forms	提供一种服务，允许使用简单表单验证的动态和反应式表单

28.3　使用http服务发送HTTP GET和PUT请求

http服务使你能够从Angular代码直接与Web服务器进行交互。http服务在Angular框架的上下文中使用浏览器的XMLHttpRequest对象。

有两种方法可以使用http服务。最简单的方法是使用与标准HTTP请求相对应的以下内置快捷方式之一：

- delete(url, [options])
- get(url, [options])
- head(url, [options])
- post(url, data, [options])
- put(url, data, [options])
- patch(url, data, [options])

在这些方法中，url参数是Web请求的URL。可选的options参数是一个JavaScript对象，用于指定在实现请求时使用的选项。表28.2列出了可以在options参数中设置的一些属性。

表28.2　可以在http服务请求的config参数中定义的属性

属　性	说　明
method	一种HTTP方法，如GET或POST
url	被请求的资源的URL
params	要发送的参数。这可以是以下格式的字符串： ?key1=value1&key2=value2&... 或者它可以是一个对象，在这种情况下，它会变成一个JSON字符串

（续表）

属　性	说　明
body	要作为请求消息主体发送的数据
headers	与请求一起发送的标头。你可以指定一个包含标头名称的对象作为属性发送。如果对象中的属性具有空值，则不会发送标头
withCredentials	布尔值，如果为 true，则表示 XHR 对象上的 withCredentials 标志已设置
responseType	预期的响应类型，如 JSON 或文本

28.3.1 配置 HTTP 请求

你可以通过将 options 参数直接发送到 http(options) 方法来指定请求、URL 和数据。例如，以下内容完全一样：

```
http.get ( '/ myUrl') ;
http ({method: 'GET', url: '/ myUrl'}) ;
```

28.3.2 实现 HTTP 响应回调函数

当你使用 http 对象调用请求方法时，将获得一个 Observable 对象，该对象允许连续观察发送到服务器的数据或从服务器接收的数据。可观察对象有很多使用 RxJS 库的操作符来允许数据的转换和使用。以下是一些有用的方法。

- map：以可观察的顺序对每个值应用一个函数。这使你可以将可观察流的输出动态地转换为自定义数据格式。
- toPromise：将 observable 转换成 Promise 对象，Promise 对象可以访问 promise 中可用的方法。Promise 对象提供了处理异步操作的语法。
- catch：指定一个函数来优雅地处理可观察序列中的错误。
- debounce：指定可观察流将发出值的时间间隔。只有间隔的可观察值被发射；临时值则不会被发出。

以下是 GET 请求的一个简单示例，该请求返回带有添加运算符语法的 observable：

```
get(): Observable<any>{
  http.get(url)
    .map(response => response.JSON())
    .catch(err => Rx.Observable.of('the error was: ${err}'));
}
```

28.3.3　实现一个简单的 JSON 文件并使用 http 服务来访问它

清单 28.1 到清单 28.5 中的代码以 JSON 文件和访问它的 Angular 应用程序的形式实现了一个简单的模拟 Web 服务器。输出如图 28.1 所示。Web 服务器包含一个带有用户列表的简单 JSON 对象。Web 应用程序允许用户查看用户列表。这个例子是非常基本的，以确保代码易于遵循；它包含一个 GET 请求以及一个错误处理的例子。

清单 28.1 显示了包含 JSON 对象的 JSON 文件。可以使用 HTTP GET 请求访问此文件，该请求允许 http 抓取 JSON 对象并将其作为可观察对象返回给 Angular 应用程序。

清单 28.1　**dummyDB.JSON**：一个包含用户数据的 JSON 对象

```
01 [
02   {
03     "userId": 1,
04     "userName": "brendan",
05     "userEmail": "fake@email.com"
06   },
07   {
08     "userId": 2,
09     "userName": "brad",
10     "userEmail": "email@notreal.com"
11   },
12   {
13     "userId": 3,
14     "userName": "caleb",
15     "userEmail": "dummy@email.com"
16   },
17   {
18     "userId": 4,
19     "userName": "john",
20     "userEmail": "ridiculous@email.com"
21   },
22   {
23     "userId": 5,
24     "userName": "doe",
25     "userEmail": "some@email.com"
26   }
27 ]
```

清单 28.2 实现了 Angular 组件。http 是在第 3 行导入的，而 rxjs 是在第 5 行导入的（请注意，你可能需要通过 npm 安装 rxjs）。rxjs 允许在可观察物对象上调用 toPromise()。请注意，constructor()方法在第 15 行实例化 http。第 16 行显示了一个 HTTP GET 请求，它具有作为 url 传入的 dummyDB.JSON 文件的路径。调用

toPromise()方法将 http.get()方法中的可观察物响应转换为 promise 对象。一旦 promise 完成，就调用.then()，它将取得 promise 对象 data，并将其应用到数组 users，以便它可以显示在应用程序中。如果发生错误，则会调用 catch，将错误响应对象传递给要使用的回调函数。

清单 28.2 http.component.ts：实现 HTTP 服务的 GET 请求的组件

```
01 import { Component } from '@angular/core';
02 import { Observable } from 'rxjs/Observable';
03 import { Http } from '@angular/http';
04
05 import 'rxjs/Rx';
06
07 @Component({
08   selector: 'app-root',
09   templateUrl: './app.component.html',
10   styleUrls: ['./app.component.CSS']
11 })
12 export class AppComponent {
13   users = [];
14
15   constructor(private http: Http){
16       http.get('../assets/dummyDB.JSON')
17         .toPromise()
18         .then((data) => {
19           this.users = data.JSON()
20         })
21         .catch((err) =>{
22           console.log(err);
23         })
24   }
25 }
```

清单 28.3 实现了一个 Angular 模块，该模块导入 HttpModule 以允许在整个应用程序中使用 http 服务。HttpModule 从第 4 行的@angular/http 导入，然后添加到第 15 行的 imports 数组中。

清单 28.3 app.module.ts：一个导入 HttpModule 以在应用程序中使用的 Angular 模块

```
01 import { BrowserModule } from '@angular/platform-browser';
02 import { NgModule } from '@angular/core';
03 import { FormsModule } from '@angular/forms';
04 import { HttpModule } from '@angular/http';
05
06 import { AppComponent } from './app.component';
07
```

```
08 @NgModule({
09  declarations: [
10    AppComponent
11  ],
12  imports: [
13    BrowserModule,
14    FormsModule,
15    HttpModule
16  ],
17  providers: [],
18  bootstrap: [AppComponent]
19 })
20 export class AppModule { }
```

清单 28.4 实现了一个 Angular 模板，该模板使用 ngFor 来创建应用程序中要显示的用户列表。

清单 28.4　http.component.html：显示从数据库接收的用户列表的 Angular 模板

```
01 <h1>
02  Users
03 </h1>
04 <div class="user" *ngFor="let user of users">
05  <div><span>Id:</span> {{user.userId}}</div>
06  <div><span>Username:</span> {{user.userName}}</div>
07  <div><span>Email:</span> {{user.userEmail}}</div>
08 </div>
```

清单 28.5 是一个 CSS 文件，它对应用程序样式进行了设置，使得每个用户都可以与其他用户区分开来，并且很容易看到。

清单 28.5　http.component.CSS：将样式添加到应用程序的 CSS 文件

```
01 span{
02  width: 75px;
03  text-align: right;
04  font-weight: bold;
05  display: inline-block;
06 }
07 .user{
08  border: 2px ridge blue;
09  margin: 10px 0px;
10  padding: 5px;
11 }
```

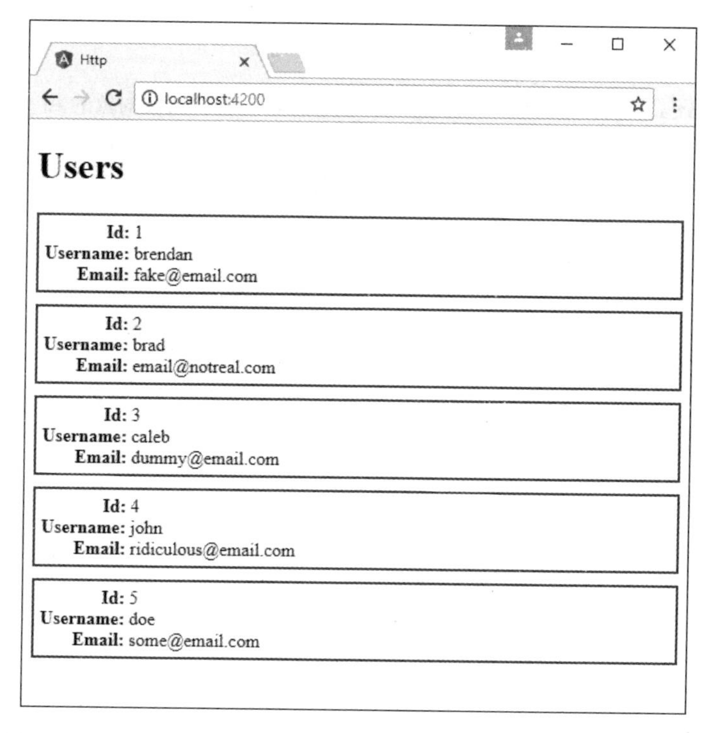

图 28.1　实现 `http` 服务以允许 Angular 组件与 Web 服务器进行交互

28.4　使用 `http` 服务实现一个简单的模拟服务器

清单 28.6 到清单 28.11 中的代码实现了一个简单的模拟 Web 服务器和访问它的 Angular 应用程序。其输出如图 28.2 所示。Web 服务器返回一个带有用户列表的简单 JSON 对象。Web 应用程序使用 HTTP `GET`、`create`（创建）和 `delete`（删除）请求，以允许从用户列表中查看、添加和删除用户。

> **注意**
>
> 要创建模拟服务，你需要从控制台运行以下命令：
>
> ```
> npm install Angular-in-memory-web-api
> ```
>
> 此服务仅用于开发目的，不应在生产应用程序中使用。

清单 28.6 是返回 JSON 对象的模拟数据服务。这个文件将使用 HTTP 请求来访问，这将允许 `http` 修改数据库。第 1 行导入了 `InMemoryDbService`，它允许 Angular 将其用作在会话处于活动状态时可以存储数据的数据库。数据库在第 3 行创建并使用（使用

createDb()方法，该方法将用户作为 JSON 对象返回）。

清单 28.6　data.service.ts：一个返回被称为 users 的 JSON 对象的 Angular 模拟服务

```
01 import { InMemoryDbService } from 'angular-in-memory-web-api';
02 export class InMemoryDataService implements InMemoryDbService {
03   createDb() {
04     const users = [
05       {
06         "id": 1,
07         "userName": "brendan",
08         "email": "fake@email.com"
09       },
10       {
11         "id": 2,
12         "userName": "brad",
13         "email": "email@notreal.com"
14       },
15       {
16         "id": 3,
17         "userName": "caleb",
18         "email": "dummy@email.com"
19       }
20     ]
21     return {users};
22   }
23 }
```

清单 28.7 实现了 Angular 组件。第 7 行导入的 UserService 包含了此应用程序将使用的所有 HTTP 函数。UserService 被添加到第 13 行的组件提供程序中，使组件可用。在第 19 行，UserService 在构造函数中作为变量实现。

第 21 行到第 37 行定义了 deleteUser()函数，该函数接受用户对象。在第 32 行和第 33 行，UserService 上的 deleteUser()函数被调用，并传入用户 ID 以让数据库知道要删除哪个用户。该函数在调用 this.getUsers()来刷新当前用户列表的.then()方法中有一个回调。

第 39 行到第 52 行定义了 createUser()函数。这个函数有两个参数，即 username 和 email。它将这些参数分配给第 41 行至第 44 行的 user 对象。第 48 行至第 51 行调用 UserService 上的 createUser()方法并传入用户对象。一旦收到响应，createUser()方法就将响应推送到 users 数组中，该数组立即反映在 DOM 中。

清单 28.7 `createDelete.component.ts`：一个使用 `http` 服务获取和修改用户列表的 Angular 服务

```
01 import { Component, OnInit } from '@angular/core';
02 import { Observable } from 'rxjs/Observable';
03 import { Http } from '@angular/http';
04
05 import 'rxjs/Rx';
06
07 import { UserService } from './user.service';
08
09 @Component({
10   selector: 'app-root',
11   templateUrl: './app.component.html',
12   styleUrls: ['./app.component.CSS'],
13   providers: [UserService]
14 })
15 export class AppComponent implements OnInit {
16   users = [];
17   selectedUser;
18
19   constructor(private UserService: UserService){ }
20
21   ngOnInit(){
22     this.getUsers()
23   }
24
25   getUsers(): void {
26     this.UserService
27         .getUsers()
28         .then(users => this.users = users)
29   }
30
31   deleteUser(user){
32     this.UserService
33       .deleteUser(user.id)
34       .then(() => {
35         this.getUsers();
36       });
37   }
38
39   createUser(userName, email){
40     this.selectedUser = null;
41     let user = {
42       'userName': userName.trim(),
43       'email': email.trim()
44     };
45     if (!user.userName || !user.email){
```

```
46       return;
47     }
48     this.UserService.createUser(user)
49        .then(res => {
50          this.users.push(res);
51        })
52   }
53 }
```

清单 28.8 实现了 Angular 服务 UserService，它处理应用程序的所有 HTTP 请求。第 16 行到第 21 行定义了 deleteUser()方法，它接受参数 id。然后使用 id 创建一个 HTTP delete 请求到服务器并删除具有匹配 ID 的用户。第 22 行到第 31 行定义了 createUser()方法，它接受一个用户对象。post 请求将用户作为 JSON 字符串传递给服务器，之后将其添加到服务器。

清单 28.8　user.service.ts：一个使用 http 发送和从服务器获取数据的 Angular 服务

```
01 import { Injectable } from '@angular/core';
02 import { Http }      from '@angular/http';
03 import 'rxjs/add/operator/toPromise';
04
05 @Injectable()
06 export class UserService {
07   url = 'api/users'
08   constructor(private http: Http) { }
09
10   getUsers(): Promise<any[]> {
11     return this.http.get(this.url)
12              .toPromise()
13              .then(response => response.JSON().data)
14              .catch(this.handleError)
15   }
16   deleteUser(id: number): Promise<void>{
17     return this.http.delete(`${this.url}/${id}`)
18                  .toPromise()
19                  .then(() => null)
20                  .catch(this.handleError);
21   }
22   createUser(user): Promise<any>{
23     return this.http
24            .post(this.url, JSON.stringify({
25              userName: user.userName,
26              email: user.email
27            }))
28            .toPromise()
29            .then(res => res.JSON().data)
```

```
30            .catch(this.handleError)
31   }
32
33   private handleError(error: any): Promise<any> {
34     console.error('An error occurred', error);
35     return Promise.reject(error.message || error);
36   }
37
38 }
```

清单 28.9 实现了一个 Angular 模板，该模板使用 ngFor 来创建在应用程序中显示的用户列表。

清单 28.9 createDelete.component.html：一个 Angular 的模板，显示从数据库接收的用户列表，并带有创建和删除用户的选项

```
01 <div>
02   <label>user name:</label> <input #userName />
03   <label>user email:</label> <input #userEmail />
04   <button (click)="createUser(userName.value, userEmail.value);
05           userName.value=''; userEmail.value=''">
06     Add
07   </button>
08 </div>
09
10 <h1>
11   Users
12 </h1>
13 <div class="userCard" *ngFor="let user of users">
14   <div><span>Id:</span> {{user.id}}</div>
15   <div><span>Username:</span> {{user.userName}}</div>
16   <div><span>Email:</span> {{user.email}}</div>
17   <button class="delete"
18       (click)="deleteUser(user); $event.stopPropagation()">x</button>
19 </div>
```

清单 28.10 是一个 CSS 文件，它为应用程序设置了样式，使得每个用户都可以与其他用户区分开来，并且很容易看到。

清单 28.10 createDelete.component.CSS：设置应用程序样式的 CSS 样式表

```
01 span{
02   width: 75px;
03   text-align: right;
04   font-weight: bold;
05   display: inline-block;
06 }
```

```
07 .userCard{
08   border: 2px ridge blue;
09   margin: 10px 0px;
10   padding: 5px;
11 }
12 .selected{
13   background-color: steelblue;
14   color: white;
15 }
```

清单 28.11 实现了一个导入模拟数据服务的 Angular 模块。第 5 行从 angular-in-memory-web-api 中导入 InMemoryWebApiModule，这有助于将模拟数据库连接到应用程序中。第 8 行从清单 28.6 导入了 InMemoryDataService。第 18 行显示了 InMemoryWebApiModule 在 InMemoryDataService 上使用其 forRoot 方法，使数据库服务可完全供 HTTP 请求使用。

清单 28.11 app.module.ts：一个导入 InMemoryWebApiModule 以供应用程序一起使用的 Angular 模块

```
01 import { BrowserModule } from '@angular/platform-browser';
02 import { NgModule } from '@angular/core';
03 import { FormsModule } from '@angular/forms';
04 import { HttpModule } from '@angular/http';
05 import { InMemoryWebApiModule } from 'angular-in-memory-web-api';
06
07 import { AppComponent } from './app.component';
08 import { InMemoryDataService } from './data.service'
09
10 @NgModule({
11   declarations: [
12     AppComponent
13   ],
14   imports: [
15     BrowserModule,
16     FormsModule,
17     HttpModule,
18     InMemoryWebApiModule.forRoot(InMemoryDataService)
19   ],
20   providers: [],
21   bootstrap: [AppComponent]
22 })
23 export class AppModule { }
```

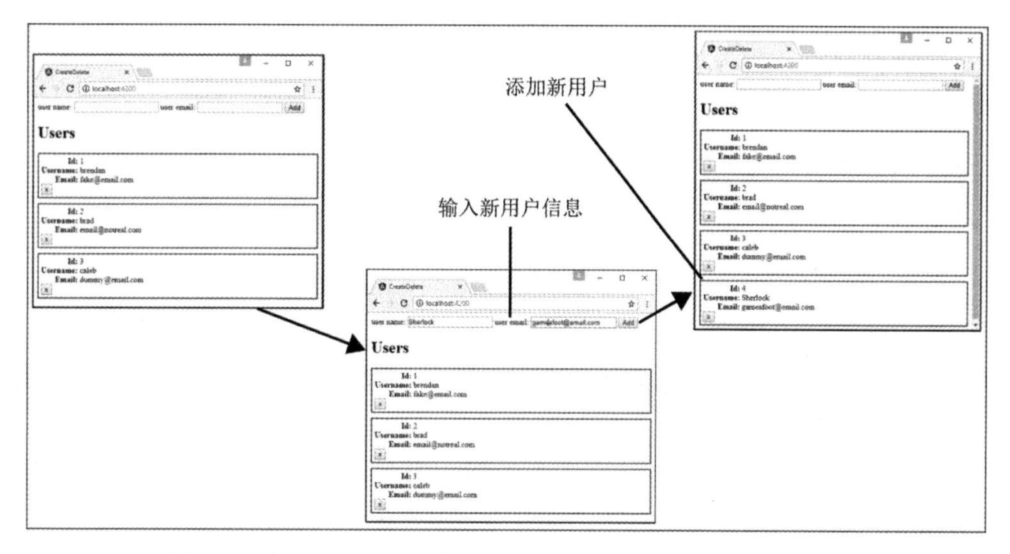

图 28.2 实现一个简单的模拟服务器来创建和删除数据库中的条目

实现简单模拟服务器并使用 `http` 服务更新服务器中的条目

清单 28.12 到清单 28.16 中的代码实现了与前一个示例相同的模拟 Web 服务器以及访问它的 Angular 应用程序。其输出如图 28.3 所示。Web 应用程序允许用户使用 HTTP `get` 和 `put` 请求来查看和编辑用户列表。

清单 28.12 是返回 JSON 对象的模拟数据服务。这个文件将使用 HTTP 请求来访问，这将允许 `http` 修改数据库。第 1 行导入了 `InMemoryDbService`，它允许 Angular 将其用作在会话处于活动状态时可以存储数据的数据库。使用 `createDb()` 方法创建并使数据库在第 3 行可用，该方法将用户作为 JSON 对象返回。

清单 28.12 `data.service.ts`：一个返回被称为 `users` 的 JSON 对象的 Angular 模拟服务

```
01 import { InMemoryDbService } from 'angular-in-memory-web-api';
02 export class InMemoryDataService implements InMemoryDbService {
03  createDb() {
04    const users = [
05      {
06        "id": 1,
07        "userName": "brendan",
08        "email": "fake@email.com"
09      },
10      {
11        "id": 2,
12        "userName": "brad",
13        "email": "email@notreal.com"
```

```
14        },
15        {
16          "id": 3,
17          "userName": "caleb",
18          "email": "dummy@email.com"
19        }
20      ]
21      return {users};
22    }
23  }
```

清单 28.13 实现了一个 Angular 组件，该组件获取要在模板中显示的用户列表。这个组件也允许更新用户。第 7 行和第 13 行导入 UserService 并将其提供给组件。在第 19 行中，UserService 被转换成一个名为 UserService 的可用变量。第 21 行到第 23 行显示了 ngOnInit 方法，该方法在组件完成加载时调用 getUsers 方法。第 25 行到第 29 行显示了 getUsers 方法，该方法调用 UserService 上的 getUsers 方法，并将结果分配给变量 users。第 31 行到第 33 行显示了 selectUser 方法，它使用一个名为 user 的参数。该方法将 user 赋值给变量 selectedUser。第 35 行到第 39 行显示了 updateUser 方法，它使用一个名为 user 的参数。updateUser 方法将变量 selectedUser 设置为 null，然后调用 userService 上的 updateUser 方法，将 user 作为参数传入。updateUser 方法完成后，调用 getUsers 方法刷新显示的用户列表。

清单 28.13　update.component.ts：一个使用 http 来更新服务器中数据的 Angular 组件

```
01 import { Component, OnInit } from '@angular/core';
02 import { Observable } from 'rxjs/Observable';
03 import { Http } from '@angular/http';
04
05 import 'rxjs/Rx';
06
07 import { UserService } from './user.service';
08
09 @Component({
10   selector: 'app-root',
11   templateUrl: './app.component.html',
12   styleUrls: ['./app.component.CSS'],
13   providers: [UserService]
14 })
15 export class AppComponent implements OnInit {
16   users = [];
17   selectedUser;
18
19   constructor(private UserService: UserService){ }
20
```

```
21   ngOnInit(){
22     this.getUsers()
23   }
24
25   getUsers(): void {
26     this.UserService
27         .getUsers()
28         .then(users => this.users = users)
29   }
30
31   selectUser(user){
32     this.selectedUser = user;
33   }
34
35   updateUser(user){
36     this.selectedUser = null;
37     this.UserService.updateUser(user)
38     .then(() => this.getUsers());
39   }
40 }
```

清单 28.14 实现了 Angular 服务 UserService，它处理应用程序的所有 HTTP 请求。第 16 行到第 24 行定义了 updateUser 方法，它接受参数 user。然后生成一个 URL 来指定哪个用户将被更新。HTTP put 请求是在第 20 行发出的，将生成的 URL 和 user 对象传入 JSON.stringify 方法。updateUser 方法随后在成功时发送 response 对象，或者在失败时转到错误处理程序。

清单 28.14 user.service.ts：获取用户和更新用户的 Angular 服务

```
01 import { Injectable } from '@angular/core';
02 import { Http }      from '@angular/http';
03 import 'rxjs/add/operator/toPromise';
04
05 @Injectable()
06 export class UserService {
07  url = 'api/users'
08  constructor(private http: Http) { }
09
10  getUsers(): Promise<any[]> {
11    return this.http.get(this.url)
12               .toPromise()
13               .then(response => response.JSON().data)
14               .catch(this.handleError)
15  }
16  updateUser(user): Promise<void>{
17    console.log(user);
```

```
18     const url = `${this.url}/${user.id}`;
19     return this.http
20       .put(url, JSON.stringify(user))
21       .toPromise()
22       .then(() => user)
23       .catch(this.handleError)
24   }
25
26   private handleError(error: any): Promise<any> {
27     console.error('An error occurred', error);
28     return Promise.reject(error.message || error);
29   }
30
31 }
```

清单 28.15 实现了一个 Angular 模板，该模板使用 ngFor 来创建在应用程序中显示的用户列表。这些用户都是可选的。当选择一个用户时，其信息显示在一个可编辑的表单域中，允许用户编辑和保存。第 20 行到第 24 行显示的按钮，可以点击以调用 updateUser 方法，并传递一个包含该用户的更新信息的对象。

清单 28.15　update.component.html：一个显示用户列表并可以更新它的 Angular 模板

```
01 <h1>
02   Users
03 </h1>
04 <div class="userCard" *ngFor="let user of users"
05      (click)="selectUser(user)"
06      [class.selected]="user === selectedUser">
07   <div><span>Id:</span> {{user.id}}</div>
08   <div><span>Username:</span> {{user.userName}}</div>
09   <div><span>Email:</span> {{user.email}}</div>
10 </div>
11
12 <div *ngIf="selectedUser">
13   <label>user name:</label>
14   <input #updateName [ngModel]="selectedUser.userName"/>
15
16   <label>user email:</label>
17   <input #updateEmail [ngModel]="selectedUser.email" />
18
19
20   <button (click)="updateUser(
21       {'id': selectedUser.id,
22        'userName': updateName.value,
23        'email': updateEmail.value});
24   ">
25     Save
```

```
26   </button>
27 </div>
```

清单 28.16 是一个 CSS 文件，用于设置应用程序的样式，以便每个用户都可以与其他用户区分开来，并且很容易看到。它提供了一些逻辑来帮助用户知道每个用户都可以被点击。

清单 28.16　update.component.CSS：设置应用程序样式的 CSS 文件

```
01 span{
02  width: 75px;
03  text-align: right;
04  font-weight: bold;
05  display: inline-block;
06 }
07 .userCard{
08  border: 2px ridge blue;
09  margin: 10px 0px;
10  padding: 5px;
11  cursor: pointer;
12 }
13 .userCard:hover{
14  background-color: lightblue;
15 }
16 .selected{
17  background-color: steelblue;
18  color: white;
19 }
```

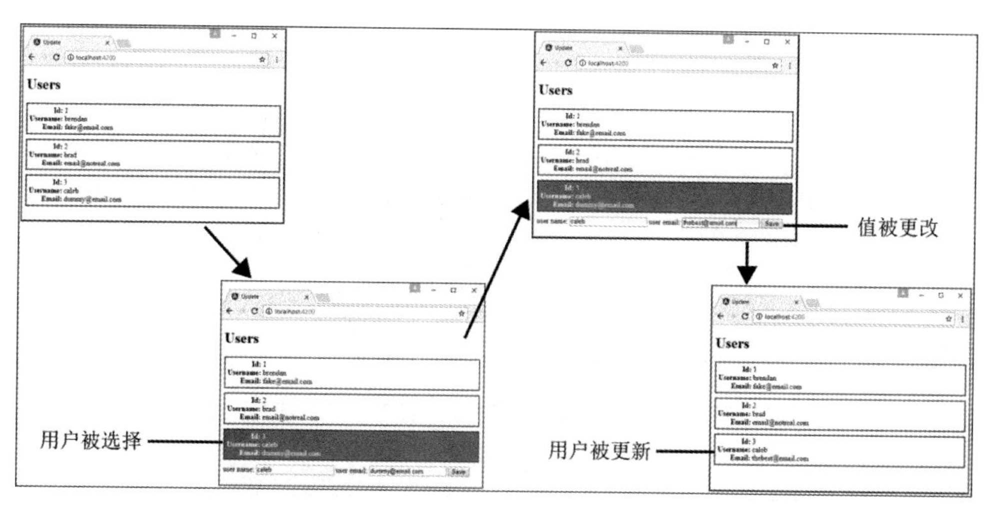

图 28.3　实现一个简单的模拟服务器来更新数据库中的条目

28.5　使用 router 服务更改视图

router 服务使你能够更改 Web 应用程序上的视图，以便可以在组件之间来回跳转。这既可以通过整页视图更改来完成，也可以通过更改单页应用程序的较小部分来完成。router 服务位于名为 RouterModule 的外部 Angular 模块中，并且需要被包含在应用程序模块中，以便在整个应用程序中使用。

要设置路由应用程序，你需要从@angular/router 导入 Routes 和 Router 模块。为了使应用程序维护简单，router 应该有自己的模块，可以导入主应用程序模块中。

为应用程序定义路线就像制作一个对象数组一样简单，每个对象定义一个特定的路由。该路由所需的两个选项是 path 和 component。path 选项指定要到达组件所经过的树。component 选项定义哪个组件将被加载到视图中。以下示例显示了定义 Routes 数组的语法：

```
Const routes: Routes = [
  {
    Path: '',
    Component: myComponent
  },
  {
    Path: 'route',
    Component: myComponent
  },
  {
    Path: 'routeWithParams/:param1/:param2',
    Component: myComponent
  }
]
```

还有更多的参数可以添加到 route 对象。表 28.3 列出了其中的一些列表。

表 28.3　可以在 route 服务对象的 config 参数中定义的属性

属　性	说　明
path	显示此路由在所属的路由树中的哪个位置
component	定义一旦被路由，哪个组件将被加载
redirectTo	重定向到定义的路径（path）而不是当前路由
outlet	指定用于呈现路由的 RouterOutlet 的名称
canActivate	当该属性为 false 时，通过防止激活来保护路由
canActivateChild	当该属性为 false 时，通过防止激活来保护子路由

（续表）

属　性	说　明
canDeactivate	指定是否可以禁用路由
canLoad	允许你保护特定模块不被加载到路由中
Data	允许将数据传递到组件
Resolve	指定在激活之前为路由预取数据的解析器
Children	允许包含路由对象的嵌套路由数组（每个对象都具有此表中描述的选项）
loadChildren	允许延迟加载子路由
runGuardsAndResolvers	定义警卫和解析器运行的时刻

一旦定义了 routes 数组，它就需要在路由中实现，以便 router 服务知道它存在并知道如何使用它。这是通过在 RouterModule 上使用 forRoot 方法完成的。这个结果包含在 routing 模块的 imports 数组中。该语法如下所示：

```
imports: [RouterModule.forRoot(routes)]
```

28.5.1 在 Angular 中使用 routes

要在 Angular 中使用 routes，routing 模块需要被包含在主应用程序模块中，并包含在导入中，这与内置的 Angular 模块相同。一旦将其包含在应用程序模块中，定义的路由将在整个应用程序中可用。

为了能够在组件中使用路由器，需要从@angular/router 导入 Router 和 ActivatedRoute。一旦它们被导入，就需要通过构造函数来实现。以下代码显示了该语法：

```
Constructor(
   private route: ActivatedRoute,
   private router: Router
){}
```

有两种方法可以在路由之间跳转。第一种方法是直接从 HTML 中使用 Angular 指令 routerLink，它具有以下语法：

```
<a routerLink="/myRoute">
```

在路由之间跳转的第二种方法是从组件类中使用以下语法：

```
myFunction(){
   this.router.navigate(['myRoute'])
}
```

当路由全部连线并准备投入使用时，最后一步是确保路由显示在应用程序上。你可以通过使用 Angular HTML 标记 router-outlet 来完成此操作。需要注意的是，使用 router-outlet 的组件将在路由之外，除 router-outlet 之外的任何东西都会一直显示（不管当前显示的路由是什么）。你可以使用以下语法来实现 router-outlet：

```
<router-outlet></router-outlet>
```

28.5.2 实现一个简单的路由

清单 28.17 到清单 28.23 实现了一个简单的路由，允许用户在两个组件之间跳转。其输出如图 28.4 所示。这个路由在 HTML 中使用 Angular routerLink 指令跳转，允许它在视图之间切换。

清单 28.17 显示了应用程序模块，它是应用程序的主模块。App.module 从清单 28.17 中导入了 Router 模块。在第 6 行，这个文件加载 AppRoutingModule，它被添加到第 21 行的 imports 数组中。

清单 28.17　app.module.ts：一个导入 Router 模块文件的 Angular 模块

```
01 import { BrowserModule } from '@angular/platform-browser';
02 import { NgModule } from '@angular/core';
03 import { FormsModule } from '@angular/forms';
04 import { HttpModule } from '@angular/http';
05
06 import { AppRoutingModule } from './app-routing.module';
07 import { AppComponent } from './app.component';
08 import { Route2Component } from './route2/route2.component';
09 import { HomeComponent } from './home/home.component';
10
11 @NgModule({
12  declarations: [
13    AppComponent,
14    Route2Component,
15    HomeComponent
16  ],
17  imports: [
18    BrowserModule,
19    FormsModule,
20    HttpModule,
21    AppRoutingModule
22  ],
23  providers: [],
24  bootstrap: [AppComponent]
25 })
26 export class AppModule { }
```

清单 28.18 给出了 Router 模块，它定义了应用程序的路由。Router 模块导入 Routes 和 RouterModule 以在应用程序内启用路由。Router 模块还导入将用作路由的任何组件。第 5 行到第 14 行定义了 routes 数组，其中包含应用程序的路由定义。第 6 行到第 9 行定义了应用程序默认的归属路由（因为路径设置为空字符串）。主路由使用 HomeComponent 作为控制视图的组件。第 10 行到第 13 行定义了第二个路由对象，当路径设置为 route2 时，将显示第二个路由对象。该路由使用 Route2Component。

清单 28.18 app-routing.module.ts：一个为这个应用程序定义路由的 Angular 模块

```
01 import { NgModule } from '@angular/core';
02 import { Routes, RouterModule } from '@angular/router';
03 import { Route2Component } from './route2/route2.component';
04 import { HomeComponent } from './home/home.component';
05 const routes: Routes = [
06   {
07     path: '',
08     component: HomeComponent
09   },
10   {
11     path: 'route2',
12     component: Route2Component
13   }
14 ];
15
16 @NgModule({
17   imports: [RouterModule.forRoot(routes)],
18   exports: [RouterModule]
19 })
20 export class AppRoutingModule { }
```

清单 28.19 显示了应用程序的根组件。这个组件有一个简单的模板，为路由器输出 router-outlet 来显示它的路由。

清单 28.19 app.component.ts：一个定义路由器出口的 Angular 组件

```
01 import { Component } from '@angular/core';
02
03 @Component({
04   selector: 'app-root',
05   template: '<router-outlet></router-outlet>'
06 })
07 export class AppComponent {}
```

清单 28.20 显示了 home 组件模板文件。该文件显示一条消息，让用户知道路由正在工作，然后使用 routerLink 将用户导航到单独视图的链接。

清单 28.20　home.component.html：一个默认显示的路由的 HTML 文件

```
01 <p>
02   Home Route works!
03 </p>
04 <a routerLink="/route2">Route 2</a>
```

清单 28.21 显示了 home 组件文件。这个文件和组件一样是骨架。其主要目的是加载模板文件并使其可用于路由。

清单 28.21　home.component.ts：包含带路径的模板的 Angular 组件

```
01 import { Component} from '@angular/core';
02
03 @Component({
04   selector: 'app-home',
05   templateUrl: './home.component.html',
06   styleUrls: ['./home.component.CSS']
07 })
08 export class HomeComponent{}
```

清单 28.22 显示了 route2 组件模板文件。该文件显示一条消息，让用户知道路由正在工作，然后使用 routerLink 将用户导航到单独视图的链接。

清单 28.22　route2.component.html：样式化应用程序的 CSS 文件

```
01 <p>
02   route 2 works!
03 </p>
04 <a routerLink="/">Route 1</a>
```

清单 28.23 显示了骨架的 route2 组件文件。它的主要目的是加载模板文件并将其提供给路由器。

清单 28.23　route2.component.ts：一个包含带有路由的模板的 Angular 组件

```
01 import { Component } from '@angular/core';
02
03 @Component({
04   selector: 'app-route2',
05   templateUrl: './route2.component.html'
06 })
07 export class Route2Component {}
```

图 28.4 实现 http 服务以允许 Angular 组件与 Web 服务器交互

28.6 用导航栏实现路由

清单 28.24 到清单 28.35 中的代码实现了一个具有导航栏的路由器，该导航栏允许用户在嵌套的视图之间导航。其输出如图 28.5 所示。这个路由器在 HTML 中使用 Angular routerLink 指令导航，允许它在视图之间切换。

清单 28.24 显示了 Router 模块，它定义了应用程序的路由。Router 模块导入将用作路由的任何组件。这个例子没有 home 路由。如果路由为空，则路由器重定向到 page1，如第 22 行到第 25 行所示。另外，如果在 URL 中输入了无效路由，路由器将再次重定向到 page1，如第 27 行到第 30 行所示。

清单 28.24 app-routing.module.ts：一个定义应用程序路由的 Angular 模块

```
01 import { NgModule } from '@angular/core';
02 import { Routes, RouterModule } from '@angular/router';
03 import { Page1Component } from './page1/page1.component';
04 import { Page2Component } from './page2/page2.component';
05 import { Page3Component } from './page3/page3.component';
06 import { Page4Component } from './page4/page4.component';
07 import { NavComponent } from './nav/nav.component';
08 const routes: Routes = [
09   {
```

```
10     path: 'page1',
11     component: Page1Component
12   },
13   {
14     path: 'page2',
15     component: Page2Component
16   },
17   {
18     path: 'page3',
19     component: Page3Component
20   },
21   {
22     path: '',
23     redirectTo: '/page1',
24     pathMatch: 'full'
25   },
26   {
27     path: '**',
28     redirectTo: '/page1',
29     pathMatch: 'full'
30   }
31 ];
32
33 @NgModule({
34   imports: [RouterModule.forRoot(routes)],
35   exports: [RouterModule]
36 })
37 export class AppRoutingModule { }
```

清单 28.25 显示了导航组件，它控制导航栏并链接到页面内的视图。第 9 行到第 19 行显示可用页面的数组，导航栏可以使用这些页面创建带有导航链接的按钮。

清单 28.25 nav.component.ts：创建一个在视图之间导航的持久导航栏的 Angular 组件

```
01 import { Component, OnInit } from '@angular/core';
02
03 @Component({
04   selector: 'app-nav',
05   templateUrl: './nav.component.html',
06   styleUrls: ['./nav.component.CSS']
07 })
08 export class NavComponent{
09   pages = [
10     { 'url': 'page1',
11       'text': 'page 1'
12     },
13     { 'url': 'page2',
14       'text': 'page 2'
```

```
15     },
16     { 'url': 'page3',
17      'text': 'page 3'
18     }
19   ]
20 }
```

清单 28.26 显示了导航组件模板文件。它创建一个允许在命名的路由之间跳转的按钮列表。

清单 28.26 `nav.component.html`：一个为导航栏创建视图的 Angular 模板

```
01 <span class="container" *ngFor="let page of pages">
02   <a routerLink="/{{page.url}}">{{page.text}}</a>
03 </span>
```

清单 28.27 显示了导航组件 CSS 文件。这个文件设置导航栏按钮的样式，以便它们有意义。第 9 行到第 12 行使用户将鼠标悬停在按钮上时，按钮和文本的颜色会发生变化。

清单 28.27 `nav.component.CSS`：为应用程序设置导航按钮样式的 CSS 文件

```
01 a{
02   padding: 5px 10px;
03   border: 1px solid darkblue;
04   background-color: steelblue;
05   color: white;
06   text-decoration: none;
07   border-radius: 3px;
08 }
09 a:hover{
10   color: black;
11   background-color: lightgrey;
12 }
```

清单 28.28 显示了根组件文件 app.component.ts，它用作应用程序的入口，并加载路由视图和导航组件。

清单 28.28 `app.comonent.ts`：作为应用程序根组件的 Angular 组件

```
01 import { Component } from '@angular/core';
02
03 @Component({
04   selector: 'app-root',
05   templateUrl: './app.component.html',
06   styleUrls: ['./app.component.CSS']
```

```
07 })
08 export class AppComponent { }
```

清单 28.29 显示了根组件模板文件，该文件加载了导航（nav）组件，后面跟着路由出口（router-outlet），这是应用程序加载视图的地方。

清单 28.29　app.component.html：加载跟着路由出口的导航组件的 Angular 模板

```
01 <div><app-nav></app-nav></div>
02 <div><router-outlet></router-outlet></div>
```

清单 28.30 显示了根组件 CSS 文件，它为导航栏提供了一些空白，以便它美观地显示。

清单 28.30　app.component.CSS：一个导入 Router 模块文件的 Angular 模块

```
01 div{
02   margin: 15px 0px;
03 }
```

清单 28.31 显示了 page1 组件。此组件加载将用作此应用程序视图之一的模板。第 5 行加载要在视图上显示的图像。

清单 28.31　page1.component.ts：一个导入 Router 模块文件的 Angular 模块

```
01 import { Component } from '@angular/core';
02
03 @Component({
04   selector: 'app-page1',
05   template: '<img src="../assets/images/lake.jpg" />'
06 })
07 export class Page1Component {}
```

清单 28.32 显示了 page2 组件。此组件加载将用作此应用程序视图之一的模板。

清单 28.32　page2.component.ts：一个导入 Router 模块文件的 Angular 模块

```
01 import { Component } from '@angular/core';
02
03 @Component({
04   selector: 'app-page2',
05   templateUrl: './page2.component.html'
06 })
07 export class Page2Component { }
```

清单 28.33 显示了 page2 模板文件，其中包含一些将被加载到视图中的伪文本。

清单 28.33 **page2.component.html**：为 **page2** 创建视图的 Angular 模板

```
01 <p>
02  Lorem ipsum dolor sit amet, consectetur adipiscing elit. Nam efficitur
03  tristique ornare. Interdum et malesuada fames ac ante ipsum primis in
04  faucibus. Proin id nulla vitae arcu laoreet consequat. Donec quis
05  convallis felis. Mauris ultricies consectetur lectus, a hendrerit leo
06  feugiat sit amet. Aliquam nec velit nibh. Nam interdum turpis ac dui
07  congue maximus. Integer fringilla ante vitae arcu molestie finibus. Morbi
08  eget ex pellentesque, convallis orci venenatis, vehicula nunc.
09 </p>
```

清单 28.34 显示了 page3 组件。此组件加载将用作此应用程序视图之一的模板。

清单 28.34 **page3.component.ts**：一个导入 **Router** 模块文件的 Angular 模块

```
01 import { Component } from '@angular/core';
02
03 @Component({
04  selector: 'app-page3',
05  templateUrl: './page3.component.html'
06 })
07 export class Page3Component {}
```

清单 28.35 显示了 page3 模板文件，该文件创建一个文本区域框显示在视图上。

清单 28.35 **page3.component.html**：创建第 3 页视图的 Angular 模板

```
01 <textarea rows="4" cols="50" placeHolder="Some Text Here">
02 </textarea>
```

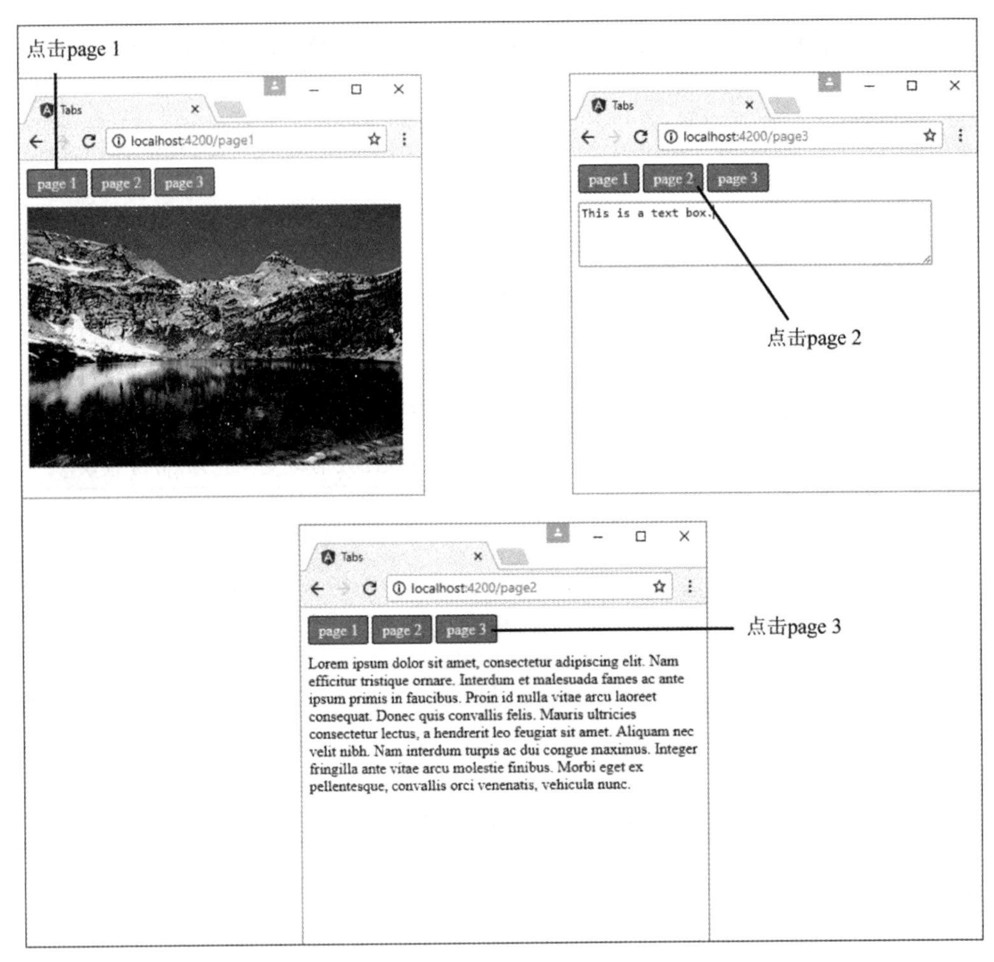

图 28.5　实现 `http` 服务以允许 Angular 组件与 Web 服务器交互

28.7　实现带参数的路由

清单 28.36 到清单 28.40 实现了一个路由器，该路由器接受一个允许数据通过 `url` 参数传输到该视图的参数。其输出如图 28.6 所示。

清单 28.36 显示了 `Router` 模块，它定义了应用程序的路由。`Router` 模块导入将用作路由的任何组件。第 14 行定义了 page 2 的路径，该页面参数为 `this.text`。

清单 28.36　`app-routing.module.ts`：一个分配路由器参数的 Angular 模板

```
01 import { Component } from '@angular/core';
02 import { Router, ActivatedRoute, Params } from '@angular/router';
```

```
03
04 @Component({
05  selector: 'app-page1',
06  templateUrl: './page1.component.html'
07 })
08 export class Page1Component {
09  text='';
10  constructor(
11    private route: ActivatedRoute,
12    private router: Router,
13  ){ }
14  gotoPage2(){
15    this.router.navigate(
16        ['/page2', this.text],
17        {
18          relativeTo: this.route,
19          skipLocationChange: true
20        }
21    );
22  }
23 }
```

清单28.37显示了根组件app.component.ts。这个文件有一个模板，声明router-outlet来显示来自路由的视图。

清单 28.37 app.component.ts：作为应用程序入口点的 Angular 组件

```
01 import { Component } from '@angular/core';
02
03 @Component({
04  selector: 'app-root',
05  template: '<router-outlet></router-outlet>'
06 })
07 export class AppComponent { }
```

清单 28.38 显示了 page1 组件。此组件从@angular/router 中导入 Router 和 ActivatedRoute，以允许此组件访问路由并读取或分配参数给 RouterState。第 10 行到第 13 行定义了构造函数，第 11 行和第 12 行实现了 ActivatedRoute 和 Router 作为私有变量的路由和路由器。第 14 行到第 22 行定义了函数 gotoPage2()，它跳转到 page2，传递一个参数。第 16 行跳转到 page2，传入 this.text 作为参数。第 18 行和第 19 行允许应用程序更改视图而不更改浏览器中的 URL。

清单 28.38 page1.component.ts：一个跳转到 page2 的带参数的 Angular 组件

```
01 import { Component } from '@angular/core';
02 import { Router, ActivatedRoute } from '@angular/router';
03
```

```
04 @Component({
05   selector: 'app-page1',
06   templateUrl: './page1.component.html'
07 })
08 export class Page1Component {
09   text='';
10   constructor(
11     private route: ActivatedRoute,
12     private router: Router,
13   ){ }
14   gotoPage2(){
15     this.router.navigate(
16         ['/page2', this.text],
17         {
18           relativeTo: this.route,
19           skipLocationChange: true
20         }
21     );
22   }
23 }
```

28.39 显示了 page1 模板文件。第 4 行显示了一个文本区域，该区域绑定到作为参数传递给 page2 时传递的变量 text（文本）。第 5 行创建一个调用 gotoPage2 函数并更改视图的按钮。此按钮仅在变量 text 具有非空值时可用。

清单 28.39　page1.component.html：一个 HTML 模板，提供一个输入字段给路由参数赋值

```
01 <span>
02   Enter Text to Pass As Params:
03 </span>
04 <input type=text [(ngModel)]="text" />
05 <button [disabled]="!text" (click)="gotoPage2()">Page 2</button>
```

清单 28.40 显示了 page2 组件。此组件从@angular/router 导入 Router 和 ActivatedRoute，以允许此组件访问加载路由时设置的路由和参数。第 15 行和第 16 行创建了对 params 可观察物的订阅，并将该值分配给要在视图中显示的变量 text。

清单 28.40　page2.component.ts：在视图上显示路由参数的 Angular 组件

```
01 import { Component, OnInit } from '@angular/core';
02 import { Router, ActivatedRoute } from '@angular/router';
03
04 @Component({
05   selector: 'app-page2',
06   templateUrl: './page2.component.html'
07 })
08 export class Page2Component implements OnInit {
09   text;
10   constructor(
```

```
11     private route: ActivatedRoute,
12     private router: Router
13   ) { }
14   ngOnInit() {
15     this.route.params
16       .subscribe(text => this.text = text.params);
17   }
18
19   goBack(){
20     this.router.navigate(['/page1']);
21   }
22 }
```

清单 28.41 显示了 page2 模板文件。第 2 行显示变量 text，它从路由 params 中获取自己的值。第 3 行创建一个可以点击跳转回 page1 的按钮。

清单 28.41 **page2.component.html**：从路由传递的参数

```
01 <h3>Params From Page 1</h3>
02 <p>{{text}}</p>
03 <button (click)="goBack()" >back</button>
```

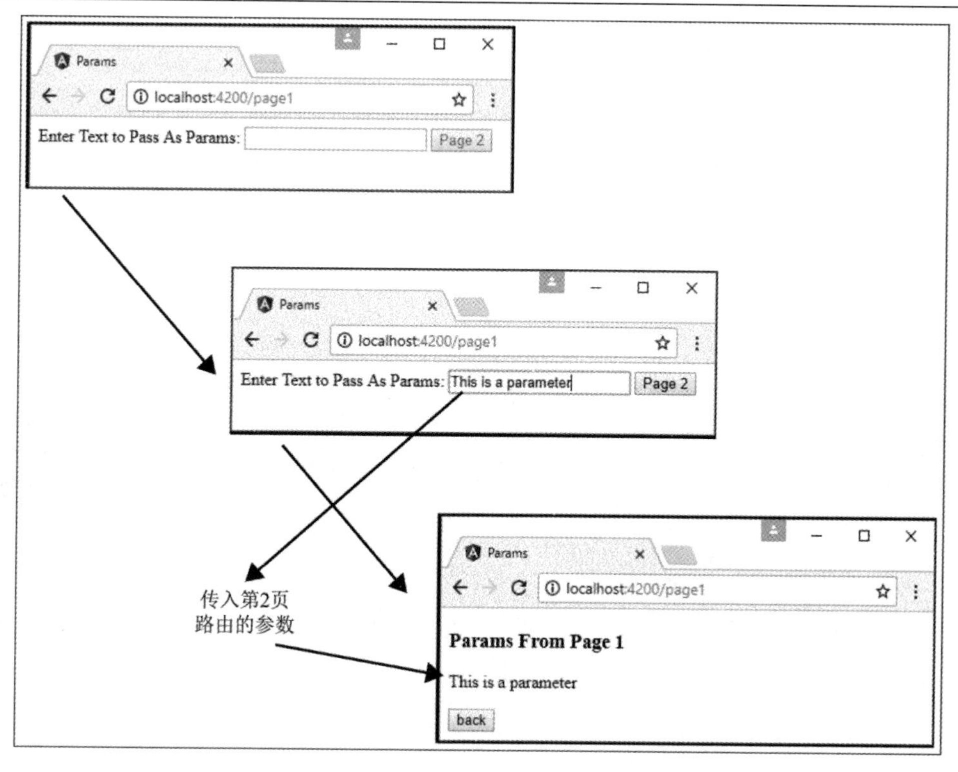

图 28.6 实现 http 服务以允许 Angular 组件与 Web 服务器交互

28.8　小结

Angular 服务是包含可以注入其他 Angular 组件的功能的对象。Angular 的内置服务提供了许多客户端代码所需的预置功能。例如，`http` 服务允许你轻松地将 Web 服务器通信集成到 Angular 应用程序中，`router` 服务允许你管理视图之间的跳转。

28.9　下一章

下一章将向你介绍自定义 Angular 服务。虽然 Angular 中有许多内置功能，但该章将向你展示如何创建自己的服务，以便更好地控制应用程序。

第 29 章
创建自己的自定义 Angular 服务

Angular 在其内置的服务中提供了很多功能，但是它也允许你实现自定义的服务来提供特定的功能。每当你需要为应用程序提供基于任务的功能时，都应该实施自定义服务。

在实现自定义服务时，你需要将每个服务看作执行一个或多个相关任务的可重用代码块。然后，你可以设计它们并将其一起组合到库中，这些库可以被几个不同的 Angular 应用程序轻松使用。

本章介绍 Angular 自定义服务。它提供了几个自定义 Angular 服务的例子，让你更清楚地了解如何设计和构建自己的自定义服务。

29.1 将自定义服务集成到 Angular 应用程序中

当你开始为应用程序实现 Angular 服务的时候，你会发现有些服务会非常简单，而其他的服务会非常复杂。服务的复杂性通常反映了底层数据及其提供的功能的复杂性。本节的目的是为你提供一些不同类型的自定义服务的基本示例，以说明如何实现和使用它们。表 29.1 列出了一些服务的用途。

表 29.1 自定义服务的用例

服务	说明
模拟服务	提供虚拟数据，可用于在后端不可用时测试基于 HTTP 的服务
常量数据	返回需要保持常量的数据变量，如 pi 的数学值
变量数据	返回可以更改的数据变量，将更改的值保存到服务以供其他服务使用
对后端的 HTTP 连接	应在自定义服务中使用，以创建与后端数据的接口
数据转换	获取要转换的数据形式，运行转换，并返回转换后的值（例如，获取数字并返回其平方数的平方数服务）
共享服务	一次可以由多个组件使用的任何类型的服务，而且每次组件更改时，都会自动更新所有组件的数据

将 Angular 服务添加到应用程序中

本节将介绍如何在应用程序中创建和实现自定义服务。在创建服务时，必须将其注入才能在整个应用程序中使用。以下示例显示了创建可注入服务的语法：

```
import { Injectable } from '@angular/core';
@Injectable()
export class CustomService { }
```

一旦你创建了一个可注入的服务，它需要被导入并被提供给任何需要访问的 Angular 组件。以下是导入自定义服务，以及通过组件装饰器元数据中的 providers 数组注入的自定义服务的语法：

```
import { CustomService } from './path_to_service';

@Component({
  selector: 'app-root',
  template: '',
  providers: [ CustomService ]
})
```

使自定义服务可用的最后一步是，创建要在整个组件中使用的服务实例。你可以在组件的构造函数中执行此操作，如以下示例所示：

```
constructor(
  private myService: CustomService
){}
```

完成这些步骤后，自定义服务及其任何方法都将通过实例 myService 提供给组件。

以下各节提供了示例来说明实现自定义服务的各种方法。

29.2　实现一个使用常量数据服务的简单应用程序

这个例子展示了如何构建一个常量数据服务。这个例子的目的是创建一个返回常量数据变量的简单服务。

清单 29.1 显示了 pi 服务，它返回 pi 的值。第 1 行和第 3 行导入并实现 Injectable，使服务可用于外部。第 4 行创建了 PiService 类，它保存了服务的定义。第 5 行到第 7 行定义了 getPi 方法，它返回 pi 的值。

清单 29.1　pi.service.ts：创建一个返回 pi 值的服务

```
01 import { Injectable } from '@angular/core';
```

```
02
03 @Injectable()
04 export class PiService {
05   getPi(){
06     return Math.PI;
07   }
08 }
```

清单 29.2 实现了一个导入和实现 PiService 的 Angular 组件。第 2 行和第 7 行显示了正被导入的 PiService，然后使其可用于整个组件。第 12 行显示 PiService 被实例化为变量 PiService。第 14 行到第 16 行显示了 ngOnInit 方法，该方法从 PiService 调用 getPi 方法并将其赋值给变量 pi。

清单 29.2 app.component.ts：一个从 PiService 获取 pi 值的 Angular 组件

```
01 import { Component, OnInit } from '@angular/core';
02 import { PiService } from './pi.service';
03
04 @Component({
05   selector: 'app-root',
06   templateUrl: './app.component.html',
07   providers: [ PiService ]
08 })
09 export class AppComponent implements OnInit {
10   pi: number;
11   constructor(
12     private PiService: PiService
13   ){}
14   ngOnInit(){
15     this.pi = this.PiService.getPi();
16   }
17 }
```

清单 29.3 显示了一个 Angular 模板，它将 pi 的值显示到小数点后 5 位。

清单 29.3 app.component.html：显示 pi 值到小数点后 5 位的 Angular 模板

```
01 <h1>
02   Welcome. this app returns the value of pi
03 </h1>
04 <p> the value of pi is: {{pi | number:'1.1-5'}}</p>
```

图 29.1 显示了这个例子在 Web 浏览器中的输出。

图 29.1　一个 HTML 页面，展示了显示从一个常量服务获得的 pi 的值的 Angular 组件

29.3　实现数据转换服务

这个例子展示了如何构建一个简单的数据转换服务，它接收数据变量，计算某形状的面积，并返回形状的面积。

清单 29.4 展示了一个名为 AreaCalcService 的自定义服务，它有几个以各种形状命名的方法。这些方法中的每一个都需要一些变量，然后用它们来生成其命名的形状的面积。第 1 行和第 3 行导入并实现 Injectable，使服务可用于外部。

清单 29.4　area-calc.service.ts：带有计算形状面积的方法的 Angular 服务

```
01 import { Injectable } from '@angular/core';
02
03 @Injectable()
04 export class AreaCalcService {
05   circle(radius:number): number {
06     return Math.PI * radius * radius;
07   }
08   square(base:number): number {
09     return base * base;
10   }
11   rectangle(base:number, height): number {
12     return base * height;
13   }
14   triangle(base:number, height): number {
15     return (base*height)/2;
16   }
17   trapezoid(base1:number,
18             base2:number,
19             height:number): number {
20     return ((base1+base2)/2)*height;
21   }
22 }
```

清单 29.5 显示了一个 Angular 组件，它根据从用户接收到的值从 AreaCalcService 获取形状的区域。第 2 行和第 8 行导入 AreaCalcService 并将其添加到提供程序以使其可供组件使用。第 21 行创建 AreaCalcService 的一个实例 areaCalc 与组件方法一起使用。

第 23 行到第 25 行定义了 doCircle 方法，它实现了 areaCalc 上的 circle 方法来获取圆的面积。

第 26 行到第 28 行定义了 doSquare 方法，它在 areaCalc 上实现了 square 方法来获取正方形的面积。

29 到 31 行定义了 doRectangle 方法，它实现了 areaCalc 上的 rectangle 方法来获取矩形的面积。

第 32 行到第 34 行定义了 doTriangle 方法，它在 areaCalc 上实现 triangle 方法来获取三角形的面积。

第 35 行到第 39 行定义了 doTrapezoid 方法，它在 areaCalc 上实现 trapezoid 方法来获取梯形的面积。

清单 29.5 app.component.ts：根据从用户接收的值从 AreaCalcService 获取形状面积的 Angular 组件

```
01 import { Component } from '@angular/core';
02 import { AreaCalcService } from './area-calc.service';
03
04 @Component({
05  selector: 'app-root',
06  templateUrl: './app.component.html',
07  styleUrls: ['./app.component.css'],
08  providers: [ AreaCalcService ]
09 })
10 export class AppComponent {
11  circleRadius: number = 0;
12  squareBase: number = 0;
13  rectangleBase: number = 0;
14  rectangleHeight: number = 0;
15  triangleBase: number = 0;
16  triangleHeight: number = 0;
17  trapezoidBase1: number = 0;
18  trapezoidBase2: number = 0;
19  trapezoidHeight: number = 0;
20
21  constructor(private areaCalc: AreaCalcService){ }
22
```

```
23  doCircle(){
24    return this.areaCalc.circle(this.circleRadius);
25  }
26  doSquare(){
27    return this.areaCalc.square(this.squareBase);
28  }
29  doRectangle(){
30    return this.areaCalc.rectangle(this.rectangleBase, this.rectangleHeight);
31  }
32  doTriangle(){
33    return this.areaCalc.triangle(this.triangleBase, this.triangleHeight);
34  }
35  doTrapezoid(){
36    return this.areaCalc.trapezoid(this.trapezoidBase1,
37                                   this.trapezoidBase2,
38                                   this.trapezoidHeight);
39  }
40 }
```

清单 29.6 显示了一个 Angular 模板文件，该文件创建表单字段来输入计算各种形状面积所需的数据。当输入数据时，其面积被立即计算并显示给用户。

清单 29.6　app.component.html：提供用户界面来创建表单字段以接收形状面积的 Angular 模板

```
01 <label>Circle Radius:</label>
02 <input type="text" [(ngModel)]="circleRadius"/>
03 <span>Area: {{this.doCircle()}}</span>
04 <hr>
05
06 <label>Square Side:</label>
07 <input type="text" [(ngModel)]="squareBase" />
08 <span>Area: {{this.doSquare()}}</span>
09 <hr>
10
11 <label>Rectangle Base:</label>
12 <input type="text" [(ngModel)]="rectangleBase" /> <br>
13 <label>Rectangle Height:</label>
14 <input type="text" [(ngModel)]="rectangleHeight" />
15 <span>Area: {{this.doRectangle()}}</span>
16 <hr>
17
18 <label>Triangle Base:</label>
19 <input type="text"
20   [(ngModel)]="triangleBase" /> <br>
21 <label>Triangle Height:</label>
22 <input type="text" [(ngModel)]="triangleHeight" />
23 <span>Area: {{this.doTriangle()}}</span>
24 <hr>
25
26 <label>Trapezoid Base1:</label>
```

```
27 <input type="text"  [(ngModel)]="trapezoidBase1" /><br>
28 <label>Trapezoid Base2:</label>
29 <input type="text"  [(ngModel)]="trapezoidBase2" /><br>
30 <label>Trapezoid Height:</label>
31 <input type="text"  [(ngModel)]="trapezoidHeight" />
32 <span>Area: {{this.doTrapezoid()}}</span>
```

清单 29.7 显示了一个 CSS 文件，它为应用程序设定了样式，为每种形状分离了各个表单。

清单 29.7 app.component.html：为应用程序设定样式的 CSS 文件

```
01 label{
02    color: blue;
03    font: bold 20px times new roman;
04    width: 200px;
05    display: inline-block;
06    text-align: right;
07 }
08 input{
09    width: 40px;
10    text-align: right;
11 }
12 span{
13    font: bold 20px courier new;
14    padding-left: 10px;
15 }
```

图 29.2 显示了最终的 Angular 应用程序网页。当值被添加到组件时，将由自定义服务自动计算。

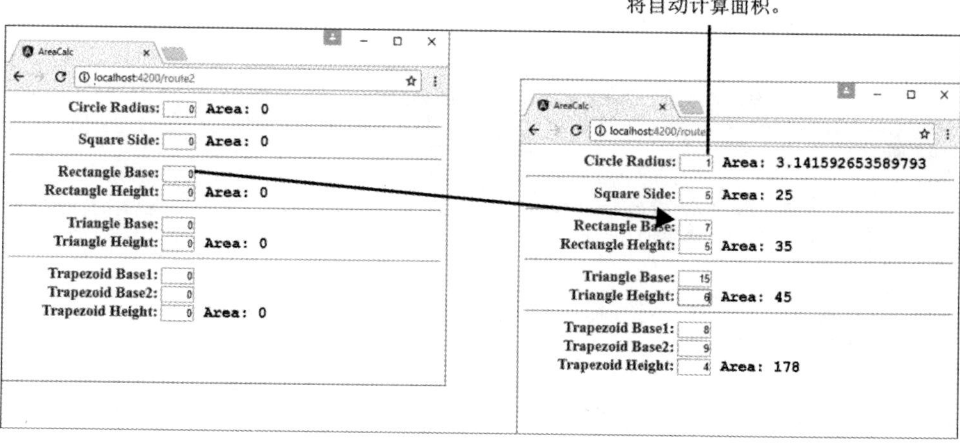

图 29.2 使用自定义服务自动计算不同形状面积的 Angular 应用程序

29.4 实现可变数据服务

这个例子展示了如何构建一个可变数据服务，该服务创建一个随机图像变换器，随机地从列表中选择一个图像并将其发送到要显示的组件。

清单 29.8 显示了一个名为 RandomImageService 的自定义服务，它从列表中选择一个图像 URL，并以随机间隔发送该 URL。第 2 行显示了从 rxjs/observable 导入的 Observable。第 33 行到第 37 行显示了构造函数，它初始化可观察的 imageChange 并调用方法 changeLoop，传入 observer 对象。第 38 行到第 51 行定义了 changeLoop 方法，该方法接受可观察的响应对象 observer。setTimeout 函数在完成之前会随机调用。然后从 images 数组中选择一个随机图像。图像 URL、标题和宽度之后被发出，changeLoop 递归调用自己。第 52 行到第 54 行定义了 getRandom 函数，该函数接受两个参数 min 和 max，并获取这些值之间的随机数。

清单 29.8 random-image.service.ts：返回包含一个随机图像的可观察物的 Angular 服务

```
01 import { Injectable, OnInit } from '@angular/core';
02 import { Observable } from 'rxjs/observable';
03
04 @Injectable()
05 export class RandomImageService {
06  imageChange: Observable<any>;
07  private images = [
08    {
09     url: '../../assets/images/arch.jpg',
10     title: "Delicate Arch"
11    },
12    {
13     url: '../../assets/images/lake.jpg',
14     title: "Silver Lake"
15    },
16    {
17     url: '../../assets/images/cliff.jpg',
18     title: "Desert Cliff"
19    },
20    {
21     url: '../../assets/images/bison.jpg',
22     title: "Bison"
23    },
24    {
25     url: '../../assets/images/flower.jpg',
26     title: "Flower"
27    },
28    {
29     url: '../../assets/images/volcano.jpg',
30     title: "Volcano"
31    },
```

```
32  ];
33  constructor() {
34    this.imageChange = new Observable(observer => {
35        this.changeLoop(observer);
36      });
37  }
38  changeLoop(observer){
39    setTimeout(() => {
40      let imgIndex = this.getRandom(0,6);
41      let image = this.images[imgIndex];
42      observer.next(
43        {
44          url: image.url,
45          title: image.title,
46          width: this.getRandom(200,400)
47        }
48      );
49      this.changeLoop(observer);
50    }, this.getRandom(100,1000));
51  }
52  getRandom(min, max) {
53    return Math.floor(Math.random() * (max - min)) + min;
54  }
55  getRandomImage(): Observable<any> {
56    return this.imageChange;
57  }
58 }
```

清单 29.9 显示了一个 Angular 组件，它从 RandomImageService 获取一个随机图像，将其显示在主视图中，并将其添加到 imageHistory 数组中。第 4 行和第 10 行显示了被导入并提供给组件的RandomImageService。第18行将RandomImageService作为变量 randomImages 进行实例化。第 20 行到第 24 行创建一个默认的初始 imageInfo 对象来保存一个位置，直到从 RandomImageService 接收到数据。第 27 行到第 34 行显示了 ngOnInit 方法，该方法调用 randomImages 服务实例上的 getRandomImage 方法，并将其分配给可观察物 randomImage。然后为 imageInfo 分配从可观察物（Observable）发出的任何东西的值。imageHistory 也增加了可观察物发出的任何东西的值。

清单 29.9 app.component.ts：从 RandomImageService 获取随机图像并显示该图像的 Angular 组件

```
01 import { Component, OnInit } from '@angular/core';
02 import { Observable } from 'rxjs/observable';
03 import { Subscription } from 'rxjs/Subscription';
04 import { RandomImageService } from './random-image.service';
05
06 @Component({
07  selector: 'app-root',
```

```
08   templateUrl: './app.component.html',
09   styleUrls: ['./app.component.css'],
10   providers: [ RandomImageService ]
11 })
12 export class AppComponent {
13   title = 'app';
14   randomImage: Observable<any>;
15   imageInfo: any;
16   imageHistory: any[];
17   constructor(
18     private randomImages: RandomImageService
19   ){
20      this.imageInfo = {
21       url: '',
22       title: 'Loading . . .',
23       width: 400
24     };
25     this.imageHistory = [];
26   }
27   ngOnInit(){
28     this.randomImage = this.randomImages.getRandomImage();
29     this.randomImage.subscribe(
30       imageData => {
31         this.imageInfo = imageData;
32         this.imageHistory.push(imageData);
33       });
34   }
35 }
```

清单 29.10 展示了一个在主视图中显示随机图像的 Angular 模板。ngFor 用于显示图像历史数组中的每个图像。

清单 29.10　app.component.html：显示从 RandomImageService 发出的图像的 Angular 模板

```
01 <div>
02   <img src="{{imageInfo.url}}"
03        width="{{imageInfo.width}}">
04   <p>{{imageInfo.title}}</p>
05 </div>
06 <hr>
07 <h3>Random Image History</h3>
08 <span *ngFor = "let image of imageHistory">
09   <img src="{{image.url}}" height="50px">
10 </span>
```

清单 29.11 显示了一个 CSS 文件，它为应用程序设定主图像和文本的边框。

清单 29.11　app.component.css：设定应用程序样式的 CSS 文件，将主视图从较小的图像中分离出来

```
01 div {
```

```
02     position: inline-block;
03     width: fit-content;
04     border: 3px solid black;
05 }
06 p {
07     font: bold 25px 'Times New Roman';
08     padding: 5px;
09     text-align: center;
10 }
```

运行此示例的结果如图 29.3 所示。主图像的网址和大小是由服务随机更改的。随机显示图像的历史记录在底部滚动显示。

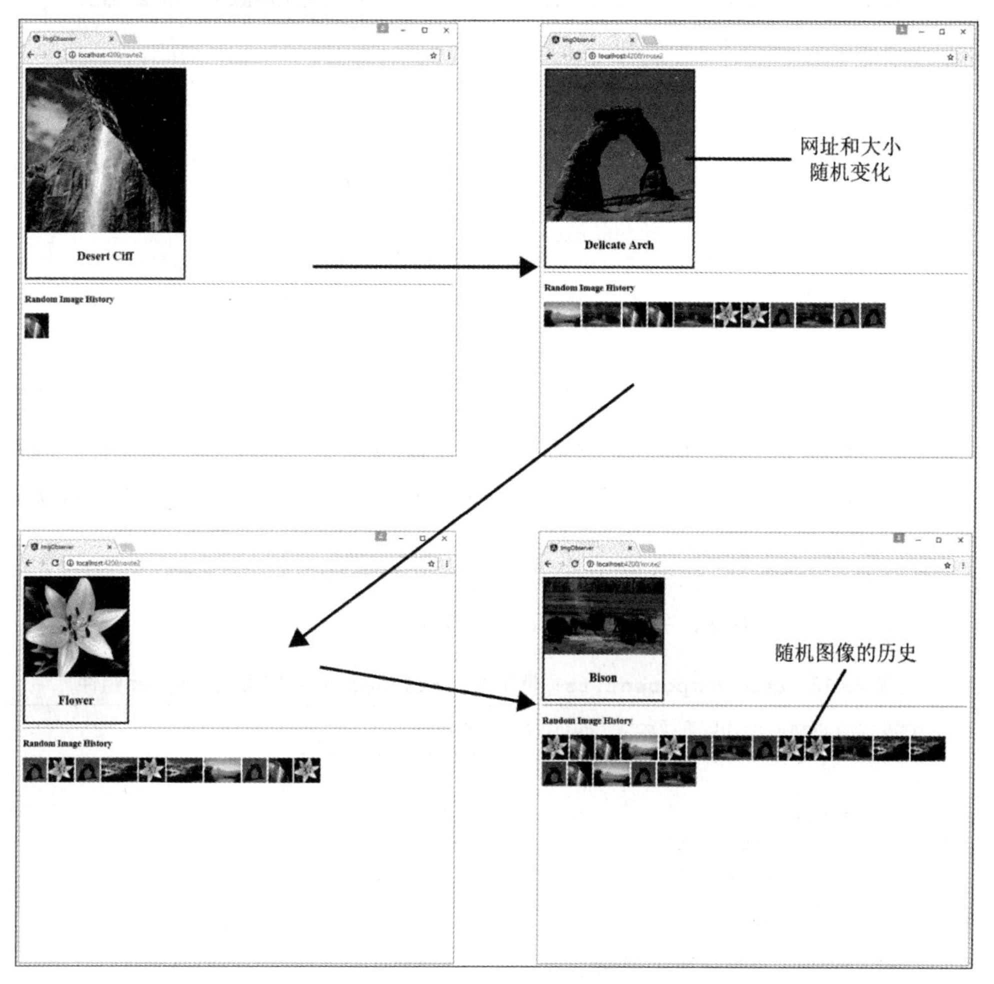

图 29.3 实现一个可变数据服务，用于随机更改图像大小和 URL 来更新组件

29.5　实现一个返回 promise 的服务

这个例子展示了如何构建一个创建和返回 promise 的服务。

清单 29.12 展示了一个名为 PromiseService 的自定义服务，它创建一个异步计时器，在特定的秒数之后提醒用户。第 6 行到第 13 行定义了方法 createTimedAlert，它接受参数 seconds（秒数）并返回一个 promise。第 8 行到第 10 行创建一个 resolve 函数，它只在 promise 完成后才能运行。此函数创建一个警报，告诉用户运行警报需要多长时间。

清单 29.12　promise.service.ts：一个提供基于定时器的警报的 Angular 服务

```
01 Import { Injectable } from '@angular/core';
02
03 @Injectable()
04 export class PromiseService {
05
06   createTimedAlert(seconds: number): Promise<any>{
07     return new Promise((resolve, reject) =>{
08       resolve(setTimeout(function(){
09           alert('this alert took ' + seconds + ' seconds to load');
10         }, (seconds * 1000))
11       );
12     })
13   }
```

清单 29.13 显示了一个 Angular 组件，它使用 PromiseService 来创建一个异步请求，以便以后解决。第 2 行和第 7 行显示 PromiseService 被导入，然后被添加到 providers 数组中，以便组件可用。第 12 行创建了一个名为 alert 的 PromiseService 实例。第 15 行到第 17 行定义了 createAlert 方法，该方法在 alert 上调用 createTimedAlert 方法，并传入 seconds 变量。

清单 29.13　app.component.ts：使用 PromiseService 服务的 Angular 组件

```
01 import { Component } from '@angular/core';
02 import { PromiseService } from './promise.service';
03
04 @Component({
05   selector: 'app-root',
06   templateUrl: './app.component.html',
07   providers: [PromiseService]
08 })
09 export class AppComponent {
10   seconds: number = 0;
11   constructor(
```

```
12      private alert: PromiseService
13    ){}
14
15    createAlert(){
16      this.alert.createTimedAlert(this.seconds);
17    }
18  }
```

清单 29.14 显示了一个 Angular 模板，它有一个输入框，用户可以使用该输入框键入以秒为单位的时间量。该模板有一个调用 createAlert 函数的按钮。

清单 29.14 app.component.htm：显示一个按钮来启动异步警报请求的模板

```
01 <h3>set the time in seconds to create an alert</h3>
02 <input [(ngModel)]="seconds">
03 <button (click)="createAlert()">go</button>
```

图 29.4 显示了在输入的时间过去之后服务显示的异步警报。

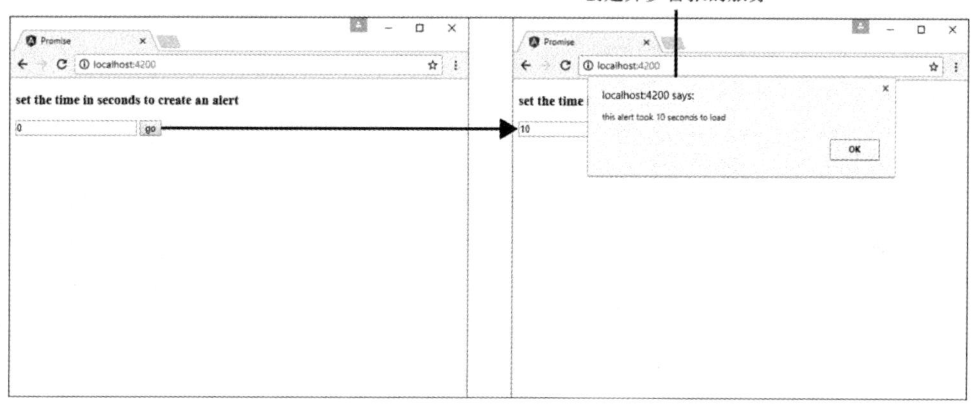

图 29.4 使用 Angular 服务提供异步警报

29.6 实现共享服务

此示例显示如何构建两个组件之间共享的服务。这个服务只有一个实例，这意味着当一个组件改变数据时，另一个组件也会看到数据改变。

清单 29.15 展示了一个名为 SharedService 的自定义服务，它创建了一个包含角色数组的可观察物。这个可观察物是可编辑的，这对于减少角色的健康值是有用的。当这些值被改变时，可观察物将把这个改变发送到订阅了此可观察物的所有组件。

第 15 行到第 52 行定义了 characters（角色）数组，其中包含 name、race、alignment 和 health（名称、种族、对齐方式和健康状况）值。第 55 行到第 60 行定义了 constructor（构造函数）方法，它创建了可观察物 charObservable。观察者对象被保存到服务变量 observer。然后观察者发出 characters 数组。第 62 行到第 64 行定义了 getCharacters 方法，它返回 charObservable。

第 66 到第 76 行定义了 hitCharacter 方法，它有两个参数：character 和 damage（伤害）。然后该方法在 characters 数组中搜索 character 的索引。如果此角色存在于该数组中，则该方法从该角色的健康值中减去该伤害值。之后，如果健康值小于或等于 0，则该方法从数组中移除此角色。最后，该方法发出更新后的 characters 数组。

清单 29.15　shared.service.ts：将在组件之间共享的 Angular 服务

```
01 import { Injectable } from '@angular/core';
02
03 import { Observable }     from 'rxjs/Observable';
04 import 'rxjs';
05
06 export class character {
07  name: string;
08  race: string;
09  alignment: string;
10  health: number;
11 }
12
13 @Injectable()
14 export class SharedService{
15 characters: character[] = [
16      {
17        name: 'Aragon',
18        race: 'human',
19        alignment: 'good',
20        health: 100
21      },
22      {
23        name: 'Legolas',
24        race: 'elf',
25        alignment: 'good',
26        health: 100
27      },
28      {
29        name: 'Gimli',
30        race: 'Dwarf',
31        alignment: 'good',
```

```
32          health: 100
33        },
34        {
35          name: 'Witch King',
36          race: 'Wraith',
37          alignment: 'bad',
38          health: 100
39        },
40        {
41          name: 'Lurtz',
42          race: 'Uruk-hai',
43          alignment: 'bad',
44          health: 100
45        },
46        {
47          name: 'Sarumon',
48          race: 'Wizard',
49          alignment: 'bad',
50          health: 100
51        },
52      ];
53    charObservable: Observable<character[]>;
54    observer;
55    constructor(){
56      this.charObservable = new Observable(observer => {
57        this.observer = observer;
58        this.observer.next(this.characters);
59      })
60    }
61
62    getCharacters(): Observable<character[]>{
63      return this.charObservable;
64    }
65
66    hitCharacter(character, damage){
67
68      var index = this.characters.indexOf(character, 0);
69        if(index > -1){
70          this.characters[index].health -= damage;
71          if(this.characters[index].health <= 0){
72             this.characters.splice(index, 1);
73          }
74      }
75      this.observer.next(this.characters);
76    }
77 }
```

清单29.16显示了一个Angular组件，它创建了一个可以传递给子组件的SharedService

实例。因为每个子组件都接收到相同的服务实例，所以注入 SharedService 并订阅其可观察物的所有子组件都会随时更新。第 2 行和第 7 行导入并提供 SharedService 以在组件中使用。第 11 行将 SharedService 分配给要在 HTML 中使用的共享变量。

清单 29.16　app.component.ts：分配 SharedService 的 Angular 组件

```
01 import { Component } from '@angular/core';
02 import { SharedService } from './shared.service';
03
04 @Component({
05  selector: 'app-root',
06  templateUrl: './app.component.html',
07  providers: [ SharedService ]
08 })
09 export class AppComponent {
10  constructor(
11    public shared: SharedService
12  ){}
13 }
```

清单 29.17 展示了一个 Angular 模板，它显示了两个部分：一个是好人，一个是坏人。第 2 行显示了 Good Guys（好人）组件，它接受输入 shared，并将 app.component 中的 shared 可观察物传递给 good-guys.component。第 5 行显示了 Bad Guys（坏人）组件，它接受输入 shared，并将 app.component 中的 shared 可观察物传递给 badguys.component。

清单 29.17　app.component.html：将 SharedService 分配给两个组件的 Angular 模板文件

```
01 <h2>Good Guys</h2>
02 <app-good-guys [shared]="shared"></app-good-guys>
03  <hr>
04 <h2>Bad Guys</h2>
05 <app-badguys [shared]="shared"></app-badguys>
```

清单 29.18 显示了 Angular 组件 good-guys.component。第 9 行显示了从 app.component 获取 SharedService 可观察物的 shared 输入。第 14 行到第 16 行显示了在 shared 服务上订阅的 getCharacters，这将变量 characters 设置为从方法返回的可观察物发出的值。第 18 行到第 20 行定义了 hitCharacter 方法，它有两个参数：character 和 damage。该方法在 shared 服务上调用 hitCharacter 方法，并将 character 和 damage 作为参数传递。

清单 29.18 good-guys.component.ts：一个观察和显示共享可观察物的 Angular 组件

```
01 import { Component, OnInit, Input } from '@angular/core';
02
03 @Component({
04   selector: 'app-good-guys',
05   templateUrl: './good-guys.component.html',
06   styleUrls: ['./good-guys.component.css']
07 })
08 export class GoodGuysComponent implements OnInit {
09   @Input('shared') shared;
10   characters: Array<any>;
11   constructor(){}
12
13   ngOnInit(){
14     this.shared.getCharacters().subscribe(
15       characters => this.characters = characters
16     );
17   }
18   hitCharacter(character, damage){
19     this.shared.hitCharacter(character, damage)
20   }
21 }
```

清单 29.19 展示了一个显示角色列表的 Angular 模板。第 3 行到第 5 行显示角色的名字、种族和健康状况。第 6 行到第 8 行显示具有类别'bad'值的角色，它具有调用 hitCharacter 方法的按钮，该方法将 character 对象和数字 25 作为参数。

清单 29.19 good-guys.component.html：一个显示角色列表的 Angular 模板

```
01 <div *ngFor="let character of characters">
02   <div class="character">
03         <b>Name:</b> {{character.name}}<br>
04         <b>Race:</b> {{character.race}}<br>
05         <b>Health:</b> {{character.health}}
06     <span *ngIf="character.alignment == 'bad'">
07       <button (click)="hitCharacter(character, 25)">hit</button>
08     </span>
09   </div>
10 </div>
```

清单 29.20 展示了一个 CSS 文件，它为每个角色添加边界，以帮助将角色区分为单独的实体。

清单 29.20 good-guys.component.css：一个可视化地将角色分隔成自己的卡片的 CSS 文件

```
01 b{
02   font-weight: bold;
```

```
03 }
04 div {
05  display: inline-block;
06  margin: 10px;
07  padding: 5px;
08 }
09 .character {
10  border: 2px solid steelblue;
11 }
```

清单 29.21 显示了 Angular 组件 badguys.component。第 10 行显示了从 app.component 获取 SharedService 可观察物的 shared 输入。第 15 行到第 17 行显示了在 shared 服务上订阅的 getCharacters，这将变量 characters 设置为从此方法返回的可观察物发出的值。第 19 行到第 21 行定义了 hitCharacter 方法，它有两个参数：character 和 damage。此方法调用 shared 服务上的 hitCharacter 方法，以把 character 和 damage 作为参数传递。

清单 29.21　badguys.component.ts：监视和显示共享可观察物的 Angular 组件

```
01 import { Component, OnInit, Input } from '@angular/core';
02
03 @Component({
04  selector: 'app-badguys',
05  templateUrl: './badguys.component.html',
06  styleUrls: ['./badguys.component.css']
07 })
08
09 export class BadguysComponent implements OnInit {
10  @Input('shared') shared;
11  characters: Array<any>;
12  constructor(){ }
13
14  ngOnInit(){
15   this.shared.getCharacters().subscribe(
16     characters => this.characters = characters
17    );
18  }
19  hitCharacter(character, damage){
20    this.shared.hitCharacter(character, damage);
21  }
22 }
```

清单 29.22 展示了一个显示角色列表的 Angular 模板。第 3 行到第 5 行显示角色的名字、种族和健康状况。第 6 行到第 8 行显示具有类别'good'值的角色，它也具有调用 hitCharacter 方法的按钮，该方法将 character 对象和 25 作为参数。

清单 29.22 **badguys.component.html**：一个显示角色列表的 Angular 模板

```
01 <div *ngFor="let character of characters">
02  <div class="character">
03    <b>Name:</b> {{character.name}}<br>
04    <b>Race:</b> {{character.race}}<br>
05    <b>Health:</b> {{character.health}}
06    <span *ngIf="character.alignment == 'good'">
07      <button (click)="hitCharacter(character, 25)">hit</button>
08    </span>
09  </div>
10 </div>
```

清单 29.23 显示了一个 CSS 文件，它为每个角色添加边界，以帮助将角色区分为单独的实体。

清单 29.23 **badguys.component.css**：一个可视化地将角色分隔成自己的卡片的 CSS 文件

```
01 b{
02  font-weight: bold;
03 }
04 div {
05  display: inline-block;
06  margin: 10px;
07  padding: 5px;
08 }
09 .character {
10  border: 2px solid steelblue;
11 }
```

图 29.5 显示了将 Good Guys 组件与 Bad Guys 组件连接起来的应用程序。点击 hit 按钮更新共享服务，这同时由两个组件观察到。

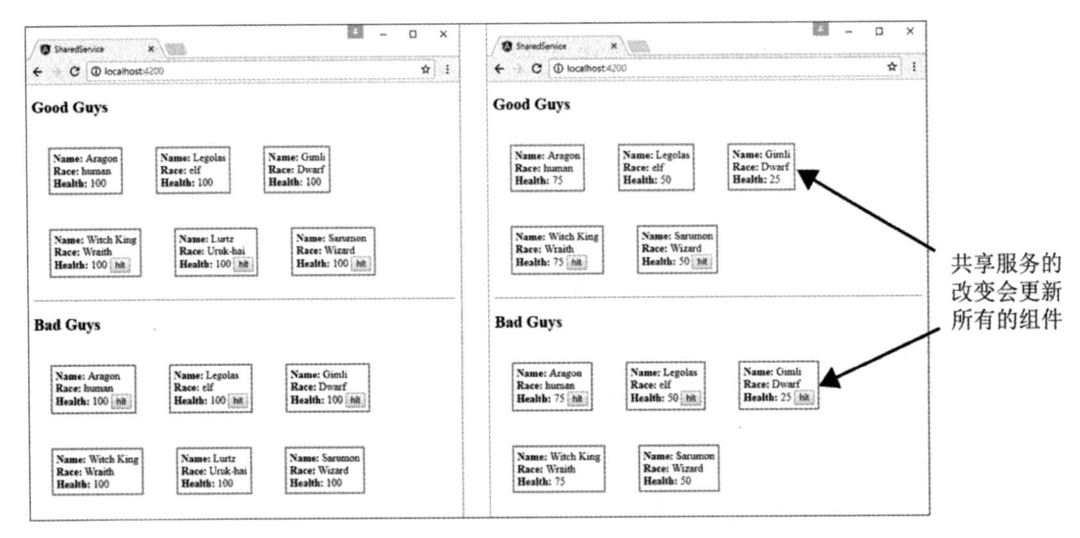

图 29.5　使用共享的 Angular 服务来更新多个组件

29.7　小结

Angular 自定义服务提供了可以注入其他 Angular 服务和组件的功能。服务允许你将代码组织到功能模块中，这些模块可用于创建 Angular 应用程序可用的功能库。

本章重点介绍了一些工具，使你能够实现自己的自定义 Angular 服务，为应用程序提供基于任务的功能。本章提供了实现各种类型的自定义 Angular 服务的示例。

29.8　下一章

下一章将重点介绍如何通过其他示例扩展你所学到的内容。它将采用迄今为止你学到的所有知识，并向你展示如何使用它来创建有趣和有用的 Angular 组件。

第 30 章 玩转 Angular

Angular 提供了很多功能，并且是一个功能完善的框架。本书前面的章节针对 Angular 所提供的功能讲解了你必须了解的全部内容。本章与前面的章节有些不同，它提供了一些额外的例子，扩展了你目前为止所学的内容。本章的示例从前面的章节中摘取了一小部分，并向你展示了如何构建有趣且有用的应用程序，以展示 Angular 的更多功能。

30.1 实现使用动画服务的 Angular 应用程序

清单 30.1 到清单 30.6 展示了如何创建一个使用动画服务来为图像添加动画的 Angular 应用程序。当鼠标悬停在图像标题上时，图像将淡入并增大到正确的大小。当鼠标离开时，图像缩小并淡出视图。

这个例子的文件夹结构如下。

- **./app.module.ts**：导入动画的应用程序模块（参见清单 30.1）。
- **./app.component.ts**：应用程序的 Angular 根组件（参见清单 30.2）。
- **./app.component.html**：`app.component` 的 Angular 模板文件(参见清单 30.3)。
- **./animated**：动画组件文件夹。
- **./animated/animated.component.ts**：处理动画的 Angular 组件（参见清单 30.4）。
- **./animated/animated.component.html**：`animated` 组件的 Angular 模板（参见清单 30.5）。
- **./animated/animated.component.css**：`animated` 组件的 CSS 文件（参见清单 30.6）。

清单 30.1 显示了应用程序模块。为了使应用程序能够使用动画服务，需要加载 `BrowserAnimationsModule`。第 3 行和第 16 行显示从`@angular/platform-browser/`

animations 导入的 BrowserAnimationsModule，然后将其添加到 imports 数组中，以便为应用程序提供动画。

清单 30.1　**app.module.ts：包含 BrowserAnimationsModule 的 Angular 模块**

```
01 import { BrowserModule } from '@angular/platform-browser';
02 import { NgModule } from '@angular/core';
03 import { BrowserAnimationsModule } from
04 '@angular/platform-browser/animations';
05
06 import { AppComponent } from './app.component';
07 import { AnimatedComponent } from './animated/animated.component';
08
09 @NgModule({
10   declarations: [
11     AppComponent,
12     AnimatedComponent
13   ],
14   imports: [
15     BrowserModule,
16     BrowserAnimationsModule
17   ],
18   providers: [],
19   bootstrap: [AppComponent]
20 })
21 export class AppModule { }
```

清单 30.2 显示了一个充当应用程序根的 Angular 组件。该组件加载使用 animated 组件的模板文件。

清单 30.2　**app.component.ts：充当应用程序根的 Angular 组件**

```
01 import { Component } from '@angular/core';
02 import { AnimatedComponent } from './animated/animated.component';
03
04 @Component({
05   selector: 'app-root',
06   templateUrl: './app.component.html'
07 })
08 export class AppComponent {}
```

清单 30.3 显示了一个 Angular 模板，它将 animated 组件加载 4 次，并将图像 URL 传到输入 src。它还为输入 title 添加标题。

清单 30.3　**app.component.html：一个使用 animated 组件的 Angular 模板**

```
01 <animated title="Arch"
```

```
02          src="../../assets/images/arch.jpg">
03 </animated>
04 <animated title="Volcano"
05          src="../../assets/images/volcano.jpg">
06 </animated>
07 <animated title="Flower"
08          src="../../assets/images/flower.jpg">
09 </animated>
10 <animated title="Sunset"
11          src="../../assets/images/jump.jpg">
12 </animated>
```

清单 30.4 显示了一个 Angular animated 组件，它处理通过输入传入的图像的动画。第 1 行到第 3 行从@angular/core 导入 animate、keyframes、state、style、transition 和 trigger（动画、关键帧、状态、样式、过渡和触发器），以便为此应用程序制作动画。

第 9 行到第 36 行定义组件的动画元数据。第 10 到第 23 行显示了被称为 fadeState 的动画触发器，当它被激活时调用两个状态，即 inactive（非活动）状态和 active（活动）状态，以及两个过渡：inactive => active（创建 500 毫秒淡入动画）和 active => inactive 创建一个 500 毫秒的淡出动画）。

第 24 行到第 34 行显示触发器 bounceState，其中包含过渡 void => *。此过渡创建一个动画，使菜单项在应用程序第一次加载时上下弹起。第 45 行到第 47 行定义了 enter 方法，它将变量 state 设置为 active。第 48 行和第 49 行定义了 leave 方法，它将变量 state 设置为 inactive。

清单 30.4 animated.component.ts：使用动画服务的 Angular 组件

```
01 import { Component, OnInit, Input,
02          animate, keyframes, state,
03          style, transition, trigger } from '@angular/core';
04
05 @Component({
06   selector: 'animated',
07   templateUrl: './animated.component.html',
08   styleUrls: ['./animated.component.css'],
09   animations: [
10     trigger('fadeState', [
11       state('inactive', style({
12         transform: 'scale(.5) translateY(-50%)',
13         opacity: 0
14       })),
15       state('active', style({
```

```
16        transform: 'scale(1) translateY(0)',
17        opacity: 1
18      })),
19      transition('inactive => active',
20                 animate('500ms ease-in')),
21      transition('active => inactive',
22                 animate('500ms ease-out'))
23    ]),
24    trigger('bounceState', [
25      transition('void => *', [
26        animate(600, keyframes([
27          style({ opacity: 0,
28                  transform: 'translateY(-50px)' }),
29          style({ opacity: .5,
30                  transform: 'translateY(50px)' }),
31          style({ opacity: 1,
32                  transform: 'translateY(0)' }),
33        ]))
34      ])
35    ])
36  ]
37 })
38 export class AnimatedComponent implements OnInit {
39   @Input ("src") src: string;
40   @Input ("title") title: string;
41   state: string = 'inactive';
42   constructor() { }
43   ngOnInit() {
44   }
45   enter(){
46     this.state = 'active';
47   }
48   leave(){
49     this.state = 'inactive';
50   }
51 }
```

清单 30.5 展示了一个显示标题和图像的 Angular 模板。第 1 行显示正在使用的 Angular 动画@bounceState，它从组件中通过变量 state 传递，以确定应该使用什么动画序列。第 7 行和第 8 行显示被实现的@fadeState，它也有传入的确定动画序列的 state。

清单 30.5　animated.Component.html：一个用动画图像显示图像标题的 Angular 模板

```
01 <div [@bounceState]='state'>
02   <p
03      (mouseenter)="enter()"
04      (mouseleave)="leave()">
```

```
05     {{title}}
06   </p>
07   <img src="{{src}}"
08        [@fadeState]='state' />
09 </div>
```

清单 30.6 显示了一个 CSS 文件，它为图像设置标题的样式，并设置图像的尺寸。

清单 30.6　animated.component.css：一个设置 animated 组件样式的 CSS 文件

```
01 div {
02   display: inline-block;
03   padding: 0px;
04   margin: 0px;
05 }
06 p {
07   font: bold 16px/30px Times New Roman;
08   color: #226bd8;
09   border: 1px solid lightblue;
10   background: linear-gradient(white, lightblue, skyblue);
11   text-align: center;
12   padding: 0px;
13   margin: 0px;
14   vertical-align: top;
15 }
16 img {
17   width: 150px;
18   vertical-align: top;
19 }
```

图 30.1 显示了当你点击图像名称时，图像如何在大小和透明度上渐变。

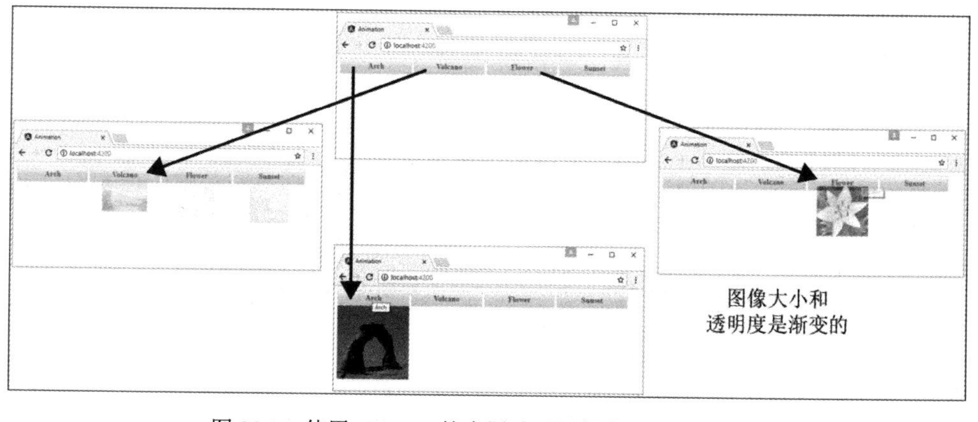

图 30.1　使用 Angular 的内置动画服务为图像添加动画

30.2　实现放大图像的 Angular 应用程序

清单 30.7 到清单 30.11 向你展示了如何创建一个 Angular 应用程序，该应用程序显示可以在点击时放大（通过浏览器事件）的图像。

这个例子的文件夹结构如下。

- **./app/app.component.ts**：应用程序的根组件（参见清单 30.7）。
- **./app/app.component.html**：根组件的 Angular 模板（参见清单 30.8）。
- **./app/zoomit**：包含 zoomit 组件的文件夹。
- **./app/zoomit/zoomit.component.ts**：被称为 zoomit 的 Angular 组件（参见清单 30.9）。
- **./app/zoomit/zoomit.component.html**：zoomit 组件的 Angular 模板（参见清单 30.10）。
- **./app/zoomit/zoomit.component.css**：zoomit 组件的 CSS 文件（参见清单 30.11）。
- **./assets/images**：保存这个例子的图像文件的文件夹。

清单 30.7 显示了一个充当应用程序根的 Angular 组件。该组件加载使用 zoomit 组件的模板文件。

清单 30.7　app.component.ts：作为应用程序根的 Angular 组件

```
01 import { Component } from '@angular/core';
02 import { ZoomitComponent } from './zoomit/zoomit.component';
03
04 @Component({
05   selector: 'app-root',
06   templateUrl: './app.component.html'
07 })
08 export class AppComponent {}
```

清单 30.8 展示了一个 Angular 模板，它通过传入作为属性 zsrc 的图像 URL 来创建 3 个 zoomit 组件。

清单 30.8　app.component.html：一个实现组件 zoomit 的 Angular 模板

```
01 <hr>
02 <zoomit zsrc="../../assets/images/volcano.jpg"></zoomit>
03 <hr>
04 <zoomit zsrc="../../assets/images/flower2.jpg"></zoomit>
05 <hr>
06 <zoomit zsrc="../../assets/images/arch.jpg"></zoomit>
```

```
07 <hr>
```

清单 30.9 显示了 Angular zoomit 组件，它使用浏览器事件来处理图像的一部分。第 13 行到第 16 行定义了 ngOnInit 方法，该方法根据通过 zsrc 输入传入组件的图像名称生成一个 URL 以获取图像。ngOnInit 随后设置一个默认位置。第 18 行到第 23 行定义了 imageClick 事件，它接受参数 event。然后 imageClick 事件从 event 对象中获取元素，并使用此元素来设置新的 x 和 y 坐标作为图像缩放的基础。

清单 30.9 zoomit.component.ts：一个使用浏览器事件放大图像的一部分的 Angular 组件

```
01 import { Component, OnInit, Input } from '@angular/core';
02
03 @Component({
04   selector: 'zoomit',
05   templateUrl: './zoomit.component.html',
06   styleUrls: ['./zoomit.component.css']
07 })
08 export class ZoomitComponent implements OnInit {
09   @Input ("zsrc") zsrc: string;
10   public pos: string;
11   public zUrl: string;
12
13   ngOnInit() {
14     this.zUrl = 'url("' + this.zsrc + '")';
15     this.pos = "50% 50%";
16   }
17
18   imageClick(event: any){
19     let element = event.target;
20     let posX = Math.ceil(event.offsetX/element.width * 100);
21     let posY = Math.ceil(event.offsetY/element.height * 100);
22     this.pos = posX +"% " + posY + "%";
23   }
24 }
```

清单 30.10 显示了一个 Angular 模板，它显示图像，并使用从 imageClick 函数生成的坐标来接着放大显示图像的一部分。

清单 30.10 zoomit.component.html：显示图像的一个 Angular 模板以及该图像的放大部分

```
01 <img src="{{zsrc}}" (click)="imageClick($event)"/>
02 <div class="zoombox"
03      [style.background-image]="zUrl"
04      [style.background-position]="pos">
05 </div>
```

清单 30.11 显示了一个 CSS 文件，它通过向放大的图像添加边框来设置应用程序的样式。 它也设置 width（宽度）和 height（高度）为 100px。

清单 30.11　zoomit.component.css：一个设置应用程序样式的 CSS 文件

```
01 img {
02   width: 200px;
03 }
04 .zoombox {
05   display: inline-block;
06   border: 3px ridge black;
07   width: 100px;
08   height: 100px;
09   background-repeat: no-repeat;
10 }
```

图 30.2 显示了自定义组件如何显示图像的放大部分。当你点击图像时，缩放的位置会改变。

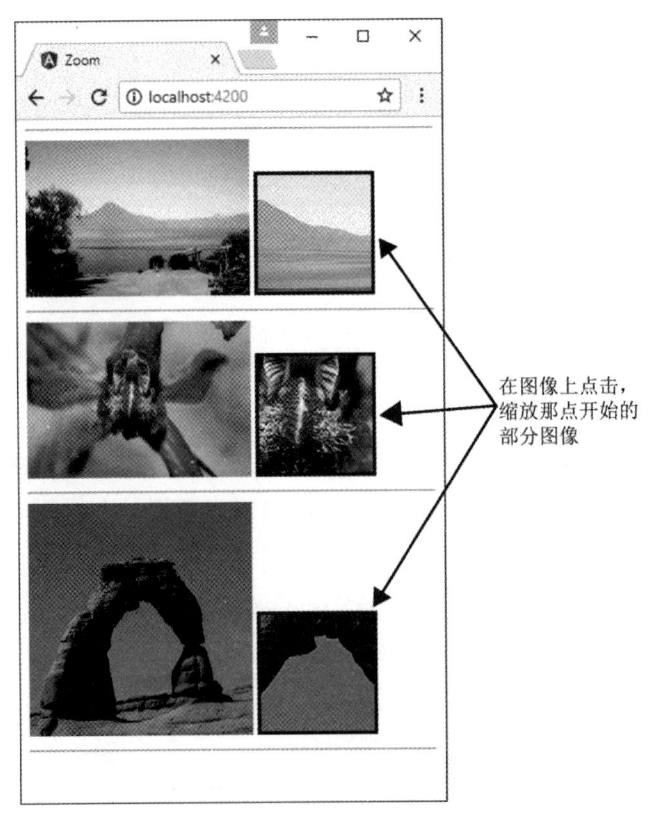

图 30.2　实现放大图像的一部分的自定义 Angular 组件

30.3 实现启用拖放的 Angular 应用程序

清单 30.12 到清单 30.20 展示了如何创建一个 Angular 应用程序，该应用程序显示可以将描述性标签拖放到其上的图像。

这个例子的文件夹结构如下。

- **./app/app.component.ts**：应用程序的根组件（参见清单 30.12）。
- **./app/app.component.html**：根组件的 Angular 模板（参见清单 30.13）。
- **./app/app.component.css**：用于 app.component 的CSS文件(参见清单30.14)。
- **./app/drop-item**：包含 drop-item 组件的文件夹。
- **./app/drop-item/drop-item.component.ts**：被称为 drop-item 的 Angular 组件（参见清单 30.15）。
- **./app/drop-item/drop-item.component.html**：用于 drop-item 组件的 Angular 模板（参见清单 30.16）。
- **./app/drop-item/drop-item.component.css**：用于 drop-item 组件的 CSS 文件（参见清单 30.17）。
- **./app/drag-item**：包含 drag-item 组件的文件夹。
- **./app/drag-item/drag-item.component.ts**：允许拖动元素的 Angular 组件（参见清单 30.18）。
- **./app/drag-item/drag-item.component.html**：drag-item 组件的 Angular 模板（参见清单 30.19）。
- **./app/drag-item/drag-item.component.css**：用于 drag-item 组件的 CSS 文件（参见清单 30.20）。
- **./assets/images**：保存这个例子的图像文件的文件夹。

清单 30.12 显示了一个 Angular 组件，它实现了 drag-item 和 drop-item 组件来将标签应用到图像。第 12 行到第 24 行定义了构造函数，它初始化了可拖动到图像上的标签列表。

清单 30.12 app.component.ts：作为应用程序根的 Angular 组件

```
01 import { Component } from '@angular/core';
02 import { DragItemComponent} from './drag-item/drag-item.component';
```

```
03 import { DropItemComponent} from './drop-item/drop-item.component';
04
05 @Component({
06   selector: 'app-root',
07   templateUrl: './app.component.html',
08   styleUrls: ['./app.component.css']
09 })
10 export class AppComponent {
11   tagList: string[];
12   constructor() {
13     this.tagList = [
14       'Nature',
15       'Landscape',
16       'Flora',
17       'Sunset',
18       'Desert',
19       'Beauty',
20       'Inspiring',
21       'Summer',
22       'Fun'
23     ]
24   }
25   ngOnInit() {
26   }
27 }
```

清单 30.13 显示了一个 Angular 模板，它实现了 drag-item 和 drop-item 组件，允许将标签拖放到图像上。

清单 30.13 app.component.html：一个实现了 drag-item 和 drop-item 组件的 Angular 模板

```
01 <h1>Tagging Images</h1>
02 <hr>
03 <div class="tagBox">
04     <span *ngFor="let tagText of tagList">
05         <drag-item [tag]="tagText"></drag-item>
06     </span>
07 </div>
08 <hr>
09
10 <drop-item
11 [imgsrc]="'../../assets/images/arch.jpg'">
12 </drop-item>
13 <drop-item
14 [imgsrc]="'../../assets/images/lake.jpg'">
15 </drop-item>
16 <drop-item
17 [imgsrc]="'../../assets/images/jump.jpg'">
```

```
18 </drop-item>
19 <drop-item
20 [imgsrc]="'../../assets/images/flower.jpg'">
21 </drop-item>
22 <drop-item
23 [imgsrc]="'../../assets/images/volcano.jpg'">
24 </drop-item>
```

清单 30.14 显示了一个 CSS 文件，它把应用程序的样式设置为 drop-item 自定义 HTML 标签采用直接样式。

清单 30.14 app.component.css：一个设置应用程序样式的 CSS 文件

```
01 .tagBox {
02  width: 320px;
03  padding: 5px;
04 }
05 drop-item{
06  display: inline-block;
07  vertical-align: top;
08  margin-bottom: 5px;
09 }
```

清单 30.15 显示了 Angular 组件 drop-item，它使用浏览器事件来允许一个元素被拖放到组件元素上。第 11 行到第 13 行定义了将 tags 变量初始化为空数组的构造函数。

第 16 行到第 18 行定义了 allowDrop 方法，它将 event 对象作为参数。在 event 对象上调用 preventDefault 方法。第 19 行到第 25 行定义了 onDrop 方法，它将一个 event 对象作为参数。 在 event 对象上调用 preventDefault。之后，将变量数据赋值给事件的 tagData，以允许 Angular 将该数据添加到 tags 数组和图像列表中。

清单 30.15 drop.component.ts：一个允许项目在元素上被拖放的 Angular 组件

```
01 import { Component, OnInit, Input } from '@angular/core';
02
03 @Component({
04  selector: 'drop-item',
05  templateUrl: './drop-item.component.html',
06  styleUrls: ['./drop-item.component.css']
07 })
08 export class DropItemComponent implements OnInit {
09  @Input() imgsrc: string;
10  tags: string[];
11  constructor() {
12   this.tags = [];
13  }
```

```
14   ngOnInit() {
15   }
16   allowDrop(event) {
17     event.preventDefault();
18   }
19   onDrop(event) {
20     event.preventDefault();
21     let data = JSON.parse(event.dataTransfer.getData('tagData'));
22     if (!this.tags.includes(data.tag)){
23       this.tags.push(data.tag);
24     }
25   }
26 }
```

清单 30.16 显示了一个 Angular 模板，它显示了一个图像以及分配给该图像的所有标签。

清单 30.16　drop.component.html：一个显示图像和任何被拖放到该图像上的图像标签的 Angular 模板

```
01 <div class="taggedImage"
02      (dragover)="allowDrop($event)"
03      (drop)="onDrop($event)">
04   <img src="{{imgsrc}}" />
05   <span class="imageTag"
06         *ngFor="let tag of tags">
07     {{tag}}
08   </span>
09 </div>
```

清单 30.17 显示了一个 CSS 文件，它通过向附加到图像上的标签添加自定义样式来设置应用程序的样式。

清单 30.17　drop.component.css：一个设置应用程序样式的 CSS 文件

```
01 img{
02     width: 100px;
03 }
04 .taggedImage{
05     display: inline-block;
06     width: 100px;
07     background: #000000;
08 }
09 .imageTag {
10     display: inline-block;
11     width: 100px;
12     font: 16px/18px Georgia, serif;
13     text-align: center;
```

```
14     color: white;
15     background: linear-gradient(#888888, #000000);
16 }
```

清单 30.18 显示了 Angular 组件 drag-item，它使用浏览器事件来允许拖动元素。第 14 行到第 17 行定义了 onDrag 方法，它将 event 对象作为参数。此方法将数据添加到 event 对象上的 dataTransfer 项目上，以允许 tag 数据在元素被放下时传输。

清单 30.18 drag.component.ts：允许拖动元素的 Angular 组件

```
01 import { Component, OnInit, Input } from '@angular/core';
02
03 @Component({
04   selector: 'drag-item',
05   templateUrl: './drag-item.component.html',
06   styleUrls: ['./drag-item.component.css']
07 })
08 export class DragItemComponent implements OnInit {
09   @Input() tag: string;
10   constructor() {
11   }
12   ngOnInit() {
13   }
14   onDrag(event) {
15     event.dataTransfer.setData('tagData',
16       JSON.stringify({tag: this.tag}));
17   }
18 }
```

清单 30.19 展示了一个显示可拖动标签的 Angular 模板。

清单 30.19 drag.component.html：一个显示图像标签的 Angular 模板

```
01 <div class="tagItem"
02     (dragstart)="onDrag($event)"
03     draggable="true">
04   {{tag}}
05 </div>
```

清单30.20显示了一个CSS文件，它通过向标签添加自定义样式来设置应用程序的样式。

清单 30.20 drag.component.css：一个设置应用程序样式的 CSS 文件

```
01 .tagItem {
02     display: inline-block;
03     width: 100px;
04     font: 16px/18px Georgia, serif;
```

```
05     text-align: center;
06     background: linear-gradient(#FFFFFF, #888888);
07 }
```

图 30.3 显示了 drag-item 和 drop-item 组件在浏览器中的工作方式：当你将一个标签拖到一个图像上时，标签被添加到下面的列表中。

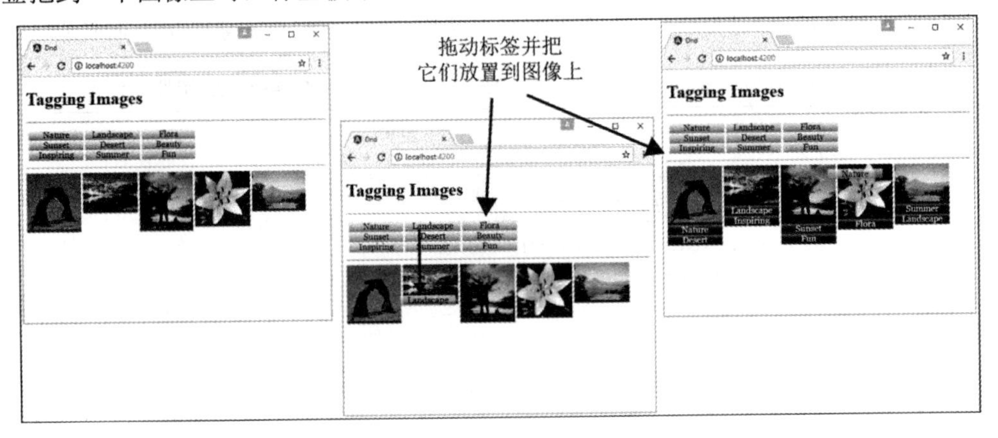

图 30.3　使用 Angular 组件实现拖放

30.4　实现星级评级的 Angular 组件

清单 30.21 到清单 30.29 显示了如何创建一个创建星级评级系统的 Angular 应用程序，以便用户可以对附加到组件（本例中为图像）的项目进行评级。

这个例子的文件夹结构如下。

- **./app/app.module.ts**：应用程序的根组件（参见清单 30.21）。
- **./app/mockbackend.service.ts**：根组件的 Angular 模板（参见清单 30.22）。
- **./app/app.module.ts**：用于 app.component 的 CSS 文件（参见清单 30.23）。
- **./app/app.component.ts**：应用程序的根组件（参见清单 30.24）。
- **./app/app.component.html**：根组件的 Angular 模板（参见清单 30.25）。
- **./app/app.component.css**：用于 app.component 的 CSS 文件（参见清单 30.26）。
- **./app/rated-item**：包含 rated-item 组件的文件夹。
- **./app/rated-item/rated-item.component.ts**：允许用户对项目进行评

级的 Angular 组件（参见清单 30.27）。

- **./app/rated-item/rated-item.component.html**：用于 rated-item 组件的 Angular 模板（参见清单 30.28）。
- **./app/rated-item/rated-item.component.css**：用于 rated-item 组件的 CSS 文件（参见清单 30.29）。

清单 30.21 显示了应用程序模块。这个模块使用 InMemoryWebApiModule，它允许创建一个模拟数据库。第 18 行显示了 InMemoryWebApiModule 的实现。

清单 30.21 app.module.ts：实现 InMemoryWebApiModule 的 Angular 模块

```
01 import { BrowserModule } from '@angular/platform-browser';
02 import { NgModule } from '@angular/core';
03 import { HttpModule } from '@angular/http';
04 import { InMemoryWebApiModule } from 'angular-in-memory-web-api';
05
06 import { AppComponent } from './app.component';
07 import { RatedItemComponent } from './rated-item/rated-item.component';
08 import { MockbackendService } from './mockbackend.service';
09
10 @NgModule({
11   declarations: [
12     AppComponent,
13     RatedItemComponent
14   ],
15   imports: [
16     BrowserModule,
17     HttpModule,
18     InMemoryWebApiModule.forRoot(MockbackendService)
19   ],
20   providers: [],
21   bootstrap: [AppComponent]
22 })
23 export class AppModule { }
```

清单 30.22 显示了一个充当应用程序模拟数据库的 Angular 服务。第 4 行到第 29 行创建了一个可以通过 HTTP 请求来检索和更新的项目数组。

清单 30.22 mockbackend.service.ts：一个 Angular 的模拟后端服务

```
01 import { InMemoryDbService } from 'angular-in-memory-web-api';
02 export class MockbackendService implements InMemoryDbService{
03   createDb() {
04     const items = [
05       {
```

```
06        id: 1,
07        title: "Waterfall",
08        url: "../../assets/images/cliff.jpg",
09        rating: 4
10      },
11      {
12        id: 2,
13        title: "Flower",
14        url: "../../assets/images/flower.jpg",
15        rating: 5
16      },
17      {
18        id: 3,
19        title: "Pyramid",
20        url: "../../assets/images/pyramid.jpg",
21        rating: 3
22      },
23      {
24        id: 4,
25        title: "Lake",
26        url: "../../assets/images/lake.jpg",
27        rating: 5
28      }
29    ]
30    return {items};
31  }
32 }
```

清单 30.23 显示了一个使用 HTTP 来检索和更新模拟数据库中的项目的 Angular 服务。第 6 行到第 11 行用严格类型的变量名称定义了 `RatedItem` 接口。第 19 行到第 24 行定义了构造函数，该构造函数创建了一个 `http` 实例和一个名为 `itemObservable` 的新的可观察物。

一旦从可观察物接收到响应，就会调用 `getItems` 方法。第 27 行和第 28 行定义了 `getObservable` 方法，它返回 `itemObservable`。第 30 行到第 38 行定义了 `getItems` 方法，该方法使用 HTTP `get` 从模拟数据库中检索项目列表：然后它将 `items` 变量赋给响应，并将该响应发送给观察者。

第 39 行到第 47 行定义了 `updateRating` 方法，它有两个参数：`item` 和 `newRating`。该方法分配项目评级 `newRating` 并使用 HTTP `put` 请求来更新数据库中的项目。

清单 30.23　ratings.service.ts：一个使用 HTTP 来检索具有评级的项目列表的 Angular 服务

```
01 import { Injectable, OnInit } from '@angular/core';
02 import { Http } from '@angular/http';
```

```
03 import { Observable } from 'rxjs/observable';
04 import 'rxjs/add/operator/toPromise';
05
06 export class RatedItem {
07   id: number;
08   url: string;
09   title: string;
10   rating: number;
11 }
12
13 @Injectable()
14 export class RatingsService {
15   url = 'api/items';
16   items: RatedItem[];
17   public itemObservable: Observable<any>;
18   observer;
19   constructor(private http: Http) {
20     this.itemObservable = new Observable(observer => {
21       this.observer = observer;
22       this.getItems();
23     })
24   }
25   ngOnInit(){
26   }
27   getObservable(){
28     return this.itemObservable;
29   }
30   getItems(){
31     this.http.get(this.url)
32              .toPromise()
33              .then( response => {
34               this.items = response.json().data;
35               this.observer.next(this.items);
36              })
37              .catch(this.handleError);
38   }
39   updateRating(item, newRating){
40     item.rating = newRating;
41     const url = `${this.url}/${item.id}`;
42     this.http
43         .put(url, JSON.stringify(item))
44         .toPromise()
45         .then(() => this.getItems())
46         .catch(this.handleError)
47   }
48   private handleError(error: any): Promise<any> {
49     console.error('An error occurred', error);
50     return Promise.reject(error.message || error);
```

```
51   }
52 }
```

清单 30.24 显示了一个处理从 RatingsService 获取项目的 Angular 组件。第 21 行到第 27 行定义了 ngOnInit，它调用 RatingsService 上的 getObservable 方法来将 items 可观察物分配给 itemsObservable。items 变量然后被赋予从 itemsObservable 收到的响应。

清单 30.24 app.component.ts：作为应用程序根的 Angular 组件

```
01 import { Component } from '@angular/core';
02 import { RatedItemComponent } from './rated-item/rated-item.component';
03 import { Observable } from 'rxjs/observable';
04 import { RatingsService } from './ratings.service';
05
06 @Component({
07  selector: 'app-root',
08  templateUrl: './app.component.html',
09  styleUrls: ['./app.component.css'],
10  providers: [ RatingsService ]
11 })
12 export class AppComponent {
13  title = 'app';
14  itemsObservable: Observable<any>;
15  items: any[];
16  constructor(
17    public ratingsService: RatingsService
18  ){
19    this.items = [];
20  }
21  ngOnInit(){
22    this.itemsObservable = this.ratingsService.getObservable();
23    this.itemsObservable.subscribe(
24      itemList => {
25        this.items = itemList;
26      });
27  }
28 }
```

清单 30.25 显示了一个 Angular 模板，它实现了 rated-item 组件，以显示评级的项目列表。 rated-item 需要两个输入：item 和 RatingsService。

清单 30.25 app.component.html：一个创建评级的项目列表的 Angular 模板，使用组件 rated-item

```
01 <h1> Rated Images </h1>
02 <hr>
```

```
03 <div class="item"
04     *ngFor="let item of items">
05    <rated-item
06      [item]="item"
07      [ratingsService]="ratingsService">
08    </rated-item>
09 </div>
```

清单 30.26 显示了一个 CSS 文件，用于设置 app.component.html 上的 item 类的样式。

清单 30.26 app.component.css：一个设置应用程序样式的 CSS 文件

```
01 .item{
02    border: .5px solid black;
03    display: inline-block;
04    width: 175px;
05    text-align: center;
06 }
```

清单 30.27 展示了一个显示评级项目的 Angular 组件。第 13 行到第 15 行定义了 constructor（构造函数）方法，它初始化了 starArray 值。

第 18 行到第 20 行定义了 setRating 方法，它取参数 rating。该方法在 ratings 服务上调用 updateRating 方法，并采用评级服务使用的参数 item 和 rating 来更新项目的评级。

第 21 行到第 27 行定义了 getStarClass 方法，它取参数 rating。此方法用于指定每个星级的类别以准确表示该项目的评级。

清单 30.27 rated-item.component.ts：显示图像以及图像的评级的 Angular 组件

```
01 import { Component, OnInit, Input } from '@angular/core';
02 import { RatingsService } from '../ratings.service';
03
04 @Component({
05  selector: 'rated-item',
06  templateUrl: './rated-item.component.html',
07  styleUrls: ['./rated-item.component.css']
08 })
09 export class RatedItemComponent implements OnInit {
10  @Input ("item") item: any;
11  @Input ("ratingsService") ratingsService: RatingsService;
12  starArray: number[];
13  constructor() {
14    this.starArray = [1,2,3,4,5];
```

```
15   }
16   ngOnInit() {
17   }
18   setRating(rating){
19     this.ratingsService.updateRating(this.item, rating);
20   }
21   getStarClass(rating){
22     if(rating <= this.item.rating){
23       return "star";
24     } else {
25       return "empty";
26     }
27   }
28 }
```

清单 30.28 显示了一个显示标题、图像和评级的 Angular 模板。第 8 行到第 12 行创建了用于显示评级的五角星。当用户点击一个新的评级时，使用 setRating 方法调整整体评级。getStarClass 方法确定五角星是填充的还是空白的。

清单 30.28　rated-item.component.html：显示标题和图像以及图像的评级的 Angular 模板

```
01 <p class="title">
02   {{item.title}}
03 </p>
04 <img src="{{item.url}}" />
05 <p>
06   Rating: {{item.rating}}
07 </p>
08 <span *ngFor="let rating of starArray"
09       (click)="setRating(rating)"
10       [ngClass]="getStarClass(rating)">
11    
12 </span>
```

清单 30.29 显示了一个 CSS 文件，它通过设置评级项目的大小和添加五角星来为该项目设置一个可视化的评级以设置应用程序样式。

清单 30.29　rated-item.component.css：设置应用程序样式的 CSS 文件

```
01 * {
02     margin: 5px;
03 }
04 img {
05     height: 100px;
06 }
07 .title{
08   font: bold 20px/24px Verdana;
```

```
09 }
10 span {
11     float: left;
12     width: 20px;
13     background-repeat: no-repeat;
14     cursor: pointer;
15 }
16 .star{
17     background-image: url("../../assets/images/star.png");
18 }
19 .empty {
20     background-image: url("../../assets/images/empty.png");
21 }
```

图 30.4 显示了浏览器中的星级评级组件。点击一个五角星会改变模拟后端服务的评级，这会更新 UI 组件。

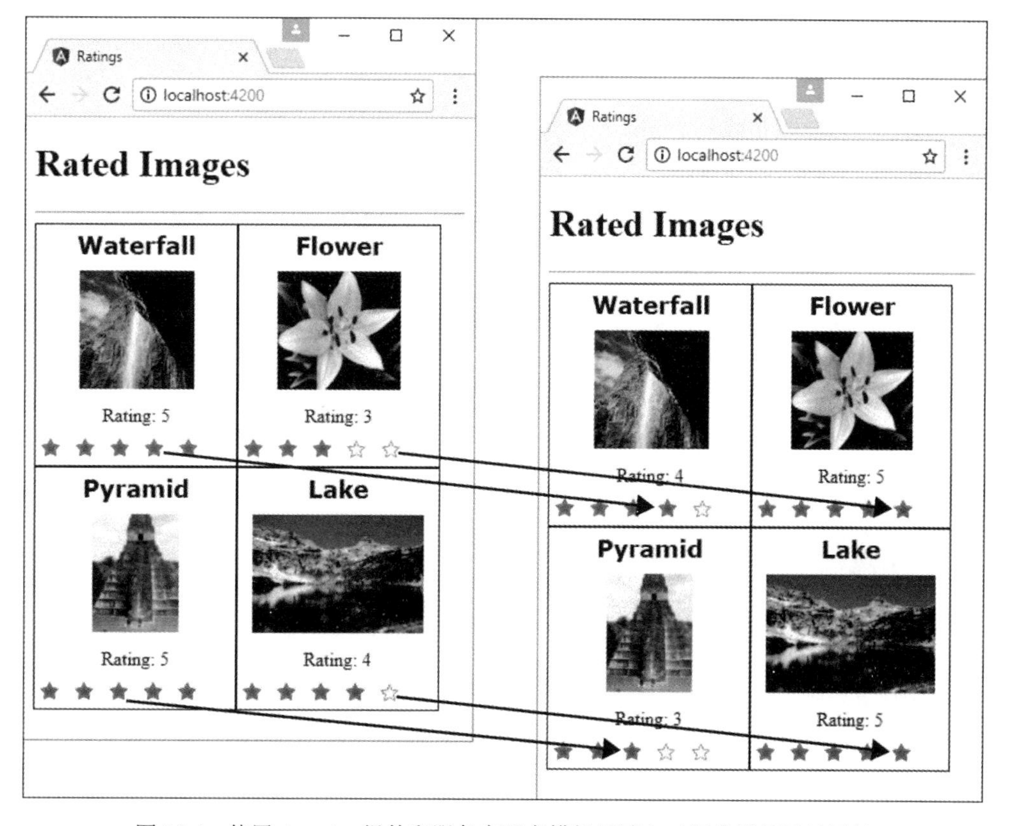

图 30.4　使用 Angular 组件和服务实现在模拟后端上对图像进行星级评级

30.5 小结

在本章中，你看到了如何扩展自己在本书其余部分学到的内容，以构建一些很酷的 Angular 组件。你已经看到了如何实现动画、创建星级评级组件，并实现拖放功能。这些只是在实际的 Web 应用程序中使用 Angular 的许多方法中的一部分。如果你想了解更多关于 Angular 的信息，https://angular.io 会是一个很好的资源。